JN217270

Rではじめるデータサイエンス

Hadley Wickham
Garrett Grolemund 著

黒川 利明 訳
大橋 真也 技術監修

R for Data Science

Import, Tidy, Transform, Visualize,
and Model Data

Hadley Wickham and Garrett Grolemund

Beijing · Boston · Farnham · Sebastopol · Tokyo

日本の読者のみなさんへ

『Rではじめるデータサイエンス』を日本語でお届けできるのを大変喜んでいます。日本は、Rの利用において長らく最前線に位置し、本書で使うRパッケージの多くに日本のRユーザが貢献してきました。

私たちのこれまでの本の日本語版を読んでくださった読者に感謝したいと思います。みなさんのおかげでこの本の翻訳もできるようになったからです。これはHadley Wickhamには3冊目の日本語版になりますが、とても名誉なことだと感じています。

黒川利明と翻訳チームが、本文を細かく読んでコードを実際に試してくれたことにも感謝しています。おかげで、この『Rではじめるデータサイエンス』は、英語版よりも優れたものとなっています。

2017年7月

Hadley Wickham
Garrett Grolemund

まえがき

　データサイエンスは、生データを理解、洞察し、そして新たな知見へと変換する刺激的な学問技術分野です。本書『Rではじめるデータサイエンス』の目的は、データサイエンスに関する最も重要なツールをRを使って習得することです。本書を読めば、Rの最良な環境のもとで、データサイエンスの広範囲な課題を解決するためのツール群が手に入ります。

何を学ぶのか

　データサイエンスは巨大な分野であり、一冊ですべてを習得することはできません。最も重要なツールに対する確固とした基盤を築くことが本書の目的です。データサイエンスプロジェクトに必要な作業とツールのモデルを次に示します。

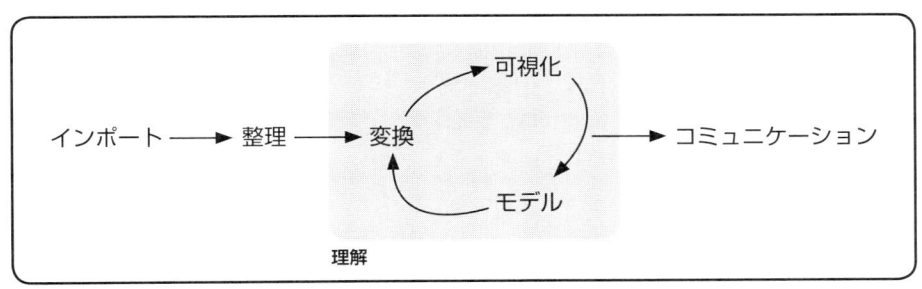

プログラム

　まず、データをRに**インポート**します。インポートするとは通常、ファイル、データベース、ウェブAPIなどで格納されているデータを取り出して、Rのデータフレームにすることです。データをRに取り込まないと、データサイエンスを行うことができません。

　データをインポートしたら、それを**整理**します。データを整理するとは、データセットが格納されている意味と一致するように一貫した形式でデータを格納することです。すなわち、データが整理されていれば、各列が変数で、各行が観測値になっています。整理データは、一貫した構造により、

関数ごとに正しい形式が何かなどということで苦労せずに、データそのものについての問題を解くことに集中できるのです。

整理データが得られたら、通常は最初に**変換**を行います。変換には、対象となる観測の範囲を狭める（ある町のすべての人とか、昨年の全データ）ことや、既存の変数の関数である新たな変数の追加（距離と時間から速度を計算する）、あるいは要約統計量（カウントや平均）を計算することが含まれます。整理と変換とは合わせて**ラングリング**と呼ばれます。データを作業しやすい形式にまとめる作業は、論争（wrangling）を積み重ねるように感じられることが多いからです[*1]。

必要な変数が揃った整理データが用意できたら、**可視化**と**モデル化**とが知識生成の2つのエンジンになります。両者の強みと弱みは相補的で、実際の分析では、この両者を何度も繰り返すことが多いでしょう。

可視化は、基本的には人間的活動です。優れた可視化は、予期しなかった事柄を示したり、データについて新たな疑問を喚起します。優れた可視化は、質問が誤っていることを示したり、別のデータを取得する必要を示唆することもあります。可視化が驚きをもたらすことはありますが、人間の解釈が必要なため、自動化できず、データの大きさに応じて処理する必要があります。

モデルは、可視化と相補的なツールです。質問が十分に的確なものなら、モデルを使って答えることができます。モデルは基本的に数学的またはコンピュータ向きのツールなので、自動化や調整が容易です。モデル化にはコンピュータを買う方が人間の頭脳を買うよりは安価です。しかし、モデルにはすべて何らかの仮定があり、本質的に、モデルはその仮定自体を問うことができません。すなわち、モデルは基本的に人を驚かすことができません。

データサイエンスの最終ステップは、**コミュニケーション**です。これは、データ分析プロジェクトで、絶対に重要な部分です。モデルや可視化がどんなにすばらしい理解をもたらしたとしても、分析結果を他の人にコミュニケートできなければ、何の意味も持ちません。

これらのツールすべてを取り巻くのが**プログラミング**です。プログラミングは、プロジェクトのあらゆる箇所で使う分野横断ツールです。データサイエンティストになるためには、専門的プログラマである必要はありませんが、プログラミングについて学べば学ぶほど、共通タスクを自動化したり、新たな問題を簡単に解けるようになるので、効果があります。

どのようなデータサイエンスプロジェクトでも、ここに挙げたツールを使いますが、ほとんどのプロジェクトで、これらだけで十分ということはありません。大雑把に80対20の原則が通用します。どのプロジェクトでも80%は、本書で学んだツールで用が足りますが、残りの20%については、他のツールが必要となるでしょう。本書では全体を通じて、より深く広く学ぶための情報源を挙げています。

[*1] 訳注：アメリカ英語では、「牛馬の飼いならし」という意味と説明される。

本書の構成

データサイエンスのツールについて、前節で記述したことは、分析において読者が使うであろう順序に従っています（もちろん、これらを繰り返し何度も使うはずです）。しかし、我々の経験では、この順序は学習の順序としては最適とは考えていません。

- データの取得と整理とから学び始めるのは、80%はルーチンワークでつまらないし、残りの20%は難しくてフラストレーションが溜まります。これは新たな分野について学び始めるのには適切ではありません。その代わりに、本書では、既にインポートされ整理されたデータの可視化と変換から始めます。こうすることで、データを取得して整理する場合にも、努力するだけの価値があるとわかり、意欲を高く保つことができます。
- 主題によっては、他のツールを使う方が説明がわかりやすくなります。例えば、可視化、整理データ、プログラミングについて知っていれば、モデルがどのように働くかを理解するのも容易になることと我々は信じています。
- プログラミングツールは、それ自体では必ずしも面白くはないが、かなり高度な問題でも取り組むことができます。本書の中盤においては、プログラミングツールの選択をして、データサイエンスツールと組み合わせることで、興味深いモデル化問題を扱えることを示します。

各章は、できるだけ同じような構成にしました。最初に動機づけとなる例を示して、より大きな全体的な視野が持てるようにしてから、詳細に取り組みます。本書の各節では、練習問題で学んだことを復習できるようにしました。練習問題は飛ばしがちなものですが、実際の問題に取り組んで練習するほど効果的な学習法はありません。

何を学ばないか

本書では扱わない重要な話題がいくつかあります。我々は、何はさておき本質的な事柄に焦点を絞り、できるだけ速く学習し実行していくのが重要だと信じています。それは、いくつかの重要な事項を本書では扱えないことを意味しています。

ビッグデータ

本書ではあえてメモリ内の小さなデータセットに焦点を絞ります。小さなデータでの経験を積まずに、ビッグデータを扱うことはできないので、学習を開始するのにはこうするのが最善です。本書で学ぶツールは、数百メガバイトのデータなら簡単に扱うことができ、1-2ギガバイトのデータでも少し注意すれば扱えます。日常的な作業でより大きな（例えば、10-100ギガバイト）データを扱うのなら、data.table（htty://bit.ly/Rdatatable）について学ぶべきです。本書でdata.tableを扱わないのは、インタフェースが非常に簡潔で、言語的な手がかりが少なくて学習が難しいからです。しかし、巨大データを扱うのなら、性能上の効果があるので学ぶのに努力する十分な価値があります。

データがこれよりも大きい場合には、そのビッグデータ問題が、実際にはスモールデータ問題の変装ではないのか、注意した方がよいでしょう。データ全体は大きくても、問題を解くのに必要なデータは小さいことがよくあります。メモリに収まるデータの部分集合、サンプルの一部、あるいは、要約統計量で、必要な問題に答えられることがあります。ここでの課題は、適切な小さなデータを探すことであり、そのためには、多数の繰り返しが必要なことが多いでしょう。

別の可能性は、ビッグデータ問題が実際には、多数の小さなデータ問題だという場合です。個別問題はいずれもメモリに収まるのですが、それが何百万もあります。例えば、データセットの各人に適合するモデルを求めているとします。10人から100人の場合にはとても簡単ですが、百万人いると問題です。幸い、どの問題も他とは独立なので、異なるデータセットを異なるコンピュータに送ることができるシステム（HadoopかSpark）だけがあれば処理できます。本書で述べたツールを使って、1つの部分集合の答えの出し方がわかれば、sparklyr, rhipe, ddrのような新たなツールを使い、データセット全体の問題を解くことができます。

Python、Julia、その他の言語

本書では、データサイエンスに役立つPython、Juliaその他のプログラミング言語については何も学びません。それらのツールが良くないと考えているからではありません。むしろ、それらは役に立ちます。実際には、ほとんどのデータサイエンスチームでは、少なくともRとPythonを含めて、複数のプログラミング言語を使うのが常識です。

しかし、我々は、ツールは1つずつ習得するのが一番良いと固く信じています。多くのトピックにまたがって広く浅く学ぶよりも、1つを深く学んだ方がよいでしょう。これは、1つのことだけ知っていればよいわけではなく、1度に1つのことだけに集中するほうが一般に学習が速く進むということです。経験を通して、新たなことを学んでいかなければなりませんが、別の興味深い事柄に移る前に、理解を確固としたものにしておかねばなりません。

我々は、Rがデータサイエンスについての学習を始めるには最適だと考えています。データサイエンスを支援するために、基礎からきっちり設計された環境を提供するからです。Rは単なるプログラミング言語ではなく、データサイエンスをするための対話環境でもあります。対話性を支援するために、Rは他の多くの言語よりもはるかに柔軟にできています。この柔軟性には欠点もありますが、大きな利点は、データサイエンスプロセスの特定の部分に文法を合わせるよう進化してきたことです。そういったミニ言語は頭脳とコンピュータとの円滑な対話を支援し、データサイエンティストとして問題を考えるのに役立ちます。

非矩形データ

本書では矩形データ、変数と観測値の集まり、だけを扱います。この形式にそぐわないデータセットは、画像、音声、木構造、テキストなど多数あります。それでも、矩形データは、学術研究でも

産業界でも極めて一般的だし、我々は、データサイエンスを学び始めるには適切だと信じています。

仮説確認

データ分析を、仮説生成と仮説確認（確認分析とも呼ばれる）に大別することができます。本書が焦点を絞るのは、もちろん、仮説生成、すなわち、データ探索です。データについて深く検討し、専門知識と組み合わせることによって、多数の興味深い仮説を作っては、なぜデータがそうなっているかを説明します。仮説は、懐疑的に複数の方式で検討するという非形式的な方式で評価します。

仮説生成に相補的なのが仮説確認です。しかし、次の2つの理由で仮説確認は困難です。

- 反証可能な予測を生成するには、適切な数学モデルが必要。これには高度な統計知識が必要となる。
- 仮説確認では、観測を一度しか使えない。複数回使うなら、探索的分析に戻ってしまう。すなわち、仮説確認には、分析計画を「事前登録」（先に書き出す）する必要があり、データがどうであってもそこから逸脱することが不可能。IV部「仮説生成と仮説確認」で、これを楽に行うために使うことができる戦略について少し説明する。

モデル化を仮説確認のツール、可視化を仮説生成のツールと考えるのが普通ですが、それは間違った二分法です。モデルは探索にもよく使われますし、少し工夫すれば可視化を確認に使うことができます。違いは、観測データを何回用いることができるかです。1回だけなら確認のためであり、複数回なら探索です。

準備するもの

本書が有効活用されるために、読者の知識について若干の仮定を置きました。数字を扱うことに慣れていて、プログラミングの経験があるものとしました。一度もプログラミングしたことがないなら、Garrett Grolemundの『Hands-on programming with R』（邦題『RStudioではじめるRプログラミング入門』大橋監訳、長尾訳、オライリー・ジャパン、2015）を本書と併せて読みましょう。

本書のコードを実行するには、R、RStudio、Rパッケージ群tidyverse、およびいくつかのRパッケージという4つが必要です。パッケージは、再実行可能なRコードの基本単位で、関数、使用法のドキュメンテーション、サンプルデータを含みます。

R

Rは、CRAN（comprehensive R archive network）からダウンロードします。CRANは世界中に分散したミラーサーバで構成され、RとRパッケージを配布しています。近くのミラーサイトを自分で選んだりしないことです。クラウドミラー https://cloud.r-project.org を選べば自動的に処理してくれます。

　Rのメジャーバージョンは年1回、マイナーリリースは毎年数回あります。定期的に更新することをお勧めします。更新は、特にメジャーバージョンだと全パッケージを再インストールしないといけないので、ひと作業分手間がかかりますが、遅らせても事態は悪くなるだけです。

RStudio

　RStudioはRプログラミングの統合開発環境（IDE）です。http://www.rstudio.com/download からダウンロードしてインストールします。RStudioは年に2回ほど更新されます。RStudioは新バージョンを通知してくれます。定期的に更新して、最新の優れた機能を使えるようにしておきます。本書ではRStudio1.0.0以上を想定します[*1]。

　RStudioを起動すると、次のように2つの主要領域がインタフェースとして表示されます。

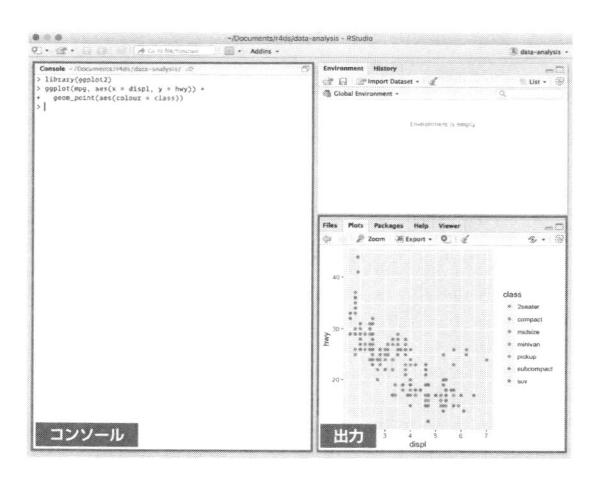

　とりあえず、コンソールウィンドウでRのコードを入力してEnterキーを押せば実行できることを知ってさえいれば十分です。これから多くのことを学ぶのですから。

tidyverse

　Rパッケージも必要です。Rパッケージとは、基本Rの機能を拡張する関数、データ、ドキュメントの集まりです。パッケージ使用は、Rをうまく使いこなす基本です。本書で学ぶパッケージの大半はtidyverseに含まれます。tidyverseのパッケージではデータとRプログラミングの共通の哲学にしたがっており、自然に協働するよう設計されています。

　次の1行のコードでtidyverseすべてをインストールできます。

```
install.packages("tidyverse")
```

[*1]　訳注：本書翻訳時点では1.0.153、Rは3.4.1。

　自分のコンピュータで、コンソールに上の行を打ち込み、Enter キーを押して実行します。R が CRAN からパッケージをダウンロードしてインストールします。インストールに問題があれば、インターネットにつながっていることと、https://cloud.r-project.org/ がファイアウォールやプロクシでブロックされていないことを確認します。

　パッケージの関数、オブジェクト、ヘルプファイルは、ロードするまでは使うことができません。パッケージのインストール後、library() 関数を使ってロードします。

```
library(tidyverse)
#> Loading tidyverse: ggplot2
#> Loading tidyverse: tibble
#> Loading tidyverse: tidyr
#> Loading tidyverse: readr
#> Loading tidyverse: purrr
#> Loading tidyverse: dplyr
#> Conflicts with tidy packages --------------------------------
#> filter(): dplyr, stats
#> lag():    dplyr, stats
```

　これは、tidyverse が ggplot2, tibble, tidyr, readr, purrr, dplyr パッケージをロードしていることを示します。これらは、ほぼすべての分析で使うので tidyverse の中核だとみなされます。

　tidyverse のパッケージは頻繁に更新されます。更新が利用可能かを tidyverse_update() を実行して確認し、必要ならインストールします。

他のパッケージ

　他にも異なる領域の問題を解くとか、異なる基本原則の下で設計されたなどの理由で、tidyverse には含まれていない多くの優れたパッケージが存在します。それらは tidyverse と比較して優れているとか劣っているとかということはなく、ただ違っているだけです。tidyverse の補集合は messyverse[*1] ではなく、相互関係のあるパッケージの他の多くの宇宙 (universe) です。R でより多くのデータサイエンスプロジェクトを進めるにつれて、新たなパッケージや新たなデータについての思考法を学習するはずです。

　本書では、tidyverse 以外に次の3つのデータパッケージを使います。

```
install.packages(c("nycflights13", "gapminder", "Lahman"))
```

　これらのパッケージは、飛行機の運行、経済開発、および野球について、データサイエンスのカギとなるアイデアを説明するために使うデータを含んでいます。

＊1　訳注：tidy verse は、「整理された世界」という意味。だから反対は messy verse（雑然とした世界）ではないかという洒落。さらに universe（宇宙）という言葉で韻を踏んでいます。

Rコードの実行

前節でRコードの実行例を示しました。本書ではコードを次のように表示します。

```
1 + 2
#> [1] 3
```

この同じコードをコンソールで実行すると、次のようになります。

```
> 1 + 2
[1] 3
```

相違点は2つあります。コンソールでは、**プロンプト**と呼ばれる「>」の後に入力します。本書ではプロンプトを省いています。また出力も「#>」としてコメントアウトしています。コンソールでは出力がコードの直下に表示されます。なぜこのようにしたかというと、電子書籍の読者がコードを簡単にコピー＆ペーストしてコンソールで実行できるようにするためです。

本書では次のようなコードの表記法を使います。

- 関数は等幅フォントでsum()やmean()のように括弧が続く。
- （データや関数の引数のような）Rオブジェクトは等幅フォントでflightsやxのように括弧がない。
- オブジェクトのパッケージを明示したい場合には、dplyr::mutate()やnycflights13::flightsのようにパッケージ名の後にコロン2つをつけるのが正しいRでの書き方である。

困ったときとさらに学習するために

本書は孤独な学習を強いるものではありません。1冊の本や資料を読むだけで、Rを習熟できることなどありえません。本書で学んだ技法をデータに適用すれば、本書の練習問題にもなかった疑問に直面するでしょう。本節では困ったときのヒントと、さらに学ぶための手がかりを示します。

困ったら、まずはググることから始めます。普通は、質問文に「R」を追加すれば、関連した回答が表示されるでしょう。検索結果が役立たない場合は、Rに関する結果がそもそもないのかもしれません。そのような場合は、エラーメッセージを使うと役立ちます。エラーメッセージの意味がわからなければググってみましょう。他の人が同じような問題に遭遇している可能性は高いので、ウェブのどこかにヘルプが見つかるでしょう（エラーメッセージが英語以外なら、Sys.setenv(LANGUAGE = "en")として、コードを再実行します。英語のエラーメッセージが出るでしょう）。

ググってもダメなら、stackoverflow（https://stackoverflow.com/）に当たります。既にある回答をまず検索してみます。[R]を含めれば、Rに関する質問と回答に限定できます。参考になることがなければ、最小の再現可能例、略称reprexを用意します。良いreprexなら、回答が得られやすいし、その作成中に自分で問題を解決できることが多いでしょう。

例を再現するには、パッケージ、データ、コードの3つが必要となります。

- **パッケージ**はスクリプトの冒頭でロードしておく。何が必要かがすぐわかる。パッケージの最新版を使っているかどうかもチェックするとよい。前回使ったパッケージのバグがすでに修正されている可能性がある。tidyverse については、tidyverse_update() を使うと簡単に確認できる。
- 質問に**データ**を含めるには、dput() を使って再生するRコードを含めると一番簡単だ。例えば、Rの mtcars データセットの再生は次のようなステップで行う。

  1. R で dput(mtcars) を実行。
  2. 出力をコピー。
  3. スクリプトで、mtcars <-と入力してから出力をペースト。

  問題を再現するデータの最小部分集合を探すことだ。
- **コード**が他人にとって読みやすいように手を加える。

  — スペースや変数名が簡潔で必要な情報を含んでいることを確認する。
  — どこに問題があるかコメントで示す。
  — 問題に関係ないことはできるだけ除く。

  コードが短ければ短いだけ、理解しやすく、バグを取りやすくなる。

　Rセッションを新しく開いて、スクリプトをコピー&ペーストして実行し、実際に再現可能であるかをチェックします。

　そもそも問題が起こる前に、解決への準備に時間を割くようにします。毎日わずかでもRを学べば、長期的に考えると素晴らしい恩恵が得られます。1つの方法として、RStudioブログ (https://blog.rstudio.org/) をチェックすることで、本書の著者も含めてRStudioの開発者の動向をフォローします。新たなパッケージ、新たなIDE機能、対面の学習コースなどのニュースが得られます。ツイッターでHadley (@hadleywickham) やGarrett (@statgarrett)、あるいはIDEの新機能 (@rstudiotips) をフォローする手もあります。

　より広範なRコミュニティについて知るには、https://www.r-bloggers.com/ を勧めます。世界中の500以上のRについてのブログをまとめています。ツイッターを利用しているなら、ハッシュタグ #rstats を使います。Hadley Wickhamは、Rコミュニティでの新規開発に関してツイッターを用いています。

謝辞

　本書は著者たち二人だけでできたものではなく、Rコミュニティの多数の人々との (オンラインや個人的な) 会話から生み出されたものです。次のような人々に特に感謝します。我々の質問に答えるため長時間を割いてくれただけでなくデータサイエンスについてより素晴らしいアイデアやヒントを

与えてくれたからです。

- Jenny Bryan と Lionel Henry は、リストやリスト列の扱いについて有用な議論をしてくれた。
- ワークフローについての3章は、Jenny Bryan の「R basics, workspace and working directory, RStudio projects」(https://bit.ly/Rbasicsworkflow) から許可を得て転載した。
- Genevera Allen は、モデル、モデル化、統計的学習、および仮説生成と仮説確認の相違点について議論してくれた。
- Yihui Xie は bookdown (https://github.com/rstudio/bookdown) パッケージを作り、機能についての質問に根気よく答えてくれた。
- Bill Behrman は、本書の草稿全体を読んで、スタンフォード大学での講義で試してくれた。
- #rstats ツイッターコミュニティは、草稿をレビューして、数え切れないほどの有用なフィードバックをくれた。
- Tal Galili は、自分の dendextend パッケージに手を入れてクラスタ化の節をサポートしてくれた（しかしこれは最終草稿からは漏れてしまった）。

本書はオープンソース環境で執筆され、多数の人が誤植などの間違いを修正するためにプルリクエストを使って貢献してくれました。GitHubで貢献してくれた方全員（アルファベット順）に特に謝意を表したい。adi pradhan, Ahmed ElGabbas, Ajay Deonarine, @Alex, Andrew Landgraf, @batpigandme, @behrman, Ben Marwick, Bill Behrman, Brandon Greenwell, Brett Klamer, Christian G. Warden, Christian Mongeau, Colin Gillespie, Cooper Morris, Curtis Alexander, Daniel Gromer, David Clark, Derwin McGeary, Devin Pastoor, Dylan Cashman, Earl Brown, Eric Watt, Etienne B. Racine, Flemming Villalona, Gregory Jefferis, @harrismcgehee, Hengni Cai, Ian Lyttle, Ian Sealy, Jakub Nowosad, Jennifer (Jenny) Bryan, @jennybc, Jeroen Janssens, Jim Hester, @jjchern, Joanne Jang, John Sears, Jon Calder, Jonathan Page, @jonathanflint, Julia Stewart Lowndes, Julian During, Justinas Petuchovas, Kara Woo, @kdpsingh, Kenny Darrell, Kirill Sevastyanenko, @koalabearski, @KyleHumphrey, Lawrence Wu, Matthew Sedaghatfar, Mine Cetinkaya-Rundel, @MJMarshall, Mustafa Ascha, @nate-d-olson, Nelson Areal, Nick Clark, @nickelas, @nwaff, @OaCantona, Patrick Kennedy, Peter Hurford, Rademeyer Vermaak, Radu Grosu, @rlzijdeman, Robert Schuessler, @robinlovelace, @robinsones, S'busiso Mkhondwane, @seamus-mckinsey, @seanpwilliams, Shannon Ellis, @shoili, @sibusiso16, @spirgel, Steve Mortimer, @svenski, Terence Teo, Thomas Klebel, TJ Mahr, Tom Prior, Will Beasley, Yihui Xie

オンライン版

　本書のオンライン版（英語）がhttp://r4ds.had.co.nzにあります。書籍が改版されるまでの間にも更新が続けられています。本書のソースはhttps://github.com/hadley/r4dsにあります。本書は、https://bookdown.orgで作りました。これを使うとRマークダウンファイルを簡単にHTML、PDF、EPUBにできます。

　本書で使うツールのバージョン情報やパッケージ情報は次のビルドの通りです。

```
devtools::session_info(c("tidyverse"))
#> Session info -------------------------------------------------
#>  setting  value
#>  version  R version 3.3.1 (2016-06-21)
#>  system   x86_64, darwin13.4.0
#>  ui       X11
#>  language (EN)
#>  collate  en_US.UTF-8
#>  tz       America/Los_Angeles
#>  date     2016-10-10
#> Packages -----------------------------------------------------
#>  package    * version    date       source
#>  assertthat   0.1        2013-12-06 CRAN (R 3.3.0)
#>  BH           1.60.0-2   2016-05-07 CRAN (R 3.3.0)
#>  broom        0.4.1      2016-06-24 CRAN (R 3.3.0)
#>  colorspace   1.2-6      2015-03-11 CRAN (R 3.3.0)
#>  curl         2.1        2016-09-22 CRAN (R 3.3.0)
#>  DBI          0.5-1      2016-09-10 CRAN (R 3.3.0)
#>  dichromat    2.0-0      2013-01-24 CRAN (R 3.3.0)
#>  digest       0.6.10     2016-08-02 CRAN (R 3.3.0)
#>  dplyr      * 0.5.0      2016-06-24 CRAN (R 3.3.0)
#>  forcats      0.1.1      2016-09-16 CRAN (R 3.3.0)
#>  foreign      0.8-67     2016-09-13 CRAN (R 3.3.0)
#>  ggplot2    * 2.1.0.9001 2016-10-06 local
#>  gtable       0.2.0      2016-02-26 CRAN (R 3.3.0)
#>  haven        1.0.0      2016-09-30 local
#>  hms          0.2-1      2016-07-28 CRAN (R 3.3.1)
#>  httr         1.2.1      2016-07-03 cran (@1.2.1)
#>  jsonlite     1.1        2016-09-14 CRAN (R 3.3.0)
#>  labeling     0.3        2014-08-23 CRAN (R 3.3.0)
#>  lattice      0.20-34    2016-09-06 CRAN (R 3.3.0)
#>  lazyeval     0.2.0      2016-06-12 CRAN (R 3.3.0)
#>  lubridate    1.6.0      2016-09-13 CRAN (R 3.3.0)
#>  magrittr     1.5        2014-11-22 CRAN (R 3.3.0)
#>  MASS         7.3-45     2016-04-21 CRAN (R 3.3.1)
#>  mime         0.5        2016-07-07 cran (@0.5)
#>  mnormt       1.5-4      2016-03-09 CRAN (R 3.3.0)
```

```
#>   modelr          0.1.0       2016-08-31 CRAN (R 3.3.0)
#>   munsell         0.4.3       2016-02-13 CRAN (R 3.3.0)
#>   nlme            3.1-128     2016-05-10 CRAN (R 3.3.1)
#>   openssl         0.9.4       2016-05-25 cran (@0.9.4)
#>   plyr            1.8.4       2016-06-08 cran (@1.8.4)
#>   psych           1.6.9       2016-09-17 CRAN (R 3.3.0)
#>   purrr         * 0.2.2       2016-06-18 CRAN (R 3.3.0)
#>   R6              2.1.3       2016-08-19 CRAN (R 3.3.0)
#>   RColorBrewer    1.1-2       2014-12-07 CRAN (R 3.3.0)
#>   Rcpp            0.12.7      2016-09-05 CRAN (R 3.3.0)
#>   readr         * 1.0.0       2016-08-03 CRAN (R 3.3.0)
#>   readxl          0.1.1       2016-03-28 CRAN (R 3.3.0)
#>   reshape2        1.4.1       2014-12-06 CRAN (R 3.3.0)
#>   rvest           0.3.2       2016-06-17 CRAN (R 3.3.0)
#>   scales          0.4.0.9003  2016-10-06 local
#>   selectr         0.3-0       2016-08-30 CRAN (R 3.3.0)
#>   stringi         1.1.2       2016-10-01 CRAN (R 3.3.1)
#>   stringr         1.1.0       2016-08-19 cran (@1.1.0)
#>   tibble        * 1.2         2016-08-26 CRAN (R 3.3.0)
#>   tidyr         * 0.6.0       2016-08-12 CRAN (R 3.3.0)
#>   tidyverse     * 1.0.0       2016-09-09 CRAN (R 3.3.0)
#>   xml2            1.0.0.9001  2016-09-30 local
```

本書の表記法

本書では、次のような表記法に従います。

ゴシック（サンプル）

新しい用語を示す。

等幅（sample）

プログラムリストに使うほか、本文中でも変数、関数名、データベース、データ型、環境変数、文、キーワードなどのプログラムの要素を表す。

太字の等幅（sample）

ユーザがその通りに入力すべきコマンドやテキストを表す。

ヒントや提案を示す。

コード例の使用について

ソースコードは https://github.com/hadley/r4ds からダウンロードできます。

本書は、読者の仕事の実現を手助けするためのものです。一般に、本書のコードを読者のプログラムやドキュメントで使用可能です。コードの大部分を複製しない限り、O'Reilly の許可を得る必要はありません。例えば、本書のコードの一部をいくつか使用するプログラムを書くのに許可は必要ありません。O'Reilly の書籍のサンプルを含む CD-ROM の販売や配布には許可が必要です。本書を引き合いに出し、サンプルコードを引用して質問に答えるのには許可は必要ありません。本書のサンプルコードの大部分を製品のマニュアルに記載する場合は許可が必要です。

出典を明らかにしていただくのはありがたいことですが、必須ではありません。出典を示す際は、通常、題名、著者、出版社、ISBN を入れてください。例えば、『R for Data Science』(Hadley Wickham、Garrett Grolemund 著、O'Reilly、Copyright 2017 O'Reilly Media、ISBN978-1-491-91039-9、日本語版『R ではじめるデータサイエンス』オライリー・ジャパン、ISBN978-4-87311-814-7) のようになります。

コード例の使用が、公正な使用や上記に示した許可の範囲外であると感じたら、遠慮なく permissions@oreilly.com に連絡してください。

問い合わせ先

本書に関するご意見、ご質問などは、出版社に送ってください。

株式会社オライリー・ジャパン

電子メール japan@oreilly.co.jp

本書には、正誤表、サンプル、追加情報を掲載したウェブサイトがあります。このページには以下のアドレスでアクセスできます。

http://shop.oreilly.com/product/0636920034407.do (英語)

http://www.oreilly.co.jp/books/9784873118147/ (日本語)

本書に関する技術的な質問やコメントは、以下に電子メールを送ってください。

bookquestions@oreilly.com

当社の書籍、コース、カンファレンス、ニュースに関する詳しい情報は、当社のウェブサイトを参照してください。

http://www.oreilly.com (英語)

http://www.oreilly.co.jp (日本語)

当社のFacebookは以下の通り。

http://facebook.com/oreilly

当社のTwitterは以下でフォローできます。

http://twitter.com/oreillymedia

YouTubeで見るには以下にアクセスしてください。

http://www.youtube.com/oreillymedia

目次

第I部　探索

6章 ワークフロー：プロジェクト

第Ⅱ部　データラングリング

7章 tibbleのtibble

8章 readrによるデータインポート

9章　tidyrによるデータ整理　129

10章　dplyrによる関係データ　149

第Ⅲ部　プログラム

第Ⅳ部　モデル

第V部　コミュニケーション

21章　Rマークダウン ……………………………………………… 377

探索

　Ⅰ部の目的は、**データ探索**の基本ツールにできるだけ早く慣れることです。データ探索は、データを調べて、迅速に仮説を立て、迅速に検定し、何度も何度もこれを繰り返します。後でさらに深いところを探索できるように、できるだけ多くの有望な手がかりを集めることがデータ探索の目的となります。

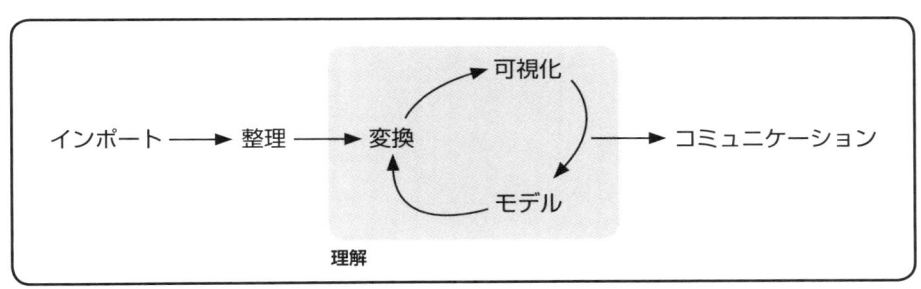

プログラム

第Ⅰ部では、すぐに成果の出る有用なツールを学びます。

- 可視化は、効果が明らかなので、Rプログラミングを開始するのに好都合な分野である。データを理解するのに役立つきれいで情報に富んだプロットが作成できる。1章では可視化に取り組み、ggplot2の基本構造とデータからプロットする強力な技法を学ぶ。
- 一般的に可視化だけでは十分でないので、3章では、重要な変数を選び、重要な観測をフィルタし、新たな変数を作り、要約を計算する機能を学ぶ。
- 最後に、5章で可視化と変換とを組み合わせ、好奇心と猜疑心とを満たすような、データについての興味深い質問を投げかけ答える。

　モデリングは探索プロセスで重要な部分ですが、この時点では、効果的に学習し適用するスキルがまだ十分ではないと考えられることから、データラングリングやプログラミングをするツール類を

学び終えた第Ⅳ部でモデリングを再度扱います。

　探索用のツールを学ぶ上の3つの章の間に寄り添うようにRのワークフローに焦点を絞った3つの章があります。2、4、6章でRコードを書いて組織化する方法を練習します。この練習で、現実のプロジェクトにおいても、よく整理されたツールを使えるようになり、将来の成功が期待できます。

1章
ggplot2によるデータ可視化

1.1 はじめに

単純なグラフは他のどんなものよりも、データアナリストの心に響く情報をより多くもたらす。

—— John Tukey（米国の数学者・統計学者、1915-2000）[1]

本章では、ggplot2を使ってデータを可視化する方法を学びます。Rにはグラフを描く方法がいくつもありますが、ggplot2が最も洗練されており、多くの機能を持っています。ggplot2はグラフの一貫した構成記述体系である**グラフィックス文法**[2]を実装しています。ggplot2という1つのシステムを学ぶことでより速く学習できて、多くの場面で応用できます。

ggplot2の理論的背景についてもっと学びたければ、「A Layered Grammar of Graphics」（http://vita.had.co.nz/papers/layered-grammar.pdf）という論文を読むことをお勧めします。

1.1.1 準備するもの

本章は、tidyverseの基本要素、ggplot2に焦点を絞ります。本章で使うデータセット、ヘルプページ、関数にアクセスするため、次のコードでtidyverseをロードします。

```
library(tidyverse)
#> Loading tidyverse: ggplot2
#> Loading tidyverse: tibble
#> Loading tidyverse: tidyr
#> Loading tidyverse: readr
#> Loading tidyverse: purrr
#> Loading tidyverse: dplyr
```

＊1　訳注：Tukeyは時代に先駆けて5章で述べられる探索的データ分析（EDA）を提唱した。

＊2　訳注：原語は（layered）grammar of graphics。詳細はLeland Wilkinson, The Grammar of Graphics 2nd Edition, Springer-Verlag, 2005参照。

```
#> Conflicts with tidy packages -------------------------------
#> filter(): dplyr, stats
#> lag():    dplyr, stats
```

　この1行でほぼすべてのデータ分析で使う`tidyverse`の中核パッケージがロードされます。これは、`tidyverse`のどの関数がR（あるいは、ロード済みの他のパッケージ）の関数と衝突しているかも示します。

　このコード実行で、「library(tidyverse) でエラー：'tidyverse' という名前のパッケージはありません」というエラーメッセージが出たら、次のように、インストールと`library()`を再度実行します。

```
install.packages("tidyverse")
library(tidyverse)
```

　パッケージのインストールは一度でよいのですが、セッションを新たに開始するときはロードが再度必要になります。

　関数（およびデータセット）がどのパッケージにあるか明示するには、`package::function()`という形式を使います。例えば、`ggplot2::ggplot()`で`ggplot2`パッケージの`ggplot()`関数を使っていることを明示します。

1.2　第1ステップ

　「大きなエンジンを搭載した車は小さなエンジンの車よりたくさんの燃料を食うか?」という質問に答えるために、最初のグラフを使うことにしましょう。あなたは答えがわかっていると思いますが、説得力のあるものにしてみましょう。エンジンの大きさと燃費の関係はどうなるでしょうか。正か負か、線形か非線形か。

1.2.1　mpgデータフレーム

　`ggplot2`の`mpg`データフレーム（`ggplot2::mpg`）で自分の答えを試しましょう。**データフレーム**とは、変数（列）と観測値（行）とを長方形の表にまとめたものです。`mpg`には、米国環境保護局がまとめた38車種のデータがあります。

```
mpg
#> # A tibble: 234 × 11
#>   manufacturer model displ year   cyl    trans  drv
#>          <chr> <chr> <dbl> <int> <int>    <chr> <chr>
#> 1         audi    a4   1.8  1999     4  auto(l5)    f
#> 2         audi    a4   1.8  1999     4 manual(m5)   f
#> 3         audi    a4   2.0  2008     4 manual(m6)   f
#> 4         audi    a4   2.0  2008     4  auto(av)    f
#> 5         audi    a4   2.8  1999     6  auto(l5)    f
#> 6         audi    a4   2.8  1999     6 manual(m5)   f
```

```
#> # ... with 228 more rows, and 4 more variables:
#> # cty <int>, hwy <int>, fl <chr>, class <chr>
```

mpgには次のような変数があります。

- displ、車のエンジンのサイズ、リットル単位。
- hwy、高速道路走行時の燃費、ガロン当たりのマイル（mpg）。燃費の悪い車は、同じ距離を走った場合に燃費の良い車より多くの燃料を消費する。

?mpgを実行してヘルプページを開くと、mpgについてもっと知ることができます。

1.2.2 ggplotを作る

次のコードを実行すると、displをx軸、hwyをy軸にとったmpgのプロットができます。

```
ggplot(data = mpg) +
  geom_point(mapping = aes(x = displ, y = hwy))
```

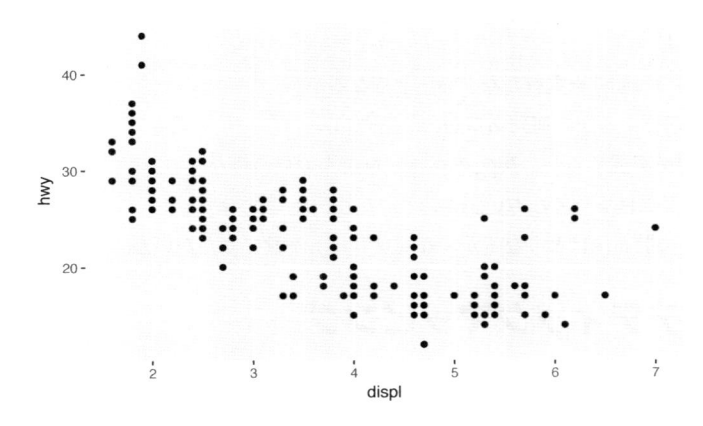

このプロットは、エンジンサイズ（displ）と燃費（hwy）との負の相関を示します。言い換えると、大きなエンジンを搭載した車は燃料をより多く消費します。これは、エンジンサイズと燃費について読者が立てていた仮説を裏付けるものでしょうか、それとも反証するものでしょうか。

関数ggplot()は、ggplot2の最初の関数ですが、プロットします。ggplot()は、レイヤーを付加することができる座標平面を作成します。ggplot()の第1引数はグラフのためのデータセットです。ggplot(data = mpg)は空グラフを作りますが、面白味がないのでここでは示しません。

ggplot()にレイヤーを追加してグラフを完成できます。関数geom_point()は、散布図を作り、その点のレイヤーをプロットに追加します。ggplot2には多数のgeom関数がありますが、それぞれ違った種類のレイヤーを追加します。本章では、これらすべてについて学びます。

　ggplot2の個々のgeom関数はmapping引数をとります。これは、データセットの変数が表示される特性にどのように対応するかを定義します。mapping引数は常にaes()と対になり、aes()のxおよびy引数がどの変数をx軸およびy軸にとるかを指定します。ggplot2はdata引数、この場合はmpgでマップされた変数を探します。

1.2.3　グラフ作成テンプレート

　上のコードをggplot2でグラフを作る再利用可能なテンプレートにします。グラフを作るには、次のコードの山括弧の部分をデータセットやgeom関数、マッピングの集まりで置き換えます。

```
ggplot(data = <DATA>) +
  <GEOM_FUNCTION>(mapping = aes(<MAPPINGS>))
```

　本章の残りでは、このテンプレートを完成させたり拡張したりして異なる種類のグラフを作る方法を示します。まず<MAPPINGS>部分から始めます。

練習問題

1. ggplot(data = mpg)を実行しなさい。どうなるか。
2. mtcarsには何行あるか。何列あるか。
3. drv変数は何を記述するか。?mpgのヘルプを読んで見つけなさい。
4. hwyとcylの散布図を作りなさい。
5. class対drvの散布図はどうなるか。なぜプロットが役に立たないか。

1.3　エステティックマッピング

　　絵画の最大の価値は、まったく見ることを期待していなかったものにわれわれの注意を向けさせるときにある。

—— John Tukey（米国の数学者・統計学者、1915-2000）

　次のプロットでは、一群の点（赤く塗られている）が、線形傾向から外れています。これらの車は、予想より燃費が優れています。これをどのように説明すればよいでしょうか。

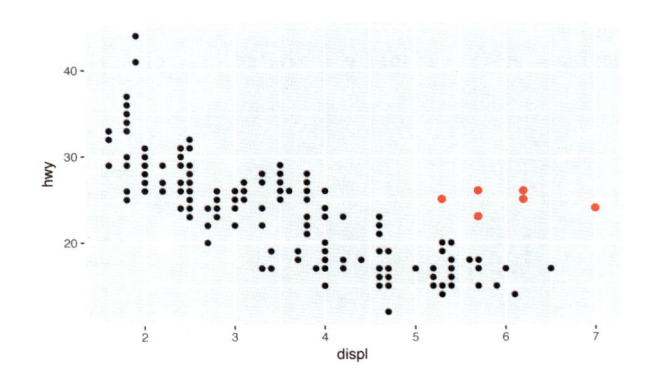

　これらの車がハイブリッドだという仮説を立てます。この仮説を検定するには、まず車のclass値を調べます。mpgデータセットのclass変数は、車をコンパクト、ミッドサイズ、SUVのように分類します。外れ値がハイブリッドカーなら、コンパクトかサブコンパクトに分類されているでしょう（このデータが取られたのは、ハイブリッドトラックやハイブリッドSUVが主流となる前だということに注意）。

　classのような第3変数を**エステティック属性**（aesthetic）にマッピングすることで、2次元プロットに追加できます。エステティック属性はプロットのオブジェクトの可視化特性です。エステティック属性には点の大きさ、形、色が含まれます。（次に示すように）点のエステティック属性の値を変更して、さまざまに表示できます。「値」という語をデータ記述に用いているので、エステティック属性の記述には「レベル」という語を使います。点の大きさ、形、色のレベルを変えて、小さく、三角、青にできます。

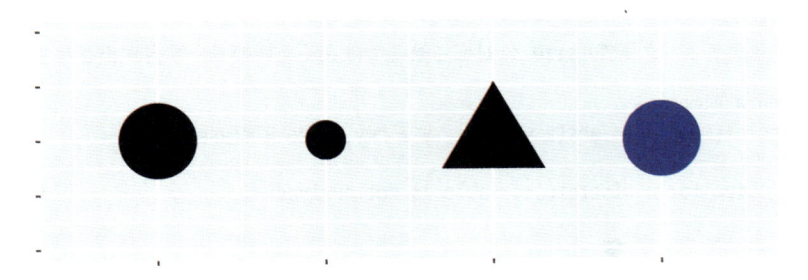

　プロットでのエステティック属性をデータセットの変数に対応させて、データについての情報を示すことができます。例えば、点の色をclass変数に対応させると、車の車種を色で示すことができます[*1]。

```
ggplot(data = mpg) +
  geom_point(mapping = aes(x = displ, y = hwy, color = class))
```

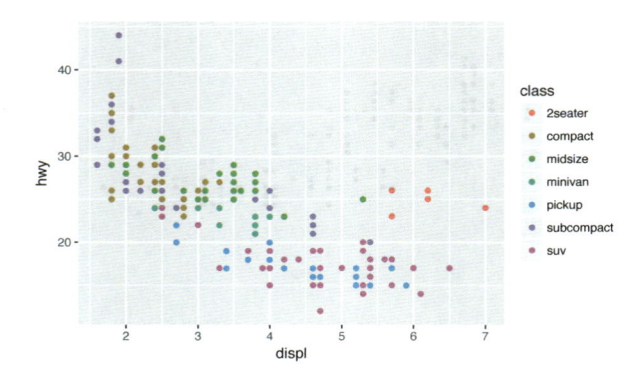

エステティック属性を変数に対応付けるには、aes()の中でエステティック属性の名前を変数名に関連付けます。ggplot2が自動的にaestheticのレベルが変数の値に1対1に対応するよう代入します。このプロセスは**スケーリング**と呼ばれます。ggplot2はどのレベルがどの値に対応するかの凡例も追加します。

外れ値の点の色から、多くが2人乗りの車だということがわかります。これはハイブリッドではなく、スポーツカーです。スポーツカーは、SUVやトラックのようにエンジンは大きいが、車体がミッドサイズやコンパクトカーのように小さいので、燃費が良い。考えてみれば、これらの車のエンジンは大きいので、ハイブリッドの可能性は少ないでしょう。

この例では、classを色に対応させましたが、classをエステティック属性のサイズに対応させることもできます。その場合、点の大きさが車種を示します。この例では、順序のない変数(class)を順序のあるエステティック属性(size)に対応させるのは良くないので、警告が出されます。

```
ggplot(data = mpg) +
  geom_point(mapping = aes(x = displ, y = hwy, size = class))
#>  警告メッセージ:
#> Using size for a discrete variable is not advised.
```

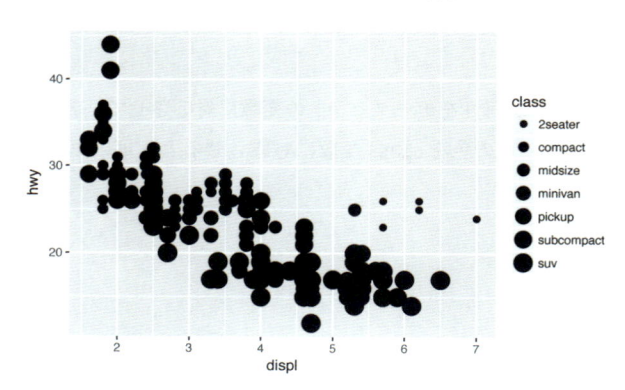

あるいは、classを透過度を示すエステティック属性alphaや点の形に対応させることもできます。

```
ggplot(data = mpg) +
  geom_point(mapping = aes(x = displ, y = hwy, alpha = class))
```

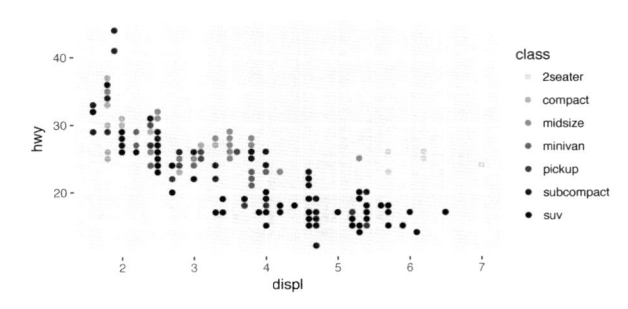

```
ggplot(data = mpg) +
  geom_point(mapping = aes(x = displ, y = hwy, shape = class))
```

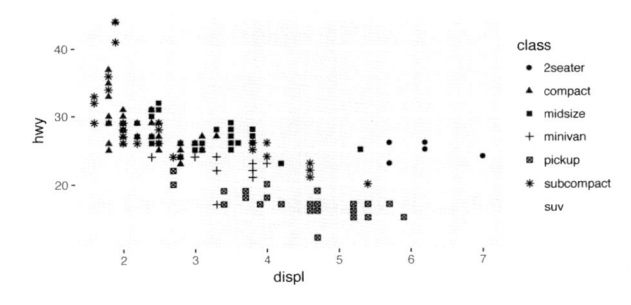

この図のSUVはどうなったのでしょうか。ggplot2は一度に6つの形（shape）しか使うことができません。エステティック属性は、デフォルトではそれ以上のグループのプロットがなされません。

使用するエステティック属性ごとに、aes()が属性名と表示する変数とを関連付けます。aes()関数は、あるレイヤーで使われるエステティック属性マッピングをまとめて、そのレイヤーのマッピング引数に渡します。この構文から、xとyについても知見が得られるでしょう。点のx座標とy座標の位置もエステティック属性であり、データについての表示情報を変数に対応付ける可視化特性なのです。

エステティック属性の対応付けさえすれば、後はggplot2が処理してくれます。エステティック属性に応じたスケールを選択し、レベルと値との対応を説明する凡例を作成します。xとyについては、凡例は作成しませんが、座標軸と目盛とそのラベルを作成します。座標軸は凡例の役割をします。位置と値との対応付けを説明するからです。

geom関数のエステティック属性を設定することもできます。例えば、プロットのすべての点を青にすることができます。

```
ggplot(data = mpg) +
  geom_point(mapping = aes(x = displ, y = hwy), color = "blue")
```

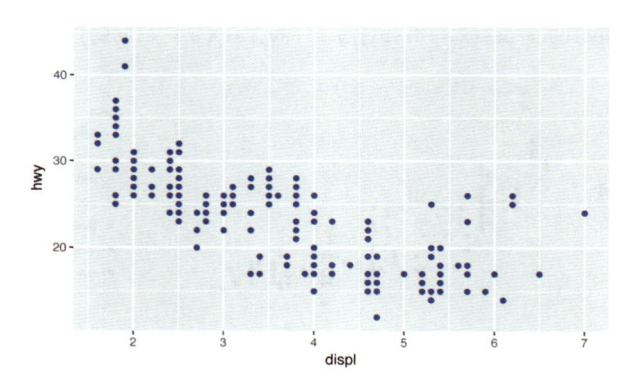

　この場合、点の色は変数についての情報を伝えるのではなく、プロットの見え方を変えただけです。エステティック属性を自分で設定するときには、エステティック属性を、aes()の中ではなく、geom関数の引数に名前で設定します。エステティック属性の値としては、次のように意味のあるものを指定する必要があります。

- 色の名前は文字列で指定。
- 点のサイズはmmで指定。
- 点の形は**図1-1**に示す数値で指定。重複があるように見える。例えば、0, 15, 22はすべて正方形。違いは、エステティック属性colorとfillの組み合わせによる。枠だけの形（0-14）の境界線にはcolorがある。塗りつぶした形（15-18）にはcolorがある。塗りつぶし（21-24）では、境界のcolorと塗りつぶしのfillとがある。

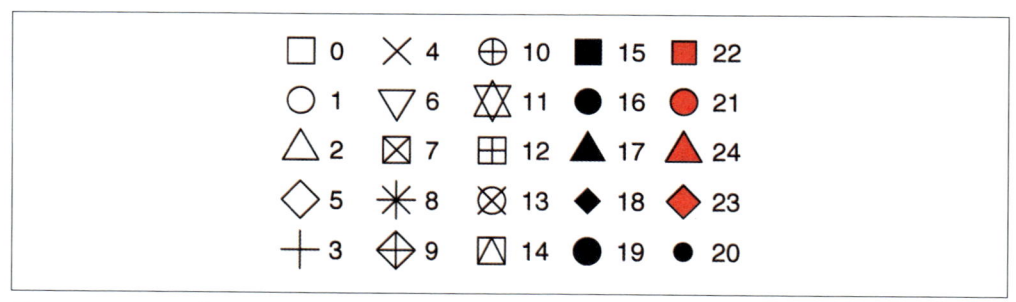

図1-1　Rには25の数値で識別される形が組み込まれている[1]。

---

[1]　訳注：この形はplot symbolとも言う。Winston Chang『Rグラフィックスクックブック——ggplot2によるグラフ作成のレシピ集』（オライリー・ジャパン、石井ほか訳、2013）にさらに詳しい情報がある。

練習問題

1. 次のコードはどこがおかしいか。なぜ点が青になっていないのだろうか。

```
ggplot(data = mpg) +
  geom_point(
    mapping = aes(x = displ, y = hwy, color = "blue")
  )
```

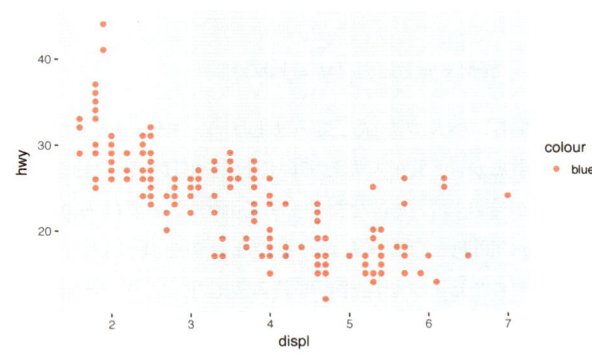

2. mpgのどれがカテゴリ変数か。どれが連続変数か（ヒント：?mpgと入力してデータセットのドキュメントを読む）。mpgを実行した時、この情報がどのようにして得られるか[1]。

3. 連続変数をcolor, size, shapeにマップしてみる。カテゴリ変数と連続変数とでこれらのエステティック属性がどう振る舞いを変えるか。

4. 1つの変数に複数のエステティック属性をマップするとどうなるか。

5. エステティック属性strokeは何をするか。どんな形に作用するか（ヒント：?geom_pointを使う）。

6. エステティック属性を、aes(color = displ < 5)のように変数名以外にマップするとどうなるか。

1.4　よくある不具合

　Rコードを実行すると、往々にしてうまくいかないことがありますが、心配することはありません。誰にでもあることです。私は何年もRのコードを書いていますが、書いたコードが動かないことが、今でも毎日のようにあります。

　まず、実行コードと本のコードとを注意して見比べます。Rは非常に微妙な言語で、一文字間違えただけで、まったく異なるものになってしまいます。すべての「(」が「)」と対応し、すべての二重引用符 (") が対になっていることを確かめます。場合によると、コードを実行しても何も起こらないこ

＊1　訳注：カテゴリ変数、連続変数など統計学の基礎が必要なら、Sarah Boslaugh『統計クイックリファレンス 第2版』（黒川ほか訳、オライリー・ジャパン、2015）などで復習するとよい。

とがあります。そのときは、コンソールの左端を調べます。「+」だったら、Rは入力が完全な式ではなくて、入力完了を待っていることを表しています。この場合、Escキーで現在の処理を強制終了して、普通は最初から簡単にもう一度やり直すことができます。

　ggplot2でグラフや図を作るときに、+をタイプする位置を間違えてしまう問題がよく起こります。+は行頭ではなく、行末でなければいけません。言い換えれば、次のようなコードの書き間違いをしてはいけません。

```
ggplot(data = mpg)
+ geom_point(mapping = aes(x = displ, y = hwy))
```

　まだ問題が解決しないのなら、ヘルプを試してみましょう。RStudioでは、どのR関数でも、コンソールで「?関数名」を実行するか、（現在入力している行で）関数名を選択してF1キーを押せばヘルプが表示されます。ヘルプがそれほど役立たなくても心配する必要はありません。例が載っているところまでスキップし、自分の問題と合致するコードがないかを調べます。

　それでもだめなら、エラーメッセージを注意して読み返します。答えが潜んでいることがよくあります。Rにまだ慣れていないと、エラーメッセージに答えがあるのに、どう理解すべきかがわかっていないことがあります。もう1つの強力なツールはGoogle検索です。エラーメッセージの内容をそのまま入力して検索すると、既に他の誰かが同じ問題に出会っていて、解決方法を示しているでしょう。

1.5　ファセット

　エステティック属性は変数を追加する1つの方法ですが、別の方法もあります。特にカテゴリ変数を使うとき、プロットを分割して**ファセット**にすると便利です。各ファセットはデータの各部分集合を表示します。

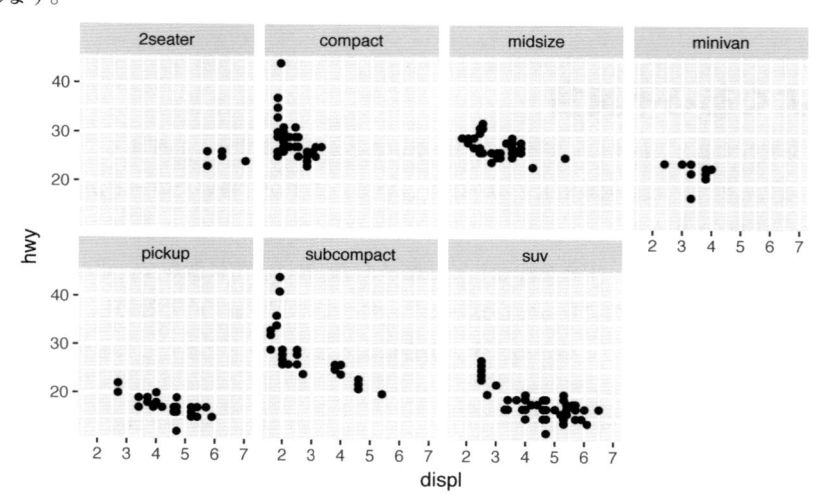

　単一変数でプロットのファセットを作るには、`facet_wrap()`を使います。`facet_wrap()`の第1引数は、変数名の前に~を付けたフォーミュラでなければなりません（ここで言うフォーミュラ（formula）は、Rのデータ構造の名称で、数学の公式の意味ではありません）。`facet_wrap()`に渡す変数は、離散的でなければなりません。上のグラフのコードは次のようになっています。

```
ggplot(data = mpg) +
  geom_point(mapping = aes(x = displ, y = hwy)) +
  facet_wrap(~ class, nrow = 2)
```

　2変数を組み合わせたプロットのファセットを作るには、プロット呼び出しに`facet_grid()`を追加します。`facet_grid()`の第1引数もフォーミュラです。このフォーミュラでは、2つの変数名を~で区切ります。

```
ggplot(data = mpg) +
  geom_point(mapping = aes(x = displ, y = hwy)) +
  facet_grid(drv ~ cyl)
```

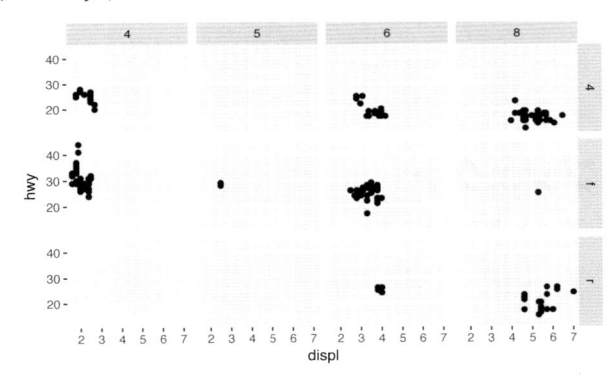

　行または列の次元だけでファセットを作るには、例えば`+ facet_grid(. ~ cyl)`のように変数名の代わりに「`.`」を使います。

練習問題

1. 連続変数でファセットを作るとどうなるか。

2. `facet_grid(drv ~ cyl)`のプロットの空白のセルは何を意味するか。次のプロットとどのように関係するか。

```
ggplot(data = mpg) +
  geom_point(mapping = aes(x = drv, y = cyl))
```

3. 次のコードはどんなプロットになるか。「`.`」は何をしているのか。

```
ggplot(data = mpg) +
```

```
  geom_point(mapping = aes(x = displ, y = hwy)) +
  facet_grid(drv ~ .)

ggplot(data = mpg) +
  geom_point(mapping = aes(x = displ, y = hwy)) +
  facet_grid(. ~ cyl)
```

4. 本節の最初のファセットプロットを考えよう。

```
ggplot(data = mpg) +
  geom_point(mapping = aes(x = displ, y = hwy)) +
  facet_wrap(~ class, nrow = 2)
```

ファセットを使うのは、色のエステティック属性を使うのと比べてどんな利点があるか。逆にどんな欠点があるか。データセットがもっと大きいと、それらはどう変わるだろうか。

5. `?facet_wrap`を読みなさい。`nrow`は何を表しているか。`ncol`は何を表しているか。他のオプションは個々のパネルの配置にどう影響するのか。なぜ`facet_grid()`には変数`nrow`や`ncol`がないのだろうか。

6. `facet_grid()`を使うとき、レベルの多い方を行の変数として使うのが普通である。なぜだろうか。

1.6　幾何オブジェクト

次の2つのプロットの似ている点はどこでしょう。

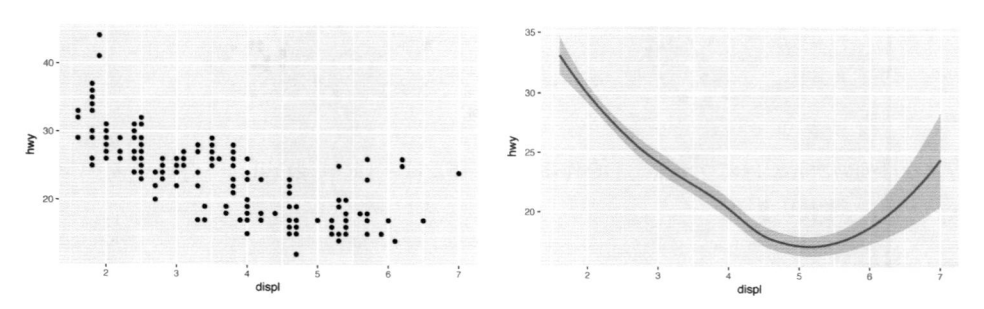

両方のプロットとも同じx変数、同じy変数を含み、両方とも同じデータを表現しています。しかし、プロットは同じではありません。データを表すために異なるオブジェクトを使っているからです。ggplot2では、このことを「異なるgeomを使っている」と言います。

geomとは、プロットがデータを表すのに使う幾何オブジェクトのことです。プロットを表現する際に、そのプロットが使っているgeomをそのまま使うことがよくあります。例えば、棒グラフはバーgeomを使い、折れ線グラフは線geomを使い、箱ひげ図は箱ひげgeomを使います。散布図は、このような形式と異なり、点geomを使います。上のプロットを見てわかるように、同じデータのプロッ

トに異なるgeomを使うことができます。左のプロットは点geomを使い、右のプロットは円滑geom、データに適合する滑らかな曲線を使います。

プロットのgeomを変更するには、ggplot()に追加したgeom関数を変更します。例えば、上のプロットを作るには、次のコードを使います。

```
# 左
ggplot(data = mpg) +
  geom_point(mapping = aes(x = displ, y = hwy))

# 右
ggplot(data = mpg) +
  geom_smooth(mapping = aes(x = displ, y = hwy))
```

ggplot2のすべてのgeom関数はmapping引数をとります。しかし、すべてのエステティック属性がすべてのgeomに対して効果がある訳ではありません。点の形は設定できますが、線の「形」は設定できません。その一方で、線の線種を設定することは**できます**。geom_smooth()は、線種 (linetype)にマップした値ごとに、異なる線を異なる線種で描きます。

```
ggplot(data = mpg) +
  geom_smooth(mapping = aes(x = displ, y = hwy, linetype = drv))
```

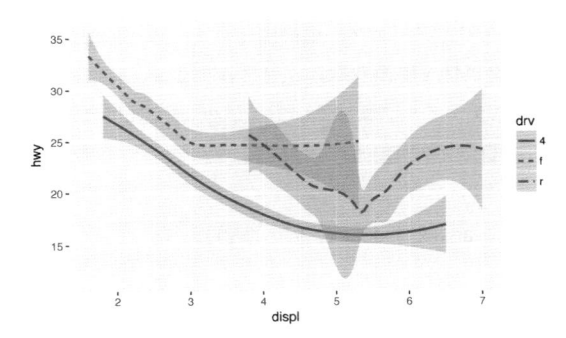

ここでは、geom_smooth()が車をその駆動系を表すdrv値に応じて3つの線に分けています。1つの線は4の値の全点を、もう1つは値がfの全点を、もう1つが値がrの全点を表します。4は4輪駆動、fは前輪駆動、rは後輪駆動を示します。

これではしっくりこないと感じるなら、線の上に元データを重ね書きして、drvの値ごとにすべてに色をつけるとより明確にすることができます。

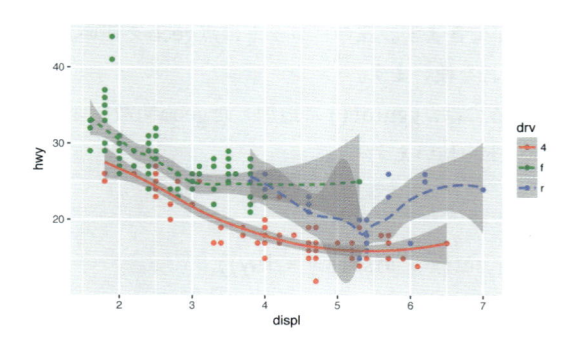

　このプロットでは1つのグラフに2つの geom を含むことに注意します。これはよいと思った人は少々お待ちください。後で複数の geom を同一プロットに置く方法を学びます。

　ggplot2 には、30を超える geom があり、拡張パッケージにはさらに多くの geom があります（例えば、http://www.ggplot2-exts.org/ を参照）。全体の概観は、https://www.rstudio.com/resources/cheatsheets/ にある ggplot2 チートシートを見るのが一番手っ取り早いでしょう。個々の geom について学ぶには、?geom_smooth のようにヘルプを使います。

　多くの geom は、geom_smooth() のように複数行のデータを単一の幾何オブジェクトで表します。これらの geom では、group をカテゴリ変数に設定して、複数のオブジェクトを描画します。ggplot2 は、group 変数の値ごとに別々のオブジェクトを描画します。実際、ggplot2 は（先ほどの linetype の例のように）エステティック属性を離散変数にマップしたときには常に、geom のデータを自動的に group 処理します。group エステティック属性そのものは geom の凡例を追加したり特別な機能を追加するわけではないので、この自動処理に任せると便利です。

```
ggplot(data = mpg) +
  geom_smooth(mapping = aes(x = displ, y = hwy))

ggplot(data = mpg) +
  geom_smooth(mapping = aes(x = displ, y = hwy, group = drv))

ggplot(data = mpg) +
  geom_smooth(
    mapping = aes(x = displ, y = hwy, color = drv),
    show.legend = FALSE
  )
```

同じプロットに複数のgeomを表示するには、複数のgeom関数をggplot()に加えます。

```
ggplot(data = mpg) +
  geom_point(mapping = aes(x = displ, y = hwy)) +
  geom_smooth(mapping = aes(x = displ, y = hwy))
```

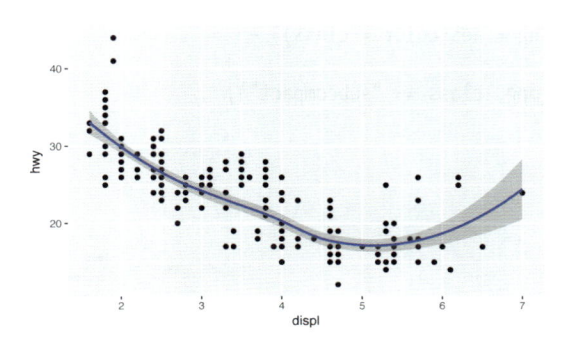

しかし、コードには重複があります。y座標にhwyでなくctyを表示したいとしましょう。変数を2か所で変更する必要があり、1か所での変更を忘れるかもしれません。この種の重複をggplot()にひとそろいのマッピングを渡すことで避けることができます。ggplot2は、グラフ内の各geomに適用する大域マッピングとして、そのマッピングを処理します。言い換えると、次のコードが先ほどのコードと同じプロットを生成します。

```
ggplot(data = mpg, mapping = aes(x = displ, y = hwy)) +
  geom_point() +
  geom_smooth()
```

geom関数のマッピングはそのレイヤーの局所マッピングとして扱われます。**そのレイヤーでだけ、大域マッピングを拡張または上書きします。**これによって、レイヤーごとに異なるエステティック属性を表示することが可能となります。

```
ggplot(data = mpg, mapping = aes(x = displ, y = hwy)) +
  geom_point(mapping = aes(color = class)) +
  geom_smooth()
```

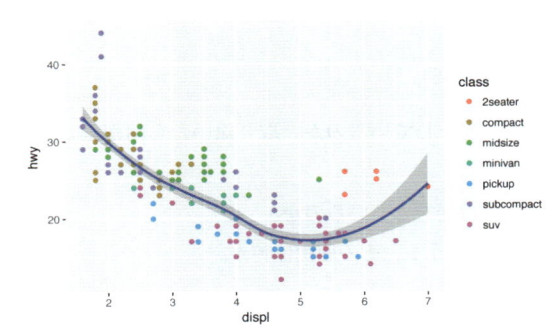

　同じアイデアを使ってレイヤーごとに異なるデータを指定できます。ここでは滑らかな曲線でmpgデータセットの部分集合であるサブコンパクトカーだけを表示しています。geom_smooth()の局所引数がggplot()のそのレイヤーの大域データ引数だけを上書きします。

```
ggplot(data = mpg, mapping = aes(x = displ, y = hwy)) +
  geom_point(mapping = aes(color = class)) +
  geom_smooth(
    data = filter(mpg, class == "subcompact"),
    se = FALSE
)
```

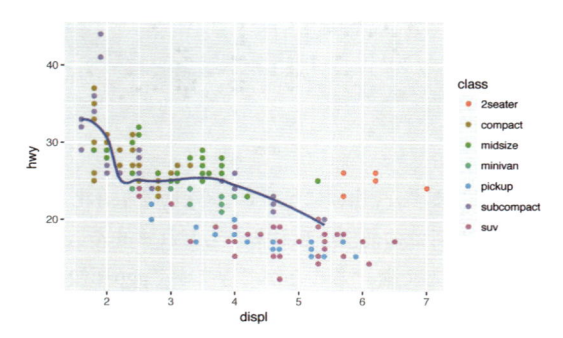

　(filter()の動作については次章で学びます。とりあえずは、このコマンドでサブコンパクトカーだけを選べると知っておけば十分です。)

練習問題

1. 折れ線グラフを描くにはどのgeomを使うか。箱ひげ図では？ ヒストグラムでは？ 面グラフでは？

2. 次のコードを頭の中で実行して出力がどうなるか予測しなさい。それから、Rで実行して予測が正しかったかチェックしなさい。

```
ggplot(
  data = mpg,
  mapping = aes(x = displ, y = hwy, color = drv)
) +
  geom_point() +
  geom_smooth(se = FALSE)
```

3. show.legend = FALSE は何をしているのか。取り除いたら何が起こるか。私がこれを使ったのはなぜか。

4. geom_smooth()のse引数は何をしているのか。

5. 次の2つのグラフは同じかどうか。その理由は何か。

```
ggplot(data = mpg, mapping = aes(x = displ, y = hwy)) +
```

```
    geom_point() +
    geom_smooth()

ggplot() +
  geom_point(
    data = mpg,
    mapping = aes(x = displ, y = hwy)
  ) +
  geom_smooth(
    data = mpg,
    mapping = aes(x = displ, y = hwy)
  )
```

6. 次のグラフを生成するコードを作りなさい。

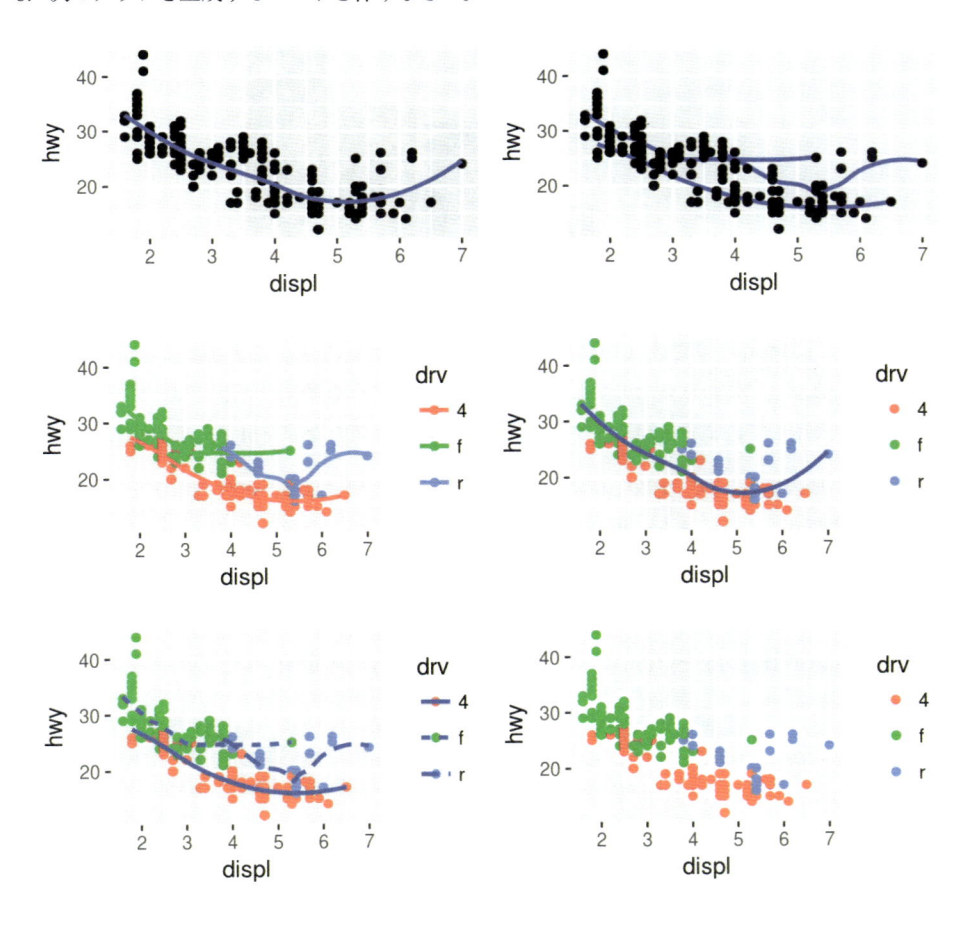

1.7　統計変換

　次に、棒グラフに着目します。棒グラフは単純に見えますが、プロットではわかりにくかったことが明らかになるので興味深いものです。geom_bar()で描かれる基本的な棒グラフを考えます。次の図はdiamondsデータセットのダイヤモンドの総数をcutでグループ分けして表示します。diamondsデータセットはggplot2にあり、約54,000個のダイヤモンドについての情報を各ダイヤモンドのprice, carat, color, clarity, cutについて含みます。グラフから高品質カットのダイヤモンドの方が低品質のより多いことがわかります。

```
ggplot(data = diamonds) +
  geom_bar(mapping = aes(x = cut))
```

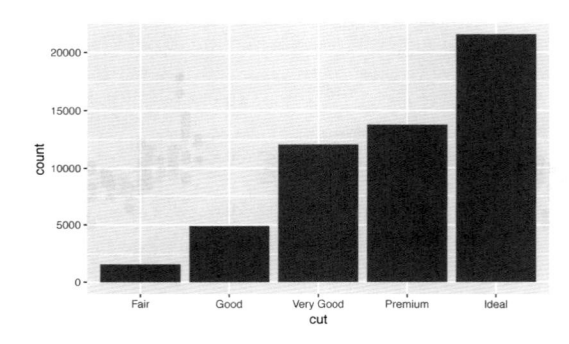

　グラフのx軸はdiamondsの変数cutを表します。y軸はcount（個数）ですが、これはdiamondsの変数ではありません。どこから来たのでしょうか。散布図のような多くのグラフは、データセットの生のデータ値を表示しています。棒グラフのようなグラフでは新たな値を計算して表示します。

● 棒グラフ、ヒストグラム、度数分布多角形ではデータを区分けして、区分の個数を表示する。

● データに合わせるようにスムーザがモデルを作り、モデルから予測してプロットする。

● 箱ひげ図は分布の頑健な要約を計算し、特別な形式の箱で表示する。

　グラフのための新たな値を計算するのに使われるアルゴリズムは、statと呼ばれますが、これは統計変換（statistical transformation）の略です。次の図では、geom_bar()でこのプロセスがどうなっているかを示します。

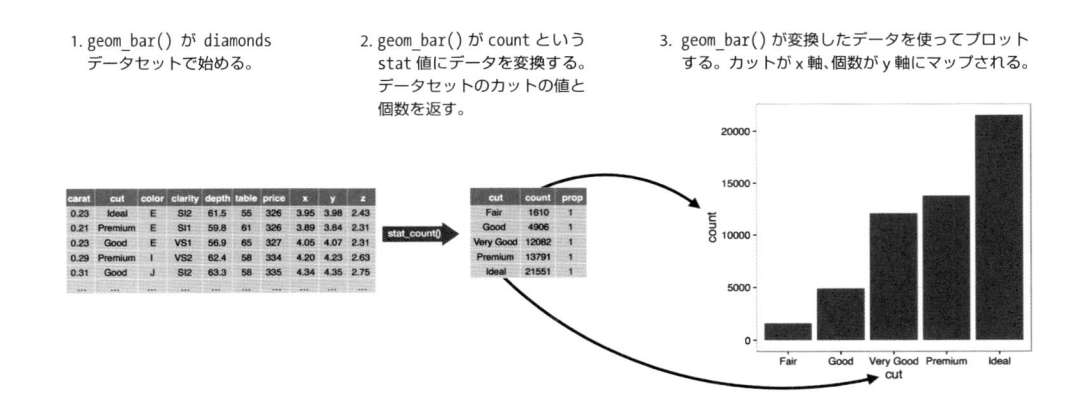

1. geom_bar() が diamonds データセットで始める。

2. geom_bar() が count という stat 値にデータを変換する。データセットのカットの値と個数を返す。

3. geom_bar() が変換したデータを使ってプロットする。カットが x 軸、個数が y 軸にマップされる。

stat 引数のデフォルト値を調べると、geom がどの stat を使用しているかがわかります。例えば、?geom_bar では stat のデフォルト値が「count」だと書いてありますが、これは、geom_bar() が stat_count() を使っていることを示します。stat_count() については geom_bar() のページにドキュメントがあります。そのページの下方には、「計算変数（Computed variables）」という項目があり、count と prop という新たな変数2つを計算することがわかります。

一般的には、geom と stat はどちらを使っても構いません。例えば、先ほどのプロットでは、geom_bar() の代わりに stat_count() を使うこともできます。

```
ggplot(data = diamonds) +
  stat_count(mapping = aes(x = cut))
```

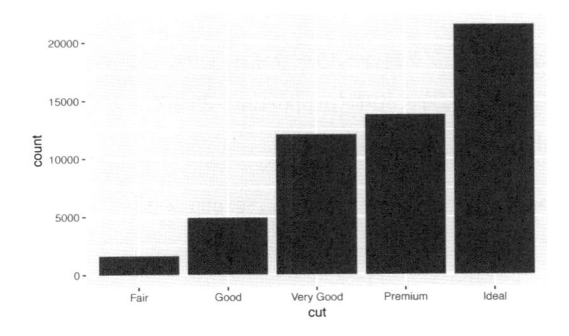

これがうまくいくのは、どの geom にもデフォルトの stat があり、どの stat にもデフォルトの geom があるからです。これは普通 geom を基本的な統計変換については考慮せず使えることを意味します。stat を明示的に使うのには次の3つの理由があります。

- デフォルトの stat をオーバーライドしたいことがある。次のコードでは、geom_bar() の stat を count（デフォルト）から identity に置き換えた。これは、棒の高さを変数 y の値そのものにする。残念なことに、棒グラフについての話では、この種の棒の高さが既にデータにあるものか、その

前の例のように、行数を数えて得られる値になるものが取り上げられていることが多い。

```
demo <- tribble(
  ~a, ~b,
  "bar_1", 20,
  "bar_2", 30,
  "bar_3", 40
)

ggplot(data = demo) +
  geom_bar(
    mapping = aes(x = a, y = b), stat = "identity"
)
```

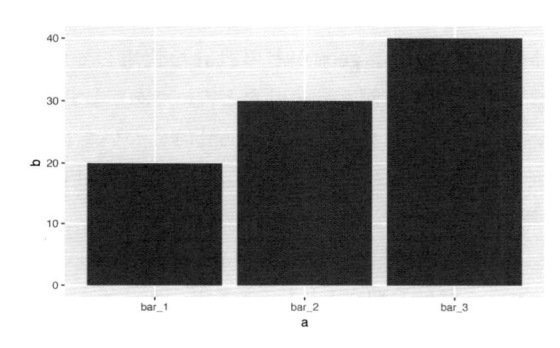

（<-やtribbleをこれまで見たことがなくても心配はいりません。文脈から意味の見当がつくで
しょうし、もう少ししたらきっちり学びます。）

● 変換した変数からエステティック属性へのデフォルトマッピングをオーバーライドしたいことも
　あるだろう。例えば、個数ではなく比率（prpportion）を棒グラフで表現するには次のようにする。

```
ggplot(data = diamonds) +
  geom_bar(
    mapping = aes(x = cut, y = ..prop.., group = 1)
)
```

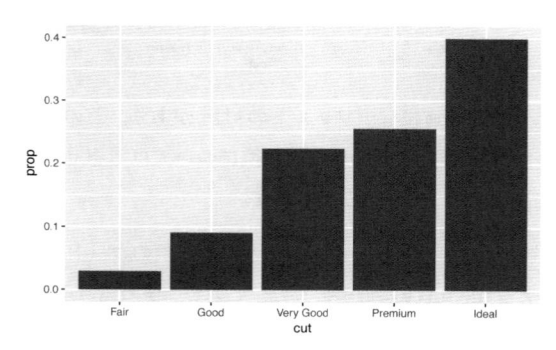

statで計算された変数を探すには、ヘルプの「Computed variables」の項を読む。

- コードの統計変換をもっと目立たせたいこともある。例えば、xの値ごとにyの値の要約を示す stat_summary()を使って、計算した要約統計量に注目させる。

```
ggplot(data = diamonds) +
  stat_summary(
    mapping = aes(x = cut, y = depth),
    fun.min = min,
    fun.max = max,
    fun = median
  )
```

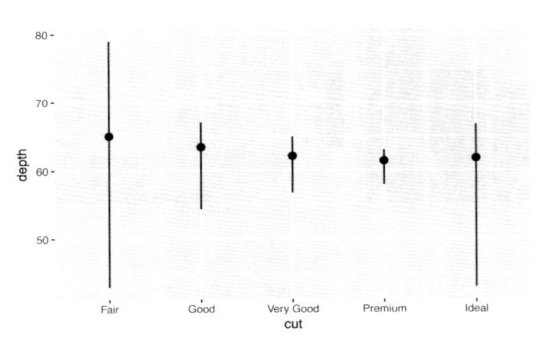

ggplot2は、20以上のstatを用意しています。いずれも関数なので、例えば、?stat_binのように通常通りヘルプが得られます。ヘルプの一覧を表示するには、ggplot2のチートシートが役立ちます。

練 習 問 題

1. stat_summary()のデフォルトgeomは何か。stat関数ではなくgeom関数を用いて先ほどのコードを書き直すにはどうするか。

2. geom_col()は何をするか。geom_bar()とどのように異なるか。

3. ほとんどのgeomとstatとは対になっており、一緒に使われる。ドキュメントを読んでこれらの対のすべてのリストを作る。何が共通しているか。

4. stat_smooth()はどの変数を計算するか。振る舞いはどの引数が制御するか。

5. 比率棒グラフでは、group = 1に設定する必要がある。なぜか。言い換えると、次の2つのグラフの問題は何か。

```
ggplot(data = diamonds) +
  geom_bar(mapping = aes(x = cut, y = ..prop..))
ggplot(data = diamonds) +
  geom_bar(
    mapping = aes(x = cut, fill = color, y = ..prop..)
  )
```

1.8　位置調整

　棒グラフにはもう1つ魔法のような機能があります。エステティック属性colorまたはfillを使って色を付けることができます。fillの方が広い用途で使えます。

```
ggplot(data = diamonds) +
  geom_bar(mapping = aes(x = cut, color = cut))
ggplot(data = diamonds) +
  geom_bar(mapping = aes(x = cut, fill = cut))
```

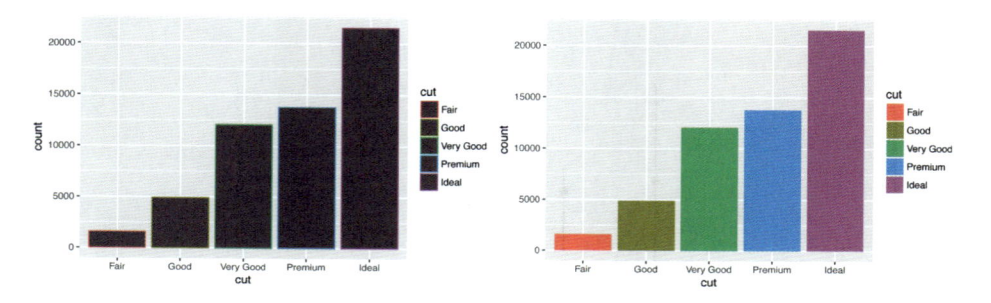

　エステティック属性fillをclarityのような他の変数にマップしたらどうなるかに注意すること。棒が自動的に積み重ねられます。色付きの四角形がcutとclarityの組み合わせを示します。

```
ggplot(data = diamonds) +
  geom_bar(mapping = aes(x = cut, fill = clarity))
```

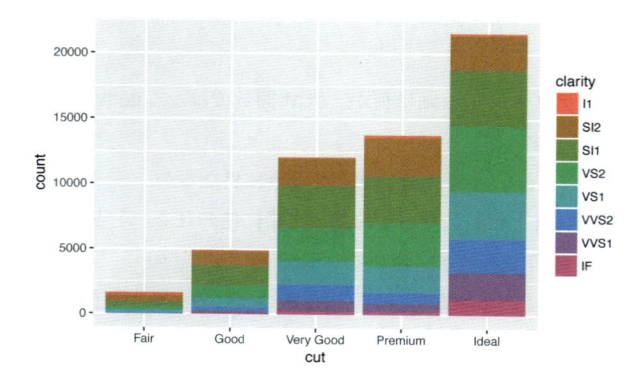

　デフォルトのposition引数"stack"によって指定される**位置調整**で自動的にこの積み上げが行われます。積み上げ棒グラフにしたくないのなら、"identity", "dodge", "fill"という他の3オプションのいずれかを選びます。

- position = "identity"と指定すると各オブジェクトがグラフのコンテキストの中でしかるべき位置に置かれる。これだと重なりができるので、棒グラフにはあまり役立たない。重なりをはっ

きりさせるには、alphaを小さくするかfill = NAとして完全に透明にするかどちらかにする。

```
ggplot(
  data = diamonds,
  mapping = aes(x = cut, fill = clarity)
) +
  geom_bar(alpha = 1/5, position = "identity")
ggplot(
  data = diamonds,
  mapping = aes(x = cut, color = clarity)
) +
  geom_bar(fill = NA, position = "identity")
```

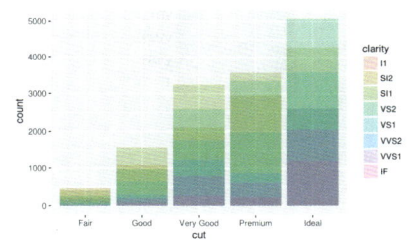 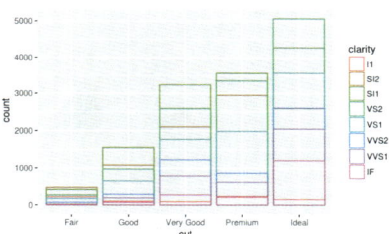

点のような2次元のgeomでは、このidentity位置調整が役立ち、デフォルトになっている。

- position = "fill"は積み上げのようになるが、積み上げた棒の高さがいずれも同じになる。これだと、グループ間での比率の比較がしやすくなる。

```
ggplot(data = diamonds) +
  geom_bar(
    mapping = aes(x = cut, fill = clarity),
    position = "fill"
  )
```

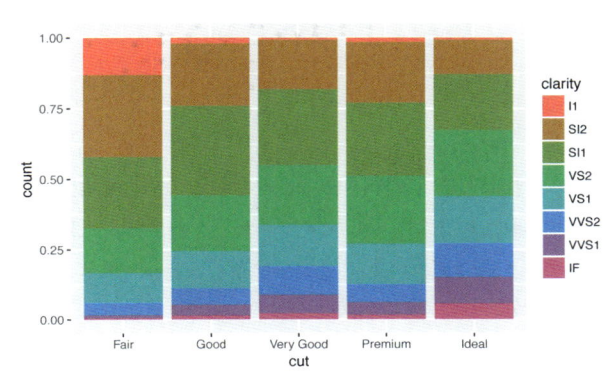

- position = "dodge"は、重なるオブジェクトを**隣合わせ**に置く。これだと、個別の値の比較が

容易になる。

```
ggplot(data = diamonds) +
  geom_bar(
    mapping = aes(x = cut, fill = clarity),
    position = "dodge"
  )
```

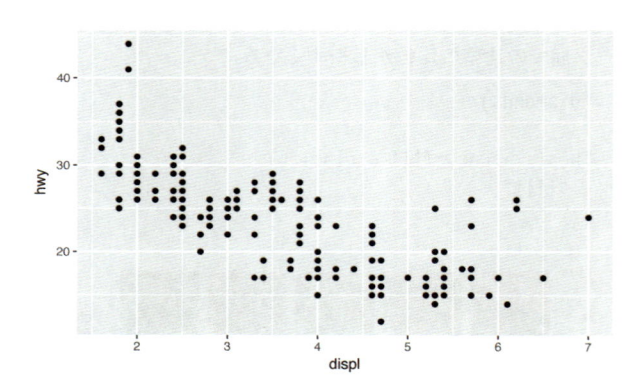

棒グラフでは役立ちませんが、散布図では非常に役立つ位置調整がもう1つあります。「**1.6　幾何オブジェクト**」最初の散布図を思い出しましょう。データセットには234のデータがあったのに、プロットには126点しか表示されていなかったのに気付いていたでしょうか。

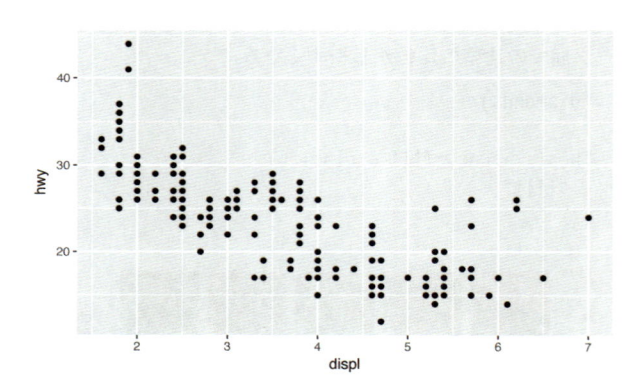

hwyとdisplの値は丸められており、グラフにある点は多くの点と重複しています。この問題は、**オーバープロット**として知られています。この配置ではデータの全体が正確にどこにあるのかがわかりづらくなっています。データ点はグラフ上で均等に分布しているでしょうか、109個の値を含むようなhwyとdisplの特別な値があるのでしょうか。

　この配置問題は、位置調整にちょっとしたぶれ「ジッター」を設定して避けることができます。position = "jitter"は、各点の位置にランダムノイズを追加します。2点が同じ乱数値を受け取ることはまずないので、点がずれて表示されます。

```
ggplot(data = mpg) +
  geom_point(
    mapping = aes(x = displ, y = hwy),
    position = "jitter"
)
```

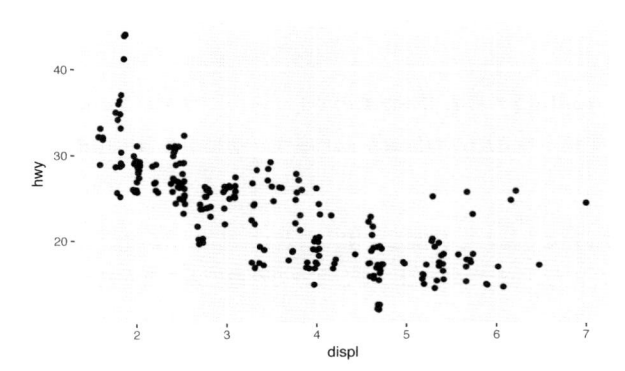

　ランダム性が加わったのにプロットの品質が改善されることは不思議に思うかもしれませんが、小さなスケールでは少し不正確になっても、大きなスケールではグラフがよりわかりやすくなります。この操作は便利なので、ggplot2 では geom_point(position = "jitter") に対して geom_jitter() という省略形を用意しています。

　位置調整についてさらに詳しく学ぶには、各位置調整についてのヘルプページを次のように調べます。?position_fill, ?position_identity, ?position_jitter, ?position_stack。

練 習 問 題

1. このプロットの問題は何か。どうすれば改善できるか。

```
ggplot(data = mpg, mapping = aes(x = cty, y = hwy)) +
  geom_point()
```

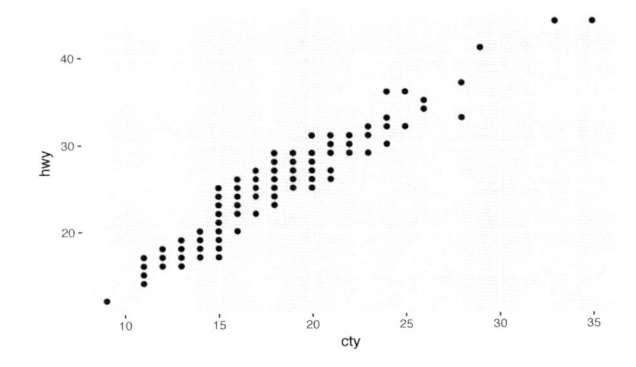

2. `geom_jitter()`のどの引数がジッターの量を制御するか。

3. `geom_jitter()`と`geom_count()`を比較対照しなさい。

4. `geom_boxplot()`のデフォルトの位置調整は何か。それを示す`mpg`データセットの可視化を作りなさい。

1.9　座標系

座標系は、おそらく`ggplot2`で最も複雑なものでしょう。デフォルトの座標系は、直交（デカルト）座標系で、x座標とy座標が独立で点の位置を示します。他にも多数の座標系があり、それぞれ役立つ状況があります。

- `coord_flip()`はx軸とy軸とを交換します。これは、（例えば）水平方向の箱ひげ図に役立つ。ラベルが長い場合にも、x軸では重なってしまうのを避けることが難しいので役に立つ。

```
ggplot(data = mpg, mapping = aes(x = class, y = hwy)) +
  geom_boxplot()
ggplot(data = mpg, mapping = aes(x = class, y = hwy)) +
  geom_boxplot() +
  coord_flip()
```

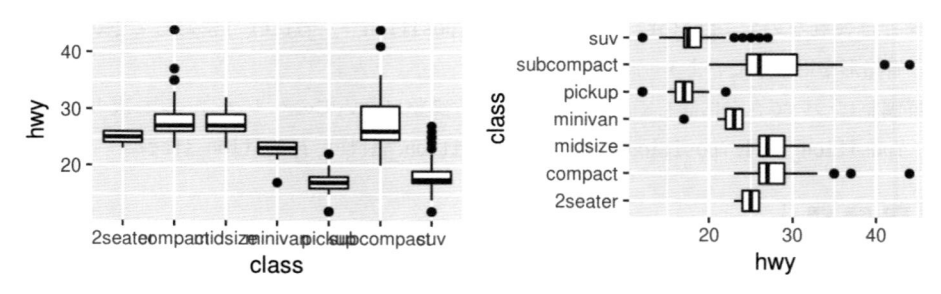

- `coord_quickmap()`は地図の縦横比を正しく設定する。これは地図データを`ggplot2`でプロットする場合に非常に重要（残念ながら、本書で取り上げる余裕がない）。

```
install.packages("maps")
library(maps)

nz <- map_data("nz")

ggplot(nz, aes(long, lat, group = group)) +
  geom_polygon(fill = "white", color = "black")

ggplot(nz, aes(long, lat, group = group)) +
  geom_polygon(fill = "white", color = "black") +
coord_quickmap()
```

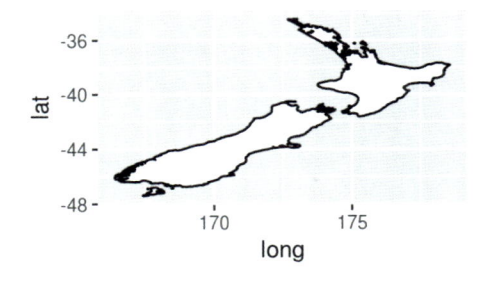
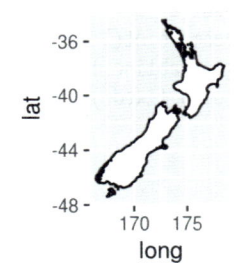

- `coord_polar()`は極座標を使う。棒グラフを鶏頭図にするには極座標を使う。

```
bar <- ggplot(data = diamonds) +
  geom_bar(
    mapping = aes(x = cut, fill = cut),
    show.legend = FALSE,
    width = 1
  ) +
  theme(aspect.ratio = 1) +
  labs(x = NULL, y = NULL)

bar + coord_flip()
bar + coord_polar()
```

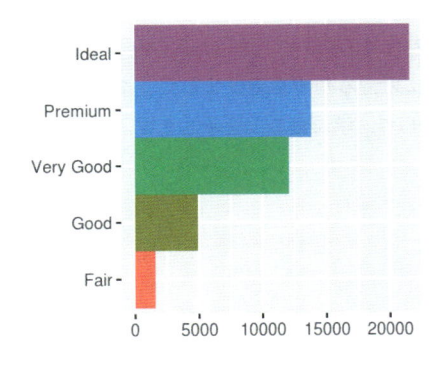
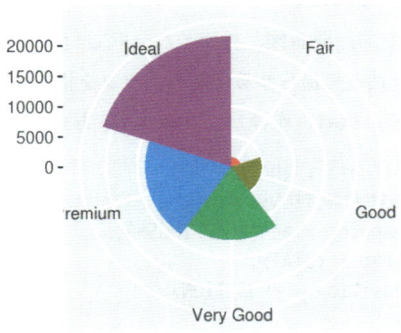

練習問題

1. 積み上げ棒グラフを`coord_polar()`を使って円グラフに変換しなさい。

2. `labs()`は何をするか。ドキュメントを読みなさい。

3. `coord_quickmap()`と`coord_map()`とは、何が違うのか。

4. 次のプロットは街中と高速道路との燃費について何を伝えるのか。なぜ`coord_fixed()`は重要なのか。`geom_abline()`は何をしているのか。

```
ggplot(data = mpg, mapping = aes(x = cty, y = hwy)) +
  geom_point() +
  geom_abline() +
  coord_fixed()
```

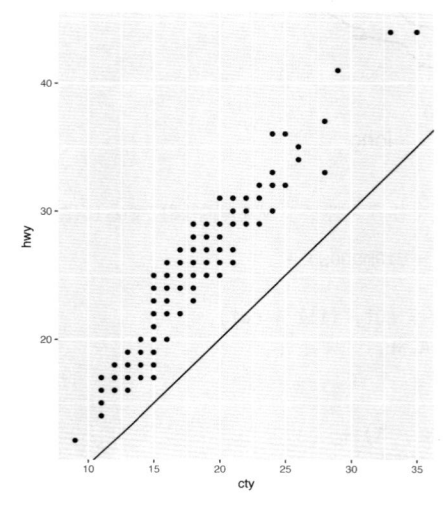

1.10　階層グラフィックス文法

　前節までで、散布図、棒グラフ、箱ひげ図などの作り方だけでなく、多くのことを学びました。
ggplot2を使って**あらゆる**種類のグラフを描く場合に使える基本を学びました。コードテンプレート
に位置調整、stat、座標系、ファセット方式を追加して、学んだことを示します。

```
ggplot(data = <DATA>) +
  <GEOM_FUNCTION>(
    mapping = aes(<MAPPINGS>),
    stat = <STAT>,
    position = <POSITION>
  ) +
  <COORDINATE_FUNCTION> +
  <FACET_FUNCTION>
```

　この新テンプレートには、7つの引数、山括弧で括った単語があります。実際には、ggplot2がデー
タ、マッピング、geom関数を除いて、有用なデフォルト値を設定しているので、7引数すべてを指定
することはほとんどありません。

　テンプレートの7引数は、プロットを描くための形式系であるグラフィックス文法を構成します。
グラフィックス文法は、**どんな**プロットでも、データセット、geom関数、マッピング集合、stat、
位置調整、座標系、ファセット方式の組み合わせで一意に表すことができるという知見に基づいて

います。

　どのようになるかを示すため、基本プロットを何もないところから作るにはどうするかを考えましょう。データセットから始めて、（statで）表示したい情報に変換します。

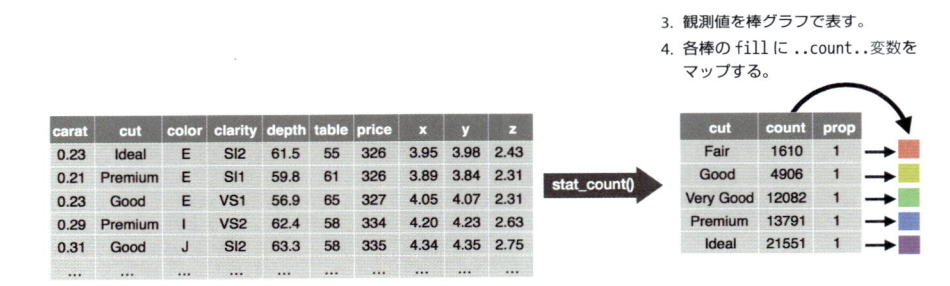

次に変換したデータの観測値を表すgeomオブジェクトを選びます。データの変数を表すのにはgeomのエステティック属性を使います。

　それから、geomを配置する座標系を選びます。オブジェクトの位置（それ自体がエステティック属性）でx、y変数の値を表します。この時点でグラフとして完成しているかもしれませんが、さらに座標系内でgeomの位置を調整（位置調整）またはサブプロットに分割する（ファセット方式）ことができます。レイヤーを追加することで拡張し、各レイヤーでそれぞれデータセット、geom、マッピング集合、stat、位置調整を使います。

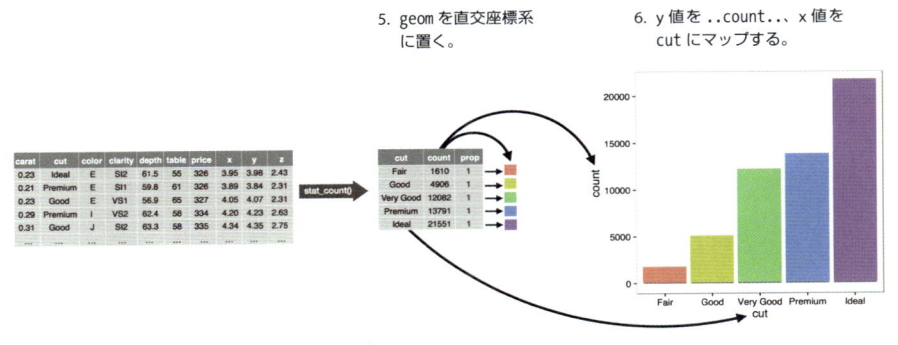

　この手法を使って考えられる**どんな**プロットでも作ることができます。言い換えると、本章で学んだコードテンプレートを使って何十万ものプロットを作ることができます。

2章
ワークフロー：基本

Rコードの実行については経験を積んだはずです。詳細はあまり述べませんでしたが、基本を会得したかもしれませんし、フラストレーションが溜まって本書を投げ捨てたかもしれません。Rでプログラミングを始めたのですから、フラストレーションが溜まるのも当然です。プログラミングは杓子定規で、たった1文字違っただけで文句を言われるのですから。少々苛立つのは仕方のないこととして、これはよくあることですし、一時的なものでもあるので心配する必要はありません。誰でもそうなるし、克服するにはやり続けるしかありません。

さらに進む前に、Rコードの実行についてのしっかりした基礎を身に付け、RStudioの有用な機能を学びましょう。

2.1　コーディングの基本

できるだけ早くプロットできるようにするために、省略してしまった基本の復習から始めます。Rは電卓として使うことができます。

```
1 / 200 * 30
#> [1] 0.15
(59 + 73 + 2) / 3
#> [1] 44.7
sin(pi / 2)
#> [1] 1
```

新たなオブジェクトは<-で作成します。

```
x <- 3 * 4
```

オブジェクトを作るRの文、すなわち**代入文**は次の形式をとります。

```
object_name <- value
```

このコードは、頭の中で「object_nameというオブジェクトが値valueを得る」と読みます。

　多数の代入をする際、何回も<-と入力するのは苦痛です。怠けて=を使うと動きはしますが後で混乱するので、RStudioのショートカットのAlt-（Altを押しながら-）を使います[1]。その際、RStudioは<-の前後に空白を配置します、これがよい書き方です。天気の良い日にコードを読むのは惨めなものです。せめて目に休息を与えるために空白を使いましょう。

2.2　名前の中には何がある？

　オブジェクト名は英字から始まり、英字、数字、「_」と「.」を使うことができます。名前はわかりやすくしたいので、複数の単語を組み合わせる書式が必要です。小文字の単語を「_」で結ぶ、snake_caseという書式がお勧めです。

```
i_use_snake_case
otherPeopleUseCamelCase
some.people.use.periods
And_aFew.People_RENOUNCEconvention
```

コーディングスタイルについては15章でまた述べます。

名前を入力するとオブジェクトを調べられます。

```
x
#> [1] 12
```

次の代入を考えます。

```
this_is_a_really_long_name <- 2.5
```

　このオブジェクトを調べるのに、RStudioの補完機能を試しましょう。thisと入力しタブキーを押し、正しいものが出てくるまで文字を入力し、Enterキーを押します。

　おや間違えた。this_is_a_really_long_nameは2.5ではなく3.5にすべきだったのです。修正には別のショートカットを使いましょう。thisと入力しCmd/Ctrl↑を押します。thisで始まる入力コマンドすべてが表示されます。矢印キーでコマンドを選び[2]、Enterキーを押します。2.5を3.5に変えてEnterキーを押します。

　もう1つ代入をします。

```
r_rocks <- 2 ^ 3
```

値を調べてみましょう。

＊1　訳注：MacではOption-。
＊2　訳注：マウスで選ぶこともできる。

```
r_rock
#> Error: object 'r_rock' not found
R_rocks
#> Error: object 'R_rocks' not found
```

Rとは暗黙の契約があります。Rは面倒な計算を引き受けてくれますが、その代わりに正しい命令を与えねばなりません。入力ミスも大文字小文字の間違いも致命的です。

2.3 関数呼び出し

Rには膨大な組み込み関数があり、次のように呼び出せます。

```
function_name(arg1 = val1, arg2 = val2, ...)
```

数列を生成するseq()を使って、RStudioの有用な機能をさらに学びましょう。seと入力してタブを押します。ポップアップに補完候補が出ます。入力 (q) を続けて候補を絞るか、矢印↑/↓で選択します。ツールチップが出てきて引数や目的を表示することに注意しましょう。より多くのヘルプが必要ならF1を押し、右下のペイン (枠) に詳細なヘルプを表示します。

関数を選択したら、タブを再度押します。RStudioが括弧対 (「()」) を補ってくれます。引数1, 10を入力してEnterキーを押します。

```
seq(1, 10)
#> [1]  1  2  3  4  5  6  7  8  9 10
```

次のコードを入力して、二重引用符でも同様のペアの補完がされることを確認します。

```
x <- "hello world"
```

引用符や括弧はいつもペアになります。RStudioは最善を尽くしますが、対応ができていない入力をすることは可能です。そうなると、Rは継続が必要であることを示すために文字「+」を表示します。

```
> x <- "hello
+
```

ここの+はRが入力待ちであることを示します。たいていは、「"」または「)」を忘れているはずです。それを入力するかEscを押して中止して式を再度入力します。

代入をしただけでは、値は表示されません。結果をすぐに確かめたいでしょう。

```
y <- seq(1, 10, length.out = 5)
y
#> [1]  1.00  3.25  5.50  7.75 10.00
```

ここでよく使われる処理は、代入全体を括弧で括ることです。次のように代入をして「画面に表示」します。

```
(y <- seq(1, 10, length.out = 5))
#> [1] 1.00 3.25 5.50 7.75 10.00
```

さて、右上のペインの出力を見てみましょう。

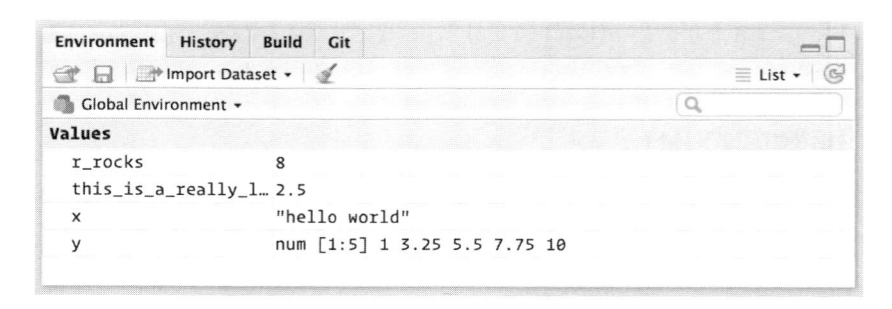

ここで作ったすべてのオブジェクトが表示されています。

■練習問題

1. 次のコードはなぜまずいか。

```
my_variable <- 10
my_varıable
#> エラー:　オブジェクト 'my_variable' がありません
```

   よく注意して調べること（この問題は無意味に思えるかもしれませんが、プログラミングではどんな些細な違いにも注意するよう脳を鍛えると、それだけの効果があります）[1]。

2. 次のRコマンドを修正して正しく実行するようにしなさい。

```
library(tidyverse)

ggplot(dota = mpg) +
  geom_point(mapping = aes(x = displ, y = hwy))

fliter(mpg, cyl = 8)
filter(diamond, carat > 3)
```

3. Alt-Shift-kを押すとどうなるか。同じことをメニューを使って行うにはどうするか。

---

[1]　訳注：エラーメッセージはシステムによって変わることがあり、ここに示されているものとは違うこともある。自分のシステムで試してみること。ちなみに、ここの「ı」は著者によるとトルコ語の小文字のiとのこと。

3章
dplyrによるデータ変換

3.1　はじめに

　可視化は洞察を進める上で重要なツールですが、データが必要な形式で手に入ることは稀です。多くの場合、新たな変数を作る、要約をする、変数の名前を変える、データの順序を変えるなどして、作業をしやすくする必要があります。これらすべて（とさらに多くのこと）をどうすればよいかを本章で学びます。dpylrパッケージと2013年にニューヨークを飛び立ったフライトのデータセットを用いてデータ変換について学習します。

3.1.1　準備するもの

　本章では、ggplot2と並んでtidyverseの重要な要素であるdpylrパッケージの使い方に焦点を当てます。nycflights13パッケージのデータを用いて主なアイデアを示し、ggplot2を使ってデータを理解します。

```
library(nycflights13)
library(tidyverse)
```

　tidyverseをロードしたときに出る「Conflicts」というメッセージは、注意してメモしておくこと。これはdpylrがRの基本関数を上書きしていることを示しています。dpylrロード後にこれらの関数の基本版を使いたい場合は、stats::filter()やstats::lag()のように完全名を使う必要があります。

3.1.2　nycflights13

　dplyrにおける基本データ操作を調べるために、nycflights13::flightsを使います。このデータフレームは、2013年にニューヨークを飛び立った全336,776便を含んでいます。このデータは米国運輸統計局（http://bit.ly/transstats）によるもので、?flightsでドキュメントが読めます。

```
flights
#> # A tibble: 336,776 × 19
#>    year month   day dep_time sched_dep_time dep_delay
#>   <int> <int> <int>    <int>          <int>     <dbl>
#> 1  2013     1     1      517            515         2
#> 2  2013     1     1      533            529         4
#> 3  2013     1     1      542            540         2
#> 4  2013     1     1      544            545        -1
#> 5  2013     1     1      554            600        -6
#> 6  2013     1     1      554            558        -4
#> # ... with 336,776 more rows, and 13 more variables:
#> #   arr_time <int>, sched_arr_time <int>, arr_delay <dbl>,
#> #   carrier <chr>, flight <int>, tailnum <chr>, origin <chr>,
#> #   dest <chr>, air_time <dbl>, distance <dbl>, hour <dbl>,
#> #   minute <dbl>, time_hour <dttm>
```

　このデータフレームの表示は、これまでに使った他のデータフレームとは、表示が少し異なることに気付いたでしょうか。最初の数行と画面で表示できるだけの列しか表示されません（データセット全体を見るにはView(flights)を実行します。左上のペインのRStudioビューアにデータセットが開かれる）。tibbleなので出力形式が違うのです。tibbleもデータフレームですが、tidyverseでよりうまく作業できるようになっています。今のところは、この相違点は無視して構いません。第Ⅱ部でtibbleについて詳細を学びます。

　列名の下の3（または4）文字の略語にも気付いたでしょう。これらは変数の型です。

- intは整数を示す。
- dblはdoubleの略で実数を示す。
- chrは文字ベクトルすなわち文字列を示す。
- dttmはdate-times（日付 + 時刻）の略。

この他に、このデータセットでは使いませんが、本書の後で出てくる次のような変数型があります。

- lglはlogicalの略で、TRUE または FALSE からなるベクトルを示す。
- fctrはfactorの略で、既定の値のカテゴリ変数をRで使うときに用いる。
- dateは日付を示す。

3.1.3　dplyrの基本

　本章では5つの主要なdplyr関数を学び、データ操作の際に遭遇する大部分の課題をこなせるようにします。

- 値から観測値を選び出す（filter()）。
- 行を並び替える（arrange()）。

- 名前で変数を選ぶ（select()）。
- 既存の変数の関数で新たな変数を作る（mutate()）。
- 多数の値から単一の要約量を作る（summarize()）。

これらはすべてgroup_by()と一緒に使えるので、関数のスコープをデータセット全体からグループごとに変更できます。以上の6関数は、データ操作のための言語で動詞の役割を果たします。

すべての関数が同じように働きます。

1. 第1引数はデータフレーム。
2. 続く引数は、データフレームに何をするかを記述し、引用符なしの変数名をとる。
3. 結果は新たなデータフレーム。

これらは一緒になって、簡単なステップを複数個接続することによって、複雑な結果を生み出します。実際に使ってみてどのように働くかを理解しましょう。

3.2　filter()で行にフィルタにかける

filter()を使うと、観測値の部分集合をその値に基づいて取り出すことができます。第1引数はデータフレームの名前です。第2引数以降は、データフレームにフィルタを掛ける式です。例えば、1月1日の全フライトは次のように選び出せます。

```
filter(flights, month == 1, day == 1)
#> # A tibble: 842 × 19
#>    year month   day dep_time sched_dep_time dep_delay
#>   <int> <int> <int>    <int>          <int>     <dbl>
#> 1  2013     1     1      517            515         2
#> 2  2013     1     1      533            529         4
#> 3  2013     1     1      542            540         2
#> 4  2013     1     1      544            545        -1
#> 5  2013     1     1      554            600        -6
#> 6  2013     1     1      554            558        -4
#> # ... with 836 more rows, and 13 more variables:
#> #   arr_time <int>, sched_arr_time <int>, arr_delay <dbl>,
#> #   carrier <chr>, flight <int>, tailnum <chr>,origin <chr>,
#> #   dest <chr>, air_time <dbl>, distance <dbl>, hour <dbl>,
#> #   minute <dbl>, time_hour <dttm>
```

このコードを実行すると、dplyrはフィルタ操作を実行して新たなデータフレームを返します。dplyr関数は入力の内容を絶対に変更しないので、結果を保存したいなら代入演算子<-を使う必要があります。

```
jan1 <- filter(flights, month == 1, day == 1)
```

　Rは結果を出力するか、変数に格納するかのどちらかを行います。両方行いたい場合は、代入を括弧で括ります。

```
(dec25 <- filter(flights, month == 12, day == 25))
#> # A tibble: 719 × 19
#>    year month   day dep_time sched_dep_time dep_delay
#>   <int> <int> <int>   <int>          <int>     <dbl>
#> 1  2013    12    25     456            500        -4
#> 2  2013    12    25     524            515         9
#> 3  2013    12    25     542            540         2
#> 4  2013    12    25     546            550        -4
#> 5  2013    12    25     556            600        -4
#> 6  2013    12    25     557            600        -3
#> # ... with 713 more rows, and 13 more variables:
#> #   arr_time <int>, sched_arr_time <int>, arr_delay <dbl>,
#> #   carrier <chr>, flight <int>, tailnum <chr>,origin <chr>,
#> #   dest <chr>, air_time <dbl>, distance <dbl>, hour <dbl>,
#> #   minute <dbl>, time_hour <dttm>
```

3.2.1　比較

　フィルタを効果的に掛けるには、比較演算子を使って、必要な観測値をどのように選ぶかを知っておく必要があります。Rは標準的な>, >=, <, <=, !=（等しくない）, ==（等しい）を用意しています。

　Rを使い始めたばかりの頃は、等しいかどうか調べるのに==ではなく=を使うという間違いを犯しがちです。そうすると、次のエラー情報が出ます。

```
filter(flights, month = 1)
#> エラー: `month` (`month = 1`) must not be named, do you need `==`?
```

　==を使う場合に他によく遭遇するエラーには浮動小数点数についてのものがあります。次の結果に驚くかもしれません。

```
sqrt(2) ^ 2 == 2
#> [1] FALSE
1/49 * 49 == 1
#> [1] FALSE
```

　コンピュータは有限精度演算を（明らかに無限個の桁数は格納できない）使用するので、すべての数が近似値であることを覚えておきます。この場合には、==を使う代わりにnear()を使います。

```
near(sqrt(2) ^ 2,  2)
#> [1] TRUE
near(1 / 49 * 49, 1)
#> [1] TRUE
```

3.2.2 論理演算子

複数の引数でフィルタをかけると論理積（and）になります。行が出力に含まれるには、すべての式が真でなければなりません。他の組み合わせにはブール演算子を使います。&が「論理積」、|が「論理和」、!が「否定」を示します。次の図は論理演算（ブール演算）のすべてを示します。

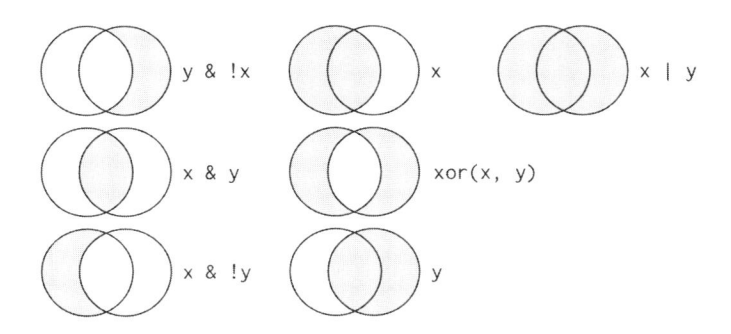

次のコードは、11月または12月に出発した全フライトを探します。

```
filter(flights, month == 11 | month == 12)
```

演算の順序は言葉で言うのとは異なります。filter(flights, month == 11 | 12)と書いてはいけません。これは、「11月または12月に出発した全フライトを探す」と文字としては翻訳できそうです。しかし、これは11 | 12と等しい月を探します。11 | 12は式としてはTRUEと評価されます。（この場合のように）数値計算の文脈としては、TRUEが1と等しくなるので、これは11月または12月のではなく1月の全フライトを探すことになります。混乱のもとです。

この問題に対する有用な省略記法が、x %in% yです。これは、xがyの中のどれかの値に等しい行を選びます。上のコードを次のように書き直せます。

```
nov_dec <- filter(flights, month %in% c(11, 12))
```

複雑な部分集合操作を、ド・モルガンの法則を思い出して単純化できることがあります。!(x & y)が!x | !yと等価で、!(x | y)が!x & !yと等価です。例えば、（出発または到着で）2時間を超える遅延がなかった便を見つけたいなら、次の2つのフィルタのどちらを使っても構いません。

```
filter(flights, !(arr_delay > 120 | dep_delay > 120))
filter(flights, arr_delay <= 120, dep_delay <= 120)
```

&や|の他に、Rには&&も||もありますが、ここではまだ使ってはいけません。「15.4　**条件実行**」で学びます。

filter()で複雑な複数部分からなる式を使うようになったら、その代わりに明示的に変数を使うことを検討しましょう。作業のチェックがずっと簡単になります。新たな変数の作り方をすぐ後で学

びます。

3.2.3 欠損値

Rにおいて重要で、比較の処理で難しいのは欠損値すなわちNA（「not available」）の扱いです。NAは未知の値を表すので、欠損値は「伝染」します。未知の値を扱う演算結果もほぼ未知の値となるからです。

```
NA > 5
#> [1] NA
10 == NA
#> [1] NA
NA + 10
#> [1] NA
NA / 2
#> [1] NA
```

わけがまったくわからなくなるのは次の結果です。

```
NA == NA
#> [1] NA
```

文脈情報を追加すると、なぜこうなるかわかるでしょう。

```
# xをMaryの年齢とする。彼女が何歳かわからない
x <- NA

# yをJohnの年齢とする。彼が何歳かわからない
y <- NA

# JohnとMaryは同じ歳か?
x == y
#> [1] NA
# わからない!
```

値が欠損値かどうか調べるにはis.na()を使います。

```
is.na(x)
#> [1] TRUE
```

filter()は条件がTRUEとなる行だけを含みます。FALSEとNAの行は除外します。欠損値を保持するには、明示的に要求します。

```
df <- tibble(x = c(1, NA, 3))
filter(df, x > 1)
#> # A tibble: 1 × 1
#>       x
```

```
#>    <dbl>
#> 1      3
filter(df, is.na(x) | x > 1)
#> # A tibble: 2 × 1
#>       x
#>   <dbl>
#> 1    NA
#> 2     3
```

練習問題

1. 次のようなフライトを探す。

   a. 到着が2時間以上遅れた

   b. ヒューストン（IAHまたはHOU）へのフライト

   c. United、American、またはDeltaによるフライト

   d. 夏期（7〜9月）のフライト

   e. 到着が2時間を超えて遅れたが、出発が遅れなかったフライト

   f. 遅延は少なくとも1時間を超えたが、運航では30分以上取り返したフライト

   g. 深夜0時から午前6時まで（深夜0時、午前6時も含む）のフライト

2. dplyrでフィルタ処理に役立つもう1つのヘルパー関数がbetween()だ。これは何をするか。問題1の中でこれを使って答を簡単化できるか。

3. dep_timeが欠損値の便はいくつあるか。他に欠損している変数は何か。これらの行は何を表すか。

4. NA ^ 0はなぜ欠損値にならないのか。NA | TRUE、FALSE & NAはなぜ欠損値にならないのか。一般規則を導けるか（NA * 0はややこしい反例となる）。

3.3 arrange()で行を配置する

arrange()はfilter()と同じような動作をしますが、行を選び出すのではなく順序を変更します。データフレームと順序付ける列名の集合（またはより複雑な式）を引数にとります。複数の列名を与えると、前列の順序付けで同じ順序になったものをさらに順序付けるために後列を使います。

```
arrange(flights, year, month, day)
#> # A tibble: 336,776 × 19
#>    year month   day dep_time sched_dep_time dep_delay
#>   <int> <int> <int>    <int>          <int>     <dbl>
#> 1  2013     1     1      517            515         2
#> 2  2013     1     1      533            529         4
#> 3  2013     1     1      542            540         2
#> 4  2013     1     1      544            545        -1
```

```
#> 5  2013     1    1     554          600         -6
#> 6  2013     1    1     554          558         -4
#> # ... with 3.368e+05 more rows, and 13 more variables:
#> #   arr_time <int>, sched_arr_time <int>, arr_delay <dbl>,
#> #   carrier <chr>, flight <int>, tailnum <chr>, origin <chr>,
#> #   dest <chr>, air_time <dbl>, distance <dbl>, hour <dbl>,
#> #   minute <dbl>, time_hour <dttm>
```

降順にするには desc() を使います[*1]。

```
arrange(flights, desc(arr_delay))
#> # A tibble: 336,776 × 19
#>    year month   day dep_time sched_dep_time dep_delay
#>    <int> <int> <int>   <int>          <int>     <dbl>
#> 1  2013     1    9     641          900        1301
#> 2  2013     6   15    1432         1935        1137
#> 3  2013     1   10    1121         1635        1126
#> 4  2013     9   20    1139         1845        1014
#> 5  2013     7   22     845         1600        1005
#> 6  2013     4   10    1100         1900         960
#> # ... with 3.368e+05 more rows, and 13 more variables:
#> #   arr_time <int>, sched_arr_time <int>, arr_delay <dbl>,
#> #   carrier <chr>, flight <int>, tailnum <chr>, origin <chr>,
#> #   dest <chr>, air_time <dbl>, distance <dbl>, hour <dbl>,
#> #   minute <dbl>, time_hour <dttm>,
```

欠損値は常に一番最後になります。

```
df <- tibble(x = c(5, 2, NA))
arrange(df, x)
#> # A tibble: 3 × 1
#>       x
#>   <dbl>
#> 1     2
#> 2     5
#> 3    NA
arrange(df, desc(x))
#> # A tibble: 3 × 1
#>       x
#>   <dbl>
#> 1     5
#> 2     2
#> 3    NA
```

[*1]　このプログラムは、arr_delay が表示されていない。確認するには大画面にするか、View() で見るか、あるいは次で学ぶ select() を使うなどして arr_delay の列を表示するようプログラムする必要がある。

練習問題

1. 欠損値を頭に整列させるためにarrange()をどのように使えばよいか（ヒント：is.na()を使う）。

2. flightsを整列して、遅延が最も大きかった便を探す。最も朝早く出発したフライトを探すにはどうするか。

3. flightsを整列して、最速のフライトを探す（ヒント：距離を飛行時間で割れば平均速度が求められる）。

4. どのフライトが最長距離を飛んだか。最短距離のフライトはどれか。

3.4 select()で列を選ぶ

データセットに数百、あるいは数千もの変数があることは珍しいことではありません。その場合はまず実際に必要な変数に絞り込みます。select()は、変数名に基づいた操作を使い、迅速に有用な部分集合を求めます。

フライトデータの場合、変数が19しかないので、あまり有用とは言えませんが、どのようなものかは理解できるでしょう。

```
# 列を名前で選ぶ
select(flights, year, month, day)
#> # A tibble: 336,776 × 3
#>    year month   day
#>   <int> <int> <int>
#> 1  2013     1     1
#> 2  2013     1     1
#> 3  2013     1     1
#> 4  2013     1     1
#> 5  2013     1     1
#> 6  2013     1     1
#> # ... with 3.368e+05 more rows

# yearとday（を含めて）の間にある列をすべて選ぶ
select(flights, year:day)
#> # A tibble: 336,776 × 3
#>    year month   day
#>   <int> <int> <int>
#> 1  2013     1     1
#> 2  2013     1     1
#> 3  2013     1     1
#> 4  2013     1     1
#> 5  2013     1     1
#> 6  2013     1     1
#> # ... with 3.368e+05 more rows
```

```
# yearからdayの（両端を含む）間の列以外のすべての列を選ぶ
select(flights, -(year:day))
#> # A tibble: 336,776 × 16
#>    dep_time sched_dep_time dep_delay arr_time sched_arr_time
#>       <int>          <int>     <dbl>    <int>          <int>
#> 1     517            515         2      830            819
#> 2     533            529         4      850            830
#> 3     542            540         2      923            850
#> 4     544            545        -1     1004           1022
#> 5     554            600        -6      812            837
#> 6     554            558        -4      740            728
#> # ... with 3.368e+05 more rows, and 12 more variables:
#> #   arr_delay <dbl>, carrier <chr>, flight <int>,
#> #   tailnum <chr>, origin <chr>, dest <chr>, air_time <dbl>,
#> #   distance <dbl>,  hour <dbl>, minute <dbl>,
#> #   time_hour <dttm>
```

select()で使うことのできるヘルパー関数が多数あります。

- starts_with("abc")はabcで始まる名前にマッチする。
- ends_with("xyz")はxyzで終わる名前にマッチする。
- contains("ijk")はijkを含む名前にマッチする。
- matches("(.)\\1")は正規表現にマッチする変数を選ぶ。この例は繰り返し文字のある変数にマッチする。正規表現は11章で学ぶ。
- num_range("x", 1:3)はx1, x2, x3にマッチする。

詳細は?selectで参照できます。

　select()で変数名を変えることもできますが、明示的に示されていない変数をすべて削除しますので、ほとんど役に立ちません。その代わりに、明示されなかった変数をすべて保持するrename()を使います。

```
rename(flights, tail_num = tailnum)
#> # A tibble: 336,776 × 19
#>    year month   day dep_time sched_dep_time dep_delay
#>    <int> <int> <int>    <int>          <int>     <dbl>
#> 1  2013    1     1      517            515         2
#> 2  2013    1     1      533            529         4
#> 3  2013    1     1      542            540         2
#> 4  2013    1     1      544            545        -1
#> 5  2013    1     1      554            600        -6
#> 6  2013    1     1      554            558        -4
#> # ... with 3.368e+05 more rows, and 13 more variables:
#> #   arr_time <int>, sched_arr_time <int>, arr_delay <dbl>,
```

```
#> #   carrier <chr>, flight <int>, tail_num <chr>,
#> #   origin <chr>, dest <chr>, air_time <dbl>,
#> #   distance <dbl>, hour <dbl>, minute <dbl>,
#> #   time_hour <dttm>
```

結合にはselect()をヘルパー関数everything()と一緒に使う方法もあります。これはいくつかの変数をデータフレームの先頭に持ってきたい場合に役立ちます。

```
select(flights, time_hour, air_time, everything())
#> # A tibble: 336,776 × 19
#>             time_hour air_time  year month   day dep_time
#>                <dttm>    <dbl> <int> <int> <int>    <int>
#> 1 2013-01-01 05:00:00      227  2013     1     1      517
#> 2 2013-01-01 05:00:00      227  2013     1     1      533
#> 3 2013-01-01 05:00:00      160  2013     1     1      542
#> 4 2013-01-01 05:00:00      183  2013     1     1      544
#> 5 2013-01-01 06:00:00      116  2013     1     1      554
#> 6 2013-01-01 05:00:00      150  2013     1     1      554
#> # ... with 3.368e+05 more rows, and 13 more variables:
#> #   sched_dep_time <int>, dep_delay <dbl>, arr_time <int>,
#> #   sched_arr_time <int>, arr_delay <dbl>, carrier <chr>,
#> #   flight <int>, tailnum <chr>, origin <chr>, dest <chr>,
#> #   distance <dbl>, hour <dbl>, minute <dbl>
```

練習問題

1. flightsからdep_time, dep_delay, arr_time, arr_delayを選ぶ方法をできるだけたくさん見つけ出すこと。ブレインストーミングをしてもよい。

2. select()において、変数名を複数回繰り返すとどうなるか。

3. one_of()関数は何をするか。次のベクトルと一緒に使うとなぜ役に立つのだろうか。

```
vars <- c(
  "year", "month", "day", "dep_delay", "arr_delay"
)
```

4. 次のコードの実行結果には驚く。大文字小文字をselectのヘルパー関数はデフォルトでどのように扱うのか。デフォルトをどう変更できるか。

```
select(flights, contains("TIME"))
```

3.5　mutate()で新しい変数を追加する

　既存の列から選び出すだけでなく、既存の列に関数を適用して新たな列を追加することが役立つことがあります。mutate()がこの作業を行います。

　mutate()は常にデータセットの末尾に列を追加するので、列が少ないデータセットを作って新たな変数が追加される様子を調べましょう。RStudioですべての列を表示するには、View()を使うのが一番簡単です。

```
flights_sml <- select(flights,
  year:day,
  ends_with("delay"),
  distance,
  air_time
)
mutate(flights_sml,
  gain = arr_delay - dep_delay,
  speed = distance / air_time * 60
)
#> # A tibble: 336,776 × 9
#>    year month   day dep_delay arr_delay distance air_time
#>   <int> <int> <int>     <dbl>     <dbl>    <dbl>    <dbl>
#> 1  2013     1     1         2        11     1400      227
#> 2  2013     1     1         4        20     1416      227
#> 3  2013     1     1         2        33     1089      160
#> 4  2013     1     1        -1       -18     1576      183
#> 5  2013     1     1        -6       -25      762      116
#> 6  2013     1     1        -4        12      719      150
#> # ... with 3.368e+05 more rows, and 2 more variables:
#> #   gain <dbl>, speed <dbl>
```

作成したばかりの列を参照できます。

```
mutate(flights_sml,
  gain = arr_delay - dep_delay,
  hours = air_time / 60,
  gain_per_hour = gain / hours
)
#> # A tibble: 336,776 × 10
#>    year month   day dep_delay arr_delay distance air_time
#>   <int> <int> <int>     <dbl>     <dbl>    <dbl>    <dbl>
#> 1  2013     1     1         2        11     1400      227
#> 2  2013     1     1         4        20     1416      227
#> 3  2013     1     1         2        33     1089      160
#> 4  2013     1     1        -1       -18     1576      183
#> 5  2013     1     1        -6       -25      762      116
#> 6  2013     1     1        -4        12      719      150
```

```
#> # ... with 3.368e+05 more rows, and 3 more variables:
#> #   gain <dbl>, hours <dbl>, gain_per_hour <dbl>
```

新たな変数を保持するだけであればtransmute()を使います。

```
transmute(flights,
  gain = arr_delay - dep_delay,
  hours = air_time / 60,
  gain_per_hour = gain / hours
)
#> # A tibble: 336,776 × 3
#>    gain hours gain_per_hour
#>   <dbl> <dbl>         <dbl>
#> 1     9  3.78          2.38
#> 2    16  3.78          4.23
#> 3    31  2.67         11.62
#> 4   -17  3.05         -5.57
#> 5   -19  1.93         -9.83
#> 6    16  2.50          6.40
#> # ... with 3.368e+05 more rows
```

3.5.1 有用な作成関数

mutate()を使って新たな変数を作っている関数は多いでしょう。その基本特性はベクトル化であり、値のベクトルを入力として、出力として同じ個数の値のベクトルを返します。使う可能性のある関数すべてのリストではなく、有用で頻繁に使われる関数だけを次に示します。

算術演算子 (+, -, *, /, ^)

これらはすべて、いわゆる「リサイクル規則」を用いてベクトル化される。引数の個数が不足していると自動的に同じ長さまで延長される。これは次のように引数の1つが数値のときに役立つ。air_time / 60, hours * 60 + minuteなど。

算術演算子は後で学ぶ集約関数とともに使うと役に立つ。例えば、x / sum(x)が全体に占める割合を計算し、y - mean(y)が平均からの偏差を計算する。

モジュラー演算 (%/%および%%)

%/%(整数除算)と%%(剰余)は、x == y * (x %/% y) + (x %% y)となっている。モジュラー算術は、整数を分解するのに役立つツール。例えば、flightsデータセットで、dep_timeからhourとminuteを計算できる。

```
transmute(flights,
  dep_time,
  hour = dep_time %/% 100,
  minute = dep_time %% 100
```

```
)
#> # A tibble: 336,776 × 3
#>   dep_time  hour minute
#>      <int> <dbl>  <dbl>
#> 1      517     5     17
#> 2      533     5     33
#> 3      542     5     42
#> 4      544     5     44
#> 5      554     5     54
#> 6      554     5     54
#> # ... with 3.368e+05 more rows
```

対数 (log(), log2(), log10())

範囲が何桁分にもおよぶデータを扱う際には対数に変換すると非常に便利。また、乗算関係を加算関係に変換するが、これについては第Ⅳ部で述べる。

他が同じなら、解釈が容易なのでlog2()を使うことを勧める。この対数尺度で1だけ異なるということは元の2倍を、−1の差は元の半分を意味する。

オフセット

lead()とlag()が先行値と追尾値を参照するのに使う。これは階差の計算（例えば、x - lag(x)）や値の変化の発見（例えば、x != lag(x)）に使う。これらは、すぐ後で学ぶgroup_by()と一緒に使うときが最も有用。

```
(x <- 1:10)
#>  [1]  1  2  3  4  5  6  7  8  9 10
lag(x)
#>  [1] NA  1  2  3  4  5  6  7  8  9
lead(x)
#>  [1]  2  3  4  5  6  7  8  9 10 NA
```

累積および回転和

Rは、和、積、最小、最大を計算する関数cumsum(), cumprod(), cummin(), cummax()を用意している。dplyrは移動平均をとるcummean()を提供する。回転集約（すなわち、回転ウィンドウ）での和が必要なら、RcppRollパッケージを試すこと。

```
x
#>  [1]  1  2  3  4  5  6  7  8  9 10
cumsum(x)
#>  [1]  1  3  6 10 15 21 28 36 45 55
cummean(x)
#>  [1] 1.0 1.5 2.0 2.5 3.0 3.5 4.0 4.5 5.0 5.5
```

論理比較 (<, <=, >, >=, !=)

論理演算が複雑につながった計算をするなら、中間の値を新たな変数に格納して各ステップが期待した通りになっているかチェックする。

ランク付け

多数のランク付け関数があるが、min_rank()から始めるようにする。(例えば、第1、第2、第3、第4など)ほとんどの通常のランク付けを扱うことができる。デフォルトは最小値が最小順位。最大値を最小順位にするにはdesc(x)を使う。

```
y <- c(1, 2, 2, NA, 3, 4)
min_rank(y)
#> [1]  1  2  2 NA  4  5
min_rank(desc(y))
#> [1]  5  3  3 NA  2  1
```

min_rank()では必要なことができないなら、row_number(), dense_rank(), percent_rank(), cume_dist(), ntile()を検討する。詳細はヘルプページを参照のこと。

```
row_number(y)
#> [1]  1  2  3 NA  4  5
dense_rank(y)
#> [1]  1  2  2 NA  3  4
percent_rank(y)
#> [1] 0.00 0.25 0.25   NA 0.75 1.00
cume_dist(y)
#> [1] 0.2 0.6 0.6  NA 0.8 1.0
```

練 習 問 題

1. dep_timeとsched_dep_timeとは見やすいが、連続的な数になっていないので計算するには面倒だ。より便利な深夜0時からの分単位の数に変換しなさい。

2. air_timeをarr_time - dep_timeと比較しなさい。何がわかると期待できるか。何がわかったか。不具合を解決するにはどうするか。

3. dep_time, sched_dep_time, dep_delayを比較しなさい。この3つの数値にはどんな関係があると期待するか。

4. 遅延が最も大きかった10便をランク付け関数で求めなさい。同一の値はどう処理したいか。min_rank()のドキュメントを注意して読むこと。

5. 1:3 + 1:10は何を返すか。それはなぜか。

6. Rにはどんな三角関数が用意されているか。

3.6　summarize()によるグループごとの要約

主要関数の最後はsummarize()です。データフレームを要約して1行にします。

```
summarize(flights, delay = mean(dep_delay, na.rm = TRUE))
#> # A tibble: 1 × 1
#>   delay
#>   <dbl>
#> 1  12.6
```

（すぐ後で、na.rm = TRUEが何を意味するかについて述べます。）

summarize()はgroup_by()と一緒に使わないとその威力を発揮しません。group_by()によって、分析単位をデータセット全体から個別グループに変更します。グループ分けしたデータフレームにdplyrの関数を適用すると自動的にgroup_by()が適用されます。例えば、上と同じコードを日付でグループ分けしたデータに適用すると、日ごとの平均遅延が得られます。

```
by_day <- group_by(flights, year, month, day)
summarize(by_day, delay = mean(dep_delay, na.rm = TRUE))
#> Source: local data frame [365 x 4]
#> Groups: year, month [?]
#>
#>     year month   day delay
#>    <int> <int> <int> <dbl>
#> 1  2013     1     1 11.55
#> 2  2013     1     2 13.86
#> 3  2013     1     3 10.99
#> 4  2013     1     4  8.95
#> 5  2013     1     5  5.73
#> 6  2013     1     6  7.15
#> # ... with 359 more rows
```

group_by()とsummarize()を一緒にすることでdplyrで作業する際に最もよく使うツールであるグループ別要約の用意ができました。しかし、ここから先へ進む前に、パイプという新たな強力なアイデアを学ぶ必要があります。

3.6.1　パイプで複数演算を結合する

距離と平均遅延時間の関係を目的地ごとに調べたいとします。dplyrについてこれまで学んだことを生かして、次のようなコードを書くでしょう。

```
by_dest <- group_by(flights, dest)
delay <- summarize(by_dest,
  count = n(),
  dist = mean(distance, na.rm = TRUE),
  delay = mean(arr_delay, na.rm = TRUE)
```

```
)
delay <- filter(delay, count > 20, dest != "HNL")

# 遅延は約750マイルまで距離とともに増えそれから減るようだ。
# 飛行距離が長くなると遅延を取り戻す可能性が増えるのだろうか
ggplot(data = delay, mapping = aes(x = dist, y = delay)) +
  geom_point(aes(size = count), alpha = 1/3) +
  geom_smooth(se = FALSE)
#> `geom_smooth()` using method = 'loess'
```

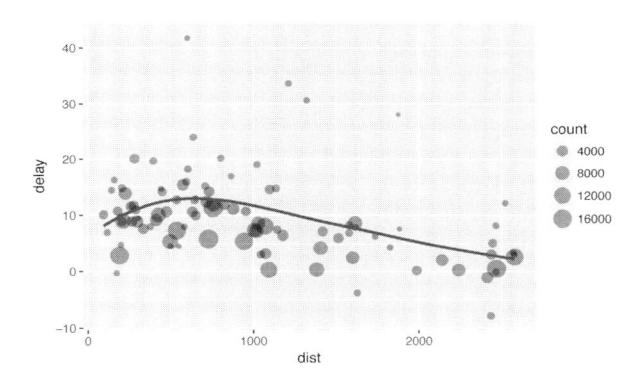

このデータは3ステップで作成されます。

1. 行き先ごとにフライトをグループ分けする。
2. 距離、平均遅延、便数を計算して要約する。
3. 直近の空港よりも2倍は離れているホノルル空港とノイズをフィルタで取り除く。

このコードは、たとえ直接使わなくても中間のデータフレームに名前を付けないといけないので、書くのが面倒です。名前付けが難しいので、分析が遅れてしまいます。

同じ問題をパイプ%>%を使って処理することができます。

```
delays <- flights %>%
  group_by(dest) %>%
  summarize(
    count = n(),
    dist = mean(distance, na.rm = TRUE),
    delay = mean(arr_delay, na.rm = TRUE)
  ) %>%
  filter(count > 20, dest != "HNL")
```

これは、何が変換されるかではなく、変換処理そのものに焦点を絞っているので、コードが読みやすくなります。命令文の列のように読めます。グループ分けして、要約して、フィルタを掛けます。この読み方から示されるように、%>%の読み方は、「そして（then）」です。

　背後の仕組みは、x %>% f(y) がf(x, y) になり、x %>% f(y) %>% g(z) がg(f(x, y), z) のように
なります。パイプを使って複数の演算を左から右へ、上から下へと読めるように書き直すことができ
ます。コードの可読性が大いに高まるので、今後はパイプを頻繁に使います。14章で詳細を述べます。
　パイプで作業できることは、tidyverse に属するための必要条件となります。例外は、パイプ導入
前に書かれたggplot2 です。ggplot2 の後継であるggvis は、パイプを使えますがまだ作業を完全に
担えるだけの準備ができていません。

3.6.2　欠損値

　先ほど使ったna.rm引数は何だろうと疑問に思ったでしょう。これを使わないとどうなるでしょう
か。

```
flights %>%
  group_by(year, month, day) %>%
  summarize(mean = mean(dep_delay))
#> Source: local data frame [365 x 4]
#> Groups: year, month [?]
#>
#>    year month   day  mean
#>   <int> <int> <int> <dbl>
#> 1  2013     1     1    NA
#> 2  2013     1     2    NA
#> 3  2013     1     3    NA
#> 4  2013     1     4    NA
#> 5  2013     1     5    NA
#> 6  2013     1     6    NA
#> # ... with 359 more rows
```

　na.rm引数を使わないと多数の欠損値が出てしまいます。集約関数が通常の欠損値規則、すなわち
入力に欠損値があれば、出力も欠損値に従うからです。すべての集約関数がna.rm引数をとり、計
算の前に欠損値を取り除くことができます。

```
flights %>%
  group_by(year, month, day) %>%
  summarize(mean = mean(dep_delay, na.rm = TRUE))
#> Source: local data frame [365 x 4]
#> Groups: year, month [?]
#>
#>    year month   day  mean
#>   <int> <int> <int> <dbl>
#> 1  2013     1     1 11.55
#> 2  2013     1     2 13.86
#> 3  2013     1     3 10.99
#> 4  2013     1     4  8.95
```

```
#> 5  2013     1    5  5.73
#> 6  2013     1    6  7.15
#> # ... with 359 more rows
```

このデータの場合、欠損値はキャンセル便を表すので、キャンセル便を最初に取り除くことでも、この問題を扱うことができます。このデータセットを保存しておいて、この後の例でも使うことにします。

```
not_cancelled <- flights %>%
  filter(!is.na(dep_delay), !is.na(arr_delay))

not_cancelled %>%
  group_by(year, month, day) %>%
  summarize(mean = mean(dep_delay))
#> Source: local data frame [365 x 4]
#> Groups: year, month [?]
#>
#>    year month  day  mean
#>   <int> <int> <int> <dbl>
#> 1  2013     1    1 11.44
#> 2  2013     1    2 13.68
#> 3  2013     1    3 10.91
#> 4  2013     1    4  8.97
#> 5  2013     1    5  5.73
#> 6  2013     1    6  7.15
#> # ... with 359 more rows
```

3.6.3　カウント

集約を行う際には、常に、個数（n()）または非欠損値の個数（sum(!is.na(x))）を含めておきます。そうすれば、ごくわずかな個数のデータで結論を出していないことをチェックできます。例えば、平均遅延が一番大きい飛行機（機体記号 tail number で識別）を探してみます。

```
delays <- not_cancelled %>%
group_by(tailnum) %>%
summarize(
  delay = mean(arr_delay)
)

ggplot(data = delays, mapping = aes(x = delay)) +
  geom_freqpoly(binwidth = 10)
```

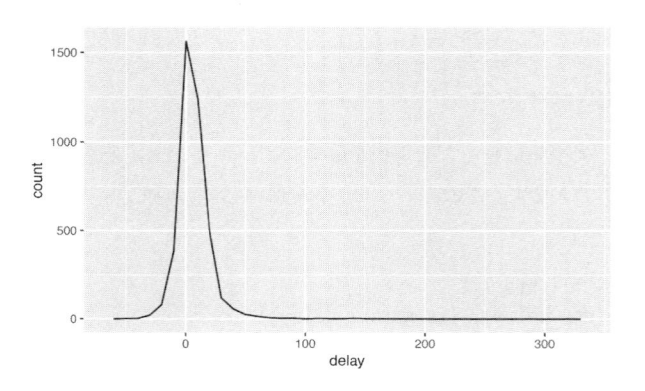

なんと、**平均**遅延が5時間（300分）を超す飛行機があります。

実際はもう少し微妙です。便数と平均遅延の散布図を描くとより深い知見が得られます。

```
delays <- not_cancelled %>%
  group_by(tailnum) %>%
  summarize(
    delay = mean(arr_delay, na.rm = TRUE),
    n = n()
  )

ggplot(data = delays, mapping = aes(x = n, y = delay)) +
  geom_point(alpha = 1/10)
```

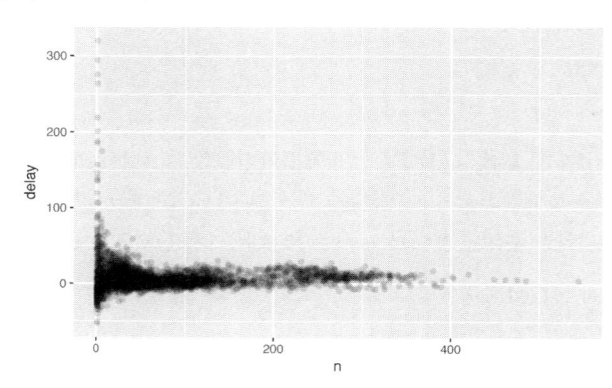

　当然ながら、便数が少ないほど平均遅延の変動が大きくなります。このプロットの様子は非常に特徴的です。平均（あるいは他の要約統計値）をグループサイズでプロットする場合には常に、サンプルサイズの増大とともに変動が減少します。

　この種のプロットを調べるときには、観測データの最小個数のグループをフィルタを掛けて除外すると、パターンがはっきりして極端な変動が少なくなるので役立つことが多いでしょう。次のコードは、それをすると同時に**ggplot2**を**dplyr**のパイプ処理に統合した役立つパターンを示します。%>%

から+へ切り替えなければならないのは面倒ですが、慣れれば結構便利なものです。

```
delays %>%
  filter(n > 25) %>%
  ggplot(mapping = aes(x = n, y = delay)) +
    geom_point(alpha = 1/10)
```

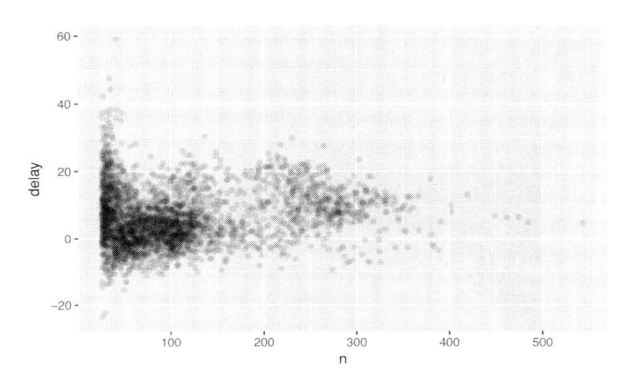

 **RStudio**のヒント
キーボードショートカットでCmd/Ctrl-Shift-Pが役立ちます。これは直前にエディタからコンソールに送られた文字列を再送します。例えば、この例でnの値を色々と変えて試すときに非常に役立ちます。全体ブロックはCmd/Ctrl-Enterで送り、nの値を修正してからCmd/Ctrl-Shift-Pで、全体ブロックを再送します。

この種のパターンには、他にもよく使われるパターンがあります。野球で打者の平均打率が打席数とどう関係するか検討します。私はLahmanパッケージのデータを使ってメジャーリーグの全選手の打率（安打数/打数）を計算しました。

打者のスキル（打率baで測る）をヒットする機会数（打席数abで測る）でプロットすると2つのパターンが出現します。

- 先ほどの例と同じく、集約した変動はデータ点数の増加とともに減少する。
- スキル（ba）とヒットの機会（ab）との間には正の相関がある。これは、誰がプレイするかをチームが管理しており、明らかに最良のプレイヤーを選択するからです。

```
# 表示が奇麗になるようにtibble形式に変換
batting <- as_tibble(Lahman::Batting)

batters <- batting %>%
  group_by(playerID) %>%
  summarize(
    ba = sum(H, na.rm = TRUE) / sum(AB, na.rm = TRUE),
```

```
      ab = sum(AB, na.rm = TRUE)
    )

  batters %>%
    filter(ab > 100) %>%
    ggplot(mapping = aes(x = ab, y = ba)) +
      geom_point() +
      geom_smooth(se = FALSE)
#> `geom_smooth()`はmethod = 'gam'を使用
```

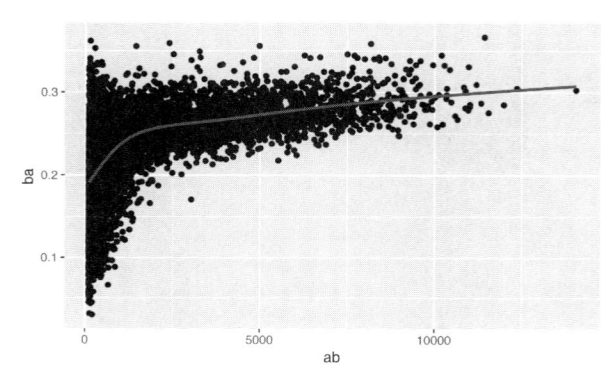

これはランク付けについても大いに意味があります。何もせずにdesc(ba)を整列すれば、最高打率の選手はスキルの高い選手ではなく運のよい選手になります。

```
  batters %>%
    arrange(desc(ba))
#> # A tibble: 18,659 × 3
#>     playerID    ba    ab
#>        <chr> <dbl> <int>
#> 1 abramge01     1     1
#> 2 banisje01     1     1
#> 3 bartocl01     1     1
#> 4  bassdo01     1     1
#> 5 birasst01     1     2
#> 6 bruneju01     1     1
#> # ... with 1.865e+04 more rows
```

この問題についての優れた解説がhttp://bit.ly/Bayesbbalとhttp://bit.ly/notsortavgにあります。

3.6.4 便利な要約関数

平均（mean）、個数（count）、和（sum）を使うだけでもさまざまなことができますが、Rには他にも有用な要約関数が次のように多数あります。

中心傾向の代表値

mean(x)を使ったが、median(x)も役立つ。平均は、和を個数で割ったが、中央値（メディアン）はxがその上位にも下位にも50%の値が存在する位置の値である。

集約を論理的な要素抽出と組みわせると役立つことがある。この種の要素抽出についてはまだ論じていないが、「16.5.2 **要素抽出**」でさらに学習する。

```
not_cancelled %>%
  group_by(year, month, day) %>%
  summarize(
    # average delay:
    avg_delay1 = mean(arr_delay),
    # average positive delay:
    avg_delay2 = mean(arr_delay[arr_delay > 0])
  )
#> Source: local data frame [365 x 5]
#> Groups: year, month [?]
#>
#>    year month   day avg_delay1 avg_delay2
#>   <int> <int> <int>      <dbl>      <dbl>
#> 1  2013     1     1      12.65       32.5
#> 2  2013     1     2      12.69       32.0
#> 3  2013     1     3       5.73       27.7
#> 4  2013     1     4      -1.93       28.3
#> 5  2013     1     5      -1.53       22.6
#> 6  2013     1     6       4.24       24.4
#> # ... with 359 more rows
```

散らばり（広がり）の代表値 (sd(x), IQR(x), mad(x))

平均二乗偏差や標準偏差sdは、散らばりの標準的な代表値。四分位範囲IQR()と中央値絶対偏差mad(x)とは、外れ値がある場合に役立つ頑健で等価な代表値だ。

```
# なぜ目的地によって距離の変動が大きくなるのか
not_cancelled %>%
  group_by(dest) %>%
  summarize(distance_sd = sd(distance)) %>%
  arrange(desc(distance_sd))
#> # A tibble: 104 × 2
#>     dest distance_sd
#>    <chr>       <dbl>
#> 1    EGE       10.54
#> 2    SAN       10.35
#> 3    SFO       10.22
#> 4    HNL       10.00
#> 5    SEA        9.98
#> 6    LAS        9.91
```

```
#> # ... with 98 more rows
```

ランクの代表値（min(x), quantile(x, 0.25), max(x)）

分位数は中央値を一般化したもの。例えば、quantile(x, 0.25)はx以下の値が25%、x以上の値が75%にあるxの値。

```
# 各日の始発便と最終便の時刻はいつか。
not_cancelled %>%
  group_by(year, month, day) %>%
  summarize(
    first = min(dep_time),
    last = max(dep_time)
  )
#> Source: local data frame [365 x 5]
#> Groups: year, month [?]
#>
#>    year month   day first  last
#>   <int> <int> <int> <int> <int>
#> 1  2013     1     1   517  2356
#> 2  2013     1     2    42  2354
#> 3  2013     1     3    32  2349
#> 4  2013     1     4    25  2358
#> 5  2013     1     5    14  2357
#> 6  2013     1     6    16  2355
#> # ... with 359 more rows
```

位置の代表値（first(x), nth(x, 2), last(x)）

これらはx[1], x[2], x[length(x)]と同様に働くが、その位置が存在しない場合には、デフォルト値を設定できる（すなわち、2つの要素しかないグループから第3要素を取得しようとした場合）。例えば、各日の始発便と最終便はいつ出発するかを見つけられる。

```
not_cancelled %>%
  group_by(year, month, day) %>%
  summarize(
    first_dep = first(dep_time),
    last_dep = last(dep_time)
  )
#> Source: local data frame [365 x 5]
#> Groups: year, month [?]
#>
#>    year month   day first_dep last_dep
#>   <int> <int> <int>     <int>    <int>
#> 1  2013     1     1       517     2356
#> 2  2013     1     2        42     2354
#> 3  2013     1     3        32     2349
```

```
#> 4  2013   1   4       25     2358
#> 5  2013   1   5       14     2357
#> 6  2013   1   6       16     2355
#> # ... with 359 more rows
```

これらの関数は、ランクによるフィルタを補完します。フィルタでは全変数を観測値とともに与える。

```
not_cancelled %>%
  group_by(year, month, day) %>%
  mutate(r = min_rank(desc(dep_time))) %>%
  filter(r %in% range(r))
#> Source: local data frame [770 x 20]
#> Groups: year, month, day [365]
#>
#>     year month  day dep_time sched_dep_time dep_delay
#>    <int> <int> <int>   <int>          <int>     <dbl>
#> 1  2013     1    1      517            515         2
#> 2  2013     1    1     2356           2359        -3
#> 3  2013     1    2       42           2359        43
#> 4  2013     1    2     2354           2359        -5
#> 5  2013     1    3       32           2359        33
#> 6  2013     1    3     2349           2359       -10
#> # ... with 764 more rows, and 13 more variables:
#> #   arr_time <int>, sched_arr_time <int>,
#> #   arr_delay <dbl>, carrier <chr>, flight <int>,
#> #   tailnum <chr>, origin <chr>, dest <chr>,
#> #   air_time <dbl>, distance <dbl>, hour <dbl>,
#> #   minute <dbl>, time_hour <dttm>, r <int>
```

カウント

引数をとらず現在のグループのサイズを返すn()は既に登場した。非欠損値の個数を数えるにはsum(!is.na(x))を使い、異なる（一意な）値の個数を数えるにはn_distinct(x)を使う。

```
# 航空会社が最も多いのはどの目的地だろうか?
not_cancelled %>%
  group_by(dest) %>%
  summarize(carriers = n_distinct(carrier)) %>%
  arrange(desc(carriers))
#> # A tibble: 104 × 2
#>     dest carriers
#>    <chr>    <int>
#> 1   ATL        7
#> 2   BOS        7
#> 3   CLT        7
#> 4   ORD        7
```

```
#> 5  TPA      7
#> 6  AUS      6
#> # ... with 98 more rows
```

カウントは非常に役立つので、必要なら、dplyrでは何でも数えてくれる単純なヘルパー関数
が用意されています。

```
not_cancelled %>%
  count(dest)
#> # A tibble: 104 × 2
#>    dest      n
#>    <chr> <int>
#> 1  ABQ     254
#> 2  ACK     264
#> 3  ALB     418
#> 4  ANC       8
#> 5  ATL   16837
#> 6  AUS    2411
#> # ... with 98 more rows
```

オプションの重み変数を追加することもできる。例えば、これを使って飛行機が飛んだ総マイ
ル数を「カウント」（総和）できる。

```
not_cancelled %>%
  count(tailnum, wt = distance)
#> # A tibble: 4,037 × 2
#>    tailnum       n
#>     <chr>    <dbl>
#> 1  D942DN    3418
#> 2  N0EGMQ  239143
#> 3  N10156  109664
#> 4  N102UW   25722
#> 5  N103US   24619
#> 6  N104UW   24616
#> # ... with 4,031 more rows
```

論理値のカウントと割合 (sum(x > 10), mean(y == 0))

数値関数で使うと、TRUEは1、FALSEは0に変換される。これを使うとsum()とmean()が役に
立つ。sum(x)でx中のTRUEの個数を、mean(x)で割合を計算できる。

```
# 午前5時より前に何便が出発するか？
# （これは普通は前日遅延した便を示す）
not_cancelled %>%
  group_by(year, month, day) %>%
  summarize(n_early = sum(dep_time < 500))
#> Source: local data frame [365 x 4]
```

```
#> Groups: year, month [?]
#>
#>     year month   day n_early
#>    <int> <int> <int>   <int>
#> 1  2013     1     1       0
#> 2  2013     1     2       3
#> 3  2013     1     3       4
#> 4  2013     1     4       3
#> 5  2013     1     5       3
#> 6  2013     1     6       2
#> # ... with 359 more rows

# 1時間以上遅延した便の割合は?
not_cancelled %>%
  group_by(year, month, day) %>%
  summarize(hour_perc = mean(arr_delay > 60))
#> Source: local data frame [365 x 4]
#> Groups: year, month [?]
#>
#>     year month   day hour_perc
#>    <int> <int> <int>     <dbl>
#> 1  2013     1     1    0.0722
#> 2  2013     1     2    0.0851
#> 3  2013     1     3    0.0567
#> 4  2013     1     4    0.0396
#> 5  2013     1     5    0.0349
#> 6  2013     1     6    0.0470
#> # ... with 359 more rows
```

3.6.5　複数の変数によるグループ化

　複数の変数でグループ分けすると、要約をするごとにグループ分けが進みます。これにより、段階を踏んでデータセットを巻き上げることが容易になります。

```
daily <- group_by(flights, year, month, day)
(per_day   <- summarize(daily, flights = n()))
#> Source: local data frame [365 x 4]
#> Groups: year, month [?]
#>
#>     year month   day flights
#>    <int> <int> <int>   <int>
#> 1  2013     1     1     842
#> 2  2013     1     2     943
#> 3  2013     1     3     914
#> 4  2013     1     4     915
#> 5  2013     1     5     720
```

```
#> 6  2013     1     6     832
#> # ... with 359 more rows

(per_month <- summarize(per_day, flights = sum(flights)))
#> Source: local data frame [12 x 3]
#> Groups: year [?]
#>
#>    year month flights
#>   <int> <int>  <int>
#> 1  2013     1   27004
#> 2  2013     2   24951
#> 3  2013     3   28834
#> 4  2013     4   28330
#> 5  2013     5   28796
#> 6  2013     6   28243
#> # ... with 6 more rows

(per_year <- summarize(per_month, flights = sum(flights)))
#> # A tibble: 1 × 2
#>    year flights
#>   <int>   <int>
#> 1  2013  336776
```

　段階を踏んで要約をとるのには注意が必要です。総和や個数はOKですが、加重平均や分散では
よく考える必要があります。中央値のようなランクに基づいた要約は不可能です。言い換えると、グ
ループごとの総和の総和は全体の総和となりますが、グループごとの中央値の中央値は全体の中央
値ではありません。

3.6.6　グループ解除

　グループ分けを解除し、グループ分けする前のデータに操作を戻すにはungroup()を使います。

```
daily %>%
  ungroup() %>%            # もはや日付でグループ分けしない
  summarize(flights = n())  # 全便
#> # A tibble: 1 × 1
#>    flights
#>      <int>
#> 1  336776
```

練習問題

1. フライトのグループの典型的な遅延特性を査定するための少なくとも5つの異なる方法をブレイ
   ンストーミングしなさい。次のシナリオを考えよう。

- 50%は15分早く、50%は15分遅い。
- 常に10分遅れる。
- 50%は30分早く、50%は30分遅い。
- 99%が定時で、1%が2時間遅れとなる。

到着遅延と出発遅延とどちらがより重要か。

2. (count()を使わずに) not_cancelled %>% count(dest) と not_cancel led %>% count(tailnum, wt = distance) と同じ出力を与える他の方法を考えなさい。

3. キャンセル便の定義 (is.na(dep_delay) | is.na(arr_delay)) は完璧とは言えない。それはなぜか。どれが最も重要な列か。

4. 日ごとのキャンセル便数を求めなさい。何かパターンがあるか。キャンセル便の割合は平均遅延時間と関係するか。

5. 最悪遅延はどの航空会社か? 課題：悪い空港の影響と悪い航空会社の影響とを別々に分けることができるか。なぜ、できる/できないのか? (ヒント：flights %>% group_by(carrier, dest) %>% summarize(n())を考える)

6. 飛行機ごとに、最初に1時間以上遅延する前の飛行回数を数えなさい。

7. sortの引数はcount()に何をするか。いつ使えばよいだろうか。

3.7　グループごとの変更（とフィルタ）

グループ化はsummarize()と一緒に使うのが最も有用ですが、mutate()やfilter()と一緒に使っても便利です。

- 各グループで最悪メンバーを探す。

```
flights_sml %>%
  group_by(year, month, day) %>%
  filter(rank(desc(arr_delay)) < 10)
#> Source: local data frame [3,306 x 7]
#> Groups: year, month, day [365]
#>
#>    year month   day dep_delay arr_delay distance
#>   <int> <int> <int>     <dbl>     <dbl>    <dbl>
#> 1  2013     1     1       853       851      184
#> 2  2013     1     1       290       338     1134
#> 3  2013     1     1       260       263      266
#> 4  2013     1     1       157       174      213
#> 5  2013     1     1       216       222      708
#> 6  2013     1     1       255       250      589
#> # ... with 3,300 more rows, and 1 more variables:
#> #  air_time <dbl>
```

- 個数が閾値よりも大きいグループをすべて探す。

```
popular_dests <- flights %>%
  group_by(dest) %>%
  filter(n() > 365)
popular_dests
#> Source: local data frame [332,577 x 19]
#> Groups: dest [77]
#>
#>    year month   day dep_time sched_dep_time dep_delay
#>   <int> <int> <int>    <int>          <int>     <dbl>
#> 1  2013     1     1      517            515         2
#> 2  2013     1     1      533            529         4
#> 3  2013     1     1      542            540         2
#> 4  2013     1     1      544            545        -1
#> 5  2013     1     1      554            600        -6
#> 6  2013     1     1      554            558        -4
#> # ... with 3.326e+05 more rows, and 13 more variables:
#> #   arr_time <int>, sched_arr_time <int>,
#> #   arr_delay <dbl>, carrier <chr>, flight <int>,
#> #   tailnum <chr>, origin <chr>, dest <chr>,
#> #   air_time <dbl>, distance <dbl>, hour <dbl>,
#> #   minute <dbl>, time_hour <dttm>
```

- グループごとの計算を標準化する。

```
popular_dests %>%
  filter(arr_delay > 0) %>%
  mutate(prop_delay = arr_delay / sum(arr_delay)) %>%
  select(year:day, dest, arr_delay, prop_delay)
#> Source: local data frame [131,106 x 6]
#> Groups: dest [77]
#>
#>    year month   day  dest arr_delay prop_delay
#>   <int> <int> <int> <chr>     <dbl>      <dbl>
#> 1  2013     1     1   IAH        11   1.11e-04
#> 2  2013     1     1   IAH        20   2.01e-04
#> 3  2013     1     1   MIA        33   2.35e-04
#> 4  2013     1     1   ORD        12   4.24e-05
#> 5  2013     1     1   FLL        19   9.38e-05
#> 6  2013     1     1   ORD         8   2.83e-05
#> # ... with 1.311e+05 more rows
```

　グループごとのフィルタは、グループごとにmutate()で変更後、グループに関係なくフィルタを掛けます。とにかく早く処理しなければならない場合を除いて、処理が正しくできたかのチェックが難しいので、私は普通はこれを使いません。

　グループごとの変更とフィルタが最も自然に機能するのは、ウィンドウ関数（これに対するのは要

約関数）です。有用なウィンドウ関数については、`vignette("window-functions")`を実行して学ぶことができます。

練 習 問 題

1. 有用な`mutate`と`filter`の機能の表を再度参照しなさい。グループ処理と組み合わせるとどのように演算が変わるかを述べなさい。

2. どの飛行機（`tailnum`）が定時離着陸記録に関して最悪か。

3. 遅延をできるだけ避けたいとすれば、どの時間に飛行するとよいか。

4. 目的地ごとに総遅延時間を分で計算する。各便ごとに、目的地への総遅延時間の割合を計算する。

5. 遅延は通常、時系列的に関連する。最初の遅延の問題が収まったとしても、次の便は前の便の飛行機が発つまで待たされる。`lag()`を使って、ある便の遅延が直前の便の遅延とどのように関係するか調べなさい。

6. 各目的地を調べなさい。不審に思わせるほど速い便を見つけられるか（すなわち、データ入力が間違っていた可能性のある便）。その目的地への最短便に対する滞空時間を計算しなさい。どのフライトが飛行中に最も多く遅延したか。

7. 少なくとも2つの航空会社が運航している目的地をすべて見つけなさい。この情報を使って航空会社をランク付けしなさい。

4章
ワークフロー：スクリプト

　これまで読者はコンソールを使ってコードを実行してきたはずです。プログラミングを始める際にはよかったのですが、複雑な ggplot2 グラフや dplyr のパイプの作成はきついと感じているでしょう。作業に余裕を持たせるためにも、スクリプトエディタを使います。RStudio の File メニューからNew File を選び、R script をクリックするか、Cmd/Ctrl–Shift–N ショートカットを使います。次の図のように 4 つのペインがあります。

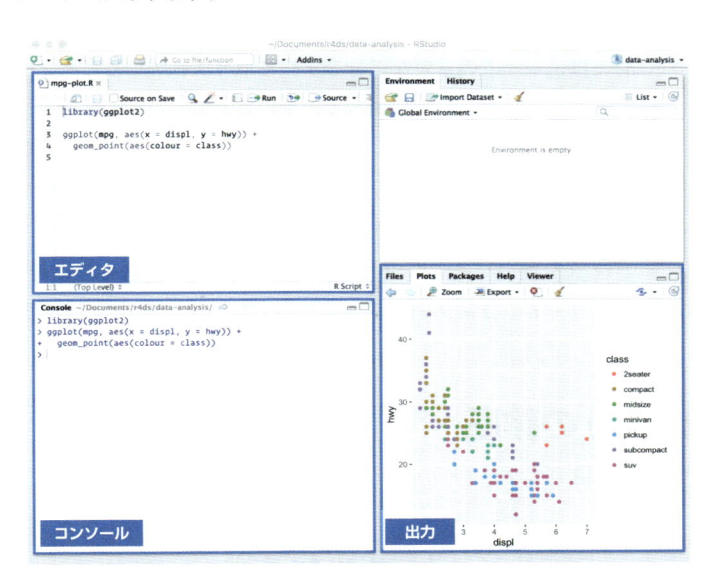

　スクリプトエディタは、作業中のコードを置く最適の場所です。コンソールで実験を続けるのですが、目的の動作をするコードが書けたら、スクリプトエディタに置きます。RStudio がその内容を終了時に保存し、再開したときに自動的に復元します。そうは言っても、スクリプトは定期的に保存しておくことです。

4.1　コードを実行する

　スクリプトエディタは、複雑な ggplot2 プロットや長い dplyr 処理を組み上げるのにも最適な場所です。スクリプトエディタを効果的に使うには、大事なキーボードショートカット Cmd/Ctrl-Enter を覚えておきます。これで現在の R 式をコンソールで実行できます。例えば、次のコードで、カーソルが █ の位置にあるとき、Cmd/Ctrl-Enter を押せば not_cancelled を作るコマンドが実行されます。そしてカーソルが次の文（not_cancelled %>% で始まる）に移ります。これにより、Cmd/Ctrl-Enter を繰り返し押して完全なスクリプトの実行が容易にできます。

```
library(dplyr)
library(nycflights13)

not_cancelled <- flights %>%
  filter(!is.na(dep_delay)█, !is.na(arr_delay))

not_cancelled %>%
  group_by(year, month, day) %>%
  summarize(mean = mean(dep_delay))
```

　式を順に実行するのではなく、Cmd/Ctrl-Shift-S でスクリプト全体を一度に実行することもできます。これを定期的に行えば、コードの重要な部分をすべて取り入れていることを確認できます。

　常に必要なパッケージからスクリプトを開始することを勧めます。そうすれば、コードを他の人と共有する場合に、どのパッケージをインストールすればよいかがその人にもわかるからです。しかし、共有スクリプトには、install.packages() や setwd() を絶対に含めないことです。他の人のコンピュータで設定を変えるのは反社会的行為です。

　この後の章では、エディタを使い、キーボードショートカットを練習することを強く推奨します。時間がたてば、このようにコードをコンソールに送ることがごく自然で意識せず行えるようになります。

4.2　RStudio の診断

　スクリプトエディタは、構文エラーを赤い波下線とサイドバーの×印でハイライトします。

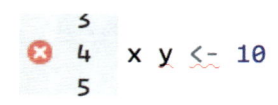

　×印にマウスを持っていくと、問題が何かわかります。

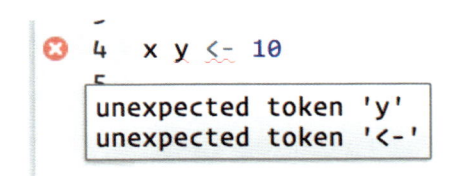

RStudioは、問題が起こりそうな場合も注意してくれます[1]。

練習問題

1. RStudio Tipsのツィッターのアカウント@rstudiotips（https://twitter.com/rstudiotips）を見て、良さそうなヒントを探しなさい。それを試してみよう。
2. RStudioの診断は、上記の他にどのようなよくある間違いを見つけてくれるだろうか。http://bit.ly/RStudiocodediagを読んで間違いを探し出しなさい。

---

[1]　訳注：これらの診断はファイルに保存して初めて働くので、ただ入力しただけでは何も出てこない。ただし、Code→Show Diagnosticsをしていないと働かないことがあるので注意。その場合、下のペインにMarkersというタブが開いて、細かい診断内容が表示される。

5章
探索的データ分析

5.1　はじめに

　本章では、可視化と変換を使ってデータを系統的に探索します。これは統計学者が探索的データ分析、略してEDA（exploratory data analysis）と呼ぶ作業です。EDAでは次のサイクルを繰り返します。

1. データについての質問を出す。
2. データの可視化、変換、モデル化により答えを探索する。
3. 学んだことを使って質問を洗練する、または/および新たな質問を出す。

　EDAは厳格な規則に基づく形式プロセスではありません。EDAとは何よりも心構えの問題です。EDAの開始段階では、自由に思いついたアイデアを検討すべきです。うまくいくアイデアもあれば、袋小路に入り込んでしまうアイデアもあるでしょう。探索を続けていけば、特に生産的な領域に入って、それを記述して他の人にも伝えたくなります。

　どのようなデータ分析でも、たとえ質問がよく知られているものであっても、EDAは重要な部分です。それは常にデータの品質を検討する必要があるからです。データクリーニングは、データが期待にかなっているかを問うEDAの1つの適用領域に過ぎません。データクリーニングには、可視化、変換、モデル化というEDAの全ツールを使う必要があります。

5.1.1　準備するもの

　本章では、dplyrとggplot2について学んできたことを組み合わせて、次々と質問をして、データで答えて、次の質問へと進みます。

```
library(tidyverse)
```

5.2　質問

決まり切った統計的質問など存在しない。統計的な定型作業に疑問があるだけだ。

— Sir David Cox（英国の統計学者、1924年生まれ）

間違った質問に対する（いつでも精密にできる）正確な答えよりは、正しい質問に対する（曖昧なこともある）近似解の方がはるかに優れている。

— John Tukey

　EDA遂行時の目標は、データの理解です。質問を使って検討を進めるのが最も容易です。質問すれば、データセットの特定部分に注目し、どのグラフ、モデル、変換を行うかを決定できます。

　EDAは基本的には創造的なプロセスです。ほとんどの創造的プロセスと同様に、**良質**な質問をするカギとなるのは、**大量**の質問を作ることです。分析の当初から隠された真相を明らかにするような質問をすることは簡単ではありません。データセットへの洞察がまだ足りないからです。一方で、新たな質問をするたびに、データの新たな側面がわかり、発見の機会が増えます。データの中で最も興味深い部分を迅速に掘り下げることができて、発見したことに基づいて新たな質問をすることで、一連の考えさせられる質問に発展できます。

　探索を導くためにどの質問をすべきかという規則は存在しません。しかし、次の2種類の質問は、データについての発見に常に役立ちます。言葉で概略を表すと次のようになります。

1. 変数にはどんな変動があるか。
2. 変数間にはどんな共変動があるか。

　本章の残りでは、これら2つの質問を考えます。どんな変動や共変動があるかを説明し、質問に答えるいくつかの方法を示します。議論を簡単にするために、いくつかの用語を定義します。

- **変数**は、測定できる量、質、特性である。
- **値**は、変数を測定したときの変数の状態。
- **観測**または**ケース**とは、同様の条件下で行った測定の集合である（通常は、観測では、すべての測定を同時に同じ対象について行う）。観測は、変数ごとに関連する複数の値を含む。観測をデータ点と呼ぶことがある。
- **表形式データ**は、それぞれが変数と観測に関連する値の集合である。各値がそれ自身の「セル」、変数の列と観測の行に置かれていれば、表形式データは**整理されている**と言われる。

　これまで登場したデータは整理されていましたが、現実ではほとんどのデータは整理されていないものです。この「整理」という概念につては9章で再度扱います。

5.3 変動

　変動とは、変数の値が測定ごとに変化する傾向です。現実では変動をよく目にします。連続変数を2度測定すれば、2つの結果は異なります。これは、光の速度のような定数量を測定したときにも成り立ちます。カテゴリ変数も、異なる被験者（例、異なる人の目の色）、異なる時刻（例、異なる瞬間の電子のエネルギー準位）で変動します。すべての変数がその変動パターンを有し、それが興味深い情報を提示します。このパターンを理解するには、変数値の分布を可視化することが最良の方法です。

5.3.1 分布の可視化

　変数の分布をどう可視化するかは、カテゴリ変数か連続変数かによります。少数個の値のどれかしかとらないなら、**カテゴリ変数**です。Rでは通常、カテゴリ変数はファクタまたは文字ベクトルで保存されます。カテゴリ変数の分布を調べるには、棒グラフを使います。

```
ggplot(data = diamonds) +
  geom_bar(mapping = aes(x = cut))
```

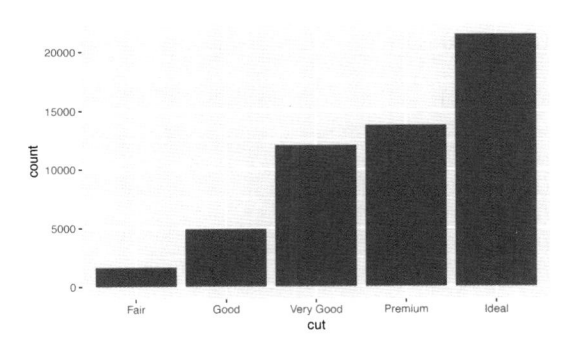

　棒の高さは、xの値がそれぞれ何回観測されたかを示します。この値は次のようにしてdplyr::count()で計算できます。

```
diamonds %>%
  count(cut)
#> # A tibble: 5 × 2
#>        cut     n
#>       <ord> <int>
#> 1      Fair  1610
#> 2      Good  4906
#> 3 Very Good 12082
#> 4   Premium 13791
#> 5     Ideal 21551
```

　変数が順序のある値の無限集合の中から任意の値をとるのなら、**連続**です。数値と日付時刻が連続変数の例となります。連続変数の分布を調べるにはヒストグラムを使います。

```
ggplot(data = diamonds) +
  geom_histogram(mapping = aes(x = carat), binwidth = 0.5)
```

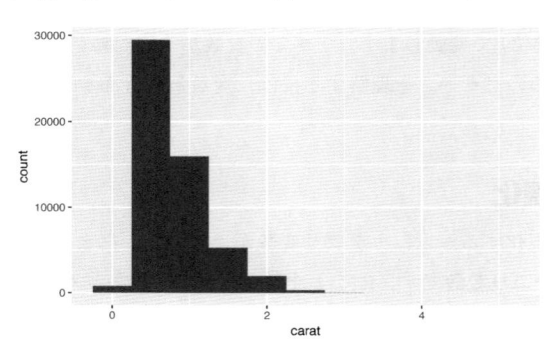

　この値は、dplyr::count()とggplot2::cut_width()を組み合わせて計算できます。

```
diamonds %>%
  count(cut_width(carat, 0.5))
#> # A tibble: 11 × 2
#>   `cut_width(carat, 0.5)`       n
#>                    <fctr> <int>
#> 1          [-0.25,0.25]     785
#> 2           (0.25,0.75] 29498
#> 3           (0.75,1.25] 15977
#> 4           (1.25,1.75]   5313
#> 5           (1.75,2.25]   2002
#> 6           (2.25,2.75]    322
#> # ... with 5 more rows
```

　ヒストグラムは、x軸を等間隔の区間に分割し、棒の高さで各区間に含まれるの観測値の個数を表示します。先ほどのグラフでは、最高がほぼ30,000の観測数で、carat値が0.25から0.75の間でした。0.25と0.75が棒の両端になります。

　ヒストグラムの棒の幅は、binwidth引数で設定できます。単位はx値の測定単位です。ヒストグラムを使うとき、幅を変えるとパターンが変わるので、さまざまな間隔を試してみましょう。例えば、先ほどのグラフで、ダイヤモンドを3カラット以下に絞り込んで、幅を狭くしてみましょう。

```
smaller <- diamonds %>%
  filter(carat < 3)

ggplot(data = smaller, mapping = aes(x = carat)) +
  geom_histogram(binwidth = 0.1)
```

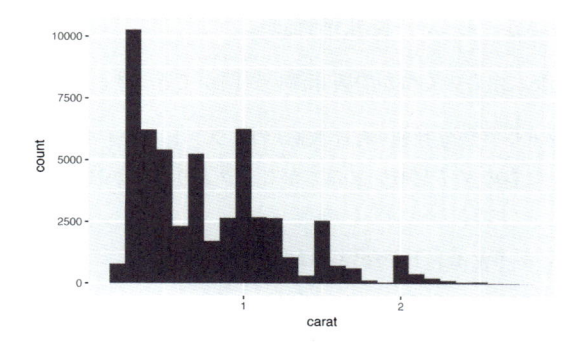

　複数のヒストグラムを1つのプロットに重ねて表示したいなら、geom_histogram()の代わりに
geom_freqpoly()を使うことを推奨します。geom_freqpoly()はgeom_histogram()と同じ計算を行
いますが、個数を棒で示さず、折れ線を使って示します。棒よりは線の重複の方が理解しやすいで
しょう。

```
ggplot(data = smaller, mapping = aes(x = carat, color = cut)) +
  geom_freqpoly(binwidth = 0.1)
```

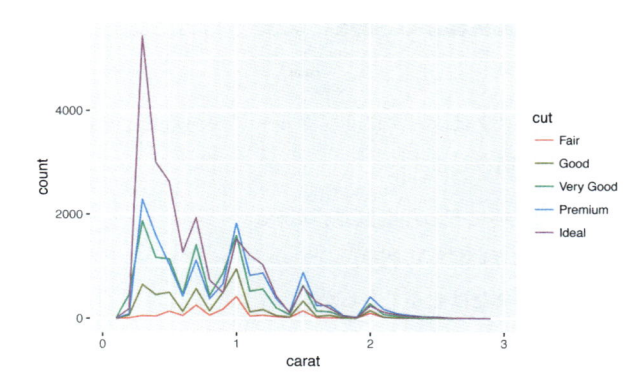

　この種のプロットにはいくつかの課題があり、「5.5.1　カテゴリ変数と連続変数」でそれについて
学びます。

5.3.2　典型値

　棒グラフでもヒストグラムでも、高い棒がよく出現する値を示し、短い棒は普通でない値を示し
ます。棒のない場所はデータに存在しない値を示します。この情報から有用な質問を生み出すには、
何か予期しないことを探します。

- どの値が最も一般的か。それはなぜか。
- どの値が稀か。それはなぜか。それは期待に沿うか。

- 異常なパターンがあるか。どういう説明が可能か。

例えば、次のヒストグラムからいくつかの興味深い質問ができます。

- なぜ整数値のカラットや整数分数値（有理数値）のカラットのダイヤモンドが多いのか。
- ピークよりもわずかに右のダイヤモンドの方がピークよりわずかに左のダイヤモンドより多いのはなぜか。
- 3カラットより大きいダイヤモンドがないのはなぜか。

```
ggplot(data = smaller, mapping = aes(x = carat)) +
  geom_histogram(binwidth = 0.01)
```

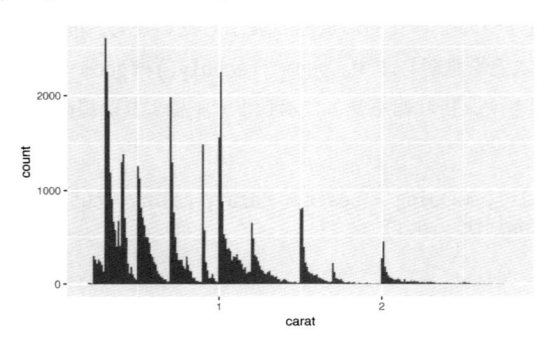

　一般に、同じような値のクラスタはデータにサブグループがあることを示唆します。サブグループを理解するには、次のような質問をします。

- 各クラスタ内の観測はお互いにどの程度似ているか。
- 別のクラスタでの観測はお互いにどの程度異なるか。
- クラスタをどのように説明または記述できるか。
- クラスタに見えるものが誤解を招くのはなぜか。

　次のヒストグラムは、イエローストーン国立公園のオールド・フェイスフル・ガイザーでの272回の間欠泉の噴出の時間（分）を示します。噴出時間は2つのクラスタに分けられるように見えます。（約2分程度の）短いものと（4〜5分の）長いもので、その間にはわずかしかありません。

```
ggplot(data = faithful, mapping = aes(x = eruptions)) +
  geom_histogram(binwidth = 0.25)
```

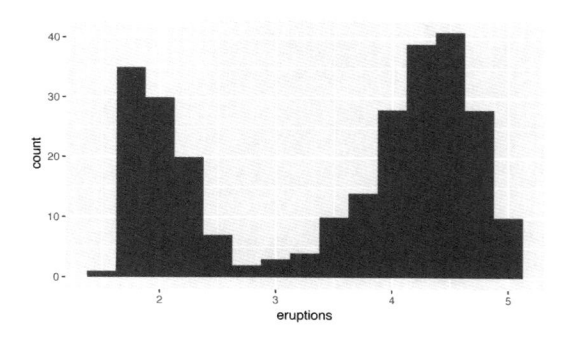

これまでの質問の多くは、例えば、ある変数が別の変数の振る舞いを説明するのではないかと、変数間の関係を調べる契機となります。もう少し後で、これを取り上げます。

5.3.3 異常値

パターンに当てはまらないデータ点である外れ値は異常な値です。外れ値はデータ入力エラーのこともあれば、重要な新しい科学のきっかけとなることもあります。データが多数あると、ヒストグラムでは、外れ値に気付くこと自体が困難です。例えば、データセット diamonds の y 変数の分布を考えます。外れ値が存在する証拠は、y の軸が（表示されているデータに比べると）異常に長くとられていることだけです。

```
ggplot(diamonds) +
  geom_histogram(mapping = aes(x = y), binwidth = 0.5)
```

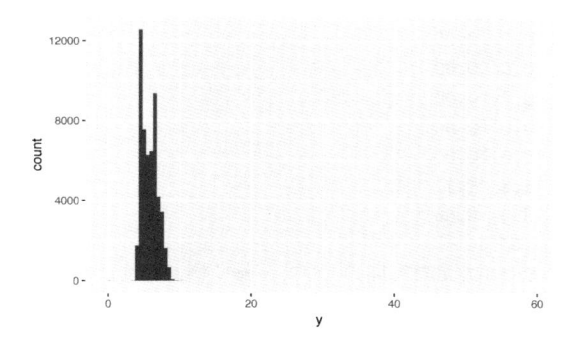

非常に多数の観測が一部の区間にあり、観測数の少ない区間の高さが非常に低いので、目には見えない（もっとも、0 の付近で目を凝らせば見つかるかもしれません）。異常値を見えやすくするには、y の軸の小さな値まで coord_cartesian() で拡大します。

```
ggplot(diamonds) +
  geom_histogram(mapping = aes(x = y), binwidth = 0.5) +
  coord_cartesian(ylim = c(0, 50))
```

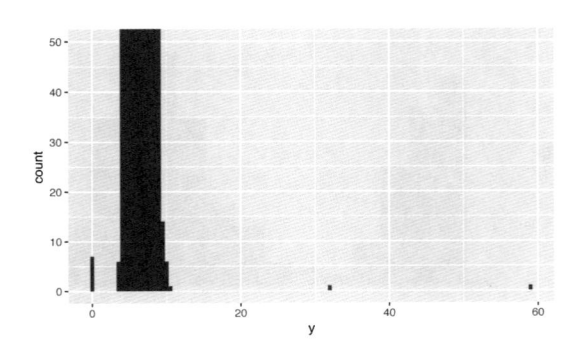

（x軸について拡大するときのために、coord_cartesian()には引数xlim()もあります。ggplot2にもxlim()とylim()がありますが、動作は少し違います。制限外のデータは捨ててしまいます。）

0、30近く、60近くに異常値のあることがわかりました。dplyrでさらに詳しく調べることができます。

```
unusual <- diamonds %>%
  filter(y < 3 | y > 20) %>%
  select(price, x, y, z) %>%
  arrange(y)
unusual
#> #A tibble: 9 × 4
#>   price     x     y     z
#>   <int> <dbl> <dbl> <dbl>
#> 1  5139  0.00   0.0  0.00
#> 2  6381  0.00   0.0  0.00
#> 3 12800  0.00   0.0  0.00
#> 4 15686  0.00   0.0  0.00
#> 5 18034  0.00   0.0  0.00
#> 6  2130  0.00   0.0  0.00
#> 7  2130  0.00   0.0  0.00
#> 8  2075  5.15  31.8  5.12
#> 9 12210  8.09  58.9  8.06
```

y変数は、ダイヤモンドの3次元の方向の1つで、㎜で測ります。ダイヤモンドの幅が0㎜ということはあり得ないので、これらのデータは間違っています。32㎜や59㎜も信じがたい値です。1インチより大きいのに、十万ドル以下なのですから。

外れ値のある場合とない場合とで、分析を繰り返すのが良い方法です。結果に最小限の影響しか与えず、なぜ外れ値があるのか理由がわからないなら、欠損値で置き換えて分析を進めるのが妥当です。しかし、結果にはっきり影響があるなら、正当な理由なしに外れ値を落とすべきではありません。どのような原因（例えば、データ入力エラー）によるものかを明らかにして、削除したことをドキュメントにして開示する必要があります。

練習問題

1. diamondsにおいてx, y, z変数の各々の分布を調べなさい。何がわかったか。ダイヤモンドについて調べて、その長さ、幅、高さのそれぞれがどの次元かをどうやれば決定できるか。

2. priceの分布を調べなさい。異常なあるいは驚くべきことが何か見つかったか（ヒント：binwidthについて注意して、範囲を広くとった場合を調べる）。

3. 0.99カラットのダイヤモンドがいくつあるか。1カラットはいくつか。この相違の原因は何だと思うか。

4. ヒストグラムでズームアップするとき、coord_cartesian()で行った場合とxlim()やylim()を使った場合を比較対照しなさい。binwidthを設定しないでおくと何が起こるか。棒の半分だけを表示するようにズームアップしたら何が起こるか。

5.4 欠損値

データセットに異常値があっても分析をそのまま続けたい場合、選択肢は2つあります。

- 値がおかしい行を削除する。

```
diamonds2 <- diamonds %>%
  filter(between(y, 3, 20))
```

1つの測定値が不当だと言っても、測定値すべてがそうだとは限らないので、この選択肢は推薦しない。さらに、低品質なデータの場合、この方式をすべての変数に適用すると、データが何も残らないことになりかねない。

- 私は異常値を欠損値で置き換えることを勧める。mutate()を使って変数を修正コピーで置き換える方法が一番簡単だ。次のように、ifelse()関数を使って異常値をNAで置き換えることができる。

```
diamonds2 <- diamonds %>%
  mutate(y = ifelse(y < 3 | y > 20, NA, y))
```

ifelse()には3つの引数があります。第1引数testは論理ベクトルです。結果はtestがTRUEなら、第2引数yesに含まれ、testがFALSEなら、第3引数noに含まれます。

Rと同様、ggplot2では欠損値をそのまま勝手に削除すべきでないという哲学を保持しています。欠損値をどのようにプロットするべきかは明らかでないために、ggplot2はプロットに欠損値を含めませんが、削除されたことを次のように警告します。

```
ggplot(data = diamonds2, mapping = aes(x = x, y = y)) +
  geom_point()
#>  警告メッセージ：
#> Removed 9 rows containing missing values (geom_point).
```

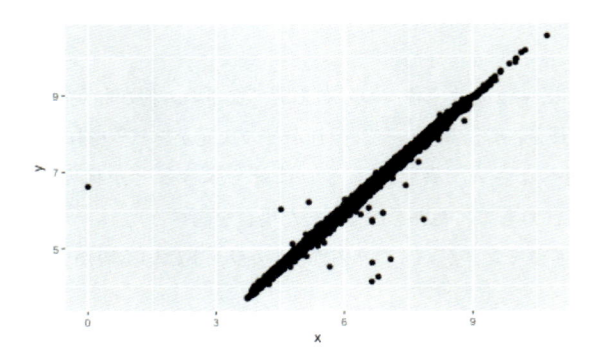

この警告を出力しないようにするには、na.rm = TRUE とします。

```
ggplot(data = diamonds2, mapping = aes(x = x, y = y)) +
  geom_point(na.rm = TRUE)
```

欠損値のある観測が記録値のある観測と何が違うかを理解したい場合もあります。例えば、nycflights13::flights において、変数 dep_time の欠損値はフライトのキャンセルを意味します。そこで、キャンセル便の予定出発時刻とキャンセルされなかった便の予定出発時刻を比較したくなることがあったとします。これは is.na() で新たな変数を作ることによって次のように行えます。

```
nycflights13::flights %>%
  mutate(
    cancelled = is.na(dep_time),
    sched_hour = sched_dep_time %/% 100,
    sched_min = sched_dep_time %% 100,
    sched_dep_time = sched_hour + sched_min / 60
  ) %>%
  ggplot(mapping = aes(sched_dep_time)) +
    geom_freqpoly(
      mapping = aes(color = cancelled),
      binwidth = 1/4
    )
```

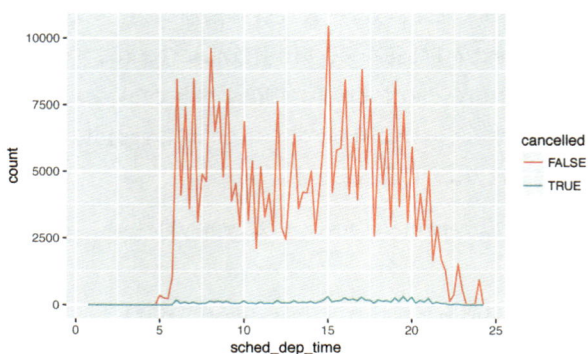

　しかし、キャンセルされたフライトよりもキャンセルされなかったフライトの方がずっと多いのでこのプロットはあまり役に立ちません。次節でこの比較を改善する技法を学びます。

［練 習 問 題］

1. 欠損値はヒストグラムではどのようになるか。棒グラフではどのように表示されるか。なぜこれらの差が生じるのか。
2. mean() と sum() では、na.rm = TRUE はどうなるか。

5.5　共変動

　変動は変数の**中**での振る舞いを記述していますが、共変動は複数の変数の**間**での振る舞いを記述します。共変動とは、2つ以上の変数が関連して同時に変動する傾向です。2つ以上の変数の関係を可視化することが、共変動を示す最良の方法です。どうするかは、関わる変数の種類に依存します。

5.5.1　カテゴリ変数と連続変数

　先ほどのプロットのgeom_freqpoly()による度数分布多角形のように、連続変数の分布をカテゴリ変数によって分類して調べることがよくあります。geom_freqpoly()のデフォルトのグラフは、高さが個数に依存するので、この種の比較にはあまり役立ちません。すなわち、グループの中の1つが他と比較してかなり小さいとき、形の違いを見分けることが困難です。例えば、ダイヤモンドの価格がその品質でどのように変わるかを調べてみます。

```
ggplot(data = diamonds, mapping = aes(x = price)) +
  geom_freqpoly(mapping = aes(color = cut), binwidth = 500)
```

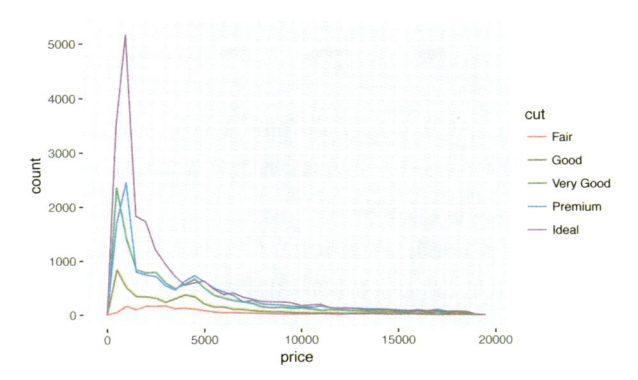

　全体の個数があまりに異なるので、分布の差異はこれを見ただけではわかりません。

```
ggplot(diamonds) +
  geom_bar(mapping = aes(x = cut))
```

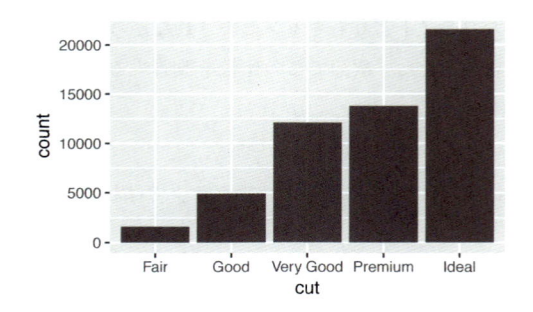

より容易に比較するには、y軸で表示するものを入れ替えないといけません。個数ではなく**密度**、すなわち度数分布多角形の領域が1となるように個数を標準化します。

```
ggplot(
  data = diamonds,
  mapping = aes(x = price, y = ..density..)
) +
  geom_freqpoly(mapping = aes(color = cut), binwidth = 500)
```

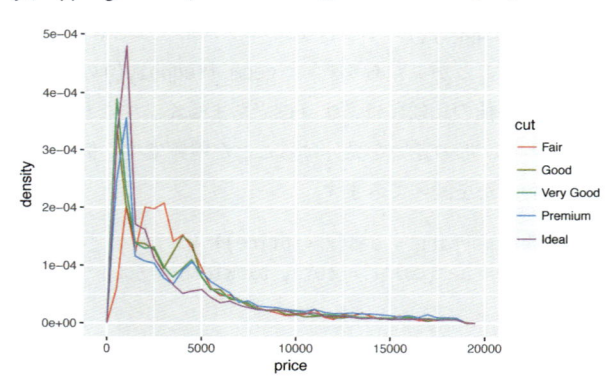

このプロットでは驚くべきことがあります。普通（fair）という（最低品質）ダイヤモンドの平均価格が一番高いように見えるのです。しかし、これは、度数分布多角形の解釈の難しさやさまざまな問題がこのグラフにあるということによります。

連続変数の分布をカテゴリ変数で分類して表示するもう1つの方法は、**箱ひげ図**です。箱ひげ図は、統計学者がよく使う手っ取り早く値の分布を可視化する方法の1つです。箱ひげ図は次のように作ります。

- 分布の25パーセンタイルから75パーセンタイルを示す箱。箱の長さは四分位範囲（IQR）として知られている。箱の中ほどには分布の中央値（50パーセンタイル）を示す線がある。この3つの線が分布の広がりと分布が中央値を挟んで対称か、それともどちらかに歪んでいるかを示す。
- 箱のいずれかの辺から1.5×IQRより遠くの観測値を表す点がある。これは外れ値として、個別

にプロットされる。

- 箱の両辺から延びる（ひげと呼ばれる）線は、分布の外れ値ではない最遠点まで伸ばす。

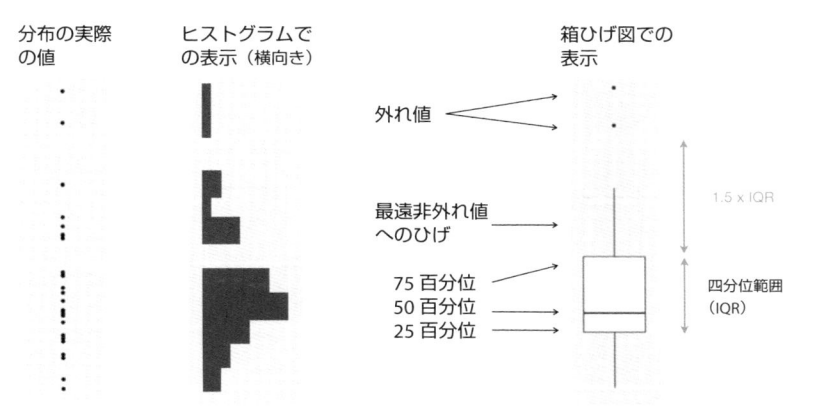

geom_boxplot() を使ってカットによる価格の分布を調べます。

```
ggplot(data = diamonds, mapping = aes(x = cut, y = price)) +
  geom_boxplot()
```

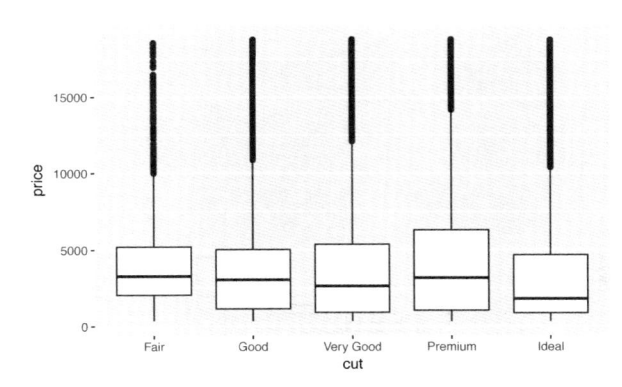

　分布についての情報はずっと少ないのですが、箱ひげ図は簡潔にまとめていて、比較がずっと容易です（しかも1つのグラフに収まる）。直感に反しますが、より品質の高いダイヤモンドの方が平均すれば安いという観測を裏付けています。練習問題では、その理由を考える課題を載せました。

　cut は順序のあるファクタです。普通（fair）は良（good）より悪く、良（good）は優良（very good）より悪いです。ほとんどのカテゴリ変数は、順序がないので、グラフの意味がわかるように並べ替えることができます。これは reorder() 関数で可能です。

　例えば、mpg データベースの class 変数を考えます。高速での燃費がクラスによってどう変わるか知りたいとします。

```
ggplot(data = mpg, mapping = aes(x = class, y = hwy)) +
  geom_boxplot()
```

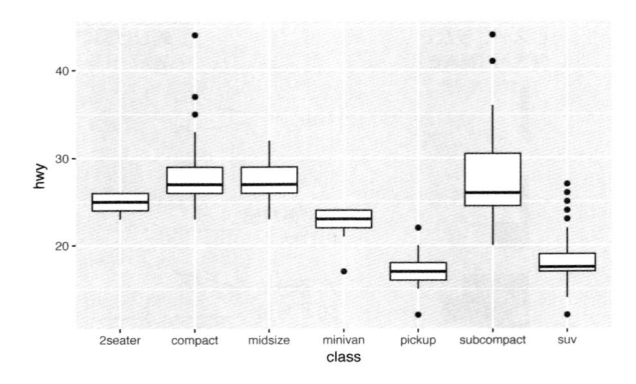

より傾向を見やすくするには、hwyの中央値に基づいてclassを並べ替えます。

```
ggplot(data = mpg) +
  geom_boxplot(
    mapping = aes(
      x = reorder(class, hwy, FUN = median),
      y = hwy
    )
  )
```

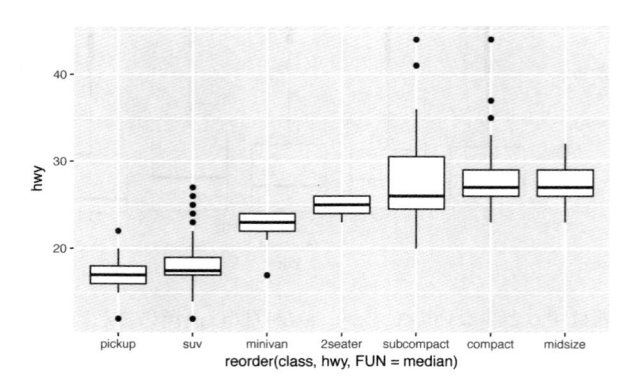

変数名が長い場合には、90度回転して横向きにした方がgeom_boxplot()が見やすいでしょう。coord_flip()でそれができます。

```
ggplot(data = mpg) +
  geom_boxplot(
    mapping = aes(
      x = reorder(class, hwy, FUN = median),
      y = hwy
```

```
    )
  ) +
  coord_flip()
```

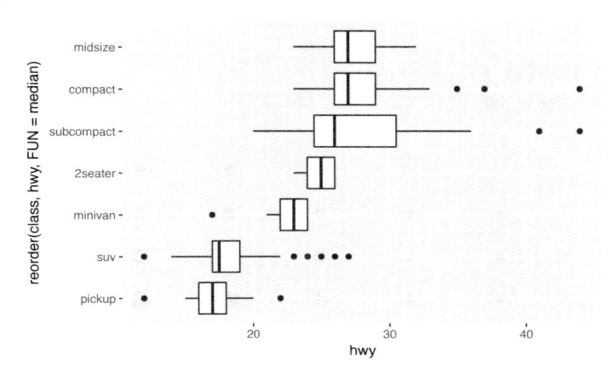

練 習 問 題

1. これまで学んだことを使って、キャンセル便とキャンセルされなかった便の出発時刻の可視化を改善しなさい。

2. `diamonds` データセットでは、ダイヤモンドの価格を予想するのに、どの変数が最も重要になるか。その変数はカットとどう相関するか。なぜ、この2つの関係を組み合わせると、品質の低いダイヤモンドの方がより高価ということになるのか。

3. `ggstance` パッケージ（https://github.com/lionel-/ggstance）をインストールして、水平の箱ひげ図を作りなさい。`coord_flip()` を使った場合と比較しなさい。

4. 箱ひげ図での問題は、データセットがずっと小さかった時代に開発され、あまりに多数の「外れ値」を表示する傾向があることだ。この問題を回避する1つの方式は要約値箱ひげ図（letter value plot）である。`lvplot` パッケージをインストールして、カットの価格分布を `geom_lv()` を使って表示しなさい。何を学んだか。グラフをどう解釈するか。

5. `geom_violin()` を積層 `geom_histogram()` や色つきの `geom_freqpoly()` と比較対照しなさい。それぞれの方法の利点と欠点を挙げなさい。

6. データセットが小さい場合、`geom_jitter()` を使って連続カテゴリ変数の関係を調べると役立つことがある。`ggbeeswarm` パッケージ（https://github.com/eclarke/ggbeeswarm）には、`geom_jitter()` と同様のメソッドが多数用意されている。それらをまとめて簡単に記述したリストを作りなさい。

5.5.2 2つのカテゴリ変数

　カテゴリ変数の間の共変動を可視化するには、組み合わせのそれぞれについて観測値の個数を数える必要があります。それには、組み込みのgeom_count()に頼るのが1つの方法です。

```
ggplot(data = diamonds) +
  geom_count(mapping = aes(x = cut, y = color))
```

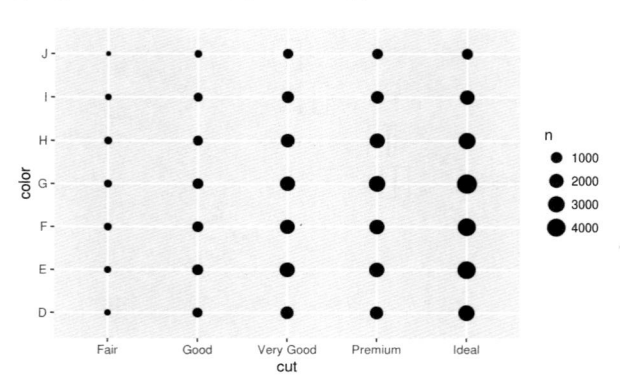

　グラフの中の円の大きさが、値の組み合わせでの観測値の個数を表します。共変動は特定のx値とy値との間の強い相関として表されます。

　別の方法として、dplyrで個数を数えることもできます。

```
diamonds %>%
  count(color, cut)
#> Source: local data frame [35 x 3]
#> Groups: color [?]
#>
#>    color       cut     n
#>    <ord>     <ord> <int>
#> 1      D      Fair   163
#> 2      D      Good   662
#> 3      D Very Good  1513
#> 4      D   Premium  1603
#> 5      D     Ideal  2834
#> 6      E      Fair   224
#> # ... with 29 more rows
```

　そして、geom_tile()とエステティック属性fillで可視化します。

```
diamonds %>%
  count(color, cut) %>%
  ggplot(mapping = aes(x = color, y = cut)) +
    geom_tile(mapping = aes(fill = n))
```

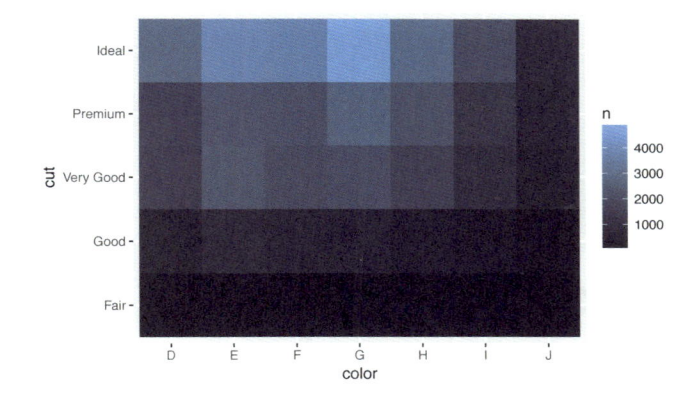

カテゴリ変数に順序がなければ、seriation パッケージを使って、同時に行と列の順序を入れ替え、興味深いパターンをより明確に表示できます。より大きなグラフの場合には、インタラクティブなグラフが作成できる d3heatmap や heatmaply パッケージを使うとよいかもしれません。

練 習 問 題

1. count データセットの尺度をどのように変えると、色の中でのカットの分布や、カットの中での色の分布をよりはっきりと表せるか。

2. geom_tile() と dplyr とを一緒に使って、飛行機の平均遅延時間が目的地と1年のそれぞれの月との間でどのように変化するかを調べなさい。グラフを読むときに何が難しいか。どのように改善できるか。

3. 先ほどの例で、aes(x = cut, y = color) よりも aes(x = color, y = cut) を使った方が少し見やすいのはなぜだろうか。

5.5.3 2つの連続変数

2つの連続変数の間の共変動を可視化する良い方法については既に学んでいます。geom_point() による散布図です。点のパターンとして共変動が可視化されます。例えば、ダイヤモンドのカラットでのサイズと価格との間には指数関係が見られます。

```
ggplot(data = diamonds) +
  geom_point(mapping = aes(x = carat, y = price))
```

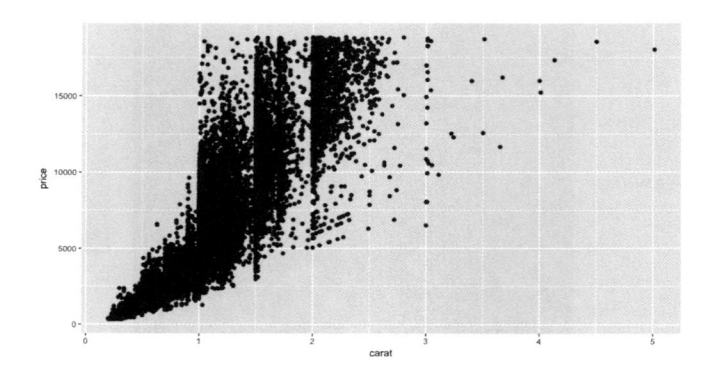

　散布図は、データセットのサイズが大きくなると、点が重なってしまい、その領域が一様に黒くなるので、（この散布図のように）役に立たなくなります。この問題を解決する1つの方法は、エステティック属性で透明度alphaを使うことです。

```
ggplot(data = diamonds) +
  geom_point(
    mapping = aes(x = carat, y = price),
    alpha = 1 / 100
  )
```

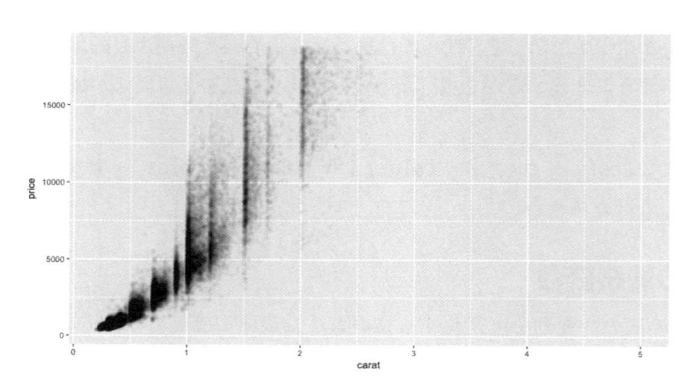

　しかし、透明度を使っても、非常に大きなデータセットでは困難が伴います。別の解法は区間を使うものです。既に、geom_histogram()とgeom_freqpoly()で1次元の区間を使いました。今度は、geom_bin2d()とgeom_hex()を使って2次元の区間をどうするか学びます。

　geom_bin2d()とgeom_hex()は座標平面を2次元区間に分割して、色を使い、どれだけ多くの点が各区間に入っているかを表示します。geom_bin2d()は長方形の区間を、geom_hex()は六角形の区間を作成します。geom_hex()を使うにはhexbinパッケージをインストールする必要があります。

```
ggplot(data = smaller) +
  geom_bin2d(mapping = aes(x = carat, y = price))
```

```
# install.packages("hexbin")
ggplot(data = smaller) +
  geom_hex(mapping = aes(x = carat, y = price))
```

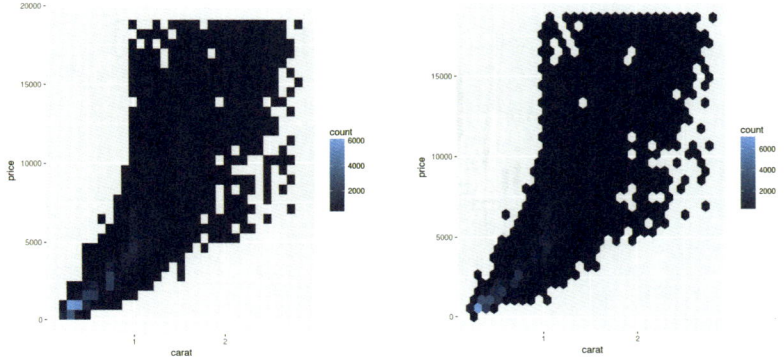

　もう1つの方法は、連続変数を区間化してカテゴリ変数のように扱うことです。そうすれば、これまでに学んだカテゴリ変数のと連続変数のとの可視化を組み合わせて使えます。例えば、caratを区間化して、グループごとに箱ひげ図で表示します。

```
ggplot(data = smaller, mapping = aes(x = carat, y = price)) +
  geom_boxplot(mapping = aes(group = cut_width(carat, 0.1)))
```

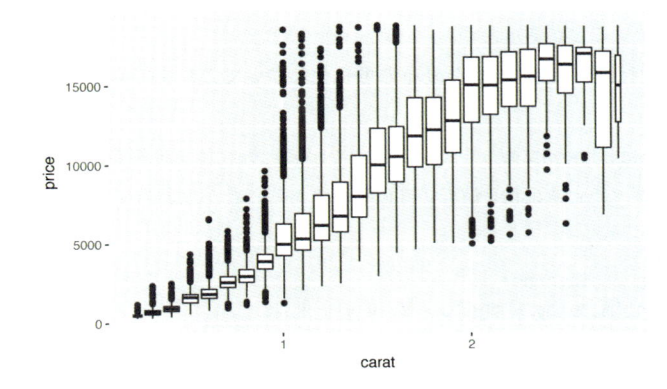

　ここで使ったcut_width(x, width)は、xをwidthの幅で区間分けします。デフォルトでは、観測数がどれだけだろうと、箱ひげ図は（外れ値の個数はともかく）ほぼ同じように見え、それぞれの箱ひげ図が異なる個数の点を要約しているかどうか見分けがつきにくくなっています。これを解決する方法の1つとして、varwidth = TRUE によって点の個数に応じて箱の幅を変えます。

　別の方法として、各区間でほぼ同じ個数の点を表示してみます。これはcut_number()を使います。

```
ggplot(data = smaller, mapping = aes(x = carat, y = price)) +
  geom_boxplot(mapping = aes(group = cut_number(carat, 20)))
```

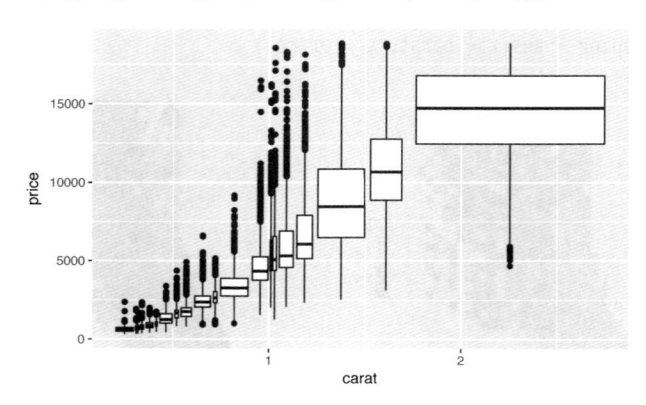

練 習 問 題

1. 箱ひげ図で条件ごとの分布の要約をしなくても、度数分布多角形を使える。cut_width()と
   cut_number()のいずれかを使うときにはそれぞれ何を考慮する必要があるか。caratとprice
   の2次元分布の可視化でそれはどのような影響があるか。

2. priceで区分けしたcaratの分布を可視化しなさい。

3. 非常に大きなダイヤモンドの価格分布を小さなダイヤモンドのと比較しなさい。期待通りか、そ
   れとも予期しないことがあったか。

4. cut, carat, priceを組み合わせた分布の可視化についてこれまで学んだ技法の2つを組み合わ
   せてみなさい。

5. 2次元プロットは、1次元プロットでは、見えなかった外れ値を可視化する。例えば、次のプロッ
   トには個別に調べたときにはx値もy値も普通であるにもかかわらず、組合せが異常なものがあ
   る。

```
ggplot(data = diamonds) +
  geom_point(mapping = aes(x = x, y = y)) +
  coord_cartesian(xlim = c(4, 11), ylim = c(4, 11))
```

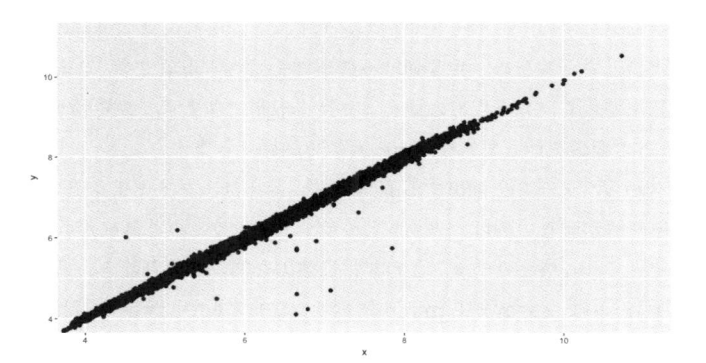

この場合に、なぜ散布図の方が区間化したプロットよりも優れているのだろうか。

5.6　パターンとモデル

データのパターンは、関係の手がかりになります。2変数間に系統的関係があれば、それはデータのパターンとして現れます。パターンに気付いたときは、自分自身に次のような問いかけをしてみて下さい。

- このパターンは、偶然による（すなわち、ランダムな）ものか。
- パターンが意味する関係をどのように記述できるか。
- パターンが意味する関係はどの程度強いか。
- この関係に他の変数はどう影響するか。
- データの一部のグループを個別に調べると、この関係は変化するか。

オールド・フェイスフル・ガイザーの噴出時間とその間の休止時間にはパターンがあります。休止時間が長いほど、噴出時間が長いのです。散布図には、既に登場したように2つのクラスタがあります。

```
ggplot(data = faithful) +
  geom_point(mapping = aes(x = eruptions, y = waiting))
```

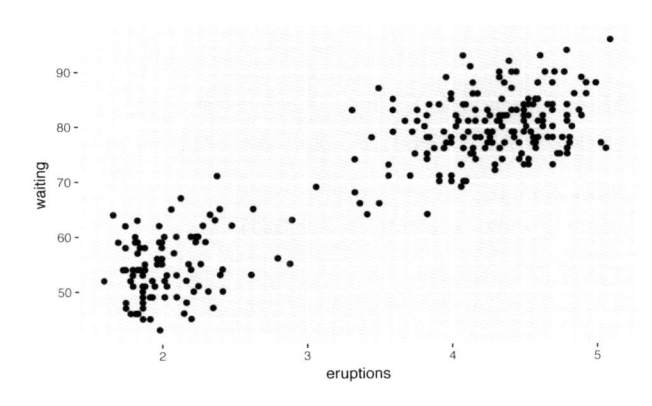

　パターンは、共変動を示すので、データサイエンティストに最も役立つ道具の1つです。変動を不確実性を生み出す現象と考えるなら、共変動は不確実性を減らす現象です。2変数に共変動があるなら、片方の変数の値を使って、もう片方の値をより良く予測できます。共変動が因果関係による（特別な場合）なら、片方の変数を使ってもう片方の変数を制御できます。

　モデルは、データからパターンを抽出する道具です。例えば、ダイヤモンドのデータを考えます。カットと価格の関係理解が難しいのは、カットとカラット、カラットと価格が強固に関係しているからです。モデルを使って、価格とカラットとの非常に強固な関係を取り除き、残った関係を調べることができます。次のコードは、caratからpriceを予測するモデルで、**残差**（予測値と実際の値との差）を計算します。この残差は、カラットの影響を取り除いて、ダイヤモンドの価格についての視点を与えます。

```
library(modelr)

mod <- lm(log(price) ~ log(carat), data = diamonds)

diamonds2 <- diamonds %>%
  add_residuals(mod) %>%
  mutate(resid = exp(resid))
ggplot(data = diamonds2) +
  geom_point(mapping = aes(x = carat, y = resid))
```

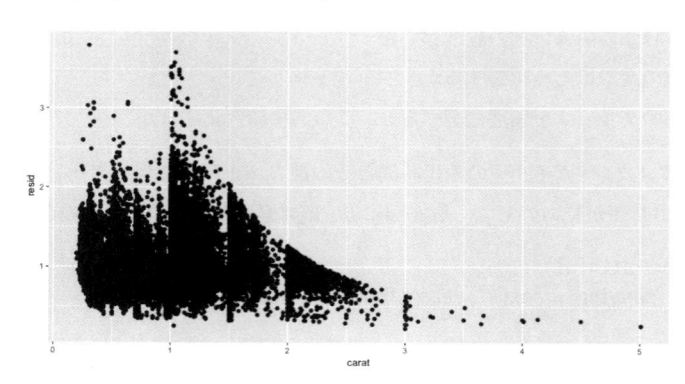

　カラットと価格の強固な関係を取り除いたなら、カットと価格の関係について、サイズに関してより品質の高いダイヤモンドの方がより高価だという期待通りの関係が表示されます。

```
ggplot(data = diamonds2) +
  geom_boxplot(mapping = aes(x = cut, y = resid))
```

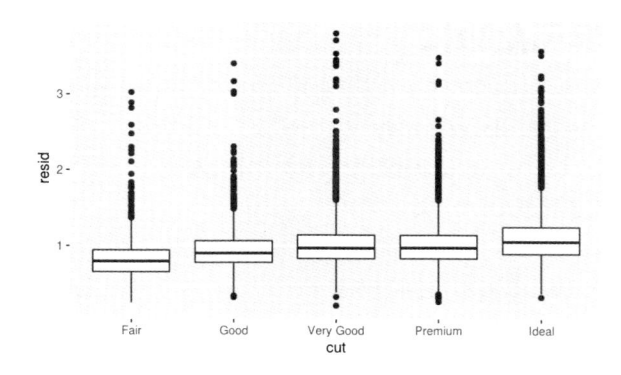

　モデルと、modelrパッケージがどう機能するかを最終のⅣ部で学びます。モデルとは何か、どのように機能するかを理解するには、データラングリングやプログラミングのツールを手にしてからが一番簡単なので、モデル化を後回しにしました。

5.7　ggplot2呼び出し

　この入門編から次へ進むにあたって、ggplot2コードをより簡潔に表現するように変更します。これまでは明示的に、学習に役立つように次のように書きました。

```
ggplot(data = faithful, mapping = aes(x = eruptions)) +
  geom_freqpoly(binwidth = 0.25)
```

　普通は、先頭の2つの引数はとても大事なので、暗記しているはずです。ggplot()の最初の2つの引数はdataとmappingで、aes()の最初の2つの引数はxとyです。今後本書ではこれらの名前を省略します。タイプ入力が減りますし、決まり文句がなくなり、プロット間の差がわかりやすくなります。これは実際プログラミングで重要なことなので、「**15章　関数**」で再度論じます。

　先ほどのプロットは、次のように簡潔に書き直すことができます。

```
ggplot(faithful, aes(eruptions)) +
  geom_freqpoly(binwidth = 0.25)
```

　場合によると、データ変換パイプラインの末端でプロットにすることがあります。%>%から+への変更に注意すること。このような変更が必要なければよいのですが、残念ながらggplot2はパイプの発見以前に作られました。

```
diamonds %>%
  count(cut, clarity) %>%
  ggplot(aes(clarity, cut, fill = n)) +
    geom_tile()
```

5.8　さらに学ぶために

　ggplot2のメカニズムをさらに学びたいなら、ggplot2の本（http://ggplot2.org/book）を強く推薦します。最近改版されたので、dplyrとtidyrのコードが含まれており、可視化のすべての面について説明しています。残念ながら一般には無料で入手できませんが、大学生や大学関係者なら、おそらくSpringerLinkで電子版が入手できるはずです。

　もう一冊は、Winston Changの『R Graphics Cookbook』（邦題『Rグラフィックスクックブック——ggplot2によるグラフ作成のレシピ集』石井ほか訳オライリー・ジャパン、2013）です。内容のほとんどはhttp://www.cookbook-r.com/Graphs/からオンラインで入手できます。

　Antony Unwinによる『Graphical Data Analysis with R』（和書未刊）もお薦めです。この本は、本章で扱った内容を本一冊にしているので、より深く述べています。

6章
ワークフロー：プロジェクト

　日によっては、Rのセッションを終え、他のことをして、次の日に分析に戻ることがあり、またR を使う分析を複数同時に行い、それぞれを別々に保存しておきたい日もあるでしょう。外の世界の データをRに持ち込んで、Rによる数値結果と図をその世界に送り返す日もあるでしょう。このような実世界の状況を扱うには、次の2つを決定しないといけません。

- 分析はどれだけ「リアル」か、すなわち、起こったことの継続的な記録として何を保存するのか。
- 分析はどこで「生きる」のか。

6.1　リアルとは

　Rユーザの初心者なら、環境（すなわち、Environmentペインに表示されているオブジェクト）を 「リアル」と考えてもよいでしょう。しかし、長い目で見れば、Rスクリプトを「リアル」と考える方が はるかに好都合です。

　Rスクリプト（およびデータファイル）で環境を再生できます。環境からRスクリプトを再生するの はずっと困難です。記憶の彼方からコードを再入力する（間違いが必ずある）か、Rヒストリを注意 して探索します。

　この種の振る舞いを保護するために、RStudioでは下図のようにしてセッション間でのワークス ペース保存を止めることを強く推奨します。

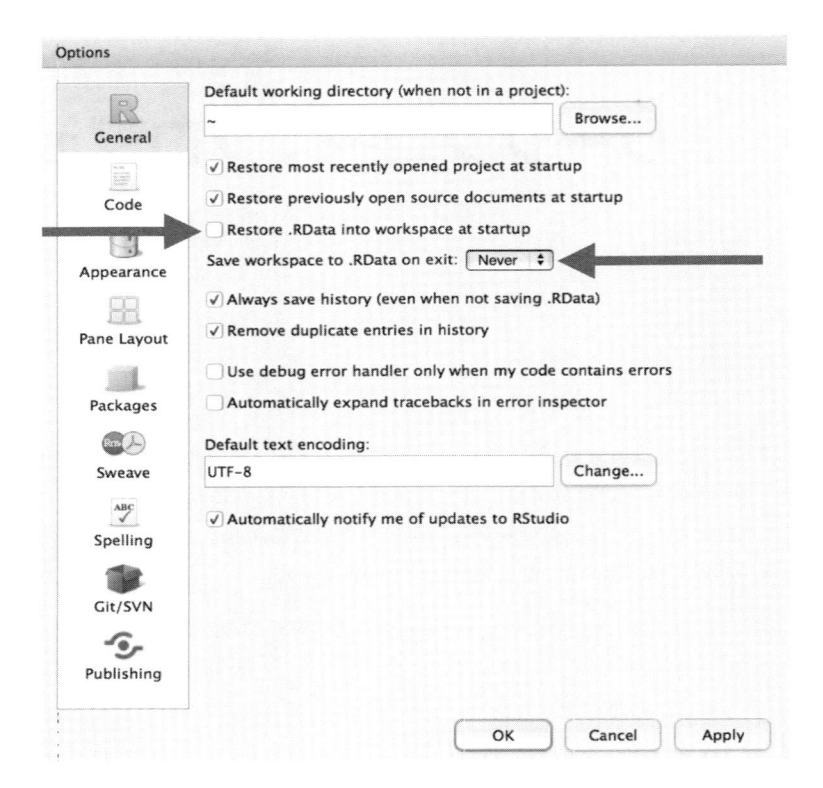

　こうすると、RStudioを再開しても最後に実行したコードの結果を記憶していないので、短期的には不都合を感じるでしょう。しかし、こうすると自分のコードの重要な経過を自分で保存しないといけないので、長期的には問題解消につながり、この短期的な不都合は問題にはなりません。3か月後に、見つかったのがコードそのものではなく、計算結果のみという事実ほど最悪なことはありません。

　エディタでコードの重要な部分をキャプチャした後は、次のキーボードショートカットが便利です。

- Cmd/Ctrl-Shift-F10を押してRStudioを再開する。
- Cmd/Ctrl-Shift-Sを押して現在のスクリプトを再実行する。

　私はこのパターンを週に何百回も行っています。

6.2　どこで分析するか

　Rには**作業ディレクトリ**という強力な概念があります。Rは、このディレクトリからロードするファイルを探し、ここにファイルを保存します。RStudioはコンソールの上部に作業ディレクトリを示しています。

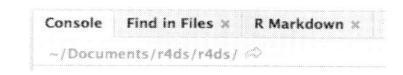

getwd()を実行すると作業ディレクトリの位置が表示されます。

```
getwd()
#> [1] "/Users/hadley/Documents/r4ds/r4ds"}
```

Rユーザの初心者なら、ホームディレクトリ、ドキュメントディレクトリ、その他のディレクトリをRの作業ディレクトリにしていても良いのですが、現在、この章を読んでいるなら、もう初心者ではありません。分析プロジェクトをディレクトリで管理すべき時期が来ていますし、プロジェクトの作業をするなら、Rの作業ディレクトリをプロジェクトにふさわしいディレクトリに設定すべきでしょう。

私は推奨しませんが、Rの中から作業ディレクトリを設定することもできます。

```
setwd("/path/to/my/CoolProject")
```

これは決して行うべきではありません。より良い方法、エキスパートらしくRを管理するパス指定の方法があります。

6.3　パスとディレクトリ

パスとディレクトリは、パス形式にMac/LinuxとWindowsという2つの基本スタイルがあるために少々面倒です。相違点で大きいのは次の3つです。

- 最も重要な相違点はパス要素をどう分けるかだ。Mac/Linuxはスラッシュ（例plots/diamonds.pdf）、Windowsはバックスラッシュ（例`plots\diamonds.pdf`）を使う。Rは（どのプラットフォームを使っていても）どちらも扱えるが、残念ながらバックスラッシュがRで特別な意味を持つので、パスの中で1つのバックスラッシュを意味として使うには、2つのバックスラッシュを入力する必要がある。これは面倒なので、私はMac/Linuxスタイルのスラッシュを使うことを推奨する。

- 絶対パス（すなわち、作業ディレクトリに関係なく同じ場所を指すパス）も書き方が違う。Windowsでは、ドライブ文字（例：`C:`）または逆バックスラッシュ2つで始まり（例：`\\servername`）、Mac/Linuxでは、スラッシュで始まる（例：`/users/hadley`）。共有する際に支障を来たすので、スクリプトでは絶対パスを**絶対**に使うべきではない。同じディレクトリ構成の人が他にいるはずがないからだ。

- 最後の相違点は~の指す場所だ。~はホームディレクトリを表す便利なショートカットだ。Windowsには、ホームディレクトリという概念がそもそもないので、ドキュメントディレクトリが指定される。

6.4　RStudioプロジェクト

　Rのエキスパートは、プロジェクトに関連する全ファイル、入力データ、Rスクリプト、分析結果、図をまとめておきます。合理的かつ一般的でもあるので、RStudioは組み込みのプロジェクト機能を用意しています。

　本書の以降の作業で使うためのプロジェクトを作りましょう。File → New Projectとクリックすると次の画面が表示されます。

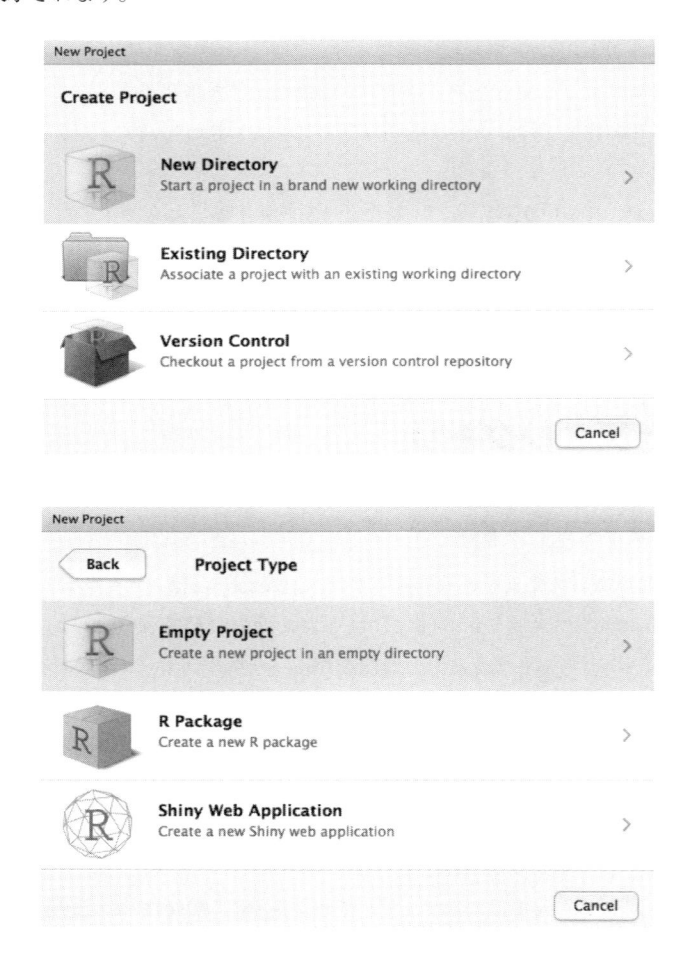

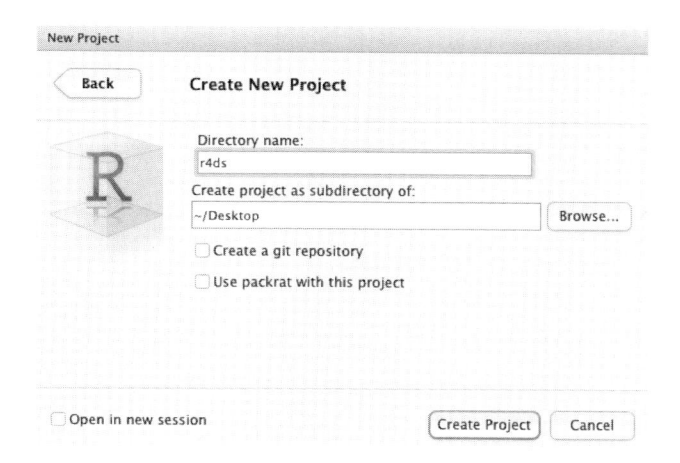

　プロジェクト名をr4dsとして、どの**サブディレクトリ**にプロジェクトを置くかよく考えます。意味のある場所に格納しないと、後でどこにあったか見つからなくなります。

　この処理が終わったら、新しいRStudioが本書のために始まります。プロジェクトのホームディレクトリが現在の作業ディレクトリになっていることを確認します。

```
getwd()
#> [1] /Users/hadley/Desktop/r4ds
```

　相対パスでファイルを参照するときは常にこの場所が示されます。

　スクリプトエディタで次のコマンドを入力して、diamonds.Rというファイル名で保存します。次にスクリプトを実行して、PDFとCSVファイルをプロジェクトディレクトリに保存します。詳細は後で学ぶので、気にする必要はありません。

```
library(tidyverse)

ggplot(diamonds, aes(carat, price)) +
  geom_hex()
ggsave("diamonds.pdf")

write_csv(diamonds, "diamonds.csv")
```

　RStudioを終了します。プロジェクトのフォルダを調べると、.Rprojファイルに気付くはずです。このファイルをダブルクリックするとプロジェクトが再開します。終了したところに戻ったことに気付くでしょう。同じ作業ディレクトリとコマンドヒストリで、作業していたファイルはすべて開いたままです。私の指示に従っていれば、環境は新しくて、きれいな状態から始まることが保証されます。

　使用しているOSの方式で、diamonds.pdfを探してみましょう。（当然）PDFだけでなく作成したスクリプト（diamonds.r）も見つかります。これは素晴らしいことです。将来、図を作り直したり、

なぜ作ったかを知りたいときに、図をRコードと一緒に正しく保存していれば、かつての作業を簡単に再生できるからです。

6.5　まとめ

RStudioプロジェクトは、将来役に立つしっかりしたワークフローを提供します。

- データ分析プロジェクトごとにRStudioプロジェクトを作る。
- データファイルをそこに保存する。Rへのロードについては8章で学ぶ。
- スクリプトをそこに保存する。編集して、部分的にあるいは全体で実行する。
- 出力（プロットやクリーニングしたデータ）をそこに保存する。
- 相対パスだけを使い、絶対パスは使わない。

必要なものはすべて一か所にまとめ、作業中の他のプロジェクトとはきちんと分離しておきます。

データラングリング

Ⅱ部ではデータラングリング、つまりデータを可視化やモデル化のために有用な形式にしてRに取り込む技法を学びます。データラングリングは非常に重要です。これなしにデータ作業はできません。データラングリングは以下の3つの主要部分からなります。

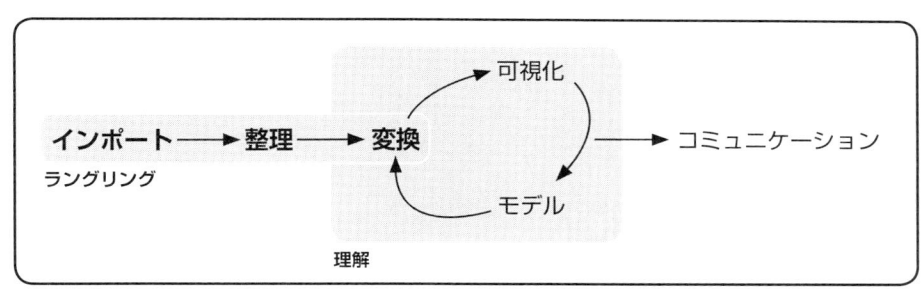

Ⅱ部の構成は次の通りです。

- 7章では、本書で使うデータフレーム形式tibbleについて学ぶ。通常のデータフレームとどこが違うか、「自分で」作るにはどうするかを学ぶ。
- 8章では、データをディスクからRにどのように持ってくるかを学ぶ。単純テキストの矩形データに焦点を絞るが、他の種類のデータを扱うのに役立つパッケージも示す。
- 9章では、整理データ、変換、可視化、モデル化を容易にするデータ格納の一貫した方法を学ぶ。基本原則、データを整理にする方法を学ぶ。

データラングリングには、これまで少しだけ学んできたデータ変換も含まれます。現場で扱うことの多い3種類のデータを扱う新たなスキルに焦点を当てます。

- 10章では複数の相互に関係するデータセットを扱うツールを学ぶ。
- 11章では文字列操作の強力なツールである正規表現を学ぶ。

- 12章では、Rがカテゴリ型データをどう格納するかを学ぶ。変数の取りうる値が有限個の場合や、辞書順でない文字列を扱いたい場合にカテゴリ型データを使う。
- 13章では、日付や時刻を扱う主要なツールを学ぶ。

7章
tibbleのtibble

7.1　はじめに

　本書では、Rの伝統的な`data.frame`の代わりに`tibble`を使います。`tibble`はデータフレームですが、古めかしい振る舞いを修正して容易に扱えるようになっています。Rの歴史は古く、10年ないし20年前に使われていたことが、今では邪魔になることもあります。既存のコードが使えるようにRの基本部分を変更することは難しいので、ほとんどのイノベーションはパッケージで起こっています。本章では`tibble`パッケージについて述べます。これは`tidyverse`での作業が楽になる頑固なデータフレームを提供します。ほとんどの箇所で、私はデータフレームと`tibble`を同じ意味で使います。Rに組み込みのデータフレームに特に注意してもらいたい場合には、`data.frame`を使います。

　`tibble`についてさらに学びたいと思ったら、`vignette("tibble")`を実行するとよいでしょう。

7.1.1　準備するもの

　本章では`tidyverse`の基本をなす`tibble`パッケージをさまざまな用途で使います。

```
library(tidyverse)
```

7.2　tibbleを作る

　本書で使うほぼすべての関数が、`tidyverse`の統一形式`tibble`を作成します。他のRパッケージのほとんどは普通のデータフレームを使うので、データフレームを`tibble`に変換する必要があります。データフレームから`as_tibble()`で変換できます。

```
as_tibble(iris)
#> # A tibble: 150 × 5
#>   Sepal.Length Sepal.Width Petal.Length Petal.Width Species
#>          <dbl>       <dbl>        <dbl>       <dbl> <fctr>
#> 1          5.1         3.5          1.4         0.2 setosa
#> 2          4.9         3.0          1.4         0.2 setosa
```

```
#> 3         4.7        3.2        1.3        0.2 setosa
#> 4         4.6        3.1        1.5        0.2 setosa
#> 5         5.0        3.6        1.4        0.2 setosa
#> 6         5.4        3.9        1.7        0.4 setosa
#> # ... with 144 more rows
```

tibble()を使えば個々のベクトルから新たなtibbleを作成できます。tibble()は、長さ1の入力を自動的にリサイクルして、次に示すように、作ったばかりの変数も参照できます。

```
tibble(
  x = 1:5,
  y = 1,
  z = x ^ 2 + y
)
#> # A tibble: 5 × 3
#>       x     y     z
#>   <int> <dbl> <dbl>
#> 1     1     1     2
#> 2     2     1     5
#> 3     3     1    10
#> 4     4     1    17
#> 5     5     1    26
```

data.frame()に詳しいなら、tibble()ができることはほんの少しであることに注意しましょう。入力の型は絶対に変えない（例：絶対に文字列をファクタにしない）し、変数名も絶対に変えず、行の名前も絶対に作りません。

tibbleでは、**非構文名**と呼ばれる、Rの変数名としては不適格な名前を列の名前にすることができます。例えば、文字で始まらなかったり、空白のような普通でない文字を含むことができます。そのような名前の変数を参照するには、バッククォート「`」で囲む必要があります。

```
tb <- tibble(
  `:)` = "smile",
  ` ` = "space",
  `2000` = "number"
)
tb
#> # A tibble: 1 × 3
#>   `:)`  ` `   `2000`
#>   <chr> <chr> <chr>
#> 1 smile space number
```

ggplot2, dplyr, tidyrのような他のパッケージでこのような変数を使うときにもバッククォートが必要です。

tibbleを作る別の方法は、tribble()を使うものです（tribbleはtransposed tibbleの略）。

tribble()はコードによるデータ入力用にできています。列名 (ヘッダ) をフォーミュラで定義し (すなわち、~で始まる)、入力値はカンマで区切ります。これは少数のデータを読みやすい形式で扱うことができます。

```
tribble(
  ~x, ~y, ~z,
  #--|--|----
  "a", 2, 3.6,
  "b", 1, 8.5
)
#> # A tibble: 2 × 3
#>       x     y     z
#>   <chr> <dbl> <dbl>
#> 1     a     2   3.6
#> 2     b     1   8.5
```

私はコメント (#で始まる行) を入れてヘッダがどこかを明示しています。

7.3 tibbleとdata.frame

tibbleと従来のdata.frameとでは、画面表示と部分集合の使い方が主に異なります。

7.3.1 画面表示

tibbleの表示メソッドは従来よりも改善されていて、上から10行[*1]、列は端末画面1行に収まるだけしか表示しません。巨大なデータの作業はこれで楽になります。各列には名前の他に型を表示しますが、これはstr()から学んだものです。

```
tibble(
  a = lubridate::now() + runif(1e3) * 86400,
  b = lubridate::today() + runif(1e3) * 30,
  c = 1:1e3,
  d = runif(1e3),
  e = sample(letters, 1e3, replace = TRUE)
)
#> # A tibble: 1,000 × 5
#>                     a          b     c     d     e
#>                 <dttm>     <date> <int> <dbl> <chr>
#> 1 2016-10-10 17:14:14 2016-10-17     1 0.368     h
#> 2 2016-10-11 11:19:24 2016-10-22     2 0.612     n
#> 3 2016-10-11 05:43:03 2016-11-01     3 0.415     l
#> 4 2016-10-10 19:04:20 2016-10-31     4 0.212     x
#> 5 2016-10-10 15:28:37 2016-10-28     5 0.733     a
```

[*1] 訳注：本書の表示は6行。表示行数の変更については、この後のオプションを参照すること。

```
#> 6 2016-10-11 02:29:34 2016-10-24      6 0.460      v
#> # ... with 994 more rows
```

巨大なデータフレームを間違ってコンソールに表示しても問題ないようにtibbleは作られています。しかし、デフォルトの表示サイズよりも大きな出力が必要な場合もあるでしょう。そのためのオプションがいくつかあります。

まず、データフレームをprint()で表示する行数（n）と幅（width）を明示的に制御できます。width = Infとするとすべての列を表示します。

```
nycflights13::flights %>%
  print(n = 10, width = Inf)
```

オプションを設定してデフォルトの表示方式を制御することもできます。

- options(tibble.print_max = n, tibble.print_min = m)：行数がnより多いと、m行だけ表示する。全行を表示するにはoptions(dplyr.print_max = Inf)を使う[*1]。
- スクリーンの大きさに関係なく全列を常に表示するにはoptions(tibble.width = Inf)を使う。

オプションの全一覧は、package?tibbleのパッケージヘルプで表示できます。

最後のオプションはRStudioの組み込みデータビューアを使ってデータセット全体をスクロールできるものです。これは長く連続した処理の最後で役立ちます。

```
nycflights13::flights %>%
  View()
```

7.3.2 要素抽出

これまでに学んだツールではすべて完全なデータフレームを扱っていました。変数を1つだけ取り出すには、$または[[という新たなツールを使います。[[は、名前または位置で抽出できます。$は、名前でしか抽出できませんが、入力の手間が少し減ります。

```
df <- tibble(
  x = runif(5),
  y = rnorm(5)
)

# 名前で抽出
df$x
#> [1] 0.434 0.395 0.548 0.762 0.254
df[["x"]]
```

[*1] 訳注：tibble.print_maxは出力行の閾値を示す。閾値を超えたときに出力する行数はtibble.print_minで設定する。

```
#> [1] 0.434 0.395 0.548 0.762 0.254

# 位置で抽出
df[[1]]
#> [1] 0.434 0.395 0.548 0.762 0.254
```

パイプで使うには、特別なプレースホルダ「.」を使います。

```
df %>% .$x
#> [1] 0.434 0.395 0.548 0.762 0.254
df %>% .[["x"]]
#> [1] 0.434 0.395 0.548 0.762 0.254
```

data.frameと比べるとtibbleは使い方がより厳格です。部分一致は絶対にしません。アクセスしようとする列が存在しなければ警告が出されます。

7.4　古いコードとの関わり

古い関数によってはtibbleを扱えないことがあります。そのような関数で扱うには、as.data.frame()を使ってtibbleをdata.frameに戻します。

```
class(as.data.frame(tb))
#> [1] "data.frame"
```

古い関数がtibbleを扱えない主な理由は[関数にあります。本書では、dplyr::filter()とdplyr::select()を使って[関数を必要としたところをより明確なコードで書けるので、[関数をあまり使いません（「**16.4.5　要素抽出**」で[関数について学ぶ）。基本的なRデータフレームでは、[は、データフレームを返すときもベクトルを返すときもあります。tibbleならば、[は常にtibbleを返します。

┌─────────┐
│ 練 習 問 題 │
└─────────┘

1. オブジェクトがtibbleかどうかどのように調べればよいか（ヒント：正規のデータフレームであるmtcarsをprintしてみよう）。

2. data.frameと等価なtibbleとで次の演算を比較対照しなさい。何が違うか。デフォルトのデータフレームの振る舞いがなぜ問題となるのか。

```
df <- data.frame(abc = 1, xyz = "a")
df$x
df[, "xyz"]
df[, c("abc", "xyz")]
```

3. 例えば、var <- "mpg"のようにオブジェクトに格納された変数名がわかっているとき、どのよ

うにtibbleから参照変数を抽出できるか。

4. 次のようなデータフレームで非構文的名前の参照を練習しなさい。

    a. 1という変数の抽出。

    b. 1と2の散布図のプロット。

    c. 2を1で割った値による新たな列3を作る。

    d. 列の名前を one, two, three に変更する。

    ```
    annoying <- tibble(
      `1` = 1:10,
      `2` = `1` * 2 + rnorm(length(`1`))
    )
    ```

5. tibble::enframe() は何をするか。どのような時に使うか。

6. tibbleの末尾部に表示される列名の個数を制御するオプションは何か。

8章
readrによるデータインポート

8.1　はじめに

Rパッケージによって提供されるデータで作業すれば、データサイエンスのツールについて学ぶことができますが、どこかで学習を止めて自分のデータで作業したくなるはずです。本章では、単純なテキストによる表形式のファイルをどのようにRに読み込むかを学びます。データインポートについてざっと述べるだけですが、他の形式のデータにも通用する多くの原則があります。本章の最後で他の種類のデータに役立つパッケージをいくつか紹介します。

8.1.1　準備するもの

本章ではtidyverseの中核をなすreadrパッケージでフラットなファイルをRにロードします。

```
library(tidyverse)
```

8.2　作業を始めるにあたって

readrのほとんどの関数は、フラットファイルをデータフレームに変換することに関わります。

- read_csv()はカンマ区切り、read_csv2()はセミコロン区切り（カンマ「,」が小数点に使われる地域でよく使われる）、read_tsv()はタブ区切り、read_delim()はどんな区切り文字を用いたファイルでも読み込む。

- read_fwf()は固定幅のファイルを読み込む。fwf_widths()でフィールドの幅を指定するか、fwf_positions()でフィールドの位置を指定する。read_table()は、列を空白で区切ったよく使われる固定幅の表を読み込む。

- read_log()は、Apache形式のログファイルを読み込む（webreadr（https://github.com/Ironholds/webreadr）も調べておいた方がよい。これはread_log()を使って作られているが、役立つツールを多数そろえている）。

　これらの関数は構文がほぼ同じなので、1つの使い方がわかれば他も簡単に使えるようになります。本章では、read_csv()に焦点を絞ります。CSVファイルがデータ形式としてよく使われるからということだけではなく、read_csv()を理解できれば、readrの他の関数も同様にして使えるからです。

　最も重要なのはread_csv()の第1引数で、これが読み込むファイルへのパスを指定します。

```
heights <- read_csv("data/heights.csv")*1
#> Parsed with column specification:
#> cols(
#>   earn = col_double(),
#>   height = col_double(),
#>   sex = col_character(),
#>   ed = col_integer(),
#>   age = col_integer(),
#>   race = col_character()
#> )
```

　read_csv()を実行すると、列の名前と型からなる列仕様を表示します。これはreadrで重要なところで、「**8.4　ファイルをパースする**」で再度取り上げます。

　プログラムでファイルの内容を記述したインラインで入力したCSVファイルを使うこともできます。これはreadrで実験したり、他の人と共有する再現可能な例を作るのにも便利です。

```
read_csv("a,b,c
1,2,3
4,5,6")
#> # A tibble: 2 × 3
#>       a     b     c
#>   <int> <int> <int>
#> 1     1     2     3
#> 2     4     5     6
```

　どちらの場合も read_csv()は、データの第1行を列名に用いますが、これが普通の用法です。この様式を変えたい場合が2つあります。

- ファイルの先頭に、メタデータが数行置かれることがある。skip = nを使って先頭のn行を飛ばすか、comment = "#" を使うと（例えば）#で始まる行を無視できる。

  ```
  read_csv("The first line of metadata
    The second line of metadata
    x,y,z
    1,2,3", skip = 2)
  #>       x     y     z
  #>   <int> <int> <int>
  #> 1     1     2     3
  ```

＊1　訳注：heights.csvは https://github.com/hadley/r4ds からファイルを取得できる。

```
read_csv("# A comment I want to skip
  x,y,z
  1,2,3", comment = "#")
#> # A tibble: 1 × 3
#>       x     y     z
#>   <int> <int> <int>
#> 1     1     2     3
```

● データには列名がない。col_names = FALSEを使ってread_csv()に対して第1行を見出しではなくX1からXnの列名としたデータとして扱うようにさせる。

```
read_csv("1,2,3\n4,5,6", col_names = FALSE)
#> # A tibble: 2 × 3
#>      X1    X2    X3
#>   <int> <int> <int>
#> 1     1     2     3
#> 2     4     5     6
```

("\n"は改行を表す記法。これを含めた文字列のエスケープについては「**11.2 文字列の基本**」で学ぶ。)

あるいは、col_namesに文字ベクトルを与え、それを列名として使うことができる。

```
read_csv("1,2,3\n4,5,6", col_names = c("x", "y", "z"))
#> # A tibble: 2 × 3
#>       x     y     z
#>   <int> <int> <int>
#> 1     1     2     3
#> 2     4     5     6
```

他のオプションとして、別途処理が必要なものにnaを使うものがある。これは、ファイル中の欠損値として扱われる値（複数個のこともある）を指定する。

```
read_csv("a,b,c\n1,2,.", na = ".")
#> # A tibble: 1 × 3
#>       a     b c
#>   <int> <int> <chr>
#> 1     1     2 <NA>
```

これだけで、実際に出会うCSVファイルの75%を読めるでしょう。ここまで学んだことは、タブ区切りファイルではread_tsv()で、固定幅ファイルではread_fwf()で使うことができます。より複雑なファイルを扱うには、readrがどのように列をパースして、Rのベクトルに変換するかを学ぶ必要があります。

8.2.1　基本Rとの比較

いままでにRを使用した経験があれば、なぜread.csv()を使わないのかと疑問に思うかもしれません。readrの関数を使うのには次のような理由があります。

- 普通、基本関数よりもはるかに高速（約10倍）です。実行時間の長くかかるジョブには、進行表示があるから、何が起こっているかわかる。基本的な処理速度の速いものを使いたければ、data.table::fread()を使うとよい。tidyverseにきちんと当てはまるというわけではないが、かなり高速となる。
- これらはtibbleを生成し、文字ベクトルをファクタに変換したり、行名を使ったり、列名を読みにくいものに変えたりしない。基本R関数には、いくつもの使いにくい問題がある。
- 再現性がはるかに良い。基本R関数は、振る舞いをOSや環境変数から継承しているために、他のコンピュータで動作したコードをインポートしても同じようには動かない危険性がある。

練習問題

1. フィールドが「|」で区切られたファイルを読むにはどの関数を使うか。
2. read_csv()とread_tsv()との共通の引数には、file, skip, comment以外に何があるか。
3. read_fwf()で最も重要な引数にはどんなものがあるか。
4. CSVファイルの文字列にカンマが含まれていることがある。区切りと間違われないように、"または'のような引用符で囲む必要がある。通常、read_csv()では引用符は"と仮定されている。違う引用符を用いるには、代わりにread_delim()を使う。次のテキストをデータフレームに読み込むには、どのように引数を指定する必要があるか。

    "x,y\n1,'a,b'"

5. 次のインラインCSVファイルのどこがまずいかを示しなさい。コードを実行したら何が起こるか。

```
read_csv("a,b\n1,2,3\n4,5,6")
read_csv("a,b,c\n1,2\n1,2,3,4")
read_csv("a,b\n\"1")
read_csv("a,b\n1,2\na,b")
read_csv("a;b\n1;3")
```

8.3　ベクトルをパースする

readrがディスクからファイルを読み込む詳細に入る前に、少し回り道をしてparse_*()関数について述べる必要があります。これらの関数は、文字ベクトルを引数にとって、論理ベクトル、整数ベクトル、日付ベクトルなどを返します。

```
str(parse_logical(c("TRUE", "FALSE", "NA")))
#> logi [1:3] TRUE FALSE NA
str(parse_integer(c("1", "2", "3")))
#> int [1:3] 1 2 3
str(parse_date(c("2010-01-01", "1979-10-14")))
#> Date[1:2], format: "2010-01-01" "1979-10-14"
```

　これらの関数はそれ自体が有用なだけでなく、readrの構成要素としても重要です。本節では、個別のパーサについて学んだ後、次節でファイル全体をパースするのにこれらがどのように使われるかを学びます。

　tidyverseのすべての関数と同様に、parse_*()関数は一様な形式をとり、第1引数がパースする文字ベクトル、na引数はどの文字列を欠損値として扱うべきかを指定します。

```
parse_integer(c("1", "231", ".", "456"), na = ".")
#> [1]   1 231  NA 456
```

パースに失敗すると、警告が出ます。

```
x <- parse_integer(c("123", "345", "abc", "123.45"))
#> 警告: 2 parsing failures.
#> row col               expected actual
#>   3  -- an integer            abc
#>   4  -- no trailing characters   .45
```

出力そのものには失敗は欠落していますが、属性には含まれています。

```
x
#> [1] 123 345  NA  NA
#> attr(,"problems")
#> # A tibble: 2 × 4
#>    row   col               expected actual
#>   <int> <int>                <chr>  <chr>
#> 1    3    NA        an integer        abc
#> 2    4    NA no trailing characters   .45
```

　パースの失敗が複数個ある場合、problems()を使って完全なものが得られます。これはtibbleを返すので、dplyrで処理できます。

```
problems(x)
#> # A tibble: 2 × 4
#>    row   col               expected actual
#>   <int> <int>                <chr>  <chr>
#> 1    3    NA        an integer        abc
#> 2    4    NA no trailing characters   .45
```

パースの際は、使用できるパーサが何か、異なる種類の入力をどう扱うかを理解する必要があります。重要なパーサが8つあります。

- parse_logical()とparse_integer()は、論理値と整数とをそれぞれパースする。これらのパーサでは、基本的に悪いことは起こらないので、これ以上は述べない。
- parse_double()は厳格な数値パーサで、parse_number()は柔軟な数値パーサです。世界では地域によって数の書き方が異なるので、普通に考えるよりも複雑な処理になる。
- parse_character()は簡単なので必要なさそうに思える。しかし、文字符号化という面倒な処理があるので重要となる。
- parse_factor()は、固定または既知の値でカテゴリ変数を表現するためのRが使うデータ構造、ファクタを作る。
- parse_datetime(), parse_date(), parse_time()はさまざまな日付と時刻指定をパースする。日付時刻表記には多数の異なる方式があるために、これらは非常に複雑です。

これらのパーサについて以降の節でより詳細に説明します。

8.3.1　数値

数値のパースは簡単そうですが、次の3つの問題があるために実際は簡単ではありません。

- 世界では国によって数の書き方が異なる。例えば、実数の整数部分と小数部分の区切りに「.」と書く国と「,」と書く国がある。
- 数には、「$1000」や「10%」のように他の文字が付いて、特定の文脈を示す。
- 数を読みやすくするために「桁区切り」文字が「1,000,000」のように使われることがあり、この桁区切り文字も国によって異なる。

第1の問題を扱うため、readrは、国によって異なるパース方式を指定するオブジェクト、「ロケール」という概念を用います。数のパースで最も重要なのは小数点に使う文字です。デフォルト値の「.」を新たなロケールを作り、decimal_mark引数を設定することで変更します。

```
parse_double("1.23")
#> [1] 1.23
parse_double("1,23", locale = locale(decimal_mark = ","))
#> [1] 1.23
```

readrのデフォルトのロケールはUS-centricです。基本Rは米国英語で書かれ、R全体がUS-centricになっているからです。他の方式としては、使用しているOSからロケールを決めるものもありますが、これはうまく行うのが難しく、コードの頑健性を失います。自分のコンピュータだけで扱う場合ですら同僚や他国にメールするとおかしくなる危険があります。

第2の問題をparse_number()は数の前後の文字を無視することで処理します。これは通貨やパー

セントが付いている場合はもちろん、文章の中に埋め込まれた数値を抽出する際にも便利です。

```
parse_number("$100")
#> [1] 100
parse_number("20%")
#> [1] 20
parse_number("It cost $123.45")
#> [1] 123
```

第3の問題は、`parse_number()` とロケールの組み合わせで解決して、「桁区切り」文字を無視できます。

```
# 米国
parse_number("$123,456,789")
#> [1] 1.23e+08

# ヨーロッパの多くの地域
parse_number(
  "123.456.789",
  locale = locale(grouping_mark = ".")
)
#> [1] 1.23e+08

# スイス
parse_number(
  "123'456'789",
  locale = locale(grouping_mark = "'")
)
#> [1] 1.23e+08
```

8.3.2 文字列

`parse_character()` は実に簡単に思えます。入力をただそのまま返せば済むはずだと。残念ながら、同じ文字列を表すにも複数の方式があるため、そう簡単には済みません。どうなっているかを理解するには、コンピュータが文字列をどのように表すかの詳細に立ち入る必要があります。Rでは、`charToRaw()` を使って文字列の内部表現を取得できます。

```
charToRaw("Hadley")
#> [1] 48 61 64 6c 65 79
```

16進表記の数がバイト情報を表し、48はH、61はaとなっています。16進法の数と文字との対応は（文字）**符号化**と呼ばれます。この場合の符号化はASCIIという文字コードです。ASCIIは英語の文字表現で大きな役割を果たしますが、これはAmerican Standard Code for Information Interchange（米国標準情報交換符号）の頭字語です。

　英語以外の言語ではさらに複雑です。コンピューティングの初期には非英語圏の文字符号化には多くの競合する標準があり、正しく解釈するには文字の値と符号化の両方を知る必要がありました。例えば、西欧で使われるLatin 1（ISO-8859-1）と東欧で使われるLatin 2（ISO-8859-2）という2つの符号化方式があります。Latin 1では、b1が「±」ですが、Latin 2では「ą」となります。幸い、今日ではUTF-8という1つの標準がほとんどあらゆるところでサポートされています[*1]。UTF-8は今日人々が使用するほとんどすべての文字だけでなく、（絵文字も含めて）多くの記号を符号化できます。

　readrはUTF-8をあらゆるところで用いています。読み込むときにデータはUTF-8で符号化されていると仮定し、書き出すときにも常にUTF-8を使います。デフォルトとしては良いのですが、UTF-8を理解できない古いシステムで作られたデータでは失敗します。このような場合、文字列を印刷すると不具合が生じます。1文字か2文字が文字化けするだけのこともありますが、完全に訳のわからない出力となることもあります。

　例えば、次はどうでしょうか。

```
x1 <- "El Ni\xf1o was particularly bad this year"
x2 <- "\x82\xb1\x82\xf1\x82\xc9\x82\xbf\x82\xcd"
```

この問題を解消するには、parse_character()で符号化方式を指定します。

```
parse_character(x1, locale = locale(encoding = "Latin1"))
#> [1] "El Niño was particularly bad this year"
parse_character(x2, locale = locale(encoding = "Shift-JIS"))
#> [1] "こんにちは"
```

　正しい符号化はどのように探し出せばよいでしょうか。運が良ければ、データドキュメントのどこかに記載されています。残念ながら、ドキュメント化されていないことが多いので、そのためreadrにはguess_encoding()が用意されています。これは完璧ではなく、大量のテキストがある方が望ましいのですが、とりあえず使うことができます。正しい符号化に行きつくまで複数の候補を試すことが期待されています。

```
guess_encoding(charToRaw(x1))
#>       encoding confidence
#> 1 ISO-8859-1       0.46
#> 2 ISO-8859-9       0.23
guess_encoding(charToRaw(x2))
#>   encoding confidence
#> 1   KOI8-R       0.42
```

[*1]　訳注：符号化文字集合はUnicode（ISO/IEC 10646）。符号化方式には8ビットのUTF-8以外のUTF-16などもある。システムによって相違があるのと、ここでASCIIが使われているように、Unicode符号化は一部他の符号化方式と値が重なっていることに注意。

guess_encoding()の第1引数はファイルへのパスか、この場合のようなベクトルです（Rの中で文字列を扱うときに便利）。

符号化は複雑ですが内容が豊富であり、ここでは表面的なことしか触れませんでした。より深く学ぶには、http://kunststube.net/encoding/ の詳細な説明を読むことを勧めます。

8.3.3 ファクタ

値の候補が既知のカテゴリ変数のときRはファクタを使って表します。parse_factor()に既知のlevelsのベクトルを指定すると、予期しない値に対して警告を発します。

```
fruit <- c("apple", "banana")
parse_factor(c("apple", "banana", "bananana"), levels = fruit)
#> 警告: 1 parsing failure.
#> row col             expected    actual
#>   3  -- value in level set bananana
#> [1] apple  banana <NA>
#> attr(,"problems")
#> # A tibble: 1 × 4
#>     row   col          expected    actual
#>   <int> <int>             <chr>     <chr>
#> 1     3    NA value in level set bananana
#> Levels: apple banana
```

しかし、怪しい要素が多い場合には、文字ベクトルのままにしておいて、11章や12章で学ぶツールを使ってクリーニングした方が後の処理で楽です。

8.3.4 日付、日付時刻、時刻

日付（1970-01-01からの日数）、日付時刻（1970-01-01夜中の0時からの秒数）、時刻（夜中の0時からの秒数）のうちのどれかに応じて、3つのパーサのいずれかを選びます。追加の引数がない場合には、それぞれ次のようします。

- parse_datetime()は、ISO 8601日付時刻を仮定する。国際標準ISO 8601は日付時刻の要素を大きいものから小さいものへ、年、月、日、時、分、秒と並べる。

  ```
  parse_datetime("2010-10-01T2010")
  #> [1] "2010-10-01 20:10:00 UTC"

  # 時刻が省略されていると深夜に設定
  parse_datetime("20101010")
  #> [1] "2010-10-10 UTC"
  ```

これは最も重要な日付/時刻標準です。日付や時刻について頻繁に作業するなら、ウィキペディアの「ISO_8601」を読むことを勧めます。

- parse_date()は、4桁の西暦年号、-か/、月、-か/、日を想定する。

```
parse_date("2010-10-01")
#> [1] "2010-10-01"
```

- parse_time()は、時間、:、分、オプションの「:と秒」、オプションのam/pm指定を想定する。

```
library(hms)
parse_time("01:10 am")
#> 01:10:00
parse_time("20:10:01")
#> 20:10:01
```

基本Rには時刻や日付の良い組み込みクラスがないので、hmsパッケージにあるものを使用した。

これらのデフォルトが自分のデータに役に立たない場合は、次のような部品から自分用の日付時刻formatを用意します。

種類	表現	意味
年	%Y	数字4桁
	%y	数字2桁; 00–69 → 2000–2069, 70–99 → 1970–1999
月	%m	数字2桁
	%b	"Jan"のような省略形
	%B	"January"のような名前
日	%d	数字2桁
	%e	先頭に空白
時刻	%H	0–23時形式
	%I	0–12, %pと一緒でなければならない
	%p	a.m./p.m.指定子
	%M	分
	%S	整数秒
	%OS	実数秒
	%Z	タイムゾーン[名前、例：America/Chicago]。注意：略記法には要注意。「EST」はEastern Standard Timeの略で、アメリカ・カナダで夏時間のないタイムゾーン。「**13.5 タイムゾーン**」で再度取り上げる。
	%z	UTCからのオフセット。例：+0800
非数字	%.	非数字1つをスキップ
	%*	非数字をいくつでもスキップ

正しいフォーマットを理解するには、文字ベクトルの例をいくつか作り、パース関数で試してみるのが一番良い方法です。例を挙げます。

```
parse_date("01/02/15", "%m/%d/%y")
#> [1] "2015-01-02"
parse_date("01/02/15", "%d/%m/%y")
#> [1] "2015-02-01"
```

```
parse_date("01/02/15", "%y/%m/%d")
#> [1] "2001-02-15"
```

非英語の月名に%bまたは%Bを使う場合は、locale()にlang引数を設定する必要があります。date_names_langs()で組み込み言語の一覧を確かめるか、言語が含まれていない場合には、date_names()で作成します。

```
parse_date("1 janvier 2015", "%d %B %Y", locale = locale("fr"))
#> [1] "2015-01-01"
```

練習問題

1. locale()で最も重要な引数は何か。

2. decimal_markとgrouping_markを同じ文字に設定しようとすると何が起こるか。decimal_markを「,」に設定すると、grouping_markのデフォルト値に何が起こるか。grouping_markを「.」に設定するとdecimal_markのデフォルト値に何が起こるか。

3. locale()のdate_formatとtime_formatオプションについて何も論じなかった。これらは何をするか。これらが役立つ場合を示す例を作りなさい。

4. 米国以外に住んでいるなら、一番よく読み込むファイルの種類に対する設定をカプセル化する新たなロケールオブジェクトを作りなさい。

5. read_csv()とread_csv2()との相違は何か。

6. ヨーロッパで一番よく用いられている符号化方式は何か。アジアで最もよく使われている符号化方式は何か。グーグル検索を使って探索しなさい。

7. 次の日付と時刻をパースする正しいフォーマット文字列を作りなさい。

```
d1 <- "January 1, 2010"
d2 <- "2015-Mar-07"
d3 <- "06-Jun-2017"
d4 <- c("August 19 (2015)", "July 1 (2015)")
d5 <- "12/30/14" # Dec 30, 2014
t1 <- "1705"
t2 <- "11:15:10.12 PM"
```

8.4　ファイルをパースする

個別のベクトルをパースする方法を学んだので、最初に戻って、readrでファイルをどのようにパースするかを検討します。本節で2つ新しいことを学びます。

- readrが各列の型をどのようにして自動で推測するか。
- デフォルトの指定をどのようにして変更するか。

8.4.1 戦略

　readrはヒューリスティックスを使って各列の型を推測します。最初の1000行を読み込み（かなり保守的な）ヒューリスティックスで各列の型を見分けます。readrの最良の推論を返すguess_parser()と推論結果を使って列をパースするのに使われるparse_guess()を使って、文字ベクトルでこのプロセスをエミュレートできます。

```
guess_parser("2010-10-01")
#> [1] "date"
guess_parser("15:01")
#> [1] "time"
guess_parser(c("TRUE", "FALSE"))
#> [1] "logical"
guess_parser(c("1", "5", "9"))
#> [1] "integer"
guess_parser(c("12,352,561"))
#> [1] "number"

str(parse_guess("2010-10-10"))
#>  Date[1:1], format: "2010-10-10"
```

ヒューリスティックスは、次の型をそれぞれ試し、マッチがあると停止します。

型	マッチ
論理値	「F」,「T」,「FALSE」,「TRUE」からなる。
整数	数字（および-）からなる。
倍精度浮動小数点数	（4.5e-5のような数を含めて）正しい倍精度浮動小数点数からなる。
数値	桁区切り文字のある正しい浮動小数点数を含む。
時刻	デフォルトのtime_formatにマッチする。
日付	デフォルトのdate_formatにマッチする。
日付時刻	ISO 8601日付のいずれか。

　これらの規則のいずれも適用できないと、列は文字列ベクトルのままです。

8.4.2 問題点

　これまでに述べたデフォルトは、大きなファイルでは必ずしもうまくいかないことがあります。基本的に2つの問題があります。

- 最初の1,000行は特別な場合があり、readrの推測が十分一般的でなかった。例えば、倍精度浮動小数点数の列が、最初の1,000行では整数しか含んでいなかった。
- 列に多数の欠損値があるかもしれない。最初の1,000行にはNAしか含まれていないと、readrは文字ベクトルと推測するが、本当は何らかの型をパースしないといけない。

readrには、この2つの問題を示す課題CSVファイルが含まれています。

```
challenge <- read_csv(readr_example("challenge.csv"))
#> Parsed with column specification:
#> cols(
#>   x = col_integer(),
#>   y = col_character()
#> )
#> 警告: 1000 parsing failures.
#>  row col                    expected             actual
#> 1001   x no trailing characters .23837975086644292
#> 1002   x no trailing characters .41167997173033655
#> 1003   x no trailing characters .7460716762579978
#> 1004   x no trailing characters .723450553836301
#> 1005   x no trailing characters .614524137461558
#> .... ... ...................... ..................
#> See problems(...) for more details.
```

（readr_example()の使用に注意。これはパッケージに含まれるファイルのパスを探し出します。）

最初の1000行に対して作られた列指定とパース失敗の最初の5例が出力されています。problems()を実行して、問題のファイルを表示し、その中を探索します。

```
problems(challenge)
#> # A tibble: 1,000 × 4
#>     row   col                    expected             actual
#>   <int> <chr>                       <chr>              <chr>
#> 1  1001     x no trailing characters .23837975086644292
#> 2  1002     x no trailing characters .41167997173033655
#> 3  1003     x no trailing characters .7460716762579978
#> 4  1004     x no trailing characters .723450553836301
#> 5  1005     x no trailing characters .614524137461558
#> 6  1006     x no trailing characters .473980569280684
#> # ... with 994 more rows
```

列を順に調べ、問題が残らないようにするのが良い戦略です。このx列には、パースする上で、整数値の後に文字が続いているという問題があります。これは、倍精度浮動小数点数としてパースする必要があることを示唆しています。

この解決にはまず、列指定をコピーして元の呼び出しに追加します。

```
challenge <- read_csv(
  readr_example("challenge.csv"),
  col_types = cols(
    x = col_integer(),
    y = col_character()
  )
```

```
)
```

そして、x列の型を変更します。

```
challenge <- read_csv(
  readr_example("challenge.csv"),
  col_types = cols(
    x = col_double(),
    y = col_character()
  )
)
```

　これで第1の問題が片付きましたが、末尾の数行を見ると文字ベクトルに日付が格納されているのがわかります。

```
tail(challenge)
#> # A tibble: 6 × 2
#>       x         y
#>   <dbl>     <chr>
#> 1 0.805 2019-11-21
#> 2 0.164 2018-03-29
#> 3 0.472 2014-08-04
#> 4 0.718 2015-08-16
#> 5 0.270 2020-02-04
#> 6 0.608 2019-01-06
```

yが日付の列だと指定することでこの問題が片付きます。

```
challenge <- read_csv(
  readr_example("challenge.csv"),
  col_types = cols(
    x = col_double(),
    y = col_date()
  )
)
tail(challenge)
#> # A tibble: 6 × 2
#>       x         y
#>   <dbl>    <date>
#> 1 0.805 2019-11-21
#> 2 0.164 2018-03-29
#> 3 0.472 2014-08-04
#> 4 0.718 2015-08-16
#> 5 0.270 2020-02-04
#> 6 0.608 2019-01-06
```

あらゆるparse_xyz()関数には対応するcol_xyz()関数があります。データがRの文字ベクトル

になっている場合には parse_xyz() を使います。readr にデータを読み込む方式を伝えるには col_
xyz() を使います。

　readr の出力に提供されている情報から型を推測して、col_types を常に指定しておくことを強く
推奨します。これにより、一貫した複製可能なデータインポートスクリプトが用意できます。デフォ
ルトの推測に頼っている場合、データが変わっても、readr は読み込みを続けてしまいます。厳格で
ありたいなら、stop_for_problems() を使います。これは、パースが失敗すると、エラーを投げて
スクリプトを停止します。

8.4.3　他の戦略

ファイルのパースに役立つ他の一般戦略としては次のようなものがあります。

- 先ほどの例では運が悪かった。デフォルトよりも 1 行多く調べれば、1 回で正しくパースできた。

```
challenge2 <- read_csv(
                readr_example("challenge.csv"),
                guess_max = 1001
              )
#> Parsed with column specification:
#> cols(
#>   x = col_double(),
#>   y = col_date(format = "")
#> )
challenge2
#> # A tibble: 2,000 × 2
#>        x      y
#>    <dbl> <date>
#> 1    404   <NA>
#> 2   4172   <NA>
#> 3   3004   <NA>
#> 4    787   <NA>
#> 5     37   <NA>
#> 6   2332   <NA>
#> # ... with 1,994 more rows
```

- 場合によると、すべての列を文字ベクトルとして読み込んだ方が、問題の診断がつきやすい。

```
challenge2 <- read_csv(readr_example("challenge.csv"),
  col_types = cols(.default = col_character())
)
```

　これは、データフレームの文字ベクトルの列に対してパースヒューリスティックスを適用する
type_convert() と一緒に使うととても役立ちます。

```
df <- tribble(
  ~x,  ~y,
```

```
  "1", "1.21",
  "2", "2.32",
  "3", "4.56"
)
df
#> # A tibble: 3 × 2
#>       x     y
#>   <chr> <chr>
#> 1     1  1.21
#> 2     2  2.32
#> 3     3  4.56

# 列の型に注意
type_convert(df)
#> Parsed with column specification:
#> cols(
#>   x = col_integer(),
#>   y = col_double()
#> )
#> # A tibble: 3 × 2
#>       x     y
#>   <int> <dbl>
#> 1     1  1.21
#> 2     2  2.32
#> 3     3  4.56
```

- 非常に大きなファイルを読み込む場合には、n_maxを10,000か100,000のような小さめの数に設定する。こうすれば処理をより早く繰り返すことができて、問題を避けられる。
- パースで厄介な問題に遭遇したら、1行全体を read_lines() で文字ベクトルとして読み込むか、read_file() で長さ1の文字ベクトルとして読み込む。それから、この後で学ぶ文字列パース技法を使ってより複雑なフォーマットでパースする。

8.5　ファイルへの書き出し

readrにはwrite_csv()とwrite_tsv()というデータをディスクに書き戻す2つの有用な関数が付随します。この両関数では、次のようにして出力ファイルから正しく読み戻せるようにしています。

- 常にUTF-8で文字列を符号化する。
- 日付と日付時刻をISO 8601形式で格納してどこでもパースできるようにする。

CSVファイルをExcelにエクスポートするなら、write_excel_csv()を使います。これはファイルの先頭に特殊文字（「バイト順マーク」）を書いて、ExcelにUTF-8符号化を使用することを知らせます。

最も重要な引数は x（格納するデータフレーム）と path（格納場所）です。欠損値を na を使ってどのように書くかと、既存ファイルに append するかどうかも指定できます。

```
write_csv(challenge, "challenge.csv")
```

CSVで保存すると型情報が失われることに注意。

```
challenge
#> # A tibble: 2,000 × 2
#>       x      y
#>   <dbl> <date>
#> 1   404   <NA>
#> 2  4172   <NA>
#> 3  3004   <NA>
#> 4   787   <NA>
#> 5    37   <NA>
#> 6  2332   <NA>
#> # ... with 1,994 more rows
write_csv(challenge, "challenge-2.csv")
read_csv("challenge-2.csv")
#> Parsed with column specification:
#> cols(
#>   x = col_double(),
#>   y = col_character()
#> )
#> # A tibble: 2,000 × 2
#>       x     y
#>   <dbl> <chr>
#> 1   404  <NA>
#> 2  4172  <NA>
#> 3  3004  <NA>
#> 4   787  <NA>
#> 5    37  <NA>
#> 6  2332  <NA>
#> # ... with 1,994 more rows
```

このためにCSVは中間結果を保存するには少し不向きです。読み込み時にいつも列指定を再生する必要があります。2つの代替法があります。

- write_rds() と read_rds() は、基本関数 readRDS() と saveRDS() のラッパーで、RDSと呼ばれるRの専用バイナリ形式でデータを格納する。

  ```
  write_rds(challenge, "challenge.rds")
  read_rds("challenge.rds")
  #> # A tibble: 2,000 × 2
  #>       x      y
  ```

```
#>    <dbl> <date>
#> 1   404  <NA>
#> 2  4172  <NA>
#> 3  3004  <NA>
#> 4   787  <NA>
#> 5    37  <NA>
#> 6  2332  <NA>
#> # ... with 1,994 more rows
```

- featherパッケージでは、複数のプログラミング言語間で共有できる高速バイナリ形式を実装している。

```
library(feather)
write_feather(challenge, "challenge.feather")
read_feather("challenge.feather")
#> # A tibble: 2,000 x 2
#>       x      y
#>    <dbl> <date>
#> 1   404  <NA>
#> 2  4172  <NA>
#> 3  3004  <NA>
#> 4   787  <NA>
#> 5    37  <NA>
#> 6  2332  <NA>
#> # ... with 1,994 more rows
```

featherは、RDSより速いことが多く、R以外でも利用できます。RDSはリスト列（20章で学ぶ）をサポートしていますが、featherは現時点ではサポートしていません。

8.6　他の種類のデータ

他の種類のデータをRに取り込むには、まず次章で述べるtidyverseパッケージから始めます。完全ではありませんが、手始めとしては適しています。表形式のデータについては次のようになります。

- havenがSPSS, Stata, SASファイルを読み込む。
- readxlがExcelファイル（.xlsと.xlsxの両方）を読み込む。
- データベース専用バックエンド（例：RMySQL, RSQLite, RPostgreSQLなど）とともに使えば、DBIがデータベースにSQLクエリを発行してデータフレームを返す。

階層型データについては、（Jeroen Oomsによる）jsonliteをJSONに、xml2をXMLに使います。https://jennybc.github.io/purrr-tutorial/にはJenny Bryanが素晴らしい作業例を示しています。

他のファイル形式については、Rデータインポート/エクスポートマニュアル（https://cran.r-project.org/doc/manuals/r-release/R-data.html）とrioパッケージ（https://github.com/leeper/rio）を試すとよいでしょう。

9章
tidyrによるデータ整理

9.1　はじめに

幸福な家族はどれも似通っているが、不幸な家族は不幸のあり方がそれぞれ異なっている。

―― トルストイ
（『アンナ・カレーニナ』冒頭の一文。この訳は、新潮文庫（木村浩訳）より）

整理データセットはどれも似通っているが、整理していないデータセットはそのあり方がそれ
ぞれ異なっている。

―― Hadley Wickham

　本章では、**整理データ**（tidy data）と呼ぶ、Rにおけるデータの一貫した組織化方法を学びます。
データをこの形式にするには、準備作業が必要ですが長期的に見れば利益があります。整理データ
とtidyverseが提供する整理ツールがあれば、データをある表現形式から別のに変換することがより
迅速にできて、分析課題により多くの時間を割くことができます。
　本章では実用的観点から、整理データとtidyrパッケージにあるツールとを紹介します。基盤と
なる理論をより深く学ぶには、「Journal of Statistical Software」に掲載された整理データの原論文
（www.jstatsoft.org/v59/i10/paper）[1]が役に立ちます。

9.1.1　準備するもの

　本章では、整っていないデータセットを整理するのに役立つ多数のツールを備えたパッケージで
あるtidyrに焦点を絞ります。tidyrはtidyverseの中核メンバーです。

```
library(tidyverse)
```

---

[1]　訳注：Hadley Wickham, "Tidy Data," *Journal of Statistical Software*, 59, 10, Aug. 2014.

9.2 整理データ

　同じ基本的なデータを表すのに複数の方法があります。次の例では、同じデータを4種類の異なる
方式で構成します。各データセットは、同じ4つの変数country, year, population, casesの値を示
すのですが、それぞれのデータセットで値の構成方式が異なります[1]。

```
table1
#> # A tibble: 6 × 4
#>       country  year  cases population
#>         <chr> <int>  <int>      <int>
#> 1 Afghanistan  1999    745   19987071
#> 2 Afghanistan  2000   2666   20595360
#> 3      Brazil  1999  37737  172006362
#> 4      Brazil  2000  80488  174504898
#> 5       China  1999 212258 1272915272
#> 6       China  2000 213766 1280428583
table2
#> # A tibble: 12 × 4
#>       country  year       type      count
#>         <chr> <int>      <chr>      <int>
#> 1 Afghanistan  1999      cases        745
#> 2 Afghanistan  1999 population   19987071
#> 3 Afghanistan  2000      cases       2666
#> 4 Afghanistan  2000 population   20595360
#> 5      Brazil  1999      cases      37737
#> 6      Brazil  1999 population  172006362
#> # ... with 6 more rows
table3
#> # A tibble: 6 × 3
#>       country  year               rate
#> *       <chr> <int>              <chr>
#> 1 Afghanistan  1999       745/19987071
#> 2 Afghanistan  2000      2666/20595360
#> 3      Brazil  1999     37737/172006362
#> 4      Brazil  2000     80488/174504898
#> 5       China  1999 212258/1272915272
#> 6       China  2000 213766/1280428583

# 2つのtibbleにまたがる
table4a  # cases
#> # A tibble: 3 × 3
#>       country `1999` `2000`
#> *       <chr>  <int>  <int>
#> 1 Afghanistan    745   2666
```

---

[1]　訳注：このデータは、WHO（世界保健機構）の結核の症例数のデータを基にしている。casesは、症例数を意味する。

```
#> 2      Brazil  37737   80488
#> 3       China 212258  213766
table4b  # population
#> # A tibble: 3 × 3
#>      country      `1999`      `2000`
#> *      <chr>       <int>       <int>
#> 1 Afghanistan   19987071    20595360
#> 2      Brazil  172006362   174504898
#> 3       China 1272915272 1280428583
```

これらはすべて1つの同じ基本データの表現ですが、使いやすさが異なります。このうちの1つの整理データセットは、tidyverseの中で作業するのがはるかに容易です。

データセットが整理済みであるためには、互いに関連する規則が3つあります。

1. 各変数に専用の列がある。
2. 各観測に専用の行がある。
3. 各値は専用のセルにある。

図9-1はこれらの規則を図示したものです。

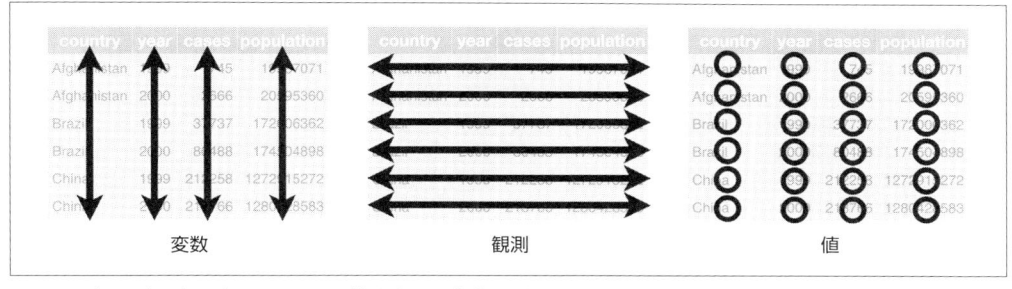

図9-1　次の3規則がデータセットを整理する。変数は列に、観測は行に、値はセルにある。

この3規則のうち2つだけを満たすことはできないので、これら3規則は互いに関係しています。この相互関係から、実際には次のような単純な指示に落ち着きます。

1. データセットはtibbleに置く。
2. 各変数は列に置く。

この例では、table1だけが整理されています。この表現だけが、各列を変数にしています。

なぜデータが整理されているか確かめないといけないのか。2つの利点があります。

- 一貫した方式でデータを格納することには一般的に利点がある。一貫したデータ構造なら、もとが一様なので、ツールの学習が容易になる。
- 変数を列にすると、Rのベクトル性を使えるので特に有利となる。「3.5.1　**有用な作成関数**」、

「**3.6.4 便利な要約関数**」で学んだように、ほとんどのR関数は値のベクトルに作用する。従って、整理データの変換は自然なものと感じられる。

tidyverseのdplyr、ggplot2その他のパッケージは整理データで動作するよう設計されています。table1で何ができるかを次の簡単な例で示します。

```
# 人口10,000人当たりの比率を計算
table1 %>%
  mutate(rate = cases / population * 10000)
#> # A tibble: 6 × 5
#>       country  year  cases population  rate
#>         <chr> <int>  <int>      <int> <dbl>
#> 1 Afghanistan  1999    745   19987071 0.373
#> 2 Afghanistan  2000   2666   20595360 1.294
#> 3      Brazil  1999  37737  172006362 2.194
#> 4      Brazil  2000  80488  174504898 4.612
#> 5       China  1999 212258 1272915272 1.667
#> 6       China  2000 213766 1280428583 1.669

# 年ごとのケースを計算
table1 %>%
count(year, wt = cases)
#> # A tibble: 2 × 2
#>    year      n
#>   <int>  <int>
#> 1  1999 250740
#> 2  2000 296920

# 経年変化を可視化
library(ggplot2)
ggplot(table1, aes(year, cases)) +
  geom_line(aes(group = country), color = "grey50") +
  geom_point(aes(color = country))
```

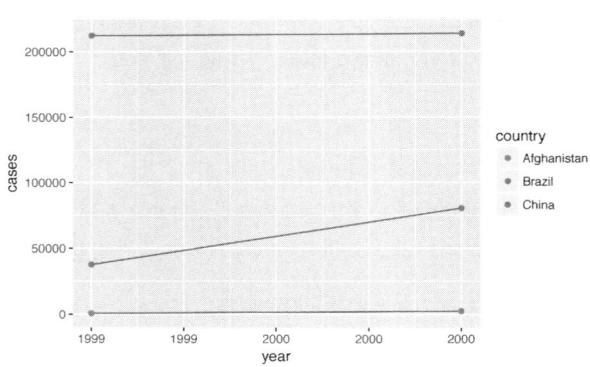

練習問題

1. 例に挙げた表のそれぞれについて、変数と観測がどのように組織化されているかを言葉で説明しなさい。

2. `table2`と`table4a` + `table4b`について`rate`を計算しなさい。計算には次の4操作を実行する必要がある。

   a. 年ごと、国ごとに結核の症例数 (TB cases) の個数を抽出する。

   b. 年ごと、国ごとに合致する人口を抽出する。

   c. ケースを人口で割り、10,000を乗じる。

   d. 適当な場所に戻す。

   どの表現が最も作業しやすいか。どの表現が最も難しいか。それはなぜか。

3. `table1`ではなく`table2`を用いて、ケースの時間経過を示すプロットを再度作りなさい。最初に、何をしなければならないか。

9.3　広げたり集めたり

整理データ原則はあまりにも自明に思えるので、整理されていないデータがそもそもあり得るのかと思うかもしれません。残念ながら、ほとんどのデータが整理されていません。2つの理由があります。

- ほとんどの人が整理データ原則をよく知らず、データについて長期間作業していない限り自分でこの原則を探すことは容易でない。
- データは分析以外の用途のために揃えられることが多い。例えば、入力が易しい構成をとることが多い。

このことから、実際の分析のほとんどで、データを整理する必要があります。第1ステップでは常に何が変数で何が観測かを見極めます。これはやさしいこともあれば、元々データを作成した人に尋ねればならないこともあります。第2ステップでは通常、次の問題のどちらかを解決します。

- 1つの変数が複数の列にまたがっている。
- 1つの観測が複数の行に分散されている。

普通は、データセットには上のどちらかの問題しか存在しません。両方の問題が存在する場合には、本当に運が悪いのです。これらの問題を解決するには、tidyrで最も重要な関数であるgather()とspread()を使う必要があります。

9.3.1　集める

データセットでは、列名が変数名ではなく変数の**値**であるという問題がよくあります。`table4a`を調べましょう。列名1999と2000は、変数`year`の値を表し、各行は1つの観測ではなく2つの観測に

なっています。

```
table4a
#> # A tibble: 3 × 3
#>       country `1999` `2000`
#> *       <chr>  <int>  <int>
#> 1 Afghanistan    745   2666
#> 2      Brazil  37737  80488
#> 3       China 212258 213766
```

　このようなデータセットを整理するには、列を**集めて**（gather）新たな変数のペアにする必要があります。この演算を記述するには次の3引数が必要です。

- 変数ではなく値を表す列集合。この例では、列1999と2000。
- 値が列名を構成する変数の名。これをkeyと呼ぶが、この例ではyear。
- 値がセルに分散されている変数の名。これをvalueと呼ぶが、この例ではcasesの個数。

　これらの引数と一緒にgather()を呼び出します。

```
table4a %>%
  gather(`1999`, `2000`, key = "year", value = "cases")
#> # A tibble: 6 × 3
#>       country  year  cases
#>         <chr> <chr>  <int>
#> 1 Afghanistan  1999    745
#> 2      Brazil  1999  37737
#> 3       China  1999 212258
#> 4 Afghanistan  2000   2666
#> 5      Brazil  2000  80488
#> 6       China  2000 213766
```

　集められる列は、dplyr::select()スタイルの記法で指定します。この場合には、2つの列しかないので、個別に並べます。「1999」と「2000」は非構文的な名前なので、バッククォートで括ります。列を選ぶ他の方式については、「**3.4　select()で列を選ぶ**」を読み返して思い出しましょう。

　最終結果では、集められた列は落とされて、新たなkeyとvalueの列になります。それ以外では、元の変数間の関係は保存されています。これは**図9-2**に可視化されています。gather()を用いて、table4bも同様に整理できます。セルの値に格納される変数が異なるだけです。

```
table4b %>%
  gather(`1999`, `2000`, key = "year", value = "population")
#> # A tibble: 6 × 3
#>       country  year population
#>         <chr> <chr>      <int>
#> 1 Afghanistan  1999   19987071
#> 2      Brazil  1999  172006362
```

```
#> 3       China   1999 1272915272
#> 4 Afghanistan   2000   20595360
#> 5      Brazil   2000  174504898
#> 6       China   2000 1280428583
```

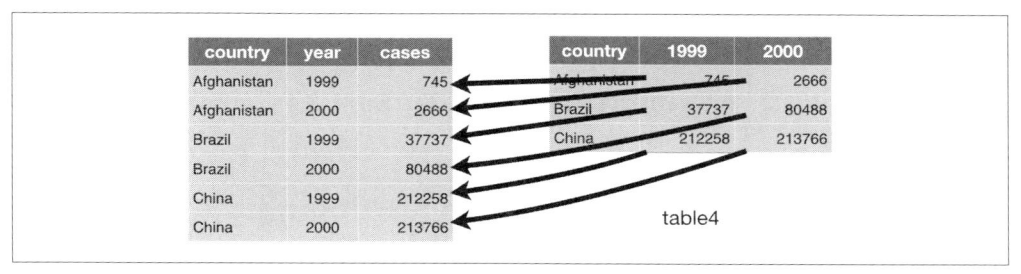

図9-2　table4を整理形式に集める

　table4aとtable4bの整理版を組み合わせて1つのtibbleにするには、10章で学ぶdplyr::left_join()を使います。

```
tidy4a <- table4a %>%
  gather(`1999`, `2000`, key = "year", value = "cases")
tidy4b <- table4b %>%
  gather(`1999`, `2000`, key = "year", value = "population")
left_join(tidy4a, tidy4b)
#> Joining, by = c("country", "year")
#> # A tibble: 6 × 4
#>        country  year  cases population
#>          <chr> <chr>  <int>      <int>
#> 1 Afghanistan  1999    745   19987071
#> 2      Brazil  1999  37737  172006362
#> 3       China  1999 212258 1272915272
#> 4 Afghanistan  2000   2666   20595360
#> 5      Brazil  2000  80488  174504898
#> 6       China  2000 213766 1280428583
```

9.3.2　広げる

　広げるのは集めるのとは反対の操作です。観測が複数の行にまたがっているときに使います。例えば、table2を取り上げると、観測はある年の国についてですが、各観測が2つの行にまたがっています。

```
table2
#> # A tibble: 12 × 4
#>        country  year        type     count
#>          <chr> <int>       <chr>     <int>
```

```
#> 1 Afghanistan  1999        cases       745
#> 2 Afghanistan  1999  population  19987071
#> 3 Afghanistan  2000        cases      2666
#> 4 Afghanistan  2000  population  20595360
#> 5       Brazil  1999        cases     37737
#> 6       Brazil  1999  population 172006362
#> # ... with 6 more rows
```

これらを整理するには、まずgather()と同じように表現を分析します。今回必要なのは2つのパラメータだけです。

- 変数名を含む列、すなわちkey列。この場合はtype。
- 複数の変数の値を含む列、すなわちvalue列。この場合はcount。

これらがわかれば、**図9-3**に示すように、次のプログラムでspread()を使うことができます。

```
spread(table2, key = type, value = count)
#> # A tibble: 6 × 4
#>       country  year  cases population
#> *        <chr> <int>  <int>      <int>
#> 1 Afghanistan  1999    745   19987071
#> 2 Afghanistan  2000   2666   20595360
#> 3       Brazil  1999  37737  172006362
#> 4       Brazil  2000  80488  174504898
#> 5        China  1999 212258 1272915272
#> 6        China  2000 213766 1280428583
```

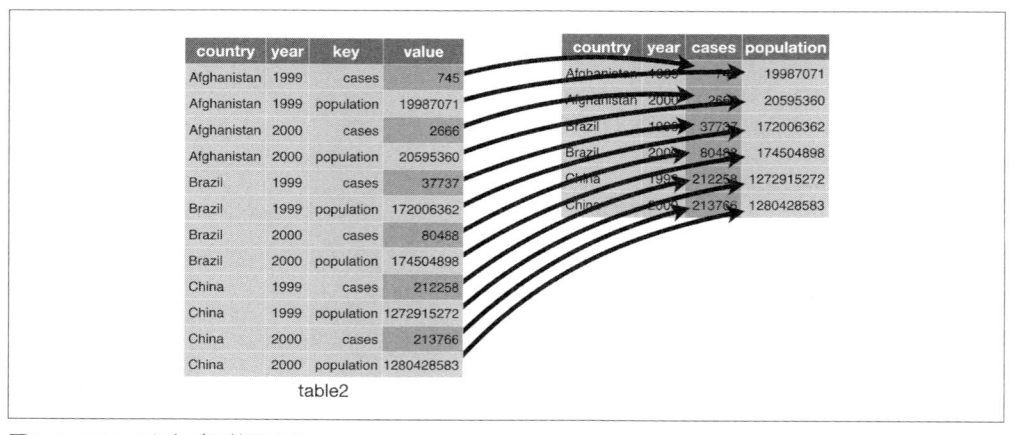

図9-3　table2を広げて整理する。

共通の引数keyとvalueから推測できるように、spread()とgather()は相補的です。gather()は幅広の表を狭めて長くし、spread()は長い表を短くして幅を広げます。

練習問題

1. gather()とspread()はなぜ完全に対称的でないのか。次の例に注意して調べなさい。

```
stocks <- tibble(
  year   = c(2015, 2015, 2016, 2016),
  half   = c(   1,    2,    1,    2),
  return = c(1.88, 0.59, 0.92, 0.17)
)
stocks %>%
  spread(year, return) %>%
  gather("year", "return", `2015`:`2016`)
```

（ヒント：変数の型を調べて列名を考える。）

spread()とgather()は両方ともconvert引数をとる。これは何をするか。

2. 次のコードが失敗するのはなぜか。

```
table4a %>%
  gather(1999, 2000, key = "year", value = "cases")
#> combine_vars(vars, ind_list) でエラー:
#> Position must be between 0 and n
```

3. 次のtibbleのspreadがなぜ失敗するか。修正するには新たな列をどう追加すればよいか。

```
people <- tribble(
  ~name,             ~key,      ~value,
  #-----------------|--------|------
  "Phillip Woods",   "age",        45,
  "Phillip Woods",   "height",    186,
  "Phillip Woods",   "age",        50,
  "Jessica Cordero", "age",        37,
  "Jessica Cordero", "height",    156
)
```

4. 次の簡単なtibbleを整理しなさい。spreadやgatherが必要か。変数はどうか。

```
preg <- tribble(
  ~pregnant, ~male, ~female,
  "yes",     NA,    10,
  "no",      20,    12
)
```

9.4　分割と結合

ここまでに、table2とtable4をどう整理するかを学びましたが、table3とtable5では別の問題があります。列が1つ（rate）で、2変数（casesとpopulation）を含みます。この問題を解決するに

はseparate()関数が必要です。separate()に相補的なunite()についても学びますが、これは1変数が複数の列にまたがっているときに使います。

9.4.1　分割

separate()は、区切り文字で、1つの列を複数の列に分割します。table3の例を示します。

```
table3
#> # A tibble: 6 × 3
#>       country  year            rate
#> *       <chr> <int>           <chr>
#> 1 Afghanistan  1999       745/19987071
#> 2 Afghanistan  2000      2666/20595360
#> 3      Brazil  1999     37737/172006362
#> 4      Brazil  2000     80488/174504898
#> 5       China  1999  212258/1272915272
#> 6       China  2000  213766/1280428583
```

rate列には、両変数casesとpopulationが含まれるので、2つの変数に分割する必要があります。separate()は**図9-4**と次のコードに示すように、分割する列名と分割後の列名とをとります。

```
table3 %>%
separate(rate, into = c("cases", "population"))
#> # A tibble: 6 × 4
#>       country  year  cases population
#> *       <chr> <int>  <chr>      <chr>
#> 1 Afghanistan  1999    745   19987071
#> 2 Afghanistan  2000   2666   20595360
#> 3      Brazil  1999  37737  172006362
#> 4      Brazil  2000  80488  174504898
#> 5       China  1999 212258 1272915272
#> 6       China  2000 213766 1280428583
```

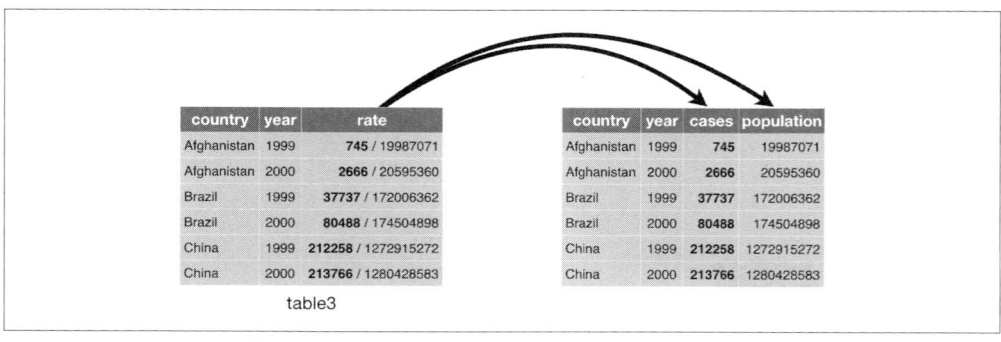

図9-4　table3を分割して整理する

デフォルトでは、separate( )は非英数文字（英字でも数字でもない文字）の箇所で値を分割します。例えば、この例ではrate値のスラッシュでseparate( )が分割します。列の分割に特定の文字を使うなら、その文字をseparate( )のsep引数で渡します。例えば、上のコードを次のように書き直します。

```
table3 %>%
  separate(rate, into = c("cases", "population"), sep = "/")
```

（正式には、sepは11章で学ぶ正規表現をとります。）

列の型に注意します。caseとpopulationが文字型であることに気付くはずです。これがseparate( )のデフォルトで、列の型をそのまま引き継ぎます。この例の場合には、実際は数値なのでこれではあまり役に立ちません。convert = TRUEとすることにより、separate( )により良い型に変換するよう指定できます。

```
table3 %>%
  separate(
    rate,
    into = c("cases", "population"),
    convert = TRUE
  )
#> # A tibble: 6 × 4
#>      country year  cases population
#> *      <chr> <int> <int>     <int>
#> 1 Afghanistan 1999    745  19987071
#> 2 Afghanistan 2000   2666  20595360
#> 3      Brazil 1999  37737 172006362
#> 4      Brazil 2000  80488 174504898
#> 5       China 1999 212258 1272915272
#> 6       China 2000 213766 1280428583
```

整数ベクトルをsepに渡すこともできます。separate( )はその整数を分割の位置と解釈します。正の値は文字列の左端を1として、負の値は文字列の右端を−1として位置を示します。文字列分割に整数値を使うとき、sepの長さはintoの名前の個数より1つ少なくなります。

この配置を使って各年の下2桁を分割できます。こうするとデータの整理度が少し下がりますが、後で見るように役に立つ場合もあります。

```
table3 %>%
  separate(year, into = c("century", "year"), sep = 2)
#> # A tibble: 6 × 4
#>      country century year             rate
#> *      <chr>   <chr> <chr>           <chr>
#> 1 Afghanistan     19    99     745/19987071
#> 2 Afghanistan     20    00    2666/20595360
#> 3      Brazil     19    99   37737/172006362
#> 4      Brazil     20    00   80488/174504898
```

```
#> 5        China       19    99 212258/1272915272
#> 6        China       20    00 213766/1280428583
```

9.4.2　結合

unite()はseparate()の逆です。複数の列を結合して1つの列にします。separate()に比べれば使用頻度は少ないですが、用意しておけば役立ちます。

unite()を使って先ほどの例で作ったcenturyとyear列を結合できます。データはtidyr::tableとして保存されています。unite()は、データフレーム、新たな変数名、結合する列の集合をとりますが、これはgather()と同様にdplyr::select()スタイルで指定します。結果を**図9-5**に示します。

```
table5 %>%
  unite(new, century, year)
#> # A tibble: 6 × 3
#>      country   new            rate
#> *      <chr> <chr>           <chr>
#> 1 Afghanistan 19_99     745/19987071
#> 2 Afghanistan 20_00    2666/20595360
#> 3      Brazil 19_99   37737/172006362
#> 4      Brazil 20_00   80488/174504898
#> 5       China 19_99 212258/1272915272
#> 6       China 20_00 213766/1280428583
```

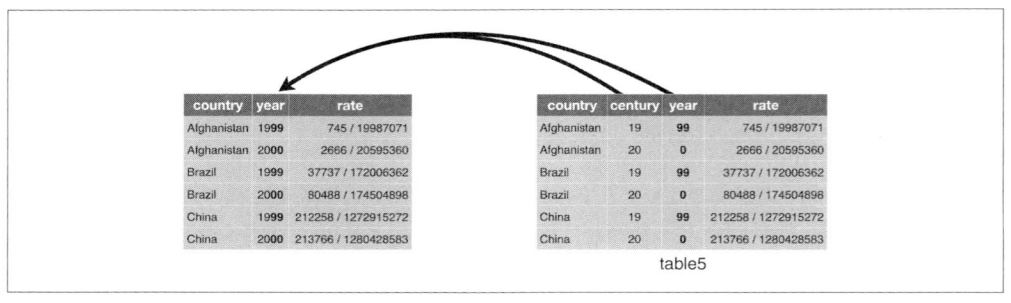

図9-5　table5を結合して整理する

この場合はsep引数を使う必要があります。デフォルトでは、列値の間に下線（_）が置かれます。区切り文字を使いたくないので、""を使います。

```
table5 %>%
  unite(new, century, year, sep = "")
#> # A tibble: 6 × 3
#>      country   new            rate
#> *      <chr> <chr>           <chr>
#> 1 Afghanistan  1999     745/19987071
```

```
#> 2 Afghanistan  2000       2666/20595360
#> 3      Brazil  1999     37737/172006362
#> 4      Brazil  2000     80488/174504898
#> 5       China  1999  212258/1272915272
#> 6       China  2000  213766/1280428583
```

練 習 問 題

1. separate()で引数extraとfillは何をするか。次の簡単なデータセットで、さまざまなオプションを試してみなさい。

   ```
   tibble(x = c("a,b,c", "d,e,f,g", "h,i,j")) %>%
     separate(x, c("one", "two", "three"))

   tibble(x = c("a,b,c", "d,e", "f,g,i")) %>%
     separate(x, c("one", "two", "three"))
   ```

2. unite()とseparate()にはともにremove引数がある。これは何をするか。なぜFALSEに設定するか。

3. separate()とextract()を比較対照しなさい。分割には位置、区切り文字、グループという3種類があるのに、結合は1つだけなのはなぜか。

9.5　欠損値

　データセットの表現を変更すると欠損値について重要な問題が生じます。驚くかもしれませんが、欠損値には2つの形態があります。

- 明示的、すなわちNAというフラグで示す。
- 暗黙的、すなわちデータに単に存在していない。

これを簡単なデータセットで示しましょう。

```
stocks <- tibble(
  year   = c(2015, 2015, 2015, 2015, 2016, 2016, 2016),
  qtr    = c(   1,    2,    3,    4,    2,    3,    4),
  return = c(1.88, 0.59, 0.35,   NA, 0.92, 0.17, 2.66)
)
```

このデータセットには2つの欠損値があります。

- 2015年第4四半期の損益は、値のあるべきセルにNAがあるので明示的な欠損値。
- 2016年第1四半期の損益は、データセットにないので暗黙的な欠損値。

　この相違を考える1つの方法は、禅問答に似ています。明示的な欠損値は欠如が存在しており、暗黙的な欠損値は存在がない。

　データセットを表現する方式は、暗黙値を明示的にしておきます。例えば、列を年で広げることで暗黙的な欠損値を明示的にできます。

```
stocks %>%
  spread(year, return)
#> # A tibble: 4 × 3
#>     qtr `2015` `2016`
#> * <dbl>  <dbl>  <dbl>
#> 1     1   1.88     NA
#> 2     2   0.59   0.92
#> 3     3   0.35   0.17
#> 4     4     NA   2.66
```

　こういう明示的な欠損値がデータの別の表現では重要でない場合には、gather()でna.rm = TRUEとすることにより明示的欠損値を暗黙的にできます。

```
stocks %>%
  spread(year, return) %>%
  gather(year, return, `2015`:`2016`, na.rm = TRUE)
#> # A tibble: 6 × 3
#>     qtr  year return
#> * <dbl> <chr>  <dbl>
#> 1     1  2015   1.88
#> 2     2  2015   0.59
#> 3     3  2015   0.35
#> 4     2  2016   0.92
#> 5     3  2016   0.17
#> 6     4  2016   2.66
```

　整理データで欠損値を明示する別のツールの中ではcomplete()が重要です。

```
stocks %>%
  complete(year, qtr)
#> # A tibble: 8 × 3
#>    year   qtr return
#>   <dbl> <dbl>  <dbl>
#> 1  2015     1   1.88
#> 2  2015     2   0.59
#> 3  2015     3   0.35
#> 4  2015     4     NA
#> 5  2016     1     NA
#> 6  2016     2   0.92
#> # ... with 2 more rows
```

　complete()は列の集合をとり、すべてのユニークな組み合わせを探し出します。これによって、必要なら明示的なNAを補うことで元のデータセットがすべての値を保持していることを確認します。

欠損値を処理するために知っておくべきツールがもう1つあります。データソースが基本的にデータエントリとして使われた場合、欠損値はその前の値を続けることを意味します。

```
treatment <- tribble(
  ~ person,           ~ treatment, ~ response,
  "Derrick Whitmore", 1,           7,
  NA,                 2,           10,
  NA,                 3,           9,
  "Katherine Burke",  1,           4
)
```

この欠損値に対してfill()で値を補えます。列の集合を与え、欠損値を最近の非欠損値で置き換えます（最近では観測値補完と呼ばれることもある）。

```
treatment %>%
  fill(person)
#> # A tibble: 4 × 3
#>            person treatment response
#>             <chr>     <dbl>    <dbl>
#> 1 Derrick Whitmore         1        7
#> 2 Derrick Whitmore         2       10
#> 3 Derrick Whitmore         3        9
#> 4  Katherine Burke         1        4
```

練習問題

1. fill引数をspread()やcomplete()と比較対照しなさい。
2. fill()の.direction引数は何をするか。

9.6　ケーススタディ

最後に、学んだことすべてをまとめて実際に起こりそうなデータを整理する課題に取り組みましょう。tidyr::whoデータセットには結核（TB）のデータが年、国、年齢、性別、診断方法について含まれます。このデータは、2014年WHO世界結核報告（http://www.who.int/tb/country/data/download/en/）にあります。

このデータセットには疫学的情報が満載ですが、そのままの形式でデータを処理するのは大変です。

```
who
#> # A tibble: 7,240 × 60
#>       country iso2  iso3   year new_sp_m014 new_sp_m1524
#>         <chr> <chr> <chr>  <int>       <int>        <int>
#> 1 Afghanistan    AF   AFG   1980          NA           NA
```

```
#> 2 Afghanistan   AF    AFG    1981        NA           NA
#> 3 Afghanistan   AF    AFG    1982        NA           NA
#> 4 Afghanistan   AF    AFG    1983        NA           NA
#> 5 Afghanistan   AF    AFG    1984        NA           NA
#> 6 Afghanistan   AF    AFG    1985        NA           NA
#> # ... with 7,234 more rows, and 54 more variables:
#> #   new_sp_m2534 <int>, new_sp_m3544 <int>,
#> #   new_sp_m4554 <int>, new_sp_m5564 <int>,
#> #   new_sp_m65 <int>, new_sp_f014 <int>,
#> #   new_sp_f1524 <int>, new_sp_f2534 <int>,
#> #   new_sp_f3544 <int>, new_sp_f4554 <int>,
#> #   new_sp_f5564 <int>, new_sp_f65 <int>,
#> #   new_sn_m014 <int>, new_sn_m1524 <int>,
#> #   new_sn_m2534 <int>, new_sn_m3544 <int>,
#> #   new_sn_m4554 <int>, new_sn_m5564 <int>,
#> #   new_sn_m65 <int>, new_sn_f014 <int>,
#> #   new_sn_f1524 <int>, new_sn_f2534 <int>,
#> #   new_sn_f3544 <int>, new_sn_f4554 <int>,
#> #   new_sn_f5564 <int>, new_sn_f65 <int>,
#> #   new_ep_m014 <int>, new_ep_m1524 <int>,
#> #   new_ep_m2534 <int>, new_ep_m3544 <int>,
#> #   new_ep_m4554 <int>, new_ep_m5564 <int>,
#> #   new_ep_m65 <int>, new_ep_f014 <int>,
#> #   new_ep_f1524 <int>, new_ep_f2534 <int>,
#> #   new_ep_f3544 <int>, new_ep_f4554 <int>,
#> #   new_ep_f5564 <int>, new_ep_f65 <int>,
#> #   newrel_m014 <int>, newrel_m1524 <int>,
#> #   newrel_m2534 <int>, newrel_m3544 <int>,
#> #   newrel_m4554 <int>, newrel_m5564 <int>,
#> #   newrel_m65 <int>, newrel_f014 <int>,
#> #   newrel_f1524 <int>, newrel_f2534 <int>,
#> #   newrel_f3544 <int>, newrel_f4554 <int>,
#> #   newrel_f5564 <int>, newrel_f65 <int>
```

　このようなものが実際のデータセットです。列が冗長で、変数が奇妙に符号化され、欠損値が多数あります。一言でまとめると、whoは滅茶苦茶で、整理するには多くのステップが必要です。dplyr同様、tidyrの関数も1つのことがきちんとできるよう設計されています。すなわち、実際の現場では、複数の動詞をパイプラインでつなげる必要があるのが普通です。

　手を付けるのに最適の箇所は、ほぼ常に変数でない列を集めることです。まず、現在どうなっているかをまとめましょう。

- country, iso2, iso3の3変数を使った国指定は冗長。
- yearは明らかに変数。
- 他の列すべてがわかったわけではないが、変数名の構造（例：new_sp_m014, new_ep_m014, new_

ep_f014）から、実は変数ではなく値だと推測できる。

そこで、new_sp_m014からnewrel_f65の全列を集める必要があります。これらの値が何を表すかまだわかっていないので、一般名「key」を使います。セルには症例数があるとわかっているので、変数casesを使います。現在の表現では、多数の欠損値があるので、とりあえずna.rmを使い、存在している値に焦点を絞ります。

```
who1 <- who %>%
  gather(
    new_sp_m014:newrel_f65, key = "key",
    value = "cases",
    na.rm = TRUE
  )
who1
#> # A tibble: 76,046 × 6
#>       country iso2  iso3  year           key cases
#> *       <chr> <chr> <chr> <int>        <chr> <int>
#> 1 Afghanistan    AF   AFG  1997 new_sp_m014     0
#> 2 Afghanistan    AF   AFG  1998 new_sp_m014    30
#> 3 Afghanistan    AF   AFG  1999 new_sp_m014     8
#> 4 Afghanistan    AF   AFG  2000 new_sp_m014    52
#> 5 Afghanistan    AF   AFG  2001 new_sp_m014   129
#> 6 Afghanistan    AF   AFG  2002 new_sp_m014    90
#> # ... with 7.604e+04 more rows
```

新しく作ったkey列の値を数えると構造についてヒントが得られます。

```
who1 %>%
  count(key)
#> # A tibble: 56 × 2
#>           key    n
#>         <chr> <int>
#> 1   new_ep_f014 1032
#> 2 new_ep_f1524 1021
#> 3 new_ep_f2534 1021
#> 4 new_ep_f3544 1021
#> 5 new_ep_f4554 1017
#> 6 new_ep_f5564 1017
#> # ... with 50 more rows
```

少し考え少し実験してみれば、自分でパースすることもできますが、データディクショナリがあるので、それを見ると次のことがわかります。

1. 列名の先頭3文字は、列に含まれるのがTBの新症例か旧症例かを示す。このデータセットの場合には、どの列も新症例のものだ。

2. 次の2あるいは3文字は結核の種類を表す。

  ● relは再発例。

  ● epは肺外結核。

  ● snは喀痰塗抹検査で肺結核と診断がつかなかった症例（塗抹検査陰性）。

  ● spは喀痰塗抹検査で肺結核と診断できた症例（塗抹検査陽性）。

3. 6番目の文字は結核患者の性別を表す。データセットは、男性（m）か女性（f）になる。

4. 残りの数字列は年齢群を表す。このデータセットは年齢を7つのグループに分ける。

  ● 014 = 0〜14才

  ● 1524 = 15〜24才

  ● 2534 = 25〜34才

  ● 3544 = 35〜44才

  ● 4554 = 45〜54才

  ● 5564 = 55〜64才

  ● 65 = 65才以上

　列名の形式に小さな修正を加える必要があります。new_relではなくnewrelなので不統一です（ここで説明するのは面倒ですが、修正しないと後のステップでエラーとなります）。11章でstr_replace()について学びますが、基本的な考え方は単純で、「newrel」を「new_rel」に替えます。これで変数名の形式が統一できました。

```
who2 <- who1 %>%
  mutate(key = stringr::str_replace(key, "newrel", "new_rel"))
who2
#> # A tibble: 76,046 × 6
#>       country iso2  iso3  year          key cases
#>         <chr> <chr> <chr> <int>        <chr> <int>
#> 1 Afghanistan   AF   AFG  1997 new_sp_m014     0
#> 2 Afghanistan   AF   AFG  1998 new_sp_m014    30
#> 3 Afghanistan   AF   AFG  1999 new_sp_m014     8
#> 4 Afghanistan   AF   AFG  2000 new_sp_m014    52
#> 5 Afghanistan   AF   AFG  2001 new_sp_m014   129
#> 6 Afghanistan   AF   AFG  2002 new_sp_m014    90
#> # ... with 7.604e+04 more rows
```

separate()を2回通して値を分割します。1回目は下線で分割します。

```
who3 <- who2 %>%
  separate(key, c("new", "type", "sexage"), sep = "_")
who3
#> # A tibble: 76,046 × 8
#>       country iso2  iso3  year   new  type sexage cases
```

```
#> *              <chr> <chr> <chr> <int> <chr> <chr>  <chr> <int>
#> 1 Afghanistan   AF    AFG   1997  new   sp    m014      0
#> 2 Afghanistan   AF    AFG   1998  new   sp    m014     30
#> 3 Afghanistan   AF    AFG   1999  new   sp    m014      8
#> 4 Afghanistan   AF    AFG   2000  new   sp    m014     52
#> 5 Afghanistan   AF    AFG   2001  new   sp    m014    129
#> 6 Afghanistan   AF    AFG   2002  new   sp    m014     90
#> # ... with 7.604e+04 more rows
```

列newは定数になっているので落としても構いません。冗長な列iso2とiso3も落とすことにします。

```
who3 %>%
  count(new)
#> # A tibble: 1 × 2
#>   new       n
#>   <chr> <int>
#> 1 new   76046
who4 <- who3 %>%
  select(-new, -iso2, -iso3)
```

次は、sexageを1文字目の後で分割してsexとageにします。

```
who5 <- who4 %>%
  separate(sexage, c("sex", "age"), sep = 1)
who5
#> # A tibble: 76,046 × 6
#>        country year  type  sex   age cases
#> *        <chr> <int> <chr> <chr> <chr> <int>
#> 1 Afghanistan  1997  sp    m     014      0
#> 2 Afghanistan  1998  sp    m     014     30
#> 3 Afghanistan  1999  sp    m     014      8
#> 4 Afghanistan  2000  sp    m     014     52
#> 5 Afghanistan  2001  sp    m     014    129
#> 6 Afghanistan  2002  sp    m     014     90
#> # ... with 7.604e+04 more rows
```

これでデータセットwhoは整理されました。

コードを段階ごと分割して、その中間結果を新たな変数に格納して示してきました。普通はこのようにはしません。次のように徐々に複雑なパイプを組み立てる方法をとります。

```
who %>%
  gather(code, value, new_sp_m014:newrel_f65, na.rm = TRUE) %>%
  mutate(
    code = stringr::str_replace(code, "newrel", "new_rel")
  ) %>%
```

```
separate(code, c("new", "var", "sexage")) %>%
select(-new, -iso2, -iso3) %>%
separate(sexage, c("sex", "age"), sep = 1)
```

練習問題

1. このケーススタディでは、`na.rm = TRUE`として正しい値があるかどうかを確認しやすくした。これは妥当か。このデータセットで欠損値がどう表されていたか考えよう。これらは暗黙的欠損値か。`NA`と0との違いは何か。

2. `mutate()`のステップ（`mutate(key = stringr::str_replace(key, "newrel", "new_rel"))`）を無視すると何が起こるか。

3. `iso2`と`iso3`が`country`と重複していると述べたが、これを確認しなさい。

4. 各国、年、性別について、結核の総症例を計算しなさい。データの情報がよくわかるよう可視化しなさい。

9.7　非整理データ

　次のテーマに移る前に、非整理データについて説明しておきましょう。本章の初めで、否定的な意味を込めて「滅茶苦茶」という言葉を非整理データを指すのに使いました。これは言い過ぎでしょう。非整理データにも多くの有用かつ信頼性のあるデータ構造があります。他のデータ構造を使う主な理由は次の2つです。

● 他の表現に性能上またはデータ容量に関する大幅な利点がある。
● 整理データの方式とは大きく異なるデータ格納方式がその分野においては発展してきた。

　どちらの理由でも、`tibble`（またはデータフレーム）以外のものが必要です。データが観測と変数からなる表形式の構造に自然に当てはまるのなら、整理データがデフォルトで選択されるはずだと私は思います。しかし、他の構造を使う理由もあるでしょう。整理データだけが唯一ではありません。Jeff Leekの良く考えられたブログ（http://simplystatistics.org/2016/02/17/non-tidy-data/）を読むことを強く推薦します。

10章
dplyrによる関係データ

10.1　はじめに

　データ分析が1つの表のデータだけで終わることはまずありません。普通は多数の表からなるデータがあり、取り扱う質問に対して答えるために、それらの表を組み合わせなければいけません。複数の表からなるデータでは、重要なのが個々のデータセットではなく、それらの間の関係であることから、まとめて**関係データ**と呼ばれます。

　1組の表があるときそこには常に関係が定義されます。他のあらゆる関係は、「3つ以上の表の関係は、常にそれぞれの表のペアの関係の特性になる」という単純なアイデアで構築できます。ペアをなす要素が両方とも同じ表であることもあり得ます。例えば、人々の表が1つあって、各人にその両親を参照する関係がある場合です。

　関係データで作業するには、表のペアに対して作用する動詞が必要です。関係データ用の動詞には次の3種類があります。

- **更新ジョイン**は、他のデータフレームのマッチする観測値から新たな変数をデータフレームに追加する。
- **フィルタジョイン**は、他の表の観測値にマッチするかどうかに基づいて、あるデータフレームの観測値をフィルタする。
- **集合演算**は、観測値をあたかも集合の要素であるかのように扱う。

　関係データは、ほとんどすべてのデータベースが該当する**関係データベース**管理システム（RDBMS）にあるのが普通です。データベースを使った人は、たいていSQLを使ったことでしょう。それなら、dplyrでの表現は少し異なりますが、本章で述べる概念は知っているでしょう。一般にdplyrの方がSQLより使いやすいはずです。データ分析に特化しているので、データ分析以外のことについては少し面倒でも、普通のデータ分析演算を容易にしています。

10.1.1　準備するもの

dplyrの2つの表に関する演算を用いて、nycflights13の関係データについてさまざまな検討をします。

```
library(tidyverse)
library(nycflights13)
```

10.2　nycflights13

関係データについて学ぶため、nycflights13パッケージを使います。3章で使った表flightsに関係する4つのtibbleがあります。

- airlinesでは航空会社の名前をIATAコードで探し出せる。

```
airlines
#> # A tibble: 16 × 2
#>    carrier                   name
#>    <chr>                    <chr>
#> 1    9E        Endeavor Air Inc.
#> 2    AA     American Airlines Inc.
#> 3    AS       Alaska Airlines Inc.
#> 4    B6           JetBlue Airways
#> 5    DL       Delta Air Lines Inc.
#> 6    EV ExpressJet Airlines Inc.
#> # ... with 10 more rows
```

- airportsでは、faaの空港コードで空港を探し出せる。

```
airports
#> # A tibble: 1,396 × 7
#>    faa                           name   lat   lon
#>    <chr>                        <chr> <dbl> <dbl>
#> 1   04G               Lansdowne Airport  41.1 -80.6
#> 2   06A  Moton Field Municipal Airport  32.5 -85.7
#> 3   06C             Schaumburg Regional  42.0 -88.1
#> 4   06N                 Randall Airport  41.4 -74.4
#> 5   09J           Jekyll Island Airport  31.1 -81.4
#> 6   0A9 Elizabethton Municipal Airport  36.4 -82.2
#> # ... with 1,390 more rows, and 3 more variables:
#> #   alt <int>, tz <dbl>, dst <chr>
```

- planesではtailnumで指定された飛行機の情報がわかる。

```
planes
#> # A tibble: 3,322 × 9
#>    tailnum  year                 type
```

```
#>       <chr> <int>                      <chr>
#> 1 N10156  2004 Fixed wing multi engine
#> 2 N102UW  1998 Fixed wing multi engine
#> 3 N103US  1999 Fixed wing multi engine
#> 4 N104UW  1999 Fixed wing multi engine
#> 5 N10575  2002 Fixed wing multi engine
#> 6 N105UW  1999 Fixed wing multi engine
#> # ... with 3,316 more rows, and 6 more variables:
#> #   manufacturer <chr>, model <chr>, engines <int>,
#> #   seats <int>, speed <int>, engine <chr>
```

● weatherはNYCのそれぞれの空港の天候を1時間ごとに示す。

```
weather
#> # A tibble: 26,130 × 15
#>   origin year month   day  hour  temp  dewp humid
#>    <chr> <dbl> <dbl> <int> <int> <dbl> <dbl> <dbl>
#> 1    EWR  2013     1     1     0  37.0  21.9  54.0
#> 2    EWR  2013     1     1     1  37.0  21.9  54.0
#> 3    EWR  2013     1     1     2  37.9  21.9  52.1
#> 4    EWR  2013     1     1     3  37.9  23.0  54.5
#> 5    EWR  2013     1     1     4  37.9  24.1  57.0
#> 6    EWR  2013     1     1     6  39.0  26.1  59.4
#> # ... with 2.612e+04 more rows, and 7 more variables:
#> #   wind_dir <dbl>, wind_speed <dbl>, wind_gust <dbl>,
#> #   precip <dbl>, pressure <dbl>, visib <dbl>,
#> #   time_hour <dttm>
```

表の間の関係は次のように図示できます。

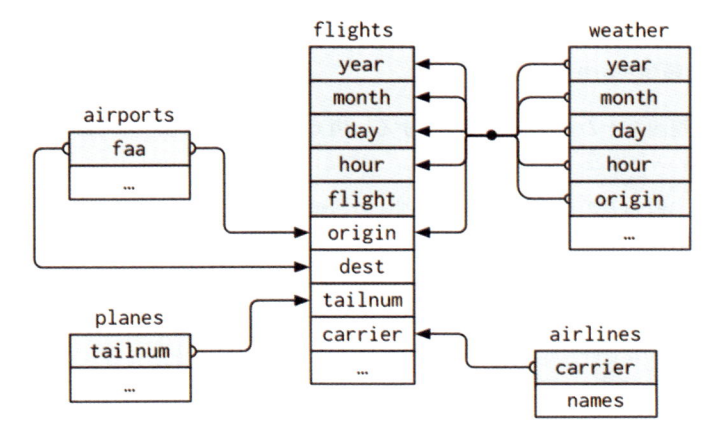

　この図は難しく見えるかもしれませんが、実際に出会うものに比べれば簡単な方です。このような図を理解する鍵は、関係はいずれも表のペアに関するものだということです。すべてを理解する必

要はありません。問題となる表の間の関係の繋がりを理解しさえすれば十分です。

nycflights13は次の性質を持ちます。

- flightsは変数tailnumでplanesと結びつく。
- flightsは変数carrierでairlinesと結びつく。
- flightsは変数originとdestという2通りでairportsと結びつく。
- flightsはorigin（場所）およびyear, month, day, hour（時刻）でweatherと結びつく。

練習問題

1. 飛行機が出発地から目的地まで飛ぶルート（の概略）を描きたいとする。どの変数が必要か。どのような表を組み合わせるか。
2. weatherとairportsの関係を書き忘れた。関係はどのようなものか。図ではどのように表すか。
3. weatherは出発空港（NYC）の天候しか含まない。もし、米国の全空港の天候記録を含むとすれば、flightsでどのような関係が追加されるか。
4. 一年の内には搭乗者数が他の日より少ない「特別な」日がある。そのデータをデータフレームでどのように表すか。その表の主キーは何か。それは、現在の表とどのように結びつくか。

10.3　キー

表のペアを結びつける変数は**キー**と呼ばれます。キーは変数（または変数集合）で、観測を一意に示します。単純なデータでは、1変数で観測を一意に示すことができます。例えば、飛行機はtailnumで一意に識別されます。複数の変数が必要な場合もあります。例えば、weatherの観測では、year, month, day, hour, originという5変数が必要です。

キーには次の2種類があります。

- **主キー**は、観測をその表で一意に識別する。例えば、planes$tailnumは表planesで各飛行機を識別するので主キー。
- **外部キー**は、他の表の観測を一意に識別する。例えば、flights$tailnumは表flightsで各フライトをその一意の飛行機にマッチさせるので外部キー。

変数が、主キーと外部キーの**両方を兼ねる**こともあります。例えば、originはweatherの主キーの一部だが表airportの外部キーでもあります。

表の主キーがわかったなら、本当に観測を一意に識別しているか検証するとよいでしょう。そのための方法の1つとして、主キーのcount()で、各エントリについてnが1より大きくないか調べます。

```
planes %>%
  count(tailnum) %>%
  filter(n > 1)
```

```
#> # A tibble: 0 × 2
#> # ... with 2 variables: tailnum <chr>, n <int>

weather %>%
  count(year, month, day, hour, origin) %>%
  filter(n > 1)
#> Source: local data frame [0 x 6]
#> Groups: year, month, day, hour [0]
#>
#> # ... with 6 variables: year <dbl>, month <dbl>, day <int>,
#> #     hour <int>, origin <chr>, n <int>
```

　表に主キーが明示されてないこともあります。その場合、各行が観測なのですが、変数をどう組み合わせても一意に識別できません。例えば、表flightsの主キーはどれでしょうか。日付にフライト番号か機体記号でよいと考えるかもしれませんが、どちらも一意には識別できません。

```
flights %>%
  count(year, month, day, flight) %>%
  filter(n > 1)
#> Source: local data frame [29,768 x 5]
#> Groups: year, month, day [365]
#>
#>    year month   day flight     n
#>   <int> <int> <int>  <int> <int>
#> 1  2013     1     1      1     2
#> 2  2013     1     1      3     2
#> 3  2013     1     1      4     2
#> 4  2013     1     1     11     3
#> 5  2013     1     1     15     2
#> 6  2013     1     1     21     2
#> # ... with 2.976e+04 more rows

flights %>%
  count(year, month, day, tailnum) %>%
  filter(n > 1)
#> Source: local data frame [64,928 x 5]
#> Groups: year, month, day [365]
#>
#>    year month   day tailnum     n
#>   <int> <int> <int>   <chr> <int>
#> 1  2013     1     1  N0EGMQ     2
#> 2  2013     1     1  N11189     2
#> 3  2013     1     1  N11536     2
#> 4  2013     1     1  N11544     3
#> 5  2013     1     1  N11551     2
#> 6  2013     1     1  N12540     2
```

```
#> # ... with 6.492e+04 more rows
```

　当初、私はフライト番号は1日に1度だけ使われるものだと素朴に考えていました。そうすると特定のフライトについての処理は非常に簡単になります。残念ながらそうなってはいません。表に主キーがなければ、`mutate()`や`row_number()`で追加することが役立つこともあります。フィルタの後で元のデータとチェックしたい場合に、観測と容易にマッチできます。これは**代替キー**と呼ばれます。

　主キーと他の表の外部キーとは**関係**を構成します。関係は普通は1対多となります。例えば、フライトはいずれも1つの飛行機ですが、1台の飛行機は多数のフライトを行います。データによっては1対1の関係があります。これは1対多の特殊な場合と考えられます。多対多の関係を多対1関係と1対多の関係とでモデル化することも考えられます。例えば、本節のデータでは、航空会社と空港とに多対多の関係があります。1つの空港を多くの航空会社が使います。

練習問題

1. `flights`に代替キーを追加しなさい。

2. 次のデータベースのキーを示しなさい。

   a. `Lahman::Batting`

   b. `babynames::babynames`

   c. `nasaweather::atmos`

   d. `fueleconomy::vehicles`

   e. `ggplot2::diamonds`

   （パッケージのインストールやドキュメントの読み込みが必要な場合もある。）

3. `Lahman`パッケージで、表`Batting`, `Master`, `Salaries`の関係を示す図を描きなさい。`Master`, `Managers`, `AwardsManagers`の関係を別の図に示しなさい。

   表`Batting`, `Pitching`, `Fielding`の間の関係はどのように特徴づけられるか。

10.4　更新ジョイン

　表の対を組み合わせるための最初のツールが**更新ジョイン**（mutating join）です。更新ジョインは、2つの表の変数を組み合わせます。キーとマッチする観測を探し出し、変数を1つの表からもう1つへとコピーします。

　`mutate()`同様、ジョイン関数は変数を右側に追加するので、変数が既に多数あると、新たな変数は出力されません。後の例では、データセットの幅を縮めて何が起こっているかわかりやすくします。

```
flights2 <- flights %>%
  select(year:day, hour, origin, dest, tailnum, carrier)
flights2
#> # A tibble: 336,776 × 8
```

```
#>    year month   day  hour origin  dest tailnum carrier
#>   <int> <int> <int> <dbl>  <chr> <chr>   <chr>   <chr>
#> 1  2013     1     1     5    EWR   IAH  N14228      UA
#> 2  2013     1     1     5    LGA   IAH  N24211      UA
#> 3  2013     1     1     5    JFK   MIA  N619AA      AA
#> 4  2013     1     1     5    JFK   BQN  N804JB      B6
#> 5  2013     1     1     6    LGA   ATL  N668DN      DL
#> 6  2013     1     1     5    EWR   ORD  N39463      UA
#> # ... with 3.368e+05 more rows
```

（RStudioなら、この問題を避けるためにView()を使うことができるのを忘れないように。）

航空会社の正式名をflights2データに追加したいとします。データフレームairlinesとflights2をleft_join()で組み合わせることができます。

```
flights2 %>%
  select(-origin, -dest) %>%
  left_join(airlines, by = "carrier")
#> # A tibble: 336,776 × 7
#>    year month   day  hour tailnum carrier
#>   <int> <int> <int> <dbl>   <chr>   <chr>
#> 1  2013     1     1     5  N14228      UA
#> 2  2013     1     1     5  N24211      UA
#> 3  2013     1     1     5  N619AA      AA
#> 4  2013     1     1     5  N804JB      B6
#> 5  2013     1     1     6  N668DN      DL
#> 6  2013     1     1     5  N39463      UA
#> # ... with 3.368e+05 more rows, and 1 more variable:
#> #   name <chr>
```

flights2に航空会社をジョインした結果は追加変数nameです。よって、私はこの種のジョインを更新ジョインと呼ぶのです。この場合、mutate()とRの基本の部分集合演算で同じ結果が得られます。

```
flights2 %>%
  select(-origin, -dest) %>%
  mutate(name = airlines$name[match(carrier, airlines$carrier)])
#> # A tibble: 336,776 × 7
#>    year month   day  hour tailnum carrier
#>   <int> <int> <int> <dbl>   <chr>   <chr>
#> 1  2013     1     1     5  N14228      UA
#> 2  2013     1     1     5  N24211      UA
#> 3  2013     1     1     5  N619AA      AA
#> 4  2013     1     1     5  N804JB      B6
#> 5  2013     1     1     6  N668DN      DL
#> 6  2013     1     1     5  N39463      UA
#> # ... with 3.368e+05 more rows, and 1 more variable:
```

```
#> #   name <chr>
```

　しかし、複数の変数でマッチをとる必要がある場合には一般化が難しく、何をしているかという計算の内容を読み取るのが大変です。

　次節以降では、更新ジョインがどのように作用するかを詳細に説明します。まず、有用なジョインの可視化表現を学びます。そして、内部ジョインと3種類の外部ジョインの4つのジョイン関数を、可視化表現で説明します。次には、実際のデータを処理する場合、キーは必ずしも観測を一意に識別できないので、どうなるかを述べます。最後に、ジョインで使うキーがどの変数かをdplyrでどう調べるかを学びます。

10.4.1　ジョインを理解する

　ジョインがどのように行われるかをわかりやすくするために、可視化表現を使います。

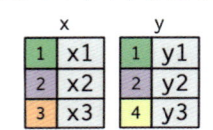

```
x <- tribble(
  ~key, ~val_x,
      1, "x1",
      2, "x2",
      3, "x3"
)
y <- tribble(
  ~key, ~val_y,
      1, "y1",
      2, "y2",
      4, "y3"
)
```

　色の付いた列は「キー」変数です。これは表の行のマッチに使います。網掛けしてない列は処理される「値」の列です。次の例では、単一キー変数と単一値変数を使うが、この説明は複数のキーと値とに一般化できます。

　ジョインは、xの各行をyの1、2、3の各行につなげます。下のダイヤグラムは、線の交差によってマッチの可能性を示しています。

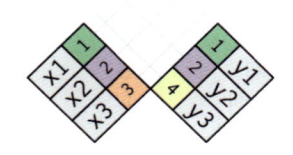

　（xのキーと値の列を入れ替えたのがわかりましたか。これは、キーに基づいたジョインのマッチを強調するためです。値は後で使われます。）

　実際のジョインでは値をドットで表します。ドット数＝マッチ数＝出力の行数です。

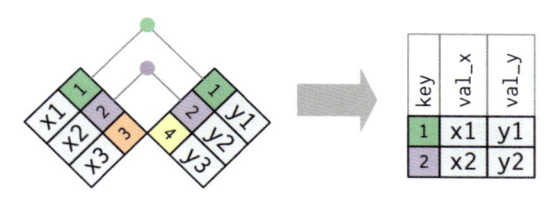

10.4.2　内部ジョイン

　最も単純なジョインは、**内部ジョイン**（inner join）です。内部ジョインでは、キーが等しいと観測ペアがマッチします。

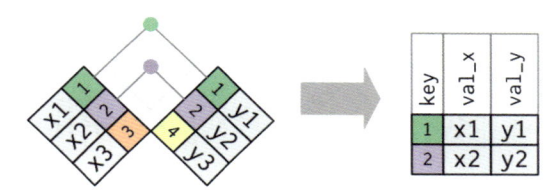

　（正確には、等価演算子でキーがマッチしているので、内部**等価**ジョインです。ジョインはほとんどが等価ジョインなので、普通は省略します。）

　内部ジョインの出力は、キー、x値、y値を含む新たなデータフレームです。どの変数がキーをdplyrに知らせるために**by**を使います。

```
x %>%
  inner_join(y, by = "key")
#> # A tibble: 2 × 3
#>     key val_x val_y
#>   <dbl> <chr> <chr>
#> 1     1    x1    y1
#> 2     2    x2    y2
```

　内部ジョインの最も重要な性質は、マッチしなかった行が結果に含まれないことです。これは、一般的に内部ジョインでは観測が失われるために、分析に用いるには不適当なことを意味します。

10.4.3　外部ジョイン

　内部ジョインは、両方の表にある観測を保持します。**外部ジョイン**は、少なくとも1つの表にある観測を保持します。外部ジョインには次の3種類があります。

- **左ジョイン**（left join）は、xの全観測を保持する。
- **右ジョイン**（right join）は、yの全観測を保持する。
- **完全ジョイン**（full join）は、xとyのすべての観測を保持する。

これらのジョインでは、各表に「仮想」観測を追加します。これらの観測には、（他のキーがマッチしなくても）常にマッチするキーがあり、値にはNAが格納されます。

図で表すと次のようになります。

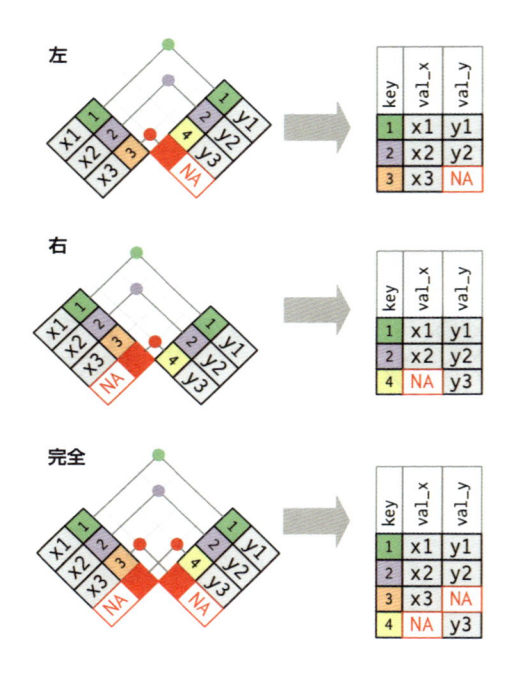

一番よく使われるのは左ジョインです。マッチがなくても元の観測が保持されるので、他の表から追加データを探す場合にはこれを使います。左ジョインがデフォルトのジョインです。他のジョインを使う強い理由がない限りこれを使います。

異なるジョインを図示する別の方法に、ベン図を用いる方式があります。

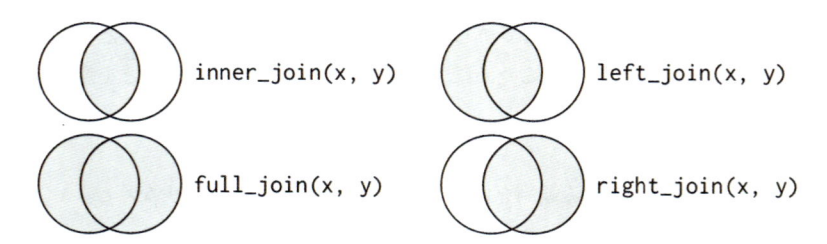

しかし、この表現は適切ではありません。どのジョインがどの表の観測を保持するか覚えるには役に立つかもしれませんが、ベン図には限界があります。キーが観測を一意に識別できないときに何が起こるかを示すことができないのです。

10.4.4 重複キー

これまでの図はすべてキーが一意だと仮定していました。しかし、これが常に成り立つとは限りません。本節では、キーが一意でないときに何が起こるかを説明します。2つの可能性があります。

- 1つの表に重複キーがある場合。追加情報を加えるときには、普通は1対多の関係となるので、これが役立つ。

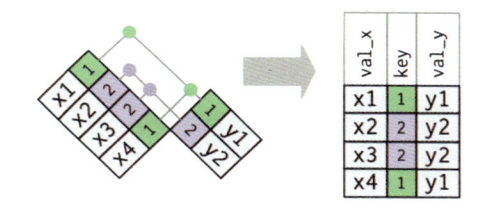

　キー列の位置を出力では少しずらしている。これは、キーがyの主キーでxの外部キーであることを反映している。

```
x <- tribble(
  ~key, ~val_x,
     1, "x1",
     2, "x2",
     2, "x3",
     1, "x4"
)
y <- tribble(
  ~key, ~val_y,
     1, "y1",
     2, "y2"
)
left_join(x, y, by = "key")
#> # A tibble: 4 × 3
#>     key val_x val_y
#>   <dbl> <chr> <chr>
#> 1     1    x1    y1
#> 2     2    x2    y2
#> 3     2    x3    y2
#> 4     1    x4    y1
```

- 両方の表に重複キーがある場合は、どちらの表でも観測を一意に識別できないので、これは普通はエラーになる。重複キーをジョインすると、直積ですべての組合せが得られる。

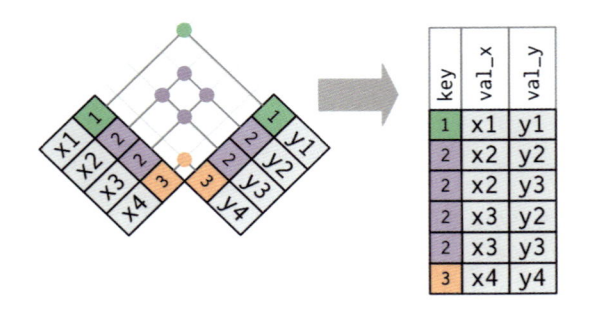

```
x <- tribble(
  ~key, ~val_x,
     1, "x1",
     2, "x2",
     2, "x3",
     3, "x4"
)
y <- tribble(
  ~key, ~val_y,
     1, "y1",
     2, "y2",
     2, "y3",
     3, "y4"
)
left_join(x, y, by = "key")
#> # A tibble: 6 × 3
#>     key val_x val_y
#>   <dbl> <chr> <chr>
#> 1     1    x1    y1
#> 2     2    x2    y2
#> 3     3    x2    y3
#> 4     4    x3    y2
#> 5     5    x3    y3
#> 6     6    x4    y4
```

10.4.5　キーの列を定義する

これまで、単一の変数を使って表の対をジョインしてきました。変数は両方の表で同じ名前でした。この制約はby = "key"と示されます。他の方法で表を結合するために、他の値を使うことができます。

- デフォルトのby = NULLは、両方の表に現れるすべての変数を使い、**自然ジョイン**（natural join）と呼ばれる。例えば、表flights2とweatherは、共通の変数year, month, day, hour, originでマッチできる。

```
flights2 %>%
  left_join(weather)
```

```
#> Joining, by = c("year", "month", "day", "hour",
#>   "origin")
#> # A tibble: 336,776 × 18
#>    year month   day  hour origin  dest tailnum
#>   <dbl> <dbl> <int> <dbl>  <chr> <chr>   <chr>
#> 1  2013     1     1     5    EWR   IAH  N14228
#> 2  2013     1     1     5    LGA   IAH  N24211
#> 3  2013     1     1     5    JFK   MIA  N619AA
#> 4  2013     1     1     5    JFK   BQN  N804JB
#> 5  2013     1     1     6    LGA   ATL  N668DN
#> 6  2013     1     1     5    EWR   ORD  N39463
#> # ... with 3.368e+05 more rows, and 11 more variables:
#> #   carrier <chr>, temp <dbl>, dewp <dbl>,
#> #   humid <dbl>, wind_dir <dbl>, wind_speed <dbl>,
#> #   wind_gust <dbl>, precip <dbl>, pressure <dbl>,
#> #   visib <dbl>, time_hour <dttm>
```

- 文字ベクトル by = "x" は、自然ジョインと似ているが、（指定された）共通変数の一部しか使わない。例えば、flights2 と planes にはどちらも year 変数があるが、それぞれ異なる意味なので、tailnum だけでジョインしたい。

```
flights2 %>%
  left_join(planes, by = "tailnum")
#> # A tibble: 336,776 × 16
#>   year.x month   day  hour origin  dest tailnum
#>    <int> <int> <int> <dbl>  <chr> <chr>   <chr>
#> 1   2013     1     1     5    EWR   IAH  N14228
#> 2   2013     1     1     5    LGA   IAH  N24211
#> 3   2013     1     1     5    JFK   MIA  N619AA
#> 4   2013     1     1     5    JFK   BQN  N804JB
#> 5   2013     1     1     6    LGA   ATL  N668DN
#> 6   2013     1     1     5    EWR   ORD  N39463
#> # ... with 3.368e+05 more rows, and 9 more variables:
#> #   carrier <chr>, year.y <int>, type <chr>,
#> #   manufacturer <chr>, model <chr>, engines <int>,
#> #   seats <int>, speed <int>, engine <chr>
```

（両方の入力データフレームにあるのに、等しいという制約を持たない）year 変数が、出力では接尾辞で区別されていることに注意。

- 名前付き文字ベクトル by = c("a" = "b") は、表 x の変数を表 y の変数とマッチさせる。表 x の変数が出力に使われる。

例えば、地図を書いてフライトデータと各空港の位置（lat と lon）を含む空港データを組み合わせるとします。各フライトには発着両方の airport があるので、どちらをジョインするか指定する必要があります。

```
flights2 %>%
  left_join(airports, c("dest" = "faa"))
#> # A tibble: 336,776 × 15
#>    year month   day  hour origin  dest tailnum carrier
#>   <int> <int> <int> <dbl>  <chr> <chr>   <chr>   <chr>
#> 1  2013     1     1     5    EWR   IAH  N14228      UA
#> 2  2013     1     1     5    LGA   IAH  N24211      UA
#> 3  2013     1     1     5    JFK   MIA  N619AA      AA
#> 4  2013     1     1     5    JFK   BQN  N804JB      B6
#> 5  2013     1     1     6    LGA   ATL  N668DN      DL
#> 6  2013     1     1     5    EWR   ORD  N39463      UA
#> # ... with 3.368e+05 more rows, and 7 more variables: name <chr>,
#> #   lat <dbl>, lon <dbl>, alt <int>, tz <dbl>, dst <chr>, tzone <chr>

flights2 %>%
  left_join(airports, c("origin" = "faa"))
#> # A tibble: 336,776 × 15
#>    year month   day  hour origin  dest tailnum carrier               name
#>   <int> <int> <int> <dbl>  <chr> <chr>   <chr>   <chr>              <chr>
#> 1  2013     1     1     5    EWR   IAH  N14228      UA Newark Liberty Intl
#> 2  2013     1     1     5    LGA   IAH  N24211      UA         La Guardia
#> 3  2013     1     1     5    JFK   MIA  N619AA      AA John F Kennedy Intl
#> 4  2013     1     1     5    JFK   BQN  N804JB      B6 John F Kennedy Intl
#> 5  2013     1     1     6    LGA   ATL  N668DN      DL         La Guardia
#> 6  2013     1     1     5    EWR   ORD  N39463      UA Newark Liberty Intl
#> # ... with 3.368e+05 more rows, and 6 more variables: lat <dbl>,
#> #   lon <dbl>, alt <int>, tz <dbl>, dst <chr>, tzone <chr>
```

練習問題

1. 目的地ごとの平均遅延を計算し、airportsデータフレームとジョインして、遅延の空間分布を示せるようにしなさい。米国の地図を描く簡単な方法は次の通り。

   ```
   airports %>%
     semi_join(flights, c("faa" = "dest")) %>%
     ggplot(aes(lon, lat)) +
       borders("state") +
       geom_point() +
       coord_quickmap()
   ```

   （次に学ぶので、semi_join()が何をするかわからなくても心配は不要。）

   点のsizeやcolorを使って各空港の平均遅延を示すこともできます。

2. 出発地と目的地の両方の位置（latとlon）をflightsに追加しなさい。

3. 機体の年齢と遅延とには関係があるか。

4. どんな天候だと遅延が起こりやすいか。

5. 2013年6月13日に何が起こったか。この特別な遅延のパターンを表示してから、Googleを使い、天候との相互参照を行いなさい。（http://www.weather.gov/cle/2013_June12-13参照）

10.4.6 他の実装

base::merge()は4種類の更新ジョインができます。

dplyr	merge
inner_join(x, y)	merge(x, y)
left_join(x, y)	merge(x, y, all.x = TRUE)
right_join(x, y)	merge(x, y, all.y = TRUE)
full_join(x, y)	merge(x, y, all.x = TRUE, all.y = TRUE)

dplyrの関数の方がより明確に意図を伝えられるという利点があります。各種のジョインの間の相違は本当に重要なのですが、merge()の引数ではそれが隠蔽されます。dplyrのジョインの方がかなり高速であり、行の順序が正しく保持されます。

dplyrの表記法はSQLに従っているので、翻訳は簡単です。

dplyr	SQL
inner_join(x, y, by = "z")	SELECT * FROM x INNER JOIN y USING (z)
left_join(x, y, by = "z")	SELECT * FROM x LEFT OUTER JOIN y USING (z)
right_join(x, y, by = "z")	SELECT * FROM x RIGHT OUTER JOIN y USING (z)
full_join(x, y, by = "z")	SELECT * FROM x FULL OUTER JOIN y USING (z)

"INNER"と"OUTER"はオプションで省略が多いことに注意します。

表の間の異なる変数でジョインをとるとき、すなわち、inner_join(x, y, by = c("a" = "b"))では、SQL構文が少し異なり、SELECT * FROM x INNER JOIN y ON x.a = y.bとなります。この構文からもわかるように、SQLでは、等価性以外の制約を用いて表を結合（**非等価ジョイン**とも呼ばれる）できるので、dplyrよりも多くの種類のジョインをサポートします。

10.5 フィルタジョイン

フィルタジョイン（filtering join）は、更新ジョインと同じように観測間のマッチをとりますが、変数ではなく観測に影響を及ぼします。次の2種類があります。

- semi_join(x, y)は、yのとマッチするxのすべての観測を**保持する**。
- anti_join(x, y)は、yのとマッチするxのすべての観測を**取り除く**。

セミジョイン（semi_join）は、フィルタ処理した要約表を元の表とマッチするのに役立ちます。例えば、人々が最もよく行く旅行先のトップ10を探すとしましょう。

```
top_dest <- flights %>%
  count(dest, sort = TRUE) %>%
  head(10)
top_dest
#> # A tibble: 10 × 2
#>    dest      n
#>    <chr> <int>
#> 1   ORD 17283
#> 2   ATL 17215
#> 3   LAX 16174
#> 4   BOS 15508
#> 5   MCO 14082
#> 6   CLT 14064
#> # ... with 4 more rows
```

次に、これらの目的地へのフライトを探します。自分で作ったフィルタを次に示します。

```
flights %>%
  filter(dest %in% top_dest$dest)
#> # A tibble: 141,145 × 19
#>    year month   day dep_time sched_dep_time dep_delay
#>   <int> <int> <int>    <int>          <int>     <dbl>
#> 1  2013     1     1      542            540         2
#> 2  2013     1     1      554            600        -6
#> 3  2013     1     1      554            558        -4
#> 4  2013     1     1      555            600        -5
#> 5  2013     1     1      557            600        -3
#> 6  2013     1     1      558            600        -2
#> # ... with 1.411e+05 more rows, and 12 more variables:
#> #   arr_time <int>, sched_arr_time <int>, arr_delay <dbl>,
#> #   carrier <chr>, flight <int>, tailnum <chr>, origin <chr>,
#> #   dest <chr>, air_time <dbl>, distance <dbl>, hour <dbl>,
#> #   minute <dbl>, time_hour <dttm>
```

しかし、この方式を複数の変数について拡張するのは簡単ではありません。例えば、平均遅延が最も大きい日を10日探すとします。year, month, dayを用いてflightsとマッチをとるフィルタ文をどのように作ったらよいでしょうか。

その代わりにセミジョインを用いれば、更新ジョイン同様に2つの表を結合して、新たな列を追加するのではなく、yにマッチするxの行だけを保持できます。

```
flights %>%
  semi_join(top_dest)
#> Joining, by = "dest"
#> # A tibble: 141,145 × 19
#>    year month   day dep_time sched_dep_time dep_delay
#>   <int> <int> <int>    <int>          <int>     <dbl>
```

```
#> 1  2013    1    1    554        558        -4
#> 2  2013    1    1    558        600        -2
#> 3  2013    1    1    608        600         8
#> 4  2013    1    1    629        630        -1
#> 5  2013    1    1    656        700        -4
#> 6  2013    1    1    709        700         9
#> # ... with 1.411e+05 more rows, and 13 more variables:
#> #   arr_time <int>, sched_arr_time <int>, arr_delay <dbl>,
#> #   carrier <chr>, flight <int>, tailnum <chr>, origin <chr>,
#> #   dest <chr>, air_time <dbl>, distance <dbl>, hour <dbl>,
#> #   minute <dbl>, time_hour <dttm>
```

図で表すと、セミジョインは次のようになります。

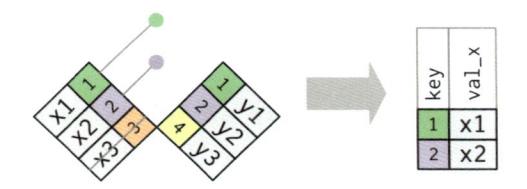

マッチの存在だけが重要であり、どの観測がマッチしたかは問題ではありません。つまり、フィルタジョインは、更新ジョインがするような行の重複を絶対にしません。

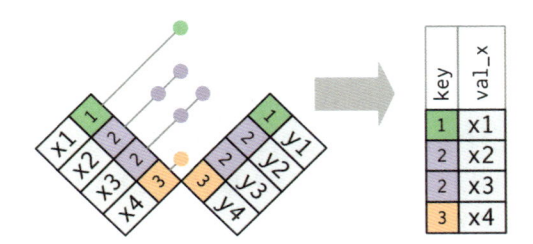

セミジョインの逆はアンチジョインです。アンチジョインは、マッチの**ない**行を保持します。

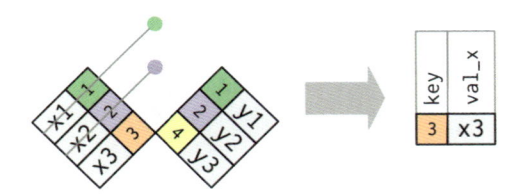

アンチジョイン（anti_join）は、ジョインのミスマッチの診断に使うことができます。例えば、flightsとplanesを連結するとき、planesとマッチがとれないflightsが多いかどうか調べたいとします。

```
flights %>%
  anti_join(planes, by = "tailnum") %>%
  count(tailnum, sort = TRUE)
#> # A tibble: 722 × 2
#>   tailnum      n
#>     <chr> <int>
#> 1    <NA>  2512
#> 2  N725MQ   575
#> 3  N722MQ   513
#> 4  N723MQ   507
#> 5  N713MQ   483
#> 6  N735MQ   396
#> # ... with 716 more rows
```

練習問題

1. tailnumが欠損しているフライトは何を意味するか。planesにマッチするレコードがない機体記号に共通するものは何か（ヒント：ある変数が問題の約90%を説明する）。

2. 少なくとも100回運航した飛行機のフライトだけを示すようflightsをフィルタしなさい。

3. fueleconomy::vehiclesとfueleconomy::commonを結合して、最もポピュラーなモデルのレコードだけを探し出しなさい。

4. 最悪の遅延が起こった（年間で）48時間を探し出しなさい。それをweatherデータと相互参照しなさい。何かパターンがあるか。

5. anti_join(flights, airports, by = c("dest" = "faa"))から何がわかるか。
   anti_join(airports, flights, by = c("faa" = "dest"))からは何がわかるか。

6. 飛行機は1つの航空会社が運航するので、飛行機と航空会社には暗黙の関係があると予期するものです。これまでに学習したツールを使って、この仮説を確認または棄却しなさい。

10.6　ジョインの問題

　本章で扱ったデータはクリーニング済みなので問題はほとんどありませんでした。実際に使うデータではそううまくはなっていないので、ジョインがきちんと行くようにデータを処理する必要があります。

1. 各表の主キーとなる変数をまず確認する。通常これはデータについての理解に基づくもので、一意な識別子を与える変数の組み合わせをデータから探し出して済ますものではない。意味をよく考えずに変数だけを調べていると、現在のデータでたまたま一意となる組合せが見つかるが、一般的には成り立たないという、運が良いのか悪いのか何とも言えない羽目になる。
   例えば、高度と経度で空港を一意に識別できるが、これは良い識別子ではない。

```
airports %>% count(alt, lon) %>% filter(n > 1)
#> Source: local data frame [0 x 3]
#> Groups: alt [0]
#>
#> # ... with 3 variables: alt <int>, lon <dbl>, n <int>
```

2. 主キーの変数に欠損値がないことを確認する。欠損値があると観測を識別できない。

3. 外部キーが他の表の主キーとマッチすることを確かめる。最良の方式はanti_join()によるものです。データ入力のエラーでマッチしないことがよくある。この訂正にはたいてい手間がかかる。

   欠損キーがあると、内部ジョインと外部ジョインについてよく考えて、マッチのない行を取り除きたいかどうか注意深く検討する。

ジョインの前後で行数を数えるだけではジョインがうまくいったかどうかの確認とはなりません。両方の表に重複キーのある内部ジョインでは、取り除かれた行数が重複行数と等しいという運の悪いことが起こり得ます。

10.7 集合演算

2つの表の操作の最後は集合演算です。一般に、私はなるべく使わないようにしていますが、1つの複雑なフィルタを単純なものに分解したいときに役立つことがあります。集合演算はすべて、完全な行に対して全変数の値を比較します。xとyが同じ変数について入力されていると仮定して、観測を集合として扱います。

intersect(x, y)

　　xとyに共通な観測だけを返す。

union(x, y)

　　xとyにある観測を一意にして返す。

setdiff(x, y)

　　xにはあるが、yにはない観測を返す。

次の簡単なデータを考えます。

```
df1 <- tribble(
  ~x, ~y,
  1, 1,
  2, 1
)
```

```
df2 <- tribble(
  ~x, ~y,
  1, 1,
  1, 2
)
```

4つの集合演算を示します。

```
intersect(df1, df2)
#> # A tibble: 1 × 2
#>       x     y
#>   <dbl> <dbl>
#> 1     1     1


# 4行ではなく、3行であることに注意。
union(df1, df2)
#> # A tibble: 3 × 2
#>       x     y
#>   <dbl> <dbl>
#> 1     1     2
#> 2     2     1
#> 3     1     1


setdiff(df1, df2)
#> # A tibble: 1 × 2
#>       x     y
#>   <dbl> <dbl>
#> 1     2     1


setdiff(df2, df1)
#> # A tibble: 1 × 2
#>       x     y
#>   <dbl> <dbl>
#> 1     1     2
```

11章
stringrによる文字列

11.1　はじめに

　本章では、Rによる文字列処理を扱います。文字列処理の基本と文字列作成も学びますが、本章の目的は正規表現、regexpです。文字列は、非構造型、あるいは半構造型データであることが普通なので、文字列のパターンを簡潔に記述できる正規表現が役に立ちます。正規表現に初めて接したときには、キーボードの上を猫が歩いた後のようなわけのわからない文字列に見えるかもしれませんが、理解すればその意味がすぐにわかります。

11.1.1　準備するもの

　本章では文字列処理のstringrパッケージに焦点を絞ります。stringrは、テキストデータが常に使われるとは限らないため、tidyverseの中核に入っていません。従ってロードしないといけません[*1]。

```
library(tidyverse)
library(stringr)
```

11.2　文字列の基本

　文字列は一重引用符または二重引用符で作れます。他のプログラミング言語の場合と異なり、Rではどちらでも違いはありません。「"」を複数含む文字列を作るのでなければ、常に「"」を使うことを推奨します。

```
string1 <- "This is a string"
string2 <- 'To put a "quote" inside a string, use single quotes'
```

[*1]　訳注：stringrパッケージの一部の関数は、htmltoolsまたはhtmlwidgetsパッケージを呼び出している場合があります。その場合にはエラーが表示されますので、該当パッケージをインストールし、読み込んでから実行してください。

閉じの引用符を忘れるとRStudioでは+という継続文字がプロンプトされます。

```
> "This is a string without a closing quote
+
+
+ HELP I'M STUCK
```

このような場合にはEscを押してやり直します。

文字列に引用符を1文字含めるには、\を使って「エスケープ」します。

```
double_quote <- "\"" # または'"'
single_quote <- '\'' # または"'"
```

つまり、バックスラッシュを含めたければ2個、\\と書きます。

文字列の出力は、エスケープが書かれていることからもわかるように、文字列そのものとは違うことに注意。文字列の中身そのものを調べるにはwriteLines()を使います。

```
x <- c("\"", "\\")
x
#> [1] "\"" "\\"
writeLines(x)
#> "
#> \
```

特殊文字は他にもいくつかあります。よく使われるのが、改行の"\n"とタブの"\t"です。?'"' または?"'"と入力してヘルプですべての特殊文字の一覧を表示できます。"\u00b5"のような文字列も見かけるでしょうが、これは非英語文字をあらゆるプラットフォームで書くための方式です。

```
x <- "\u00b5"
x
#> [1] "µ"
```

複数の文字列は、c()で作る文字列ベクトルに格納することが多いでしょう。

```
c("one", "two", "three")
#> [1] "one" "two" "three"
```

11.2.1　文字列の長さ

基本Rにも文字列処理の関数が多数ありますが、名前に一貫性がなく覚えにくいので本書では使いません。その代わりにstringrの関数を使います。名前は直感的ですべてstr_で始まります。例えば、str_length()は文字列の長さを指定します。

```
str_length(c("a", "R for data science", NA))
#> [1]  1 18 NA
```

RStudioでは、`str_`と打ち込むと自動補完が働き、下図のように`stringr`パッケージの全関数が表示されるので、この`str_`という`stringr`共通の接頭辞は重宝します。

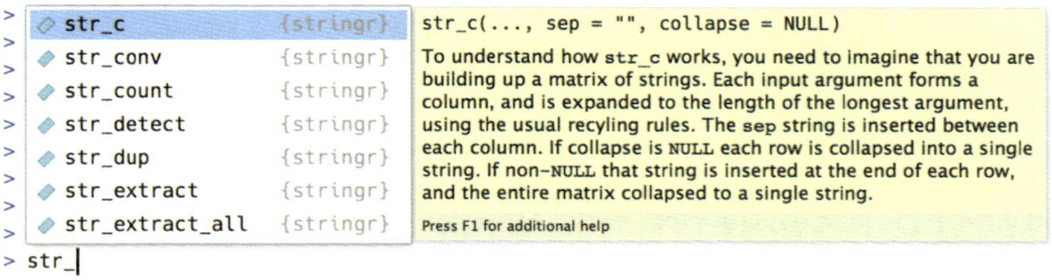

11.2.2 文字列の連結

複数の文字列を連結するには、`str_c()`を使います。

```
str_c("x", "y")
#> [1] "xy"
str_c("x", "y", "z")
#> [1] "xyz"
```

`sep`引数を使って区切り文字を制御します。

```
str_c("x", "y", sep = ", ")
#> [1] "x, y"
```

Rの他の関数と同様、欠損値はそのままです。`"NA"`と出力するには`str_replace_na()`を使います。

```
x <- c("abc", NA)
str_c("|-", x, "-|")
#> [1] "|-abc-|" NA
str_c("|-", str_replace_na(x), "-|")
#> [1] "|-abc-|" "|-NA-|"
```

このコードでわかるように、`str_c()`はベクトル化関数で、要素の少ないベクトルを最長ベクトルの要素数に自動的にリサイクルして合わせます。

```
str_c("prefix-", c("a", "b", "c"), "-suffix")
#> [1] "prefix-a-suffix" "prefix-b-suffix" "prefix-c-suffix"
```

長さ0のオブジェクトは何も言わずに取り除きます。これは`if`と一緒に使うと便利です。

```
name <- "Hadley"
time_of_day <- "morning"
birthday <- FALSE
```

```
str_c(
  "Good ", time_of_day, " ", name,
  if (birthday) " and HAPPY BIRTHDAY",
  "."
)
#> [1] "Good morning Hadley."
```

文字列のベクトルをまとめて1つの文字列にするには、collapseを使います。

```
str_c(c("x", "y", "z"), collapse = ", ")
#> [1] "x, y, z"
```

11.2.3　文字列の一部抽出

str_sub()を使って文字列の一部を抽出できます。引数startとendで部分文字列の位置（その位置の文字を含む）を指定します。

```
x <- c("Apple", "Banana", "Pear")
str_sub(x, 1, 3)
#> [1] "App" "Ban" "Pea"

# 負数は末尾からの位置
str_sub(x, -3, -1)
#> [1] "ple" "ana" "ear"
```

文字列が短すぎてもstr_sub()が失敗を返さないことに注意。できる限りの部分文字列を返します。

```
str_sub("a", 1, 5)
#> [1] "a"
```

str_sub()の代入形式を使って文字列を変更することもできます。

```
str_sub(x, 1, 1) <- str_to_lower(str_sub(x, 1, 1))
x
#> [1] "apple" "banana" "pear"
```

11.2.4　ロケール

先ほどはstr_to_lower()を使ってテキストを小文字に変更しました。str_to_upper()やstr_to_title()も使うことができます。しかし、大文字小文字変換は、言語が異なると規則も異なるので、見かけよりも複雑です。ロケールを指定することによって、使う規則を決められます。

```
# トルコ語には点の付くのと付かないのと2つのiがあり、
# それぞれ大文字にする規則が異なる。
```

```
str_to_upper(c("i", "ı"))
#> [1] "I" "I"
str_to_upper(c("i", "ı"), locale = "tr")
#> [1] "İ" "I"
```

　ロケールは、2文字または3文字のISO 639言語コードによって指定します。使用言語のコードを知らないなら、ウィキペディアの「ISO_639-1コード一覧」を見てください。ロケールを指定しないと、OSが示す現在のロケールを使います。

　ロケールによって影響される別の重要な演算は整列（文字の並び順）です。基本Rの関数order()とsort()は、現在のロケールを用いて文字列を整列します。コンピュータが異なっても頑健な処理をするためには、引数localeが追加されているstr_sort()やstr_order()を使う方がよいでしょう。

```
x <- c("apple", "eggplant", "banana")

str_sort(x, locale = "en") # 英語
#> [1] "apple" "banana" "eggplant"

str_sort(x, locale = "haw") # ハワイ語
#> [1] "apple" "eggplant" "banana"
```

練 習 問 題

1. stringrを使わないコードでは、paste()とpaste0()をよく使う。この2つの関数は何が違うか。等価なstringrの関数は何か。NAの処理ではどこが違うか。
2. str_c()の引数sepとcollapseとの違いを自分の言葉で述べなさい。
3. str_length()とstr_sub()を用いて、文字列の中央の文字を抜き出しなさい。文字列の文字が偶数個の場合には、どうするか。
4. str_wrap()は何をするか。何に使うか。
5. str_trim()は何をするか。str_trim()の逆操作は何か。
6. 例えば、ベクトルc("a", "b", "c")を文字列a, b, cにする関数を書きなさい。ベクトルの長さが0、1、2のときにどうすべきか、よく考えなさい。

11.3　正規表現でパターンマッチ

　正規表現は、文字列のパターンを記述する非常に簡潔な言語です。覚えるのに時間がかかりますが、理解したなら非常に役立つことがわかります。

　正規表現を学ぶために、str_view()とstr_view_all()を使います。これらの関数は、文字ベクトルと正規表現をとり、マッチがどうなるかを示します。非常に単純な正規表現から始めて、徐々に

複雑にしていきます。パターンマッチを習得したら、これらのアイデアをさまざまなstringrの関数
にどう使うかを学びます。

11.3.1　基本マッチ

最も単純なパターンマッチは厳密なマッチです。

```
x <- c("apple", "banana", "pear")
str_view(x, "an")
```

> apple
> banana
> pear

次のステップは、（改行以外の）どんな文字ともマッチする「.」です。

```
str_view(x, ".a.")
```

> apple
> banana
> pear

さて、「.」がどんな文字ともマッチするなら、文字「.」とのマッチはどうすればよいでしょうか。
特殊な振る舞いを行うのではなく、エスケープ文字を使って、正規表現に対して厳格な一致を行う
よう伝える必要があります。文字列同様、正規表現でもバックスラッシュ「\」を使って特別な振る舞
いからエスケープします。「.」とマッチするには「\.」とします。困ったことにこれでも問題が生じま
す。正規表現には文字列を使いますが、文字列でのエスケープには\\が使われます。従って、正規
表現の\.を作るには、文字列「\\.」が必要です。

```
# 正規表現を作るには\\が必要
dot <- "\\."

# しかし、正規表現自体には1つしか含まれない:
writeLines(dot)
#> \.

# 明示的な.を探すようRに伝える
str_view(c("abc", "a.c", "bef"), "a\\.c")
```

> abc
> a.c
> bef

正規表現で\がエスケープ文字に使われているなら、文字通りの\とマッチするにはどうすれば良

いか。エスケープして、正規表現 \\ を作るのです。この正規表現を作るには、文字列を使う必要があるので、そこでまたエスケープ \ が必要となります。すなわち、\ と文字通りマッチするには「\\\\」とバックスラッシュを4つ書きます。

```
x <- "a\\b"
writeLines(x)
#> a\b

str_view(x, "\\\\")
```

a\b

本書では正規表現を \. と書き、正規表現を表す文字列を "\\." または「\\.」と書きます。

練習問題

1. なぜ "\" が、"\", "\\", "\\\" が \ とマッチしないか説明しなさい。
2. 文字列「"'\」とはどうマッチするか。
3. 正規表現 \..\..\.. はどのようなパターンとマッチするか。文字列ではどう表すか。

11.3.2 アンカー

デフォルトでは、正規表現は文字列のどの部分ともマッチします。文字列の先頭または末尾に固定（アンカーをつけた状態）してマッチするのが役立つこともあります。

- ^ は文字列の先頭とマッチする
- $ は文字列の末尾とマッチする

```
x <- c("apple", "banana", "pear")
str_view(x, "^a")
```

apple
banana
pear

```
str_view(x, "a$")
```

apple
banana
pear

どちらがどちらか覚えるには、Evan Misshula（http://bit.ly/EvanMisshula）から学んだ次の句を使ってみるとよいでしょう。「パワー（^）から始めれば、ダラー（$）で終わる。」

　文字列全体とだけマッチするには、^と$の両方でアンカーします。

```
x <- c("apple pie", "apple", "apple cake")
str_view(x, "apple")
```

apple pie

apple

apple cake

```
str_view(x, "^apple$")
```

apple pie

apple

apple cake

　単語境界のマッチに\bを使うことができます。私はRではあまり使いませんが、RStudioで、他の関数の部品になっている関数名を探すときに使います。例えば、\bsum\bを使って、summarize, summary, rowsumなどとのマッチを避けます。

┌──────────┐ │練 習 問 題│ └──────────┘

1. 文字列"$^$"とのマッチはどう行うか。
2. 頻出単語のコーパスがstringr::wordsにある。次のような単語をすべて探し出す正規表現を作りなさい。
   a. "y"で始まる。
   b. "x"で終わる。
   c. 正確に3文字（str_length()を使ってズルをしないこと）。
   d. 7文字以上。
      このリストは長いので、str_view()でmatch引数を使いマッチした、あるいは、マッチしなかった単語だけを表示するとよい。

11.3.3　文字のクラスと候補

　複数の文字にマッチする特別なパターンがいくつもあります。改行以外のどの文字ともマッチする「.」は既に学びました。他に次の4種類があります。

- \dはどの数字ともマッチする
- \sはどの空白文字（例、空白、タブ、改行）ともマッチする。
- [abc]は、a, b, cのどれかとマッチする。
- [^abc]は、a, b, c以外ならどの文字ともマッチする。

\dや\sを含む正規表現を作るには、文字列で\をエスケープする必要があることを忘れないようにします。

複数の候補パターンから選ぶには**候補指定**（|）を使います。例えば、abc|d..fは"abc"または"deaf"のいずれかとマッチします。|の演算順位は低いので、abc|xyzはabcまたはxyzとマッチしますがabcyzやabxyzとはマッチしません。数式の場合同様、混乱を避けるには括弧を使って意図を明確にします。

```
str_view(c("grey", "gray"), "gr(e|a)y")
```

> grey
> gray

練習問題

1. 次の語を探す正規表現を作りなさい。
   a. 母音で始まる。
   b. 子音からなる（ヒント：母音以外とマッチする）。
   c. edで終わるが、eedでは終わらない。
   d. ingまたはizeで終わる。
2. 「cの後以外はeの前にi」という規則を実際に検証しなさい。
3. 「q」の後には常に「u」が続くか。
4. アメリカ英語ではなくイギリス英語で書かれている英単語にマッチする正規表現を書きなさい。
5. 自分の国で普通の書き方の電話番号の正規表現を作りなさい。

11.3.4 繰り返し

次のステップでは、パターンマッチを何回繰り返すかを制御します。

正規表現	意味
?	0か1
+	1以上
*	0以上

```
x <- "1888 is the longest year in Roman numerals: MDCCCLXXXVIII"
str_view(x, "CC?")
```

> 1888 is the longest year in Roman numerals: MDCCCLXXXVIII

```
str_view(x, "CC+")
```

> 1888 is the longest year in Roman numerals: MDCCCLXXXVIII

```
str_view(x, 'C[LX]+')
```

> 1888 is the longest year in Roman numerals: MDCC**CLXXX**VIII

これらの演算の優先順位は高いので、colou?rと書いてアメリカ英語の綴りでもイギリス英語の綴りでもマッチをとれます。そのため、ほとんどの場合は、bana(na)+のように括弧が必要です。

マッチの回数を指定することもできます。

- {n}：きっちり n 回
- {n,}：n 回以上
- {,m}：高々 m 回
- {n,m}：n から m 回

```
str_view(x, "C{2}")
```

> 1888 is the longest year in Roman numerals: MD**CC**CLXXXVIII

```
str_view(x, "C{2,}")
```

> 1888 is the longest year in Roman numerals: MD**CCC**LXXXVIII

```
str_view(x, "C{2,3}")
```

> 1888 is the longest year in Roman numerals: MD**CCC**LXXXVIII

デフォルトでは、マッチは「貪欲」、すなわち、最長文字列とマッチ（最長一致）します。「?」を後ろにつけて、最短文字列とマッチさせることもできます。これは正規表現の高度な機能ですが、知っておくと役に立ちます。

```
str_view(x, 'C{2,3}?')
```

> 1888 is the longest year in Roman numerals: MD**CC**CLXXXVIII

```
str_view(x, 'C[LX]+?')
```

> 1888 is the longest year in Roman numerals: MDCC**CL**XXXVIII

練習問題

1. ?, +, *と等価な{m,n}形式を示しなさい。
2. 次に示す正規表現とマッチするものを言葉で述べなさい（正規表現そのものか、正規表現を表す文字列かどちらを使っているか注意して読むこと）。

   a. `^.*$`

   b. `"\\\{.+\\\}"`

   c. `\d{4}-\d{2}-\d{2}`

   d. `"\\\\\{4}"`

3. 次のような語を探し出す正規表現を作りなさい。

   a. 3個の子音で始まる。

   b. 3個以上の母音が続く。

   c. 2個以上の母音子音対が続く。

4. https://regexcrossword.com/challenges/beginner にある初級の正規表現クロスワードパズルを解きなさい。

11.3.5　グループ化と後方参照

既に、括弧を使って複雑な正規表現の曖昧さを解消する方式を学びました。括弧は、\1, \2 のような**後方参照**を可能にする「グループ」定義にも使います。例えば、次の正規表現では、文字のペアが繰り返されている果物の名前を探し出せます。

```
str_view(fruit, "(..)\\1", match = TRUE)
```

> banana
> coconut
> cucumber
> jujube
> papaya
> salal berry

（後で、`str_match()` と組み合わせるとどんなに役立つかがわかります。）

練習問題

1. 次の正規表現が何とマッチするか言葉で述べなさい。

   a. `(.)\1\1`

   b. `"(.)(.)\\2\\1"`

   c. `(..)\1`

   d. `"(.).\\1.\\1"`

   e. `"(.)(.)(.).*\\3\\2\\1"`

2. 次のような語にマッチする正規表現を作りなさい。

   a. 先頭と末尾が同じ文字。

　　b.　文字対の繰り返しがある（例：「church」では「ch」を2回繰り返す）。

　　c.　1つの文字が少なくとも3回繰り返される（例：「eleven」には3つの「e」がある）。

11.4　ツール

　正規表現の基本を学んだので、実際の問題にどう適用するかを次に学びます。本節では次のような stringr の幅広い関数について学びます。

- どの文字列がパターンにマッチングするか決定する。
- マッチングする位置を探し出す。
- マッチングした内容を抽出する。
- マッチングしたところを新しい値で置換する。
- マッチングを使って文字列を分割する。

続ける前に一言注意しておきます。正規表現が極めて強力なために、あらゆる問題を1つの正規表現で解こうとしてしまいかねません。Jamie Zawinski の言葉を引用します[*1]。

　1つの問題に直面したとき「そうだ。正規表現で解ける。」と考える人は、2つの問題をかかえることになる。

注意喚起のため、メールアドレスが妥当なものかどうかチェックする次の正規表現を見てください。

```
(?:(?:\r\n)?[ \t])*(?:(?:(?:[^()<>@,;:\\".\[\] \000-\031]+(?:(?:(?:\r\n)?[ \t])+|\Z|(?=[\["()<>@,;:\\".\
[\]]))|"(?:[^\"\r\\]|\\.|(?:(?:\r\n)?[ \t]))*"(?:(?:\r\n)?[ \t])*)*(?:\.(?:(?:\r\n)?[ \t])*(?:[^()<>@,;:\
\".\[\] \000-\031]+(?:(?:(?:\r\n)?[ \t])+|\Z|(?=[\["()<>@,;:\\".\[\]]))|"(?:[^\"\r\\]|\\.|(?:(?:\r\n)?[
 \t]))*"(?:(?:\r\n)?[ \t])*))*@(?:(?:\r\n)?[ \t])*(?:[^()<>@,;:\\".\[\] \000-\031]+(?:(?:(?:\r\n)?[ \t])
+|\Z|(?=[\["()<>@,;:\\".\[\]]))|\[([^\[\]\r\\]|\\.)*\](?:(?:\r\n)?[ \t])*)(?:\.(?:(?:\r\n)?[ \t])*(?:
[^()<>@,;:\\".\[\] \000-\031]+(?:(?:(?:\r\n)?[ \t])+|\Z|(?=[\["()<>@,;:\\".\[\]]))|\[([^\[\]\r\\]|\\.)*\]
(?:(?:\r\n)?[ \t])*))*|(?:[^()<>@,;:\\".\[\] \000-\031]+(?:(?:(?:\r\n)?[ \t])+|\Z|(?=[\["()<>@,;:\\".\
[\]]))|"(?:[^\"\r\\]|\\.|(?:(?:\r\n)?[ \t]))*"(?:(?:\r\n)?[ \t])*)*<(?:(?:\r\n)?[ \t])*(?:@(?:[^()<>@,;:\
\".\[\] \000-\031]+(?:(?:(?:\r\n)?[ \t])+|\Z|(?=[\["()<>@,;:\\".\[\]]))|\[([^\[\]\r\\]|\\.)*\])(?:(?:
\r\n)?[ \t])*)(?:\.(?:(?:\r\n)?[ \t])*(?:[^()<>@,;:\\".\[\] \000-\031]+(?:(?:(?:\r\n)?[ \t])+|\Z|(?=[\
["()<>@,;:\\".\[\]]))|\[([^\[\]\r\\]|\\.)*\])(?:(?:\r\n)?[ \t])*))*(?:,@(?:(?:\r\n)?[ \t])*(?:[^()<>@,;:\
\".\[\] \000-\031]+(?:(?:(?:\r\n)?[ \t])+|\Z|(?=[\["()<>@,;:\\".\[\]]))|\[([^\[\]\r\\]|\\.)*\])(?:(?:\r
\n)?[ \t])*)(?:\.(?:(?:\r\n)?[ \t])*(?:[^()<>@,;:\\".\[\] \000-\031]+(?:(?:(?:\r\n)?[ \t])+|\Z|(?=[\
["()<>@,;:\\".\[\]]))|\[([^\[\]\r\\]|\\.)*\])(?:(?:\r\n)?[ \t])*))*)*:(?:(?:\r\n)?[ \t])*)?(?:[^()<>@,;:\
\".\[\] \000-\031]+(?:(?:(?:\r\n)?[ \t])+|\Z|(?=[\["()<>@,;:\\".\[\]]))|"(?:[^\"\r\\]|\\.|(?:(?:\r\n)?
[ \t]))*"(?:(?:\r\n)?[ \t])*)(?:\.(?:(?:\r\n)?[ \t])*(?:[^()<>@,;:\\".\[\] \000-\031]+(?:(?:(?:\r\n)?[
 \t])+|\Z|(?=[\["()<>@,;:\\".\[\]]))|"(?:[^\"\r\\]|\\.|(?:(?:\r\n)?[ \t]))*"(?:(?:\r\n)?[ \t])*))*@(?:
(?:\r\n)?[ \t])*(?:[^()<>@,;:\\".\[\] \000-\031]+(?:(?:(?:\r\n)?[ \t])+|\Z|(?=[\["()<>@,;:\\".\[\]]))|
\[([^\[\]\r\\]|\\.)*\](?:(?:\r\n)?[ \t])*)(?:\.(?:(?:\r\n)?[ \t])*(?:[^()<>@,;:\\".\[\] \000-\031]+(?:(?:
(?:\r\n)?[ \t])+|\Z|(?=[\["()<>@,;:\\".\[\]]))|\[([^\[\]\r\\]|\\.)*\](?:(?:\r\n)?[ \t])*))*)*|(?:[^()<>@,;:
\\".\[\] \000-\031]+(?:(?:(?:\r\n)?[ \t])+|\Z|(?=[\["()<>@,;:\\".\[\]]))|"(?:[^\"\r\\]|\\.|(?:(?:\r\n)?
[ \t]))*"(?:(?:\r\n)?[ \t])*)*<(?:(?:\r\n)?[ \t])*(?:@(?:[^()<>@,;:\\".\[\] \000-\031]+(?:(?:(?:\r\n)?
[ \t])+|\Z|(?=[\["()<>@,;:\\".\[\]]))|\[([^\[\]\r\\]|\\.)*\])(?:(?:\r\n)?[ \t])*)(?:\.(?:(?:\r\n)?[ \t])
*(?:[^()<>@,;:\\".\[\] \000-\031]+(?:(?:(?:\r\n)?[ \t])+|\Z|(?=[\["()<>@,;:\\".\[\]]))|\[([^\[\]\r\\]|\\.)*
\])(?:(?:\r\n)?[ \t])*))*(?:,@(?:(?:\r\n)?[ \t])*(?:[^()<>@,;:\\".\[\] \000-\031]+(?:(?:(?:\r\n)?[ \t])+
|\Z|(?=[\["()<>@,;:\\".\[\]]))|\[([^\[\]\r\\]|\\.)*\])(?:(?:\r\n)?[ \t])*)(?:\.(?:(?:\r\n)?[ \t])*(?:
[^()<>@,;:\\".\[\] \000-\031]+(?:(?:(?:\r\n)?[ \t])+|\Z|(?=[\["()<>@,;:\\".\[\]]))|\[([^\[\]\r\\]|\\.)*
\])(?:(?:\r\n)?[ \t])*))*)*:(?:(?:\r\n)?[ \t])*)?(?:[^()<>@,;:\\".\[\] \000-\031]+(?:(?:(?:\r\n)?[ \t])+
|\Z|(?=[\["()<>@,;:\\".\[\]]))|"(?:[^\"\r\\]|\\.|(?:(?:\r\n)?[ \t]))*"(?:(?:\r\n)?[ \t])*)(?:\.(?:(?:\r\n)?
[ \t])*(?:[^()<>@,;:\\".\[\] \000-\031]+(?:(?:(?:\r\n)?[ \t])+|\Z|(?=[\["()<>@,;:\\".\[\]]))|"(?:[^\"\r\
\]|\\.)*\](?:(?:\r\n)?[ \t])*)*(?:,@(?:(?:\r\n)?[ \t])*(?:[^()<>@,;:\\".\[\] \000-\031]+(?:(?:(?:\r\n)?
```

```
[ \t])+|\Z|(?=[\["()<>@,;:\\".\[\]]))|\[([^\[\]\r\\]|\\.)*\](?:(?:\r\n)?[ \t])*)(?:\.(?:(?:\r\n)?
[ \t])*(?:[^()<>@,;:\\".\[\] \000-\031]+(?:(?:(?:\r\n)?[ \t])+|\Z|(?=[\["()<>@,;:\\".\[\]]))|\[([^\[\]\r\
\]|\\.)*\](?:(?:\r\n)?[ \t])*))*:(?:(?:\r\n)?[ \t])*)?(?:[^()<>@,;:\\".\[\] \000-\031]+(?:(?:(?:\r\n)?
[ \t])+|\Z|(?=[\["()<>@,;:\\".\[\]]))|"(?:[^\"\r\\]|\\.|(?:(?:\r\n)?[ \t]))*"(?:(?:\r\n)?[ \t])*)(?:\.(?:
(?:\r\n)?[ \t])*(?:[^()<>@,;:\\".\[\] \000-\031]+(?:(?:(?:\r\n)?[ \t])+|\Z|(?=[\["()<>@,;:\\".\
[\]]))|\[([^\[\]\r\\]|\\.)*\](?:(?:\r\n)?[ \t])*))*@(?:(?:\r\n)?[ \t])*(?:[^()<>@,;:\\".\
[\] \000-\031]+(?:(?:(?:\r\n)?[ \t])+|\Z|(?=[\["()<>@,;:\\".\[\]]))|\[([^\[\]\r\\]|\\.)*\](?:(?:\r\n)?
[ \t])*)(?:\.(?:(?:\r\n)?[ \t])*(?:[^()<>@,;:\\".\[\] \000-\031]+(?:(?:(?:\r\n)?[ \t])+|\Z|(?=[\
["()<>@,;:\\".\[\]]))|\[([^\[\]\r\\]|\\.)*\](?:(?:\r\n)?[ \t])*))*\s*(?:(?:
[^()<>@,;:\\".\[\] \000-\031]+(?:(?:(?:\r\n)?[ \t])+|\Z|(?=[\["()<>@,;:\\".\[\]]))|"(?:[^\"\r\\]|\\.|(?:
(?:\r\n)?[ \t]))*"(?:(?:\r\n)?[ \t])*)(?:\.(?:(?:\r\n)?[ \t])*(?:[^()<>@,;:\\".\[\] \000-\031]+(?:(?:(?:
\r\n)?[ \t])+|\Z|(?=[\["()<>@,;:\\".\[\]]))|\[([^\[\]\r\\]|\\.)*\](?:(?:\r\n)?
[ \t])*))*@(?:(?:\r\n)?[ \t])*(?:[^()<>@,;:\\".\[\] \000-\031]+(?:(?:(?:\r\n)?[ \t])+|\Z|(?=[\["()<>@,;:\
\".\[\]]))|\[([^\[\]\r\\]|\\.)*\](?:(?:\r\n)?[ \t])*))*\.(?:(?:\r\n)?[ \t])*(?:[^()<>@,;:\\".\[\] \000-
\031]+(?:(?:(?:\r\n)?[ \t])+|\Z|(?=[\["()<>@,;:\\".\[\]]))|\[([^\[\]\r\\]|\\.)*\](?:(?:\r\n)?[ \t])*))*)*|
(?:[^()<>@,;:\\".\[\] \000-\031]+(?:(?:(?:\r\n)?[ \t])+|\Z|(?=[\["()<>@,;:\\".\[\]]))|"(?:[^\"\r\\]|\\.|
(?:(?:\r\n)?[ \t]))*"(?:(?:\r\n)?[ \t])*)*<(?:(?:\r\n)?[ \t])*@(?:[^()<>@,;:\\".\[\] \000-\031]+(?:
(?:(?:\r\n)?[ \t])+|\Z|(?=[\["()<>@,;:\\".\[\]]))|\[([^\[\]\r\\]|\\.)*\](?:(?:\r\n)?[ \t])*)(?:\.(?:(?:\
r\n)?[ \t])*(?:[^()<>@,;:\\".\[\] \000-\031]+(?:(?:(?:\r\n)?[ \t])+|\Z|(?=[\["()<>@,;:\\".\[\]]))|\[([^\
[\]\r\\]|\\.)*\](?:(?:\r\n)?[ \t])*))*(?:,@(?:(?:\r\n)?[ \t])*(?:[^()<>@,;:\\".\[\] \000-\031]+(?:(?:(?:\r\n)?
[ \t])+|\Z|(?=[\["()<>@,;:\\".\[\]]))|\[([^\[\]\r\\]|\\.)*\](?:(?:\r\n)?[ \t])*)(?:\.(?:(?:\r\n)?[ \t])?
(?:(?:\r\n)?[ \t])*(?:[^()<>@,;:\\".\[\] \000-\031]+(?:(?:(?:\r\n)?[ \t])+|\Z|(?=[\["()<>@,;:\\".\
[\]]))|"(?:[^\"\r\\]|\\.|(?:(?:\r\n)?[ \t]))*"(?:(?:\r\n)?[ \t])*)(?:\.(?:(?:\r\n)?[ \t])*(?:[^()<>@,;:\\".\
[\] \000-\031]+(?:(?:(?:\r\n)?[ \t])+|\Z|(?=[\["()<>@,;:\\".\[\]]))|\[([^\[\]\r\\]|\\.)*\](?:(?:\r\n)?
[ \t])*))*))*)?;\s*)
```

これは（メールアドレスは実際に驚くべきほど複雑なので）極端な例ですが、実際に使われています。詳細はスタックオーバーフローの議論（http://stackoverflow.com/a/201378）を参照してください。

プログラミング言語を学ぶ上で、他にもツールがあることを思い出しましょう。複雑な正規表現を1つ作るのではなく、単純な正規表現を複数作る方がやさしいことが多いのです。問題を解くための正規表現を1つ作ろうとしてうまくいかなければ、一呼吸おいて、問題を分割できないか、分割した問題を順次解いていけるかを考えるとよいでしょう。

11.4.1 マッチの可否

文字ベクトルがパターンにマッチするかどうかを知るには、str_detect()を使います。入力と同じ長さの論理ベクトルを返します。

```
x <- c("apple", "banana", "pear")
str_detect(x, "e")
#> [1]  TRUE FALSE  TRUE
```

数値表現では、論理ベクトルを使うと、FALSEが0、TRUEが1となることに注意しましょう。大きなベクトルでマッチについて答える場合にsum()とmean()が役立ちます[1]。

```
# 一般単語でtで始まる単語の個数は?
sum(str_detect(words, "^t"))
#> [1] 65
# 一般単語で母音で終わる単語の割合は?
mean(str_detect(words, "[aeiou]$"))
#> [1] 0.277
```

---

［1］ 訳注：ここで用いられる words（一般用単語）は、Gabor Csardi によって作られた 980 個の英単語。

　複雑な論理条件（例、aかbとマッチしますがdでない限りcとはマッチしない）なら、1つの正規表現でカバーしようとするよりも、論理演算子ごとのstr_detect()を複数組み合わせる方がやさしいことが多いでしょう。例えば、母音を含まない単語を探し出すには2つの方法があります。

```
# 少なくとも母音を1つ含む単語をすべて探し出して、補集合を取る
no_vowels_1 <- !str_detect(words, "[aeiou]")
# 子音(非母音)だけからなる単語をすべて探し出す
no_vowels_2 <- str_detect(words, "^[^aeiou]+$")
identical(no_vowels_1, no_vowels_2)
#> [1] TRUE
```

　結果は同じですが、私は前者の方がわかりやすいと思います。正規表現が複雑になりすぎたら、分割して、それぞれに名前を付け、結果を論理演算子で結合します。

　str_detect()はパターンにマッチする要素の選択にもよく使います。論理ベクトルで部分集合をとっても、便利なstr_subset()ラッパーを使ってもどちらでも構いません。

```
words[str_detect(words, "x$")]
#> [1] "box" "sex" "six" "tax"
str_subset(words, "x$")
#> [1] "box" "sex" "six" "tax"
```

　普通は、対象文字列はデータフレームの列にあって、filterを使います。

```
df <- tibble(
  word = words,
  i = seq_along(word)
)
df %>%
  filter(str_detect(words, "x$"))
#> # A tibble: 4 × 2
#>    word      i
#>    <chr> <int>
#> 1  box    108
#> 2  sex    747
#> 3  six    772
#> 4  tax    841
```

　str_detect()の変種にstr_count()があり、単なる可否ではなく、文字列にマッチがいくつあるかを示します。

```
x <- c("apple", "banana", "pear")
str_count(x, "a")
#> [1] 1 3 1

# 平均すると、1つの単語にどれだけ母音があるか?
```

```
mean(str_count(words, "[aeiou]"))
#> [1] 1.99
```

str_count()をmutate()と一緒に使うのは当然です。

```
df %>%
  mutate(
    vowels = str_count(word, "[aeiou]"),
    consonants = str_count(word, "[^aeiou]")
  )
#> # A tibble: 980 × 4
#>       word     i vowels consonants
#>      <chr> <int>  <int>      <int>
#> 1        a     1      1          0
#> 2     able     2      2          2
#> 3    about     3      3          2
#> 4 absolute     4      4          4
#> 5   accept     5      2          4
#> 6  account     6      3          4
#> # ... with 974 more rows
```

abababa

マッチが互いに重なることが絶対にないことに注意すること。例えば、"abababa"にパターン"aba"にマッチするのは何回ですか。正規表現を使うと答えは2で、3ではありません。

```
str_count("abababa", "aba")
#> [1] 2
str_view_all("abababa", "aba")
```

abababa

str_view_allの使用に注意しましょう。すぐ後で学びますが、多くのstringr関数では、1つのマッチとすべてのマッチとの2種類があります。後者では接尾辞_allが付きます。

練習問題

1. 次の各問題について、単一の正規表現を使った解と複数の呼び出しを組み合わせた解の両方を求めなさい。

   a. 先頭または末尾がxの全単語を探し出す。

   b. 先頭が母音で末尾が子音の全単語を探し出す。

   c. 異なる母音をそれぞれ少なくとも1つ含む単語はあるか。

   d. 母音数が一番多い単語は何か。母音の割合が最も多い単語は何か（ヒント、分母は何か）。

11.4.2　マッチの抽出

　実際にマッチしたテキストを抽出するにはstr_extract()を使います。そのためには、これまでよりも複雑な例がこれにはふさわしいでしょう。Harvard英語コーパス（http://bit.ly/Harvardsentences）を使いますが、これはVoice over IPシステムの検証のために設計されたもので、正規表現の練習にも役立ちます。stringr::sentencesにあります。

```
length(sentences)
#> [1] 720
head(sentences)
#> [1] "The birch canoe slid on the smooth planks."
#> [2] "Glue the sheet to the dark blue background."
#> [3] "It's easy to tell the depth of a well."
#> [4] "These days a chicken leg is a rare dish."
#> [5] "Rice is often served in round bowls."
#> [6] "The juice of lemons makes fine punch."
```

　色名を含む文をすべて探すとします。最初に色名ベクトルを作り、それを1つの正規表現にしましょう。

```
colors <- c(
  "red", "orange", "yellow", "green", "blue", "purple"
)
color_match <- str_c(colors, collapse = "|")
color_match
#> [1] "red|orange|yellow|green|blue|purple"
```

　そこで、色を含む文を選択し、どの色かを調べるために色を抽出します。

```
has_color <- str_subset(sentences, color_match)
matches <- str_extract(has_color, color_match)
head(matches)
#> [1] "blue" "blue" "red" "red" "red" "blue
```

　str_extract()は最初のマッチしか抽出しないことに注意します。マッチがある文すべてをまず複数選択すれば、状況がわかります。

```
more <- sentences[str_count(sentences, color_match) > 1]
str_view_all(more, color_match)
```

```
It is hard to erase blue or red ink.
The green light in the brown box flickered.
The sky in the west is tinged with orange red.
```

```
str_extract(more, color_match)
#> [1] "blue" "green" "orange"
```

```
                It is hard to erase blue or red ink.
                The green light in the brown box flickered.
                The sky in the west is tinged with orange red.
```

1回マッチをとるだけなら、より単純なデータ構造を使えるので、こういう処理の仕方がstringr
の関数に共通のパターンです。マッチをすべて取得するには、str_extract_all()を使います。次
のリストが返されます。

```
str_extract_all(more, color_match)
#> [[1]]
#> [1] "blue" "red"
#>
#> [[2]]
#> [1] "green" "red"
#>
#> [[3]]
#> [1] "orange" "red"
```

「16.5 再帰ベクトル（リスト）」と17章でリストについて学びます。

simplify = TRUE を使えば、str_extract_all()が少ないマッチでも最多マッチに合わせた行列
を返します。

```
str_extract_all(more, color_match, simplify = TRUE)
#>      [,1]     [,2]
#> [1,] "blue"   "red"
#> [2,] "green"  "red"
#> [3,] "orange" "red"

x <- c("a", "a b", "a b c")
str_extract_all(x, "[a-z]", simplify = TRUE)
#>      [,1] [,2] [,3]
#> [1,] "a"  ""   ""
#> [2,] "a"  "b"  ""
#> [3,] "a"  "b"  "c"
```

練 習 問 題

1. 以前の例題で、マッチした正規表現が色ではないのに「flickered」（語尾のredを色と勘違い）と
   マッチしてしまったことに気付いたはずだ。この問題を修正するように正規表現を変更しなさ
   い。

2. Harvard英語コーパスから次の抽出を行いなさい。

   a. 各行の先頭の語。

   b. ingで終わるすべての単語。

   c. 複数を表す語。

11.4.3　グループのマッチ

本章の初めでは、優先順位を明確にしたり、後方参照をするために括弧を用いることを述べました。複雑なマッチの一部を抽出するためにも括弧を使うことができます。例えば、文章から名詞を抽出したいとします。ヒューリスティックスとして、「a」または「the」の後に来るすべての単語を探します。「単語」を正規表現できちんと定義するのは少し面倒なので、近似を使います。すなわち、空白以外の文字の1つ以上の連なりとします。

```
noun <- "(a|the) ([^ ]+)"

has_noun <- sentences %>%
  str_subset(noun) %>%
  head(10)
has_noun %>%
  str_extract(noun)
#> [1] "the smooth" "the sheet"  "the depth"  "a chicken"
#> [5] "the parked" "the sun"    "the huge"   "the ball"
#> [9] "the woman"  "a helps"
```

str_extract()は完全マッチをします。str_match()は個別の部分マッチを示します。文字ベクトルではなく行列を返し、第1列が完全マッチで、第2列以降がそれぞれのグループを示します。

```
has_noun %>%
  str_match(noun)
#>       [,1]         [,2]  [,3]
#> [1,] "the smooth" "the" "smooth"
#> [2,] "the sheet"  "the" "sheet"
#> [3,] "the depth"  "the" "depth"
#> [4,] "a chicken"  "a"   "chicken"
#> [5,] "the parked" "the" "parked"
#> [6,] "the sun"    "the" "sun"
#> [7,] "the huge"   "the" "huge"
#> [8,] "the ball"   "the" "ball"
#> [9,] "the woman"  "the" "woman"
#> [10,] "a helps"   "a"   "helps"
```

（予想通り、このヒューリスティックスは非力でsmoothやparkedのような形容詞が入っています。）データがtibbleなら、tidyr::extract()を使う方が容易なことが多いでしょう。これは、str_ extract()のように動作しますが、マッチに名前を付ける必要があり、その名前が列名になります。

```
tibble(sentence = sentences) %>%
  tidyr::extract(
    sentence, c("article", "noun"), "(a|the) ([^ ]+)",
    remove = FALSE
  )
#> # A tibble: 720 × 3
#>                                      sentence article    noun
#> *                                       <chr> <chr>     <chr>
#> 1  The birch canoe slid on the smooth planks.    the   smooth
#> 2 Glue the sheet to the dark blue background.    the    sheet
#> 3       It's easy to tell the depth of a well.   the    depth
#> 4     These days a chicken leg is a rare dish.          a chicken
#> 5          Rice is often served in round bowls.  <NA>     <NA>
#> 6       The juice of lemons makes fine punch.    <NA>     <NA>
#> # ... with 714 more rows
```

str_extract()の場合と同様に、各文字列すべてにマッチしたいなら、str_match_all()が必要です。

練習問題

1. 「one」、「two」、「three」のように「number」の後に続くすべての単語を探し出しなさい。「number」と単語の両方を取り出しなさい。
2. アポストロフィを使った短縮形をすべて探そう。アポストロフィの前後の部分を分けなさい。

11.4.4 マッチの置換

str_replace()とstr_replace_all()は、マッチ対象を指定文字列で置き換えます。最も単純なのは、パターンを固定文字列で置換することです。

```
x <- c("apple", "pear", "banana")
str_replace(x, "[aeiou]", "-")
#> [1] "-pple" "p-ar"  "b-nana"
str_replace_all(x, "[aeiou]", "-")
#> [1] "-ppl-" "p--r"  "b-n-n-"
```

str_replace_all()は、名前付きベクトルを指定すると複数の置き換えができます。

```
x <- c("1 house", "2 cars", "3 people")
str_replace_all(x, c("1" = "one", "2" = "two", "3" = "three"))
#> [1] "one house"  "two cars"   "three people"
```

固定文字列で置き換える代わりに、後方参照を使ってマッチした要素を挿入することもできます。

次のコードでは、2番目と3番目の単語の順序を置き換えます。

```
sentences %>%
  str_replace("([^ ]+) ([^ ]+) ([^ ]+)", "\\1 \\3 \\2") %>%
  head(5)
#> [1] "The canoe birch slid on the smooth planks."
#> [2] "Glue sheet the to the dark blue background."
#> [3] "It's to easy tell the depth of a well."
#> [4] "These a days chicken leg is a rare dish."
#> [5] "Rice often is served in round bowls."
```

練 習 問 題

1. 文字列のスラッシュをすべてバックスラッシュで置き換える。

2. replace_all()を使って、str_to_lower()の単純版を実装しなさい。

3. wordsの先頭と最後の文字を置き換えなさい。できた文字列でwordsにあるのはどれか。

11.4.5　分割

str_split()を使うと文字列を分割できます。例えば、次のように文を単語に分割できます。

```
sentences %>%
  head(5) %>%
  str_split(" ")
#> [[1]]
#> [1] "The"     "birch"  "canoe"  "slid"   "on"        "the"
#> [7] "smooth" "planks."
#>
#> [[2]]
#> [1] "Glue"        "the"         "sheet"        "to"
#> [5] "the"  "dark"         "blue"         "background."
#>
#> [[3]]
#> [1] "It's" "easy" "to"    "tell" "the" "depth" "of"
#> [8] "a"    "well."
#>
#> [[4]]
#> [1] "These"  "days"   "a"        "chicken" "leg"      "is"
#> [7] "a" "rare"     "dish."
#>
#> [[5]]
#> [1] "Rice"   "is"     "often"  "served" "in"        "round"
#> [7] "bowls."
```

各部分には異なる個数の要素があるので、リストを返します。長さ1のベクトルを使うと、容易に

リストの先頭要素だけを抽出できます。

```
"a|b|c|d" %>%
  str_split("\\|") %>%
  .[[1]]
#> [1] "a" "b" "c" "d"
```

あるいは、リストを返す他のstringrの関数同様、simplify = TRUEを使って行列を返します。

```
sentences %>%
  head(5) %>%
  str_split(" ", simplify = TRUE)
#>      [,1]    [,2]    [,3]     [,4]      [,5]   [,6]    [,7]
#> [1,] "The"   "birch" "canoe"  "slid"    "on"   "the"   "smooth"
#> [2,] "Glue"  "the"   "sheet"  "to"      "the"  "dark"  "blue"
#> [3,] "It's"  "easy"  "to"     "tell"    "the"  "depth" "of"
#> [4,] "These" "days"  "a"      "chicken" "leg"  "is"    "a"
#> [5,] "Rice"  "is"    "often"  "served"  "in"   "round" "bowls."
#>      [,8]            [,9]
#> [1,] "planks."       ""
#> [2,] "background."   ""
#> [3,] "a"             "well."
#> [4,] "rare"          "dish."
#> [5,] ""              ""
```

要素の最大個数も指定できます。

```
fields <- c("Name: Hadley", "Country: NZ", "Age: 35")
fields %>% str_split(": ", n = 2, simplify = TRUE)
#>      [,1]      [,2]
#> [1,] "Name"    "Hadley"
#> [2,] "Country" "NZ"
#> [3,] "Age"     "35"
```

パターンではなく、文字、行、文、語のboundary()で分割することもできます。

```
x <- "This is a sentence. This is another sentence."
str_view_all(x, boundary("word"))
```

        This is a sentence . This is another sentence .

```
str_split(x, " ")[[1]]
#> [1] "This"      "is"        "a"         "sentence." ""
#> [6]             "This"
#> [7] "is"        "another"   "sentence."
str_split(x, boundary("word"))[[1]]
#> [1] "This"     "is"       "a"        "sentence" "This"
#> [6] "is"
```

```
#> [7] "another"  "sentence"
```

> **練 習 問 題**

1. "apples, pears, and bananas"のような文字列を要素に分割しなさい。
2. " "よりもboundary("word")で分割した方がなぜよいのか。
3. 空文字列("")で分割すると何が起こるか。実験して、ドキュメントを読みなさい。

11.4.6 マッチを探し出す

str_locate()とstr_locate_all()で、マッチの先頭と末尾の位置を指定します。他の関数では必要なことが正確にできないときに役立ちます。マッチのパターンはstr_locate()を使って探し出し、str_sub()で抽出・変更できます。

11.5 他の種類のパターン

文字列のパターンを使えば、自動的にregex()呼び出しにラップされます。

```
# 呼び出し
str_view(fruit, "nana")
# は次の省略形
str_view(fruit, regex("nana"))
```

regex()の他の引数を使ってマッチの詳細を制御できます。

- ignore_case = TRUEとすれば、大文字小文字に関係なくマッチする。これは現在のロケールを使う。

  ```
  bananas <- c("banana", "Banana", "BANANA")
  str_view(bananas, "banana")
  ```

  ```
                              banana
                              Banana
                              BANANA
  ```

  ```
  str_view(bananas, regex("banana", ignore_case = TRUE))
  ```

  ```
                              banana
                              Banana
                              BANANA
  ```

- multiline = TRUEとすれば、^と$が文字列全体の先頭と末尾ではなく、各行の先頭と末尾にマッチする。

```
x <- "Line 1\nLine 2\nLine 3"
str_extract_all(x, "^Line")[[1]]
#> [1] "Line"
str_extract_all(x, regex("^Line", multiline = TRUE))[[1]]
#> [1] "Line" "Line" "Line"
```

- comments = TRUE とすれば、正規表現を読みやすくするために、コメントと空白を使う。空白文字と#の後の全文字が無視される。空白とのマッチには"\\ "とエスケープする必要がある。

```
phone <- regex("
  \\(?        # オプションの開き括弧
  (\\d{3})    # エリア番号
  []- ]?      # オプションの閉じ括弧、ダッシュ、空白
  (\\d{3})    # 3桁の番号
  [ -]?       # オプションの空白かダッシュ
  (\\d{3})    # 3桁の番号
  ", comments = TRUE)

str_match("514-791-8141", phone)
#>      [,1]            [,2] [,3] [,4]
#> [1,] "514-791-814" "514" "791" "814"
```

- dotall = TRUE とすれば、\n も含めてすべての文字と .がマッチする。

regex() の代わりに使える関数が3つあります。

- fixed() は指定したバイト列と正確にマッチする。正規表現形式をすべて無視して、低レベルで動作する。これによって、面倒なエスケープ処理を省き、正規表現より高速に処理できる。次のマイクロベンチマークは単純な例でも3倍速くなることを示す。

```
microbenchmark::microbenchmark(
  fixed = str_detect(sentences, fixed("the")),
  regex = str_detect(sentences, "the"),
  times = 20
)
#> Unit: microseconds
#>   expr min  lq mean median  uq max neval cld
#>  fixed 116 117  136    120 125 389    20  a
#>  regex 333 337  346    338 342 467    20   b
```

非英語データに fixed() を使うときには注意が必要だ。同じ文字を表すのに複数の方法があり得るので問題となる。例えば、「á」を定義するには2種類の方法がある。単一の文字か「a」にアクセント記号を付与したかだ。

```
a1 <- "\u00e1"
a2 <- "a\u0301"
c(a1, a2)
```

```
#> [1] "á" "á"
a1 == a2
#> [1] FALSE
```

2文字は同じように出力されるが、定義は異なり、fixed()ではマッチしない。次に示すcoll()
を使えば、人間らしく文字を比較できる。

```
str_detect(a1, fixed(a2))
#> [1] FALSE
str_detect(a1, coll(a2))
#> [1] TRUE
```

- coll()は標準**照合**規則を用いて文字列を比較する。これは、大文字小文字を無視したマッチに
  役立つ。coll()は文字比較にどの規則を用いるかの制御にlocale引数をとることに注意。残念
  ながら、世界では異なる地域で異なる照合規則を用いる。

```
# すなわち、大文字小文字を無視したマッチで違いに気を付ける必要がある
i <- c("I", "İ", "i", "ı")
i
#> [1] "I" "İ" "i" "ı"

str_subset(i, coll("i", ignore_case = TRUE))
#> [1] "I" "i"
str_subset(
  i,
  coll("i", ignore_case = TRUE, locale = "tr")
)
#> [1] "İ" "i"
```

fixed()とregex()の両方ともignore_case引数をとるが、ロケールを指定できない。ともにデ
フォルトのロケールを使う。次のコードでどのように調べるかわかる（stringiについては後ほ
ど詳しく述べる）。

```
stringi::stri_locale_info()
#> $Language
#> [1] "en"
#>
#> $Country
#> [1] "US"
#>
#> $Variant
#> [1] ""
#>
#> $Name
#> [1] "en_US"
```

速度の遅さがcoll()の欠点だ。どの文字が同じかの認識規則が複雑なので、fixed()や

regex()に比べてcoll()による処理は遅い。

- str_split()でわかるように、boundary()を使って単語境界とマッチできる。他の関数にも使うことができる。

```
x <- "This is a sentence."
str_view_all(x, boundary("word"))
```

This is a sentence.

```
str_extract_all(x, boundary("word"))
#> [[1]]
#> [1] "This"      "is"        "a"         "sentence"
```

練 習 問 題

1. \\を含む全文字列を探し出すのに、regex()とfixed()とでそれぞれどのようにすればよいか。
2. sentencesで最も多く使われている単語を5つ示しなさい。

11.6 正規表現の別の用途

基本Rでも正規表現を使う有用な関数が2つあります。

- apropos()は、大域環境において利用可能な全オブジェクトを探索する。関数名を正確に覚えていないときには非常に役立つ。

```
apropos("replace")
#> [1] "%+replace%"      "replace"         "replace_na"
#> [4] "str_replace"     "str_replace_all" "str_replace_na"
#> [7] "theme_replace"
```

- dir()は、ディレクトリの全ファイルを一覧表示する。pattern引数には正規表現を指定して、マッチするファイル名だけを返します。例えば、現在のディレクトリですべてのRマークダウンファイルを探し出すには次のようにする。

```
head(dir(pattern = "\\.Rmd$"))
#> [1] "communicate-plots.Rmd" "communicate.Rmd"
#> [3] "datetimes.Rmd" "EDA.Rmd"
#> [5] "explore.Rmd" "factors.Rmd"
```

(*.Rmdのようなglob形式の方が良いなら、glob2rx()で正規表現に変換できる。)

11.7 stringi

stringrはstringiパッケージの上に作られています。stringrは関数の最小集合なので学習に適しており、最もよく使われる文字列関数をカバーするように注意して選ばれています。一方で、

stringiは、すべてを含むよう設計されています。そのため必要と思われる全関数を含んでいます。stringiには234関数、stringrには42関数あります。

　stringrで苦労している場合には、stringiを調べてみます。パッケージは同じ方式なので、stringrについての知識が当然役に立ちます。前置詞がstr_でなくstri_であることが大きな違いです。

練 習 問 題

1. 次のstringi関数を探し出しなさい。
   a. 単語数を数える。
   b. 重複した文字列を探し出す。
   c. ランダムな文章を生成する。
2. stri_sort()が整列に使う言語をどう制御すればよいか。

12章
forcatsでファクタ

12.1　はじめに

　Rにおいてファクタは、固定した既知集合の可能値をとるカテゴリ変数の処理に使われます。ファクタは、文字列順以外で文字ベクトルを表示するにも役立ちます。

　これまでの経緯では、ファクタは、文字よりも扱いが容易でした。結果として、基本Rの多くの関数で、文字をファクタに自動変換していました。すなわち、本当に役立つところ以外でもファクタが出現していました。tidyverseではそういう心配はなく、ファクタが本当に役立つ場面に焦点を絞ることができます。

　ファクタについての歴史的なことについては、Roger Pengの「stringsAsFactors: An unauthorized biography」（http://bit.ly/stringsfactorsbio）とThomas Lumleyの「stringsAsFactors = <sigh>」（http://bit.ly/stringsfactorsigh）を読むことを勧めます。

12.1.1　用意するもの

　ファクタを扱うために、（factorsのアナグラム（文字入れ替え）でもある）forcatsパッケージを使います。これにはカテゴリ変数を扱うツールが用意されています。ファクタを扱う広範囲のヘルパー関数が含まれています。forcatsはtidyverseに含まれていないので、明示的にロードする必要があります。

```
library(tidyverse)
library(forcats)
```

12.2　ファクタを作る

　月を記録する変数があるとします。

```
x1 <- c("Dec", "Apr", "Jan", "Mar")
```

文字列を使うことには2つの問題があります。

1. 12か月しかないのに、誤字脱字を防ぐ手立てがない。

```
x2 <- c("Dec", "Apr", "Jam", "Mar")
```

2. 有効な整列ができない。

```
sort(x1)
#> [1] "Apr" "Dec" "Jan" "Mar"
```

こういった問題がファクタで処理できます。ファクタを作るには、まず正しい水準のリストを作成します。

```
month_levels <- c(
  "Jan", "Feb", "Mar", "Apr", "May", "Jun",
  "Jul", "Aug", "Sep", "Oct", "Nov", "Dec"
)
```

次にファクタを作成します。

```
y1 <- factor(x1, levels = month_levels)
y1
#> [1] Dec Apr Jan Mar
#> Levels: Jan Feb Mar Apr May Jun Jul Aug Sep Oct Nov Dec
sort(y1)
#> [1] Jan Mar Apr Dec
#> Levels: Jan Feb Mar Apr May Jun Jul Aug Sep Oct Nov Dec
```

水準集合にない値は暗黙にNAに変換されます。

```
y2 <- factor(x2, levels = month_levels)
y2
#> [1] Dec Apr <NA> Mar
#> Levels: Jan Feb Mar Apr May Jun Jul Aug Sep Oct Nov Dec
```

警告メッセージを出したい場合はreadr::parse_factor()を使います。

```
y2 <- parse_factor(x2, levels = month_levels)
#> 警告:  1 parsing failure.
#> row col           expected actual
#>   3  -- value in level set    Jam
```

水準集合を与えないと、データの文字列順に作られます。

```
factor(x1)
#> [1] Dec Apr Jan Mar
#> Levels: Apr Dec Jan Mar
```

水準の順序をデータの出現順にしたいことがあります。これは、ファクタ作成時に水準を unique(x)にするか、ファクタを作った後で、fct_inorder()を行うことによってできます。

```
f1 <- factor(x1, levels = unique(x1))
f1
#> [1] Dec Apr Jan Mar
#> Levels: Dec Apr Jan Mar

f2 <- x1 %>% factor() %>% fct_inorder()
f2
#> [1] Dec Apr Jan Mar
#> Levels: Dec Apr Jan Mar
```

正しい水準に直接アクセスする必要があれば、levels()で行えます。

```
levels(f2)
#> [1] "Dec" "Apr" "Jan" "Mar"
```

12.3　総合的社会調査

本章の残りでは、forcats::gss_catに焦点を移します。これは、総合的社会調査 (http://gss.norc.org/) のデータサンプルです。総合的社会調査は、シカゴ大学の独立調査機関NORCが長期に渡って行っている米国の調査です[1]。この調査では数千項目の質問があるので、gss_catではファクタを処理するときによく出てくる課題を示す質問項目だけを10個選んでいます。

```
gss_cat
#> # A tibble: 21,483 × 9
#>    year       marital   age race          rincome
#>    <int>        <fctr> <int> <fctr>          <fctr>
#> 1 2000 Never married   26  White  $8000 to 9999
#> 2 2000       Divorced   48  White  $8000 to 9999
#> 3 2000        Widowed   67  White Not applicable
#> 4 2000 Never married   39  White Not applicable
#> 5 2000       Divorced   25  White Not applicable
#> 6 2000        Married   25  White $20000 - 24999
#> # ... with 2.148e+04 more rows, and 4 more variables:
#> #   partyid <fctr>, relig <fctr>, denom <fctr>, tvhours <int>
```

（このデータセットはパッケージに同梱されているので、?gss_catで変数についての情報が得られ

---

[1]　訳注：米国居住者を対象に1972年から行われている調査。ウィキペディアに「総合的社会調査」という項目で説明がある。

ることに注意。)

　ファクタをtibbleに格納すると、水準が簡単にはわからなくなってしまいますが、その場合は
count()を使います。

```
gss_cat %>%
  count(race)
#> # A tibble: 3 × 2
#>     race     n
#>    <fctr> <int>
#> 1  Other  1959
#> 2  Black  3129
#> 3  White 16395
```

　あるいは棒グラフを使います。

```
ggplot(gss_cat, aes(race)) +
  geom_bar()
```

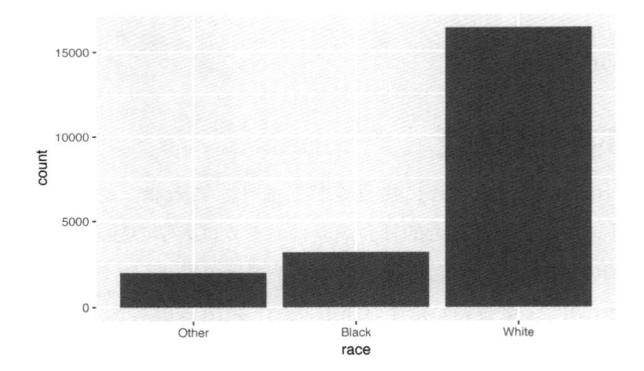

　デフォルトでは、ggplot2が値のない水準を省略するので、強制的に表示させるには次のようにし
ます。

```
ggplot(gss_cat, aes(race)) +
  geom_bar() +
  scale_x_discrete(drop = FALSE)
```

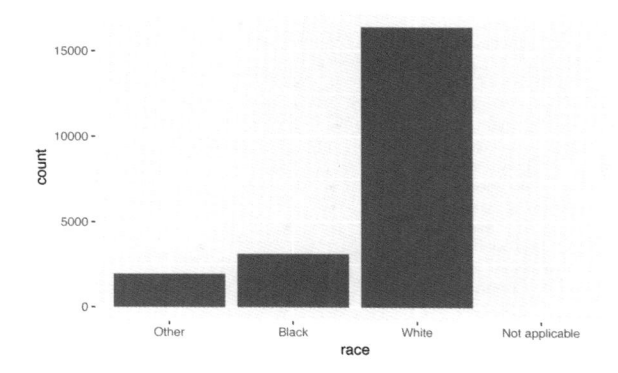

　表示されたのはこのデータセットに値がない水準です。残念ながら、dplyrにはこのdropオプションがまだありませんが将来はできる予定です。

　ファクタ処理で最もよく使う演算は水準の順序変更と水準の値変更の2つです。これらは次節以降で述べます。

練 習 問 題

1. rincome（申告所得）の分布を調べなさい。なぜデフォルトの棒グラフが理解しがたいのだろうか。図を改善するにはどうするか。
2. 総合的社会調査で最も多いreligは何か。最も多いpartyidは何か。
3. どのreligにdenom（宗派）が適用されるか。表からどのように探し出すか。可視化してどう探すか。

12.4　ファクタ順序の変更

　可視化においてはファクタ水準の順序を入れ替えると役立つことが多いものです。例えば、宗教ごとの平均TV視聴時間を調べたいとします。

```
relig <- gss_cat %>%
  group_by(relig) %>%
  summarize(
    age = mean(age, na.rm = TRUE),
    tvhours = mean(tvhours, na.rm = TRUE),
    n = n()
  )

ggplot(relig, aes(tvhours, relig)) + geom_point()
```

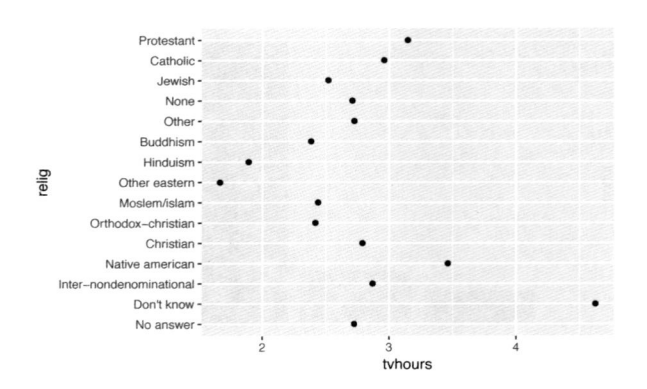

　全体のパターンがはっきりしないので、このグラフの解釈は困難です。`fct_reorder()`を使って`relig`の水準の順序を入れ替えるとわかりやすくなります。`fct_reorder()`は次の3引数をとります。

- `f`は、修正したい水準のファクタ。
- `x`は、水準の順序を変更するのに使う数値ベクトル。
- オプションとして`fun`がある。これは`f`の各値に複数の`x`があるときに使う関数。デフォルト値は`median`。

```
ggplot(relig, aes(tvhours, fct_reorder(relig, tvhours))) +
  geom_point()
```

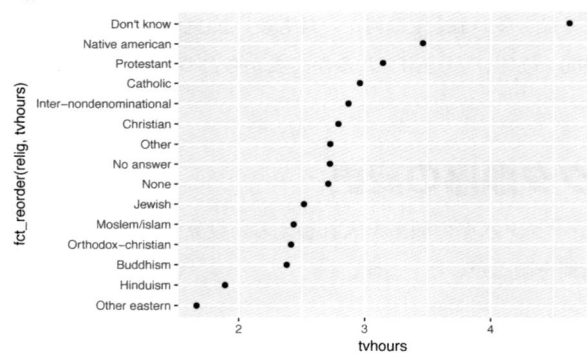

　宗教の順序を入れ替えると、「Don't know」カテゴリの人が一番多くTVを見て、ヒンズー教や他の東洋系宗教の人が一番少ないことがより簡単にわかります。

　より複雑な変換を行うには、`aes()`の外に出して別途`mutate()`ステップにするようにします。例えば、上のプロットは次のように書き直すことができます。

```
relig %>%
  mutate(relig = fct_reorder(relig, tvhours)) %>%
  ggplot(aes(tvhours, relig)) +
    geom_point()
```

申告所得水準で平均年齢がどう変わるかを調べる同様の図を作るにはどうすればよいでしょうか。

```
rincome <- gss_cat %>%
  group_by(rincome) %>%
  summarize(
    age = mean(age, na.rm = TRUE),
    tvhours = mean(tvhours, na.rm = TRUE),
    n = n()
  )

ggplot(
  rincome,
  aes(age, fct_reorder(rincome, age))
) + geom_point()
```

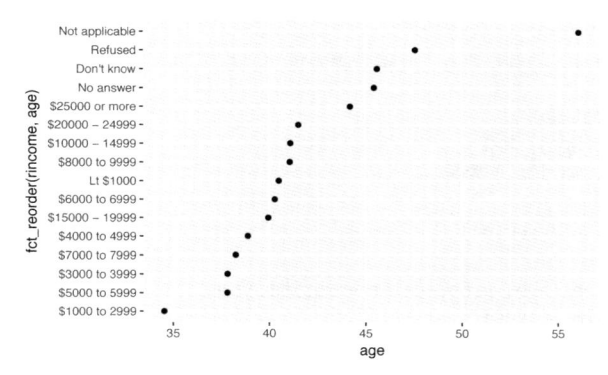

　この場合、水準の順序変更は良くありませんでした。rincomeには変更すべきでない順序が既に決まっているからです。水準の順序がどうでもよい場合にだけfct_reorder()を使うようにします。

　しかし、「Not applicable」を他の特別な水準とともに前に置くのは意味があります。それにはfct_relevel()を使います。ファクタfと前に出したい水準を与えます。

```
ggplot(
  rincome,
  aes(age, fct_relevel(rincome, "Not applicable"))
) +
  geom_point()
```

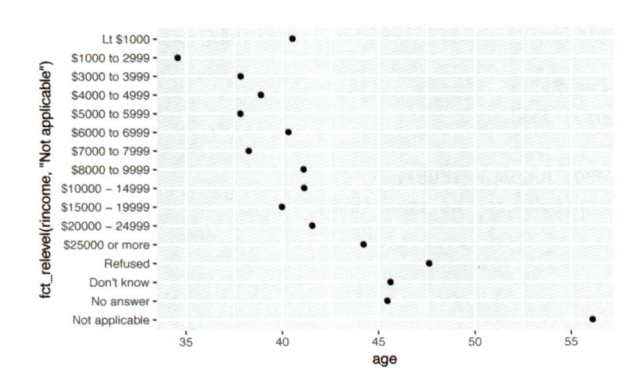

「Not applicable」の平均年齢がこれほど高いのはなぜでしょうか。

　グラフに色をつけるのに役立つ順序変更もあります。fct_reorder2()は最大のx値に伴うy値でファクタの順序を変更します。これにより、凡例で線の色が示されるのでグラフが読みやすくなります。

```
by_age <- gss_cat %>%
  filter(!is.na(age)) %>%
  group_by(age, marital) %>%
  count() %>%
  mutate(prop = n / sum(n))

ggplot(by_age, aes(age, prop, color = marital)) +
  geom_line(na.rm = TRUE)

ggplot(
  by_age,
  aes(age, prop, color = fct_reorder2(marital, age, prop))
) +
  geom_line() +
  labs(color = "marital")
```

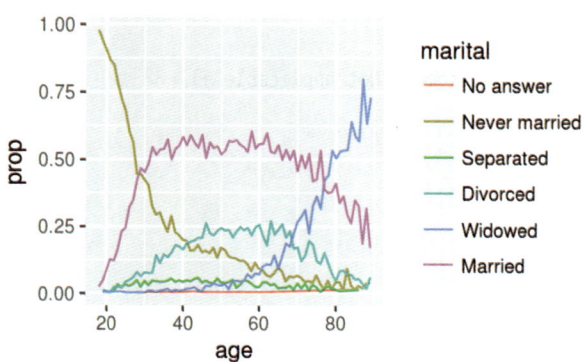

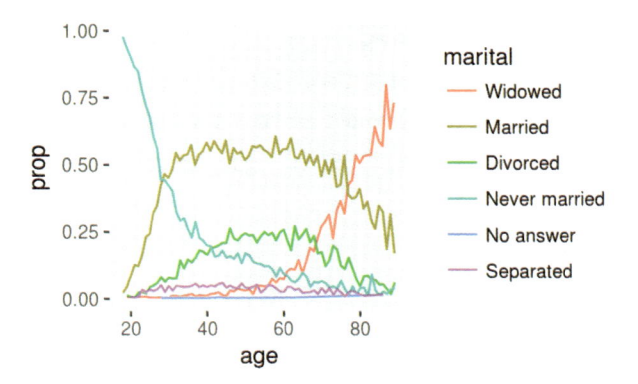

　最後に、棒グラフでは、`fct_infreq()`を使って度数の昇順に水準の順序を入れ替えることができます。無駄な変数を使わないので最も簡単な順序替えです。`fct_rev()`と組み合わせて使うこともできます。

```
gss_cat %>%
  mutate(marital = marital %>% fct_infreq() %>% fct_rev()) %>%
  ggplot(aes(marital)) +
    geom_bar()
```

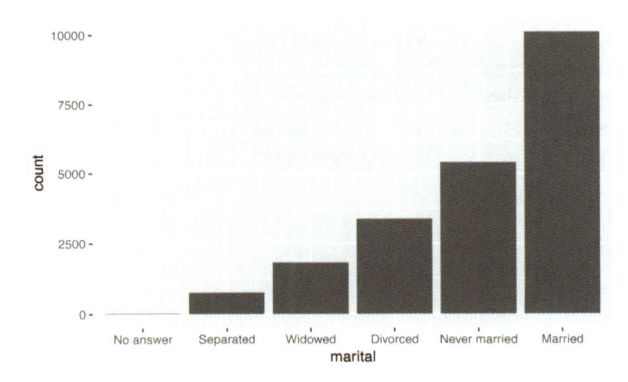

練 習 問 題

1. `tvhours`の高い値は怪しい。平均は要約として有用か。
2. `gss_cat`の各ファクタについて、水準の順序が任意か定まっているかを調べなさい。
3. "Not applicable"を水準の前に移動することがグラフの最下段に移すことになったのはなぜか。

12.5 ファクタ水準の変更

　水準の順序変更より強力なのが、値の変更です。それによって、公表時の（水準を反映した）ラベルを明確にし、高水準な水準表示にまとめることができます。最もよく使われる強力なツールが fct_recode()です。各水準の値を変更します。例えば、gss_cat$partyidの例を示します。

```
gss_cat %>% count(partyid)
#> # A tibble: 10 × 2
#>             partyid     n
#>              <fctr> <int>
#> 1        No answer   154
#> 2       Don't know     1
#> 3      Other party   393
#> 4  Strong republican 2314
#> 5 Not str republican 3032
#> 6     Ind,near rep  1791
#> # ... with 4 more rows
```

水準の表示はそっけない上に整合性がありません。言葉を補足して説明を増やします。

```
gss_cat %>%
  mutate(partyid = fct_recode(partyid,
    "Republican, strong"    = "Strong republican",
    "Republican, weak"      = "Not str republican",
    "Independent, near rep" = "Ind,near rep",
    "Independent, near dem" = "Ind,near dem",
    "Democrat, weak"        = "Not str democrat",
    "Democrat, strong"      = "Strong democrat"
  )) %>%
  count(partyid)
#> # A tibble: 10 × 2
#>             partyid     n
#>              <fctr> <int>
#> 1        No answer   154
#> 2       Don't know     1
#> 3      Other party   393
#> 4  Republican, strong 2314
#> 5  Republican, weak 3032
#> 6 Independent, near rep 1791
#> # ... with 4 more rows
```

　fct_recode()は、明示しなかった水準はそのままにして、存在しない水準を間違って使うと警告を発します。

　グループをまとめるには、複数の水準を新たな水準に代入します。

```
gss_cat %>%
  mutate(partyid = fct_recode(partyid,
    "Republican, strong"    = "Strong republican",
    "Republican, weak"      = "Not str republican",
    "Independent, near rep" = "Ind,near rep",
    "Independent, near dem" = "Ind,near dem",
    "Democrat, weak"        = "Not str democrat",
    "Democrat, strong"      = "Strong democrat",
    "Other"                 = "No answer",
    "Other"                 = "Don't know",
    "Other"                 = "Other party"
  )) %>%
  count(partyid)
#> # A tibble: 8 × 2
#>                 partyid     n
#>                  <fctr> <int>
#> 1                 Other   548
#> 2     Republican, strong  2314
#> 3     Republican, weak   3032
#> 4 Independent, near rep  1791
#> 5           Independent  4119
#> 6 Independent, near dem  2499
#> # ... with 2 more rows
```

　この技法を使うときには注意が必要です。本当は異なるカテゴリを一緒にすると誤解を生む結果になります。

　多数の水準をまとめるときには、fct_collapse()がfct_recode()よりも役立ちます。新たな変数に対して、古い水準のベクトルを与えます。

```
gss_cat %>%
  mutate(partyid = fct_collapse(partyid,
    other = c("No answer", "Don't know", "Other party"),
    rep = c("Strong republican", "Not str republican"),
    ind = c("Ind,near rep", "Independent", "Ind,near dem"),
    dem = c("Not str democrat", "Strong democrat")
  )) %>%
  count(partyid)
#> # A tibble: 4 × 2
#>   partyid     n
#>    <fctr> <int>
#> 1   other   548
#> 2     rep  5346
#> 3     ind  8409
#> 4     dem  7180
```

小さなグループをまとめて、グラフや表を簡潔にしたいこともあります。それにはfct_lump()を

使います。

```
gss_cat %>%
  mutate(relig = fct_lump(relig)) %>%
  count(relig)
#> # A tibble: 2 × 2
#>      relig     n
#>     <fctr> <int>
#> 1 Protestant 10846
#> 2     Other 10637
```

デフォルトの振る舞いは、最小グループを順次寄せ集め、集約したものが最小グループであることを確認します。この例の場合には、これはあまり役立ちません。この調査での米国人の多数がプロテスタントなのは確かですが、少しまとめ過ぎです。

代わりに、引数nを使って、（他を排除して）どれだけ多くのグループを保持したいか指定することもできます。

```
gss_cat %>%
  mutate(relig = fct_lump(relig, n = 10)) %>%
  count(relig, sort = TRUE) %>%
  print(n = Inf)
#> # A tibble: 10 × 2
#>                   relig     n
#>                  <fctr> <int>
#> 1             Protestant 10846
#> 2               Catholic  5124
#> 3                   None  3523
#> 4              Christian   689
#> 5                  Other   458
#> 6                 Jewish   388
#> 7               Buddhism   147
#> 8  Inter-nondenominational   109
#> 9            Moslem/islam   104
#> 10      Orthodox-christian    95
```

練 習 問 題

1. 民主党員、共和党員、独立党員と称する人の割合は時間とともにどう変化してきたか。

2. rincomeをより少数のカテゴリにまとめるにはどうするか。

13章
lubridateによる日付と時刻

13.1　はじめに

　本章では、日付や時刻をRでどう扱うかを示します。一見したところは、日付も時間も単純です。日常生活でいつも使っていますし、問題が生じることもありません。しかし、日付や時刻について深く学べば学ぶほど、複雑になっていきます。手始めに、次の簡単そうな問題に答えてみましょう。

- 1年はいつも365日か。
- 1日はいつも24時間か。
- 1分はいつも60秒か。

　すべての年が365日ではないことは知っていると思いますが、うるう年の完全な定義を知っているでしょうか（3つの部分から構成されている）。世界中の多くの地域で夏時間（Daylight Saving Time, DST）が採用されており、日によっては1日が23時間あるいは25時間となることは知っているでしょう。地球の自転が徐々に遅くなっていることにより時々うるう秒が入るため、1分が61秒となることがあることは知らないかもしれません。

　日付と時刻は、2つの物理現象（地球の自転と公転）と暦月、タイムゾーン、DSTといった地政学的現象との間で整合性をとらなければならないので、簡単に扱うことができません。本章だけで、日付や時刻の詳細がすべてわかるわけではありませんが、データ分析業務で役立つ実用的なスキルの基本が確実に得られます。

13.1.1　用意するもの

　本章では、Rで日付や時刻を扱いやすくするlubridateパッケージに焦点を絞ります。日付や時刻を扱うときだけ必要なので、lubridateパッケージはtidyverseに含まれません。実際のデータにはnycflights13パッケージを使います。

```
library(tidyverse)
```

```
library(lubridate)
library(nycflights13)
```

13.2　日付 / 時刻の作成

ある瞬間を指し示す日付時刻には次の3種類があります。

日付

　　tibble では <date> と表す。

1日の時刻

　　tibble では <time> と表す。

日付時刻

　　日付に時間を付け加えたもの。瞬間を（通常は一番近い秒を）一意に表す。tibble では <dttm> と表す。Rの他のところでは POSIXct とも呼ばれるが、私にはあまり良い名前と思えない。

　Rには時刻を格納する固有のクラスがないので、本章では日付と日付時刻に焦点を絞ります。時刻のクラスが必要なら、hms パッケージを使うとよいでしょう。

　必要とする最も単純なデータ型を常に使うべきです。すなわち、日付時刻の代わりに日付を使えるならそうすべきです。本章末で取り上げるタイムゾーンを日付時刻は扱う必要があるため、かなり複雑になります。

　現在の日付または日付時刻を取得するには、today() または now() を使います。

```
today()
#> [1] "2016-10-10"
now()
#> [1] "2016-10-10 15:19:39 PDT"
```

別途、日付時刻を作るのに3つの方法があります。

- 文字列から作成。
- 個々の日付時刻要素から作成。
- 既存の日付時刻オブジェクトから作成。

これらを次に説明します。

13.2.1　文字列から作成

　日付時刻データは文字列で指定されることが多いでしょう。「8.3.4　日付、日付時刻、時刻」では、文字列を日付時刻にパースする方式を示しました。別の方式に、lubridate のヘルパーを使うものが

あります。要素の順序を指定すれば、自動的にフォーマットします。使うためには、日付の年、月、日をそれぞれ"y", "m", "d"で表します。これで日付をパースするlubridate関数の名前がわかります。

```
ymd("2017-01-31")
#> [1] "2017-01-31"
mdy("January 31st, 2017")
#> [1] "2017-01-31"
dmy("31-Jan-2017")
#> [1] "2017-01-31"
```

これらの関数は引用符なしの数も取ります。日付時刻データをフィルタする必要がある場合、単一の日付時刻データを作るのに最も簡単な方法です。ymd()が簡潔で曖昧さがありません。

```
ymd(20170131)
#> [1] "2017-01-31"
```

ymd()とその同類が日付を作成します。日付時刻を作るには、関数名にアンダースコアと「h」、「m」、「s」の組み合わせを付けてパース関数にします。

```
ymd_hms("2017-01-31 20:11:59")
#> [1] "2017-01-31 20:11:59 UTC"
mdy_hm("01/31/2017 08:01")
#> [1] "2017-01-31 08:01:00 UTC"
```

タイムゾーンを引数に指定して日付から日付時刻を作ることもできます。

```
ymd(20170131, tz = "UTC")
#> [1] "2017-01-31 UTC"
```

13.2.2　個別要素から作成

単一文字列の代わりに、複数列に個別要素がまたがる日付時刻もあります。以下はフライトデータです。

```
flights %>%
  select(year, month, day, hour, minute)
#> # A tibble: 336,776 × 5
#>    year month  day hour minute
#>   <int> <int> <int> <dbl> <dbl>
#> 1 2013     1     1     5    15
#> 2 2013     1     1     5    29
#> 3 2013     1     1     5    40
#> 4 2013     1     1     5    45
#> 5 2013     1     1     6     0
```

```
#> 6  2013     1     1     5     58
#> # ... with 3.368e+05 more rows
```

この種の入力から日付時刻を作るには、日付に make_date() を、日付時刻に make_datetime() を
使います。

```
flights %>%
  select(year, month, day, hour, minute) %>%
  mutate(
    departure = make_datetime(year, month, day, hour, minute)
  )
#> # A tibble: 336,776 × 6
#>    year month   day  hour minute            departure
#>   <int> <int> <int> <dbl>  <dbl>               <dttm>
#> 1  2013     1     1     5     15 2013-01-01 05:15:00
#> 2  2013     1     1     5     29 2013-01-01 05:29:00
#> 3  2013     1     1     5     40 2013-01-01 05:40:00
#> 4  2013     1     1     5     45 2013-01-01 05:45:00
#> 5  2013     1     1     6      0 2013-01-01 06:00:00
#> 6  2013     1     1     5     58 2013-01-01 05:58:00
#> # ... with 3.368e+05 more rows
```

同じことを flights の4つの時間列のそれぞれで行います。時刻は少し特殊な形式なので、剰余演
算を使って時間と分とを抽出します。日付時刻変数を作り、本章の残りでその変数に焦点を当てま
す。

```
make_datetime_100 <- function(year, month, day, time) {
  make_datetime(year, month, day, time %/% 100, time %% 100)
}

flights_dt <- flights %>%
  filter(!is.na(dep_time), !is.na(arr_time)) %>%
  mutate(
    dep_time = make_datetime_100(year, month, day, dep_time),
    arr_time = make_datetime_100(year, month, day, arr_time),
    sched_dep_time = make_datetime_100(
      year, month, day, sched_dep_time
    ),
    sched_arr_time = make_datetime_100(
      year, month, day, sched_arr_time
    )
  ) %>%
  select(origin, dest, ends_with("delay"), ends_with("time"))

flights_dt
#> # A tibble: 328,063 × 9
```

```
#>    origin  dest dep_delay arr_delay          dep_time
#>    <chr> <chr>    <dbl>    <dbl>             <dttm>
#> 1   EWR   IAH        2       11 2013-01-01 05:17:00
#> 2   LGA   IAH        4       20 2013-01-01 05:33:00
#> 3   JFK   MIA        2       33 2013-01-01 05:42:00
#> 4   JFK   BQN       -1      -18 2013-01-01 05:44:00
#> 5   LGA   ATL       -6      -25 2013-01-01 05:54:00
#> 6   EWR   ORD       -4       12 2013-01-01 05:54:00
#> # ... with 3.281e+05 more rows, and 4 more variables:
#> #   sched_dep_time <dttm>, arr_time <dttm>,
#> #   sched_arr_time <dttm>, air_time <dbl>
```

このデータで1年にわたる出発時刻の分布を可視化します。

```
flights_dt %>%
  ggplot(aes(dep_time)) +
  geom_freqpoly(binwidth = 86400) # 86400秒 = 1日
```

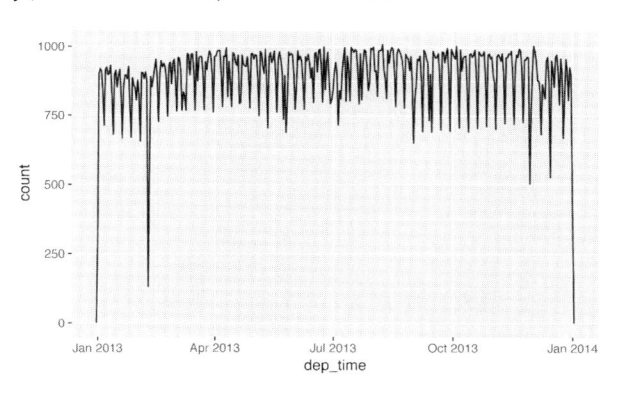

1日の分布は次のようになります。

```
flights_dt %>%
  filter(dep_time < ymd(20130102)) %>%
  ggplot(aes(dep_time)) +
  geom_freqpoly(binwidth = 600) # 600 s = 10 minutes
```

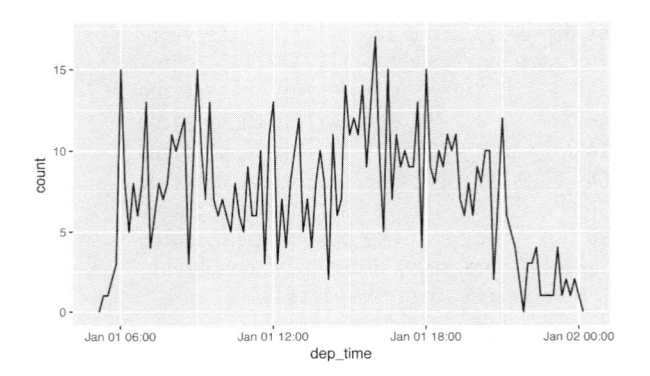

　日付時刻を（ヒストグラムのような）数値として使うときは、1は1秒を表すので、86400が1日を表します。日付では1は1日を表します。

13.2.3　他の型から作成

　日付時刻と日付とを切り替えることもあるでしょう。これはas_datetime()とas_date()で行います。

```
as_datetime(today())
#> [1] "2016-10-10 UTC"
as_date(now())
#> [1] "2016-10-10"
```

　日付時刻を「Unixエポック」1970-01-01からのオフセットで与えることもあります。オフセットが秒ならas_datetime()を使い、日ならas_date()を使います。

```
as_datetime(60 * 60 * 10)
#> [1] "1970-01-01 10:00:00 UTC"
as_date(365 * 10 + 2)
#> [1] "1980-01-01"
```

　┌─────────────┐
　│ 練 習 問 題 │
　└─────────────┘

1. 不当な日付を含む文字列をパースするとどうなるか。

   ```
   ymd(c("2010-10-10", "bananas"))
   ```

2. today()のtzone引数は何をするか。なぜ重要なのか。

3. 適切なlubridate関数を使って次のような日付をパースしなさい。

   ```
   d1 <- "January 1, 2010"
   d2 <- "2015-Mar-07"
   ```

```
d3 <- "06-Jun-2017"
d4 <- c("August 19 (2015)", "July 1 (2015)")
d5 <- "12/30/14" # Dec 30, 2014
```

13.3　日付時刻の要素

日付時刻データをRの日付時刻データで取得する方法がわかったので、何ができるか検討しましょう。本節では個別要素の取得設定を行うアクセサ関数に焦点を絞ります。次節では、日付時刻に算術演算をどう使うかを示します。

13.3.1　要素を取得する

日付の個々の部分は、year()、month()、mday()（月の日）、yday()（年の日）、wday()（曜日）、hour()、minute()、second()といったアクセサ関数で抽出できます。

```
datetime <- ymd_hms("2016-07-08 12:34:56")

year(datetime)
#> [1] 2016
month(datetime)
#> [1] 7
mday(datetime)
#> [1] 8

yday(datetime)
#> [1] 190
wday(datetime)
#> [1] 6
```

month()とwday()では、label = TRUEと設定して月名や曜日の省略形を返すことができます。abbr = FALSEとすると完全名が返ります。

```
month(datetime, label = TRUE)
#> [1] Jul
#> 12 Levels: Jan < Feb < Mar < Apr < May < Jun < ... < Dec
wday(datetime, label = TRUE, abbr = FALSE)
#> [1] Friday
#> 7 Levels: Sunday < Monday < Tuesday < ... < Saturday
```

wday()を使うと、週末よりも平日の方がフライトが多いことがわかります。

```
flights_dt %>%
  mutate(wday = wday(dep_time, label = TRUE)) %>%
  ggplot(aes(x = wday)) +
    geom_bar()
```

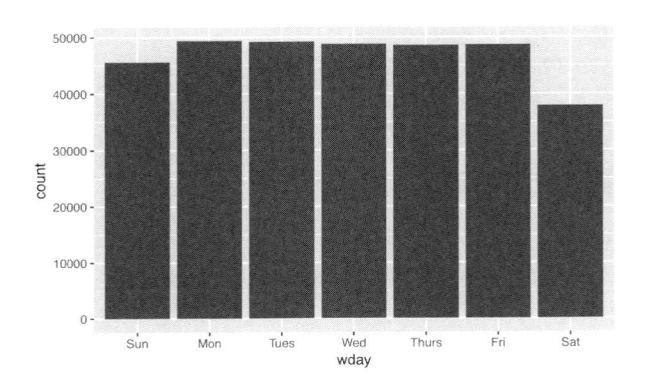

　1時間のうちの分ごとの平均出発遅延を調べると面白いパターンがわかります。20–30分と50–60分に出発する便の遅延は他よりも少ないのです。

```
flights_dt %>%
  mutate(minute = minute(dep_time)) %>%
  group_by(minute) %>%
  summarize(
    avg_delay = mean(dep_delay, na.rm = TRUE),
    n = n()) %>%
  ggplot(aes(minute, avg_delay)) +
    geom_line()
```

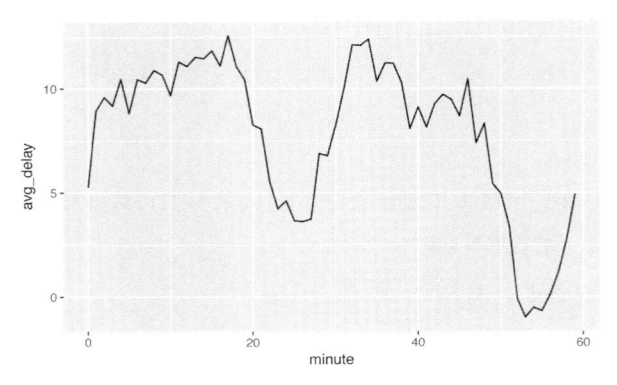

　面白いことに、**予定**出発時刻だとそのようなパターンが見られません。

```
sched_dep <- flights_dt %>%
  mutate(minute = minute(sched_dep_time)) %>%
  group_by(minute) %>%
  summarize(
    avg_delay = mean(dep_delay, na.rm = TRUE),
    n = n())
```

```
ggplot(sched_dep, aes(minute, avg_delay)) +
  geom_line()
```

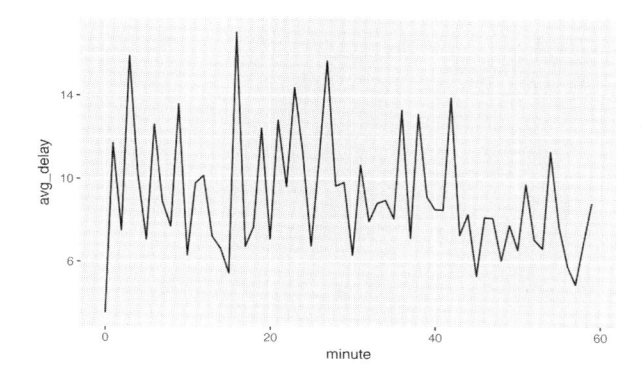

　実際の出発時刻でこのようなパターンが見られるのはなぜでしょうか。人間が収集したデータの多くに見られますが、出発便には「丁度良い」出発時刻への強いバイアスがかかるからです。人間の判断を含むデータを扱うときには常にこの種のパターンに気を付けます。

```
ggplot(sched_dep, aes(minute, n)) +
  geom_line()
```

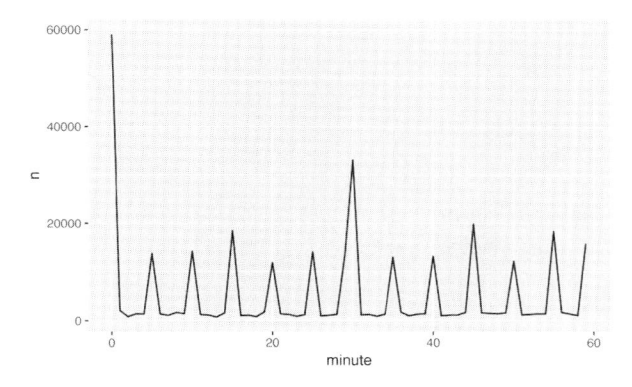

13.3.2　丸める

　個別要素をプロットする別の方式は、floor_date()、round_date()、ceiling_date()で日付を切りのよい時間単位に寄せてしまうことです。これらの関数は日付ベクトルをとり、名前が示すように時間単位へ切り捨て（floor）、切り上げ（ceiling）、あるいは丸め（round）ます。例えば、これで週単位の便数をプロットできます。

```
flights_dt %>%
  count(week = floor_date(dep_time, "week")) %>%
```

```
ggplot(aes(week, n)) +
  geom_line()
```

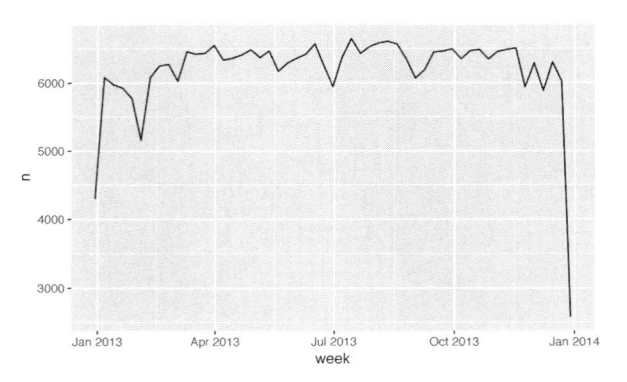

丸めた日付と丸めていない日付との差を計算しておくと便利です。

13.3.3　要素を設定する

アクセサ関数を使って日付時間の要素を設定できます。

```
(datetime <- ymd_hms("2016-07-08 12:34:56"))
#> [1] "2016-07-08 12:34:56 UTC"

year(datetime) <- 2020
datetime
#> [1] "2020-07-08 12:34:56 UTC"
month(datetime) <- 01
datetime
#> [1] "2020-01-08 12:34:56 UTC"
hour(datetime) <- hour(datetime) + 1
datetime
#>[1] "2020-01-08 13:34:56 UTC"
```

他にもupdate()で新たな日付時刻を作るという方法があります。update()では複数の値をまとめて設定できます。

```
update(datetime, year = 2020, month = 2, mday = 2, hour = 2)
#> [1] "2020-02-02 02:34:56 UTC"
```

大きすぎる値でもきちんと処理します。

```
ymd("2015-02-01") %>%
  update(mday = 30)
#> [1] "2015-03-02"
ymd("2015-02-01") %>%
```

```
    update(hour = 400)
#> [1] "2015-02-17 16:00:00 UTC"
```

update()を使って、1年の毎日の時間ごとの便数分布を表示することもできます。

```
flights_dt %>%
  mutate(dep_hour = update(dep_time, yday = 1)) %>%
  ggplot(aes(dep_hour)) +
    geom_freqpoly(binwidth = 300)
```

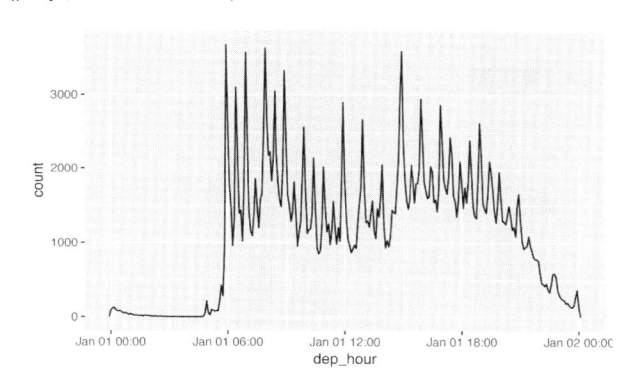

　定数に日付のより大きな要素を設定するという技法は、より小さな要素のパターンを調べるのに役立ちます。

練習問題

1. 1日のうちのフライトの時刻分布が1年間でどのように変化しているか。

2. dep_time, sched_dep_time, dep_delayを比較しなさい。一貫した関係にあるか。何がわかったか説明しなさい。

3. air_timeを出発時刻と到着時刻との時間差と比較しなさい。わかったことを説明しなさい（ヒント：空港の位置を考慮すること）。

4. 平均遅延時間が一日の内でどのように変化するか。dep_timeとsched_dep_timeのどちらを使うべきか。それはなぜか。

5. 遅延の可能性をできるだけ少なくするには何曜日に出発すべきか。

6. diamonds$caratとflights$sched_dep_timeの分布が似ているのは何が原因だろうか。

7. 1時間のうち20–30分と50–60分に出発する便の出発遅延が少ないことについての、それより早い時刻に予定されている便によるという私の仮説が正しいことを確認しなさい（ヒント：便が遅延したかどうかを示すバイナリ変数を作る）。

13.4　タイムスパン

　次に、減法、加法、除法を含めた算術が日付にどう作用するかを学びます。タイムスパンを表す3つの重要なクラスもついでに学びます。

- durationは正確に秒数で表す。
- periodは週や月のような人が使う単位で表す。
- intervalは開始点と終了点で表す。

13.4.1　duration（期間）

　日付の間の差をとると、Rではdifftimeオブジェクトになります。

```
# Hadleyは何歳か?
h_age <- today() - ymd(19791014)
h_age
#> Time difference of 13511 days
```

　difftimeクラスオブジェクトは、タイムスパンを秒、分、時、日、週のいずれかで表します。単位が異なるのは後々問題の原因になるので、lubridateでは常に秒で表すdurationを代わりに用意しました。

```
as.duration(h_age)
#> [1] "1167350400s (~36.99 years)"
```

　durationには便利なコンストラクタがたくさんあります。

```
dseconds(15)
#> [1] "15s"
dminutes(10)
#> [1] "600s (~10 minutes)"
dhours(c(12, 24))
#> [1] "43200s (~12 hours)" "86400s (~1 days)"
ddays(0:5)
#> [1] "0s"               "86400s (~1 days)"
#> [3] "172800s (~2 days)" "259200s (~3 days)"
#> [5] "345600s (~4 days)" "432000s (~5 days)"
dweeks(3)
#> [1] "1814400s (~3 weeks)"
dyears(1)
#> [1] "31536000s (~52.14 weeks)"
```

　タイムスパンをdurationは常に秒で記録します。標準換算（1分=60秒、1時間=60分、1日=24時間、1週=7日、1年=365日）でより大きな単位に秒から変換できます。

durationを足したり掛けたりできます。

```
2 * dyears(1)
#> [1] "63072000s (~2 years)"
dyears(1) + dweeks(12) + dhours(15)
#> [1] "38847600s (~1.23 years)"
```

durationを日に足したり引いたりできます。

```
tomorrow <- today() + ddays(1)
last_year <- today() - dyears(1)
```

しかし、durationが正確な秒数を表すために、予期せぬ結果が得られることもあります。

```
one_pm <- ymd_hms(
  "2016-03-12 13:00:00",
  tz = "America/New_York"
)

one_pm
#> [1] "2016-03-12 13:00:00 EST"
one_pm + ddays(1)
#> [1] "2016-03-13 14:00:00 EDT"
```

なぜ、3月12日午後1時の1日後が3月13日の午後2時となるのでしょう。この日付を注意して読めば、タイムゾーン表示が異なっていることに気付きます。夏時間の開始により、3月12日には23時間しかありませんでした。1日分の秒数を足したので、時刻が違ったのです。

13.4.2 period（時期）

この問題を回避するため、lubridateはperiodを用意しました。periodもタイムスパンですが、秒数固定長ではありません。日や月といった「人間の」時間間隔に合わせるのです。より直感的に作用します。

```
one_pm
#> [1] "2016-03-12 13:00:00 EST"
one_pm + days(1)
#> [1] "2016-03-13 13:00:00 EDT"
```

duration同様、periodにも多くのコンストラクタ関数があります。

```
seconds(15)
#> [1] "15S"
minutes(10)
#> [1] "10M 0S"
hours(c(12, 24))
```

```
#> [1] "12H 0M 0S" "24H 0M 0S"
days(7)
#> [1] "7d 0H 0M 0S"
months(1:6)
#> [1] "1m 0d 0H 0M 0S" "2m 0d 0H 0M 0S" "3m 0d 0H 0M 0S"
#> [4] "4m 0d 0H 0M 0S" "5m 0d 0H 0M 0S" "6m 0d 0H 0M 0S"
weeks(3)
#> [1] "21d 0H 0M 0S"
years(1)
#> [1] "1y 0m 0d 0H 0M 0S"
```

periodを足したり掛けたりできます。

```
10 * (months(6) + days(1))
#> [1] "60m 10d 0H 0M 0S"
days(50) + hours(25) + minutes(2)
#> [1] "50d 25H 2M 0S"
```

日付に足すこともももちろんできます。durationと比べて、periodは期待した通りの結果になります。

```
# うるう年
ymd("2016-01-01") + dyears(1)
#> [1] "2016-12-31"
ymd("2016-01-01") + years(1)
#> [1] "2017-01-01"


# 夏時間
one_pm + ddays(1)
#> [1] "2016-03-13 14:00:00 EDT"
one_pm + days(1)
#> [1] "2016-03-13 13:00:00 EDT"
```

フライトの日付に関する問題をperiodを使って解決します。ニューヨーク出発時刻**よりも早い**時刻に到着する便があります。

```
flights_dt %>%
  filter(arr_time < dep_time)
#> # A tibble: 10,633 × 9
#>    origin  dest dep_delay arr_delay          dep_time
#>     <chr> <chr>     <dbl>     <dbl>            <dttm>
#> 1    EWR   BQN         9        -4 2013-01-01 19:29:00
#> 2    JFK   DFW        59        NA 2013-01-01 19:39:00
#> 3    EWR   TPA        -2         9 2013-01-01 20:58:00
#> 4    EWR   SJU        -6       -12 2013-01-01 21:02:00
#> 5    EWR   SFO        11       -14 2013-01-01 21:08:00
#> 6    LGA   FLL       -10        -2 2013-01-01 21:20:00
```

```
#> # ... with 1.063e+04 more rows, and 4 more variables:
#> #   sched_dep_time <dttm>, arr_time <dttm>,
#> #   sched_arr_time <dttm>, air_time <dbl>
```

これらは夜行便です。発着時刻の両方に同じ日付情報を用いていますが、これらの便は翌日に到着します。夜行便に対して、days(1)を足すことでこの問題を解決できます。

```
flights_dt <- flights_dt %>%
  mutate(
    overnight = arr_time < dep_time,
    arr_time = arr_time + days(overnight * 1),
    sched_arr_time = sched_arr_time + days(overnight * 1)
  )
```

今度はどの便も物理法則に違反しません。

```
flights_dt %>%
  filter(overnight, arr_time < dep_time)
#> # A tibble: 0 × 10
#> # ... with 10 variables: origin <chr>, dest <chr>,
#> #   dep_delay <dbl>, arr_delay <dbl>, dep_time <dttm>,
#> #   sched_dep_time <dttm>, arr_time <dttm>,
#> #   sched_arr_time <dttm>, air_time <dbl>, overnight <lgl>
```

13.4.3 interval（間隔）

dyears(1) / ddays(365)の値は自明です。durationは常に秒で表され、1年のdurationは365日分の秒数と定義されるので、1です。

years(1) / days(1)の値はどうあるべきでしょうか。2015年なら365ですが、2016年なら366であるべきです。lubridateが1つの明確な値を返すには十分な情報がありません。実際の結果は、警告付きの推定値です。

```
years(1) / days(1)
#> estimate only: convert to intervals for accuracy
#> [1] 365.25
```

より正確な測定結果が欲しいなら、intervalを使う必要があります。intervalは開始時点つきのdurationです。よって、正確にどれだけの長さかを決定することができます。

```
next_year <- today() + years(1)
(today() %--% next_year) / ddays(1)
#> [1] 365
```

intervalにどれだけのperiodが該当するか計算するには整数除算を使う必要があります。

```
(today() %--% next_year) %/% days(1)
#> [1] 365
```

13.4.4　まとめ

duration, period, intervalのどれをどのように使うべきでしょうか。いつものことですが、問題を解決する最も単純なデータ構造を選ぶべきです。物理的な時間だけが必要なら、durationを使います。人間の時間に合わせるなら、periodを使います。タイムスパンの長さを人間の単位で表す必要があれば、intervalを使います。

図13-1に、異なるデータ型で可能な算術演算をまとめます。

	date		date time		duration			period		interval		number			
date	-			-		-	+		-	+			-	+		
date time			-			-	+		-	+			-	+		
duration	-	+	-	+	-	+	/					-	+	×	/
period	-	+	-	+				-	+			-	+	×	/
interval						/			/						
number	-	+	-	+	-	+	×	-	+	×	-	+	×	+	×	/

図13-1　日付時間クラス間で可能な算術演算

練習問題

1. months()があるのにdmonths()がないのはなぜか。
2. Rを学び始めたばかりの人にdays(overnight * 1)を説明する。どのように計算するか。
3. 2015年の毎月の初日を与える日付ベクトルを作りなさい。**今年**の毎月の初日を与える日付ベクトルを作りなさい。
4. （日付で）誕生日を与えると何歳かを年で返す関数を書きなさい。
5. (today() %--% (today() + years(1)) /months(1)はなぜうまく働かないのか。

13.5　タイムゾーン

タイムゾーンは、地政学上のエンティティとの相互作用があるので非常に複雑なテーマです。幸い、データ分析ではそれほど重要ではないので、あまり詳細に立ち入る必要はありません。しかし、いくつか片付けておく必要のある課題があります。

第1の課題は、タイムゾーンの通常の呼び名が曖昧なことです。例えば、アメリカ人ならEST（東部標準時）になじみがあるでしょうが、オーストラリアとカナダにもESTがあります。Rでは混乱

を避けるために、国際標準IANAタイムゾーンを用います。名前付けは、「/」を使って通常「<大陸>/<都市>」という形式で表します (すべての国が大陸にあるわけではないので例外もある)。例えば、「America/New_York」、「Europe/Paris」および「Pacific/Auckland」です。

タイムゾーンは、国または国の一部地域に対応すると思っていたら、なぜこのタイムゾーンに都市名を使うか不思議に思うかもしれません。これは、IANAデータベースに何十年にもわたる価値あるタイムゾーン規則の記録が残されているからです。これまでの何十年でも、国は名前を頻繁に変え、分裂を繰り返してきましたが、都市名は比較的変わりませんでした。別の問題は、名前が現在の振る舞いだけでなく、完全な歴史を反映しないといけないことです。例えば、「America/New_York」と「America/Detroit」という2つのタイムゾーンがあります。両都市は現在ESTを使っていますが、1969–1972には (Detroitのある) ミシガン州は夏時間を採用しなかったので異なる名前が必要なのです。タイムゾーンデータベース (http://www.iana.org/time-zones から取得可能) でこれらのお話を読むだけでも価値があります。

現在のタイムゾーンをRがどう理解しているかは、Sys.timezone()でわかります。

```
Sys.timezone()
#> [1] "America/Los_Angeles"
```

(わからないとRはNAを返します。)

全タイムゾーンの一覧はOlsonNames()で得られます。

```
length(OlsonNames())
#> [1] 589
head(OlsonNames())
#> [1] "Africa/Abidjan"      "Africa/Accra"
#> [3] "Africa/Addis_Ababa" "Africa/Algiers"
#> [5] "Africa/Asmara"      "Africa/Asmera"
```

Rでは、タイムゾーンは日付時刻の表示をコントロールする唯一の属性です。例えば、次の3オブジェクトは同じ時刻のインスタンスを表します。

```
(x1 <- ymd_hms("2015-06-01 12:00:00", tz = "America/New_York"))
#> [1] "2015-06-01 12:00:00 EDT"
(x2 <- ymd_hms("2015-06-01 18:00:00", tz = "Europe/Copenhagen"))
#> [1] "2015-06-01 18:00:00 CEST"
(x3 <- ymd_hms("2015-06-02 04:00:00", tz = "Pacific/Auckland"))
#> [1] "2015-06-02 04:00:00 NZST
```

引き算すれば、同じ時間だと検証できます。

```
x1 - x2
#> Time difference of 0 secs
x1 - x3
#> Time difference of 0 secs
```

　特に指定しないと、`lubridate`は常にUTCを使います。UTC（協定世界時）は科学界で使われる標準タイムゾーンで、そのまえにあったGMT（グリニッジ標準時）とほぼ等しいものです。UTCには夏時間がなく、計算に便利な表現です。`c()`のような日付時刻を結合する演算では、多くの場合タイムゾーンが省略されています。その場合、日付時刻は現地のタイムゾーンを表示します。

```
x4 <- c(x1, x2, x3)
x4
#> [1] "2015-06-01 09:00:00 PDT" "2015-06-01 09:00:00 PDT"
#> [3] "2015-06-01 09:00:00 PDT"
```

タイムゾーンを変えるには2つの方法があります。

- 時刻はそのままにして表示方法を変える。時刻は正しいが、より自然な表示を求める場合に有効だ。

    ```
    x4a <- with_tz(x4, tzone = "Australia/Lord_Howe")
    x4a
    #> [1] "2015-06-02 02:30:00 LHST"
    #> [2] "2015-06-02 02:30:00 LHST"
    #> [3] "2015-06-02 02:30:00 LHST"
    x4a - x4
    #> Time differences in secs
    #> [1] 0 0 0
    ```

    （これは、タイムゾーンの別の課題も示している。いつも整数時間異なるわけではない。）

- 基盤となる時刻を変更する。時刻に間違ったタイムゾーンが与えられ修正したい場合にこれを用いる。

    ```
    x4b <- force_tz(x4, tzone = "Australia/Lord_Howe")
    x4b
    #> [1] "2015-06-01 09:00:00 LHST"
    #> [2] "2015-06-01 09:00:00 LHST"
    #> [3] "2015-06-01 09:00:00 LHST"
    x4b - x4
    #> Time differences in hours
    #> [1] -17.5 -17.5 -17.5
    ```

プログラム

このⅢ部では、プログラミングスキルを向上させます。プログラミングは、分野を問わずデータサイエンスのあらゆる作業に必要なスキルです。データサイエンスにはコンピュータを使う必要があります。頭の中だけや紙と鉛筆だけではデータサイエンスはできません。

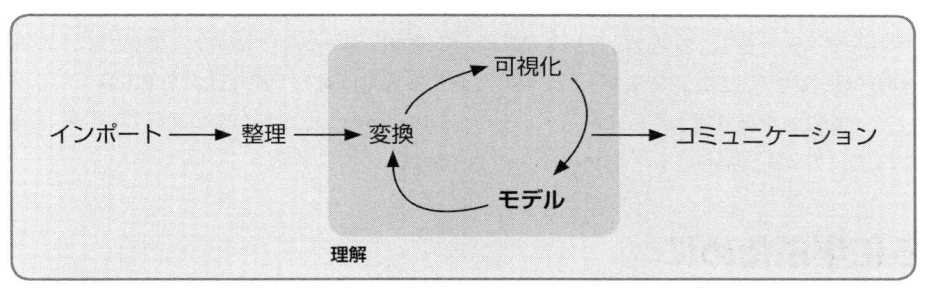

プログラム

プログラミングはコードを生成します。コードはコミュニケーションツールです。コードは、明らかに、コンピュータに何をしたいかを伝えます。しかし、それは他の人間にも意味のあるコミュニケーションを行います。コードをコミュニケーションの手段として考えておくことは、あらゆるプロジェクトが基本的には協働作業なので重要です。他の人とは作業していなくても、未来のあなたとは協働しているはずです。明確なコードを書くことが、（未来のあなたのような）他人がなぜあなたがこのようにして分析を行ったのかという理由を理解するために重要なのです。すなわち、プログラミングが上手になることは、コミュニケーションが上手になることです。時間がたてばたつほど、コードが単に書きやすいだけでなく、他の人にとって読みやすいことが必要になるのです。

コードを書くことは多くの点で作文に似ています。私が特に役立つと思ったのは、両方とも明確さへの鍵が、書き直しにあることです。アイデアの最初の表現は明確でないことがあり、何度も書き直す必要があるものです。データ分析の課題をこなした後では、コードを見直して、やったことが明ら

かであるかどうかを考えることが大事です。アイデアが新鮮なうちに、コードを書き直すために少し時間を割ければ、将来コードが何をしていたかを思い出すために使う時間を節約できます。ただし、これはすべての関数を書き直しましょうと言っているのではありません。今やらなければならないことと、長期に渡って時間を節約することの間でバランスをとらないといけません（もっとも関数を書き直せば、まず何をしようとしていたかが明確となるはずです）。

　次の4つの章で新たなプログラムを書くにも既存の問題を解くにも、より明確で容易に行えるためのスキルを学びます。

- 14章では、**パイプ%>%**の高度な使い方とどのように働くか、他にどのような方式があるか、使ってはいけないときはいつかなどをさらに学ぶ。
- コピー&ペーストは強力なツールだが、3回以上使うのは避ける。コードでの繰り返しは、エラーや矛盾を招きやすいので危険。15章では、その代わりに、**関数**をどう書けばよいか、また関数を使って、繰り返すコードの核心を抽出して再利用が簡単になることを学ぶ。
- より強力な関数を書き始めると、16章で述べるRの**データ構造**をしっかり理解する必要が生じる。データ構造を使って構築されたよく使われる4つのアトミックベクトルと3つの重要なS3クラスをマスターして、リストとデータフレームの魔力を理解しなければならない。
- 関数は反復コードを抽出するが、同じ動作を異なる入力に対して繰り返す必要も良く生じる。同じようなことを繰り返すために、イテレーションのためのツールも必要です。ループや関数型プログラミングを含めてこれらのツールを17章で学ぶ。

さらに学ぶために

　本章の目標は、データサイエンスを行うのに必要なプログラミングについて最低限のことを学ぶことですが、それでもかなりの量になりました。本書の内容をマスターした後は、プログラミングスキル向上に自分で投資すべきだというのが私の信念です。プログラミングの学習は長期投資であり、すぐに見返りがあるわけではありませんが、長い目で見れば、新たな問題により迅速に対処でき、新たなシナリオで過去の問題から得られた知見を再利用できるようになります。

　学習のためには、Rをデータサイエンスのための単なる対話環境というのではなく、プログラミング言語としてきちんと勉強する必要があります。そのための手助けとなる本を2冊書いています。

- 『Hands-on programming with R』（Garrett Grolemund著、邦題『RStudioではじめるRプログラミング入門』大橋監訳、長尾訳、オライリー・ジャパン、2015）。プログラミング言語としてのRの入門書で、Rが初めてのプログラミング言語なら最初に読むべき本。本書のⅢ部と同じ内容を扱っているが、スタイルや取り上げている（カジノの）例が違う。本書のⅢ部の進み方が速いと感じられる人には役立つはず。

- 『Advanced R』（Hadley Wickham 著、邦題『R言語徹底解説』石田ほか訳、共立出版、2014）。プログラミング言語としてのRの詳細を述べる。他のプログラミング言語を経験しているなら、この本を薦める。Ⅲ部の内容を咀嚼できたら次に進むためにも役立つ。原書の内容はhttp://adv-r.had.co.nz/で読むこともできる。

14章
magrittrでパイプ

14.1　はじめに

　パイプは複数の演算の列を明示する強力なツールです。これまで、パイプがどのように働いているか、他にどのような方法があるか知らないままパイプを使ってきました。本章ではパイプの詳細を学びます。パイプの代わりとなる方法やパイプを使うべきでない場合、関連したツールで役立つものを学びます。

14.1.1　用意するもの

　パイプ%>%はStefan Milton Bacheのmagrittrパッケージに由来します。tidyverseが自動的に%>%をロードするので、普通はわざわざmagrittrをロードしません。本章では、パイプに焦点を絞り、他のパッケージを使わないので、magrittrを明示的にロードします。

```
library(magrittr)
```

14.2　パイプの代用

　パイプの要点は、読んで理解しやすいようにコードを書くのを助けることです。パイプがなぜこんなに役立つかを示すために、同じコードをいくつもの方式で書くことにします。Foo Fooという名前のちっちゃなウサギのお話のコードを使います。

	[訳]
Little bunny Foo Foo	ちっちゃなウサギ フーフー
Went hopping through the forest	森の中を飛び跳ねて
Scooping up the field mice	野ネズミ追い出して
And bopping them on the head	頭をぶったたいたとさ

これはよく知られた子供用の詩で、手遊び歌になっています。

ウサギのFoo Fooを表すオブジェクトの作成から始めます[*1]。

```
foo_foo <- little_bunny()
```

そして、動詞に対応する関数hop(), scoop(), bop()を使います。このようなオブジェクトと動詞を使って、少なくとも次の4通りのコードでお話を表すことができます。

- 中間ステップを新たなオブジェクトとして格納する。
- 元のオブジェクトを何度も書き替える。
- 関数を作成する。
- パイプを使う。

各方式について、コードを示して利点と欠点を検討します。

14.2.1　中間ステップ

一番単純なのが、中間段階を新たなオブジェクトとして格納することです。

```
foo_foo_1 <- hop(foo_foo, through = forest)
foo_foo_2 <- scoop(foo_foo_1, up = field_mice)
foo_foo_3 <- bop(foo_foo_2, on = head)
```

この方式の欠点は、中間要素に名前が必要なことです。自然な名前を思いつくなら、悪くないし、そうすべきです。しかし、多くの場合、この例のように、よい名前がなくて、数字をくっつけて名前をひねり出すことになります。これには次のような2つの問題があります。

- あまり重要でない名前が多くてコードがわかりにくくなる。
- 各行で接尾辞の番号を注意して増やす必要がある。

こんなコードを書くと、私は必ず番号を間違えて、どこがおかしいのか調べるために10分は頭をひねる羽目になります。

この方式では、データのコピーが多数できて、大量のメモリを消費するのではないかと心配にもなるでしょう。驚くべきことに、そうはなりません。そもそも、メモリ消費について前もって心配するのは、賢い時間の使い方ではありません。問題が生じてから（すなわち、メモリがなくなってから）心配した方が良いでしょう。それから、Rは賢くて、可能な限りデータフレーム間で列を共有します。新たな列をggplot2::diamondsに追加する実際のデータ操作パイプラインを取り上げます[*2]。

[*1]　訳注：このコードをそのまま実行すると「little_bunny()でエラー：関数"little_bunny"を見つけることができませんでした」になる。ここでは、歌を仮想のコードで表しているので問題はない。little_bunny()は、何らかのクラスのように考えるとわかりやすい。

[*2]　訳注：前もってpryrパッケージをインストールしてロードする必要がある。

```
diamonds <- ggplot2::diamonds
diamonds2 <- diamonds %>%
  dplyr::mutate(price_per_carat = price / carat)

pryr::object_size(diamonds)
#> 3.46 MB
pryr::object_size(diamonds2)
#> 3.89 MB
pryr::object_size(diamonds, diamonds2)
#> 3.89 MB
```

pryr::object_size()は、引数すべてで占有するメモリ量を返します。結果は直感に反しているように思えるでしょう。

- diamondsは3.46MB
- diamonds2は3.89MB
- diamondsとdiamonds2を合わせても3.89MB

なぜこうなるのでしょうか。diamonds2はdiamondsと10列を共有しています。これらを2重に持つ必要がありません。どちらかを変更した時だけ、コピーが作られます。次の例では、diamonds$caratの値を1つ変更します。すなわち、2つのデータフレームでは、もはやcarat変数を共有できずコピーが作られます。それぞれのデータフレームのサイズは変わりませんが、合わせたサイズは増えます。

```
diamonds$carat[1] <- NA
pryr::object_size(diamonds)
#> 3.46 MB
pryr::object_size(diamonds2)
#> 3.89 MB
pryr::object_size(diamonds, diamonds2)
#> 4.32 MB
```

（ここで、組み込みのobject.size()ではなくpryr::object_size()を使っていることに注意。object.size()はオブジェクトを1つしかとらないので、複数オブジェクトでデータが共有されているのを計算できません。）

14.2.2　元のオブジェクトを書き換える

ステップごとに中間オブジェクトを作る代わりに、元のオブジェクトを書き替えることができます。

```
foo_foo <- hop(foo_foo, through = forest)
foo_foo <- scoop(foo_foo, up = field_mice)
foo_foo <- bop(foo_foo, on = head)
```

キー入力の手間（そして思考の手間も）が減るので、間違いの危険性も減ります。しかし、次の2つの問題があります。

- デバッグが面倒です。間違いがあったら、パイプラインを始めからやり直さねばならない。
- 変換されるオブジェクトを繰り返す（foo_fooを6回書き替える）ために、行ごとに何が変わったかがわかりにくい。

14.2.3　関数作成

代入を止めて関数呼び出しを連結するという別の方法もあります。

```
bop(
  scoop(
    hop(foo_foo, through = forest),
    up = field_mice
  ),
  on = head
)
```

この場合の欠点は、内から外へ、右から左へと読まねばならず、引数が離れた位置となる（Dagwoodサンドイッチ（https://en.wikipedia.org/wiki/Dagwood_sandwich）問題と呼ばれる）ことです。要するに、このコードは人間にはわかりにくいものです。

14.2.4　パイプを使う

最後になりますが、パイプを使うことができます。

```
foo_foo %>%
  hop(through = forest) %>%
  scoop(up = field_mouse) %>%
  bop(on = head)
```

これは、名詞ではなく動詞に焦点を当てるので、私の大好きな形式です。動作命令の集合としてこの関数構成列を読むことができます。Foo Fooは、飛び跳ねて、追い出して、ぶったたいた。もちろん、欠点はパイプをよく知っておく必要があることです。%>%を一度も見たことがないと、このコードが何をするかまったくわからないでしょう。ほとんどの人には、パイプの考え方はすぐつかめるので、パイプをよく知らない人とコードを共有するときでも、簡単に教えられます。

パイプは、「字句変換」によって機能します。裏では、magrittrがパイプのコードを変換して、中間オブジェクトを書き替えるようにします。上のようなパイプを実行すると、magrittrは次のように変換します。

```
my_pipe <- function(.) {
  . <- hop(., through = forest)
  . <- scoop(., up = field_mice)
  bop(., on = head)
}
```

```
my_pipe(foo_foo)
```

すなわち、パイプは次のような2種類の関数ではうまくいきません。

- 現在の環境を使う関数。例えば、assign()は現在の環境で指定した名前の変数を作る。

  ```
  assign("x", 10)
  x
  #> [1] 10

  "x" %>% assign(100)
  x
  #> [1] 10
  ```

  パイプでassignを使うと、%>%が使う一時環境に値代入するためうまくいかない。パイプで
  assignを使うためには、環境を明示しないといけない。

  ```
  env <- environment()
  "x" %>% assign(100, envir = env)
  x
  #> [1] 100
  ```

  get()やload()もこのような問題を起こす。
- 遅延評価を行う関数。Rでは関数の引数は、呼び出しの前ではなく、実際に関数がその引数を使
  うときに評価される。パイプでは各要素を順に計算するので、この評価の振る舞いに従うわけに
  いかない。

  これが問題になるのが、エラーを捕捉して処理するtryCatch()だ。

  ```
  tryCatch(stop("!"), error = function(e) "An error")
  #> [1] "An error"

  stop("!") %>%
  tryCatch(error = function(e) "An error")
  #> eval(lhs, parent, parent) でエラー: !
  ```

基本Rのtry(), suppressMessages(), suppressWarnings()を含めて、このような振る舞いにな
る関数は比較的広範囲にわたる。

14.3　パイプを使ってはいけないとき

　パイプは強力なツールですが、これだけが使えるツールというわけでも、これですべての問題が
解けるわけでもありません。パイプは、かなり短めの操作の直線的な手順を書き換えるのに最も役立
ちます。次のような場合には他のツールを使った方がよいと私は思います。

- パイプが10ステップを超えたとき。その場合には、意味のある名前の中間オブジェクトを作る。そうすると、中間結果をチェックするのが簡単になるのでデバッグが楽になり、変数名が意図を知らせるので、コードの理解が楽になる。
- 複数の入出力があるとき。変換されるオブジェクトが1つだけでなく、2つ以上のオブジェクトを組み合わせているなら、パイプを使わない。
- 複雑な依存構造で有向グラフを考えないといけなくなったとき。パイプは基本的に線形構造なので、複雑な関係を無理に表そうとすると普通はコードが混乱する。

14.4　magrittrの他のツール

tidyverseの全パッケージでは、%>%が使えるので、普通はmagrittrを明示的にロードしません。しかし、magrittrには試してみるとよい有用なツールが他にもあります。

- より複雑なパイプでは、関数を呼び出して副作用を使うと役立つことがある。現在のオブジェクトを印刷したり、グラフを書いたり、ディスクに保存したいこともある。多くの場合、このような関数は何も返さず、結果として、パイプを終了する。

  この問題を回避するため、「ティー」パイプ%T>%を%>%の代わりに使い、右辺の代わりに左辺を返す。これがTパイプと呼ばれるのは、文字通りTの形をしたパイプの働きをするからだ。

  ```
  rnorm(100) %>%
    matrix(ncol = 2) %>%
    plot() %>%
    str()
  #> NULL
  ```

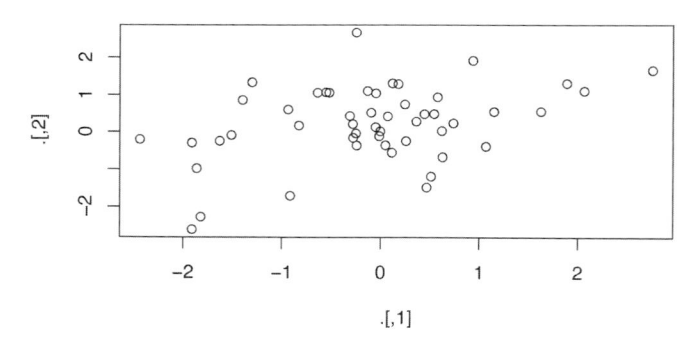

  ```
  rnorm(100) %>%
    matrix(ncol = 2) %T>%
    plot() %>%
    str()
  #> num [1:50, 1:2] -0.387 -0.785 -1.057 -0.796 -1.756 ...
  ```

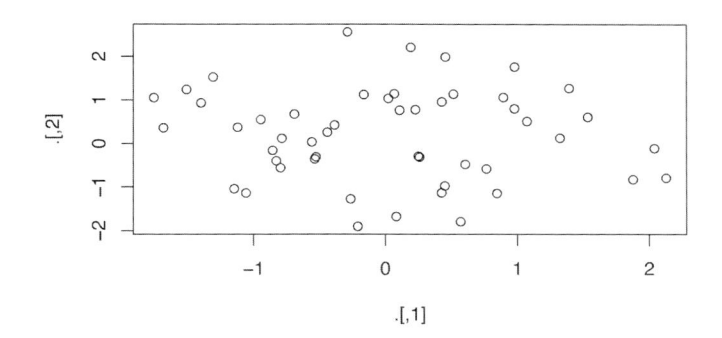

- データフレームに基づいたAPIを持たない関数を使う（すなわち、データフレームを渡して式をそのデータフレームの意味で評価するのではなく個別ベクトルとして渡す）なら、%$%が役立つ。これは、データフレームの変数を「展開」するので、明示的に扱うことができる。これは基本Rの多くの関数で役立つ。

```
mtcars %$%
  cor(disp, mpg)
#> [1] -0.848
```

- 代入に対しては、magrittrは%<>%演算子を用意している。

```
mtcars <- mtcars %>%
  transform(cyl = cyl * 2)
```

このコードを次のように書き直すことができる。

```
mtcars %<>% transform(cyl = cyl * 2)
```

私は、代入は特別な演算なのではっきり明示すべきだと考えるため、この演算子を好まない。私は、代入をより明示するためには、多少重複があって（すなわち、オブジェクト名を2度繰り返す）もよいと思う。

15章
関数

15.1 はじめに

データサイエンティストとして上達する最良の方法は関数を書くことです。よくある作業の自動化という点で、関数は、コピー＆ペーストよりも強力で汎用的です。関数を書くことには、コピー＆ペーストよりも大きな利点が3つあります。

- コードが理解しやすい直感的な名前を関数に付けることができる。
- 要求が変わっても、複数箇所を変更せずに、1か所のコードを変更するだけで済む。
- コピー＆ペーストするときの間違いをなくすことができる（すなわち、他のところではなく、1か所の変数名だけ変更すればよい）。

よい関数を書くことは、生涯にわたる目標です。私は何年もRを使っていますが、いまだに過去の問題に対して新たな技法やより良い方式を学んでいます。本章の目標は、関数についての特別な詳細を教えることではなく、すぐに役立つ実際的なアドバイスを与えることです。

本章では、関数を書く実用面だけでなく、コードのスタイルについてもアドバイスします。よいコードスタイルは、正しい句読点のようなものです。なくてもなんとかなりますが、明らかに読みやすくなります。句読点の書法同様、コードスタイルには多くの書法があります。本章では、我々のコードスタイルを示しますが、大事なのは、一貫したスタイルです。

15.1.1 用意するもの

本章では、基本Rで関数を書くことに焦点を絞るので、他のパッケージは使いません。

15.2 関数を書くべきとき

コードの塊を3回以上コピー＆ペーストするなら、関数を書くよう考えるべきです。例えば、次のコードでは、何をしているでしょうか。

```
df <- tibble::tibble(
  a = rnorm(10),
  b = rnorm(10),
  c = rnorm(10),
  d = rnorm(10)
)

df$a <- (df$a - min(df$a, na.rm = TRUE)) /
  (max(df$a, na.rm = TRUE) - min(df$a, na.rm = TRUE))
df$b <- (df$b - min(df$b, na.rm = TRUE)) /
  (max(df$b, na.rm = TRUE) - min(df$a, na.rm = TRUE))
df$c <- (df$c - min(df$c, na.rm = TRUE)) /
  (max(df$c, na.rm = TRUE) - min(df$c, na.rm = TRUE))
df$d <- (df$d - min(df$d, na.rm = TRUE)) /
  (max(df$d, na.rm = TRUE) - min(df$d, na.rm = TRUE))
```

このコードが各列の値が0から1までの範囲になるよう変更していることを理解できたと思います。ところで、間違いに気付いたでしょうか。df$bのコードのコピー＆ペーストにエラーがあります。aをbに変えるのを忘れたのです。反復コードを関数にすれば、この種の誤りを防止できるでしょう。

関数を書くにはまずコードを分析します。入力はいくつあるでしょうか。

```
(df$a - min(df$a, na.rm = TRUE)) /
  (max(df$a, na.rm = TRUE) - min(df$a, na.rm = TRUE))
```

このコードには、1つの入力df$aしかありません（TRUEが入力でないことに戸惑ったなら、後の練習問題をすればその理由がわかります）。入力をはっきりさせるため、一般的な名前の一時変数を使ってコードを書き直します。このコードでは1つの数値ベクトルがあればよいので、xを使います。

```
x <- df$a
(x - min(x, na.rm = TRUE)) /
(max(x, na.rm = TRUE) - min(x, na.rm = TRUE))
#> [1] 0.289 0.751 0.000 0.678 0.853 1.000 0.172 0.611 0.612
#> [10] 0.601
```

このコードには重複があります。データの範囲を3回も計算しています。1回で済ませるのが理にかなっています。

```
rng <- range(x, na.rm = TRUE)
(x - rng[1]) / (rng[2] - rng[1])
#> [1] 0.289 0.751 0.000 0.678 0.853 1.000 0.172 0.611 0.612
#> [10] 0.601
```

計算の中間結果に名前を与えると、コードが何をしているかわかりやすくなります。コードが簡単になり、ちゃんと働くことがわかったので、関数にします。

```
rescale01 <- function(x) {
  rng <- range(x, na.rm = TRUE)
  (x - rng[1]) / (rng[2] - rng[1])
}
rescale01(c(0, 5, 10))
#> [1] 0.0 0.5 1.0
```

新しく関数を作るには3つの基本ステップを踏みます。

1. 関数に名前を付ける。この場合、ベクトルの値を0から1に大きさを変更するので、rescale01 と名付けた。
2. 関数への入力、すなわち**引数**をfunctionの内側に書く。今回は1引数だけだった。もっとある なら、function(x, y, z)のように書く。
3. 関数の**本体**、function(...)の直後の{}ブロックにコードを書く。

プロセスの全体に注意します。簡単な入力を行って方向性がわかってから関数を作成しました。 実際に動くコードからスタートしてそれを関数にするほうが簡単です。関数を作ってからそれをきち んと動作させるのは簡単ではありません。

この時点で、他の入力でも関数がうまく機能することをチェックします。

```
rescale01(c(-10, 0, 10))
#> [1] 0.0 0.5 1.0
rescale01(c(1, 2, 3, NA, 5))
#> [1] 0.00 0.25 0.50   NA 1.00
```

関数を多く書くようになれば、この非公式の対話的なテストを正式の自動化テストにしたくなりま す。そのような正式テストはユニットテストと呼ばれます。残念ながら、これは本書の範囲を超えま すが、http://r-pkgs.had.co.nz/tests.htmlでさらに学ことができます。

関数ができたので、元の例を単純化できます。

```
df$a <- rescale01(df$a)
df$b <- rescale01(df$b)
df$c <- rescale01(df$c)
df$d <- rescale01(df$d)
```

元のと比べて、このコードは理解しやすく、コピー&ペーストのエラーも除去できました。同じこ とを複数の列に対して行っているので、まだ重複があります。Rのデータ構造について16章で学ん だ後、17章でこの重複を取り除く方法を学びます。

関数にはもう1つ、要求が変化した場合でも1箇所で直すだけで済むという利点があります。例え ば、変数の値に無限大が含まれるとrescale01()が失敗します。

```
x <- c(1:10, Inf)
rescale01(x)
#> [1] 0 0 0 0 0 0 0 0 0 0 NaN
```

コードを関数にまとめているので、1箇所で修正するだけで済みます。

```
rescale01 <- function(x) {
  rng <- range(x, na.rm = TRUE, finite = TRUE)
  (x - rng[1]) / (rng[2] - rng[1])
}
rescale01(x)
#> [1] 0.000 0.111 0.222 0.333 0.444 0.556 0.667 0.778 0.889
#> [10] 1.000 Inf
```

これは「繰り返しを避ける（do not repeat yourself）」というDRY原則[1]の重要な部分です。繰り返しがコードに多くなるほど、変更時（それは必ず起こる）の更新箇所が増えます。そうなると、バグの可能性が高まります。

練習問題

1. なぜ、TRUEがrescale01()の引数にならないか。xに欠損値があり、na.rmがFALSEなら何が起こるか。

2. 書き直したrescale01()では、無限大はそのままで変わらなかった。rescale01()を再度書き直して、-Infが0、Infが1にマップされるようにしなさい。

3. 次のコードの一部をそれぞれ関数にする練習をする。個々の関数が何をしているか考えなさい。どのような名前を付けるとよいか。何個の引数が必要か。よりわかりやすく、あるいは、重複が少なくなるように書き直せるか。

   ```
   mean(is.na(x))

   x / sum(x, na.rm = TRUE)

   sd(x, na.rm = TRUE) / mean(x, na.rm = TRUE)
   ```

4. https://nicercode.github.io/intro/writing-functions.htmlにしたがって数値ベクトルの分散と歪度を計算する関数を書きなさい。

5. 同じ長さのベクトル2つをとり、両方のベクトルのNAである箇所の個数を返す関数、both_na()を書きなさい。

6. 次の関数は何をするか。非常に短いがこれらが役立つのはなぜか。

---

* 1　訳注：ウィキペディアの「Don't repeat yourself」項目、および、Andrew Hunt and David Thomas、『達人プログラマー 職人から名匠への道』オーム社、2016参照。

```
is_directory <- function(x) file.info(x)$isdir
is_readable <- function(x) file.access(x, 4) == 0
```

7. 「Little bunny Foo Foo」の完全な歌詞（http://bit.ly/littlebunnyfoofoo または https://www.
   kididdles.com/lyrics/l007.html などを参照）を読むこと。この歌には繰り返しが多い。前章のパ
   イプの例を拡張して、歌詞全体に対応するようにして、関数を使い重複を減らしなさい。

15.3　関数は人間とコンピュータのためのもの

　関数がコンピュータのためだけではなく、人間のためでもあることを意識しましょう。Rは関数が
何と呼ばれるか、どのような注釈を含むかは考慮しませんが、人間の読み手にとっては、名前と注
釈は重要です。本節では、人間が理解できるような関数を書くときに心に留めておくべきことについ
て述べます。

　関数名は重要です。関数名は簡潔で、しかも関数の行うことを明確に示すことが理想ですが、簡
単ではありません。RStudioの補完機能が長い名前の入力を容易にするので、短いよりは明確な方が
よい名前です。

　一般に、関数名には動詞、引数には名詞を使いますが、例外があります。名詞の関数名は次のよ
うな場合です。よく知られた名詞の内容を計算する場合（例：mean() は compute_mean() よりも良い）
やオブジェクトの特性にアクセスする場合（例：coef() は get_coefficients() よりも良い）です。
"get", "compute", "calculate", "determine" のような一般的な動詞よりも名詞の方が良いことがあ
ります。自分で判断し、より良い名前を後で思いついたら、ためらわずに関数名を書き換えます。

```
# 短かすぎる
f()

# 動詞でなく、記述が明確でない
my_awesome_function()

# 長いけれど明確
impute_missing()
collapse_years()
```

　関数名を複数の英単語で作るときには、小文字の単語をアンダースコアでつなぐ方式（snake_
case）を勧めます。他にも大文字で区切る方式（camelCase）もよく使われます。どちらを使っても構
いませんが、一貫性があることが重要なので、どちらかに統一します。Rそのものはそれほど一貫し
ているわけではありませんが、これについてはどうしようもありません。自分のコードは、できるだ
け一貫させるようにします。

```
# 絶対にこんなことをしてはいけない
col_mins <- function(x, y) {}
rowMaxes <- function(y, x) {}
```

　同じようなことをする関数ファミリーがあるなら、名前と引数に一貫性を持たせます。接頭辞を共通にして関連があることを示します。これは、接頭辞に対して自動補完がファミリーのメンバをすべて表示するので、接尾辞を共通にするよりも適しています。

```
# 良い例
input_select()
input_checkbox()
input_text()

# 悪い例
select_input()
checkbox_input()
text_input()
```

　stringrがこの設計の好例です。必要な関数の名前を正確に思い出せなくても、str_ と入力して、記憶と照合できます。

　可能な限り、既存の関数や変数を上書きするオーバーライドを避けます。パッケージで多くの適当な名前が使われているので、上書きをすべて避けるのは不可能ですが、基本Rでよく使われる名前は混乱を避けるために上書きしないように注意して下さい。

```
# こんなことをしてはいけない
T <- FALSE
c <- 10
mean <- function(x) sum(x)
```

　#で始まる行の注釈を使って、コードの「なぜ」を説明します。「何」や「どのように」を説明する注釈は一般に避けるべきです。読んで何をしているかわからないコードは、より明確になるよう書き直すことを検討すべきです。名前が役立つ中間変数を追加する必要がありますか。大きな関数を分割して、それぞれに名前を付ける必要がありますか。コードでは、なぜ別の方法をとらずにこの方法をとったかという理由を示すことができません。他にどのようなことをしてうまくいかなかったのでしょうか。この種の思考の跡を注釈に書くとよいでしょう。

　注釈のもう1つの重要な利用法は、ファイルを読みやすいように部分ごとに示すことです。−か=の線を使って、区分けがわかるようにします。

```
# Load data --------------------------------------

# Plot data --------------------------------------
```

　RStudioではショートカットキー（Cmd/Ctrl-Shift-R）でこのヘッダを作り、エディタペインの下のコードナビゲーションウィンドウに表示します。

練 習 問 題

1. 次の3つの関数のソースコードを読んで、何をしているかを推測し、より良い名前をブレインストーミングして考えなさい。

   ```
   f1 <- function(string, prefix) {
     substr(string, 1, nchar(prefix)) == prefix
   }
   f2 <- function(x) {
     if (length(x) <= 1) return(NULL)
     x[-length(x)]
   }
   f3 <- function(x, y) {
     rep(y, length.out = length(x))
   }
   ```

2. 最近書いた関数を取り上げ、その名前と引数により良い名前がないか5分間ブレインストーミングしなさい。

3. `rnorm()`と`MASS::mvrnorm()`を比較対照しなさい。これらにより一貫性を持たせるにはどうすればよいか。

4. `norm_r()`, `norm_d()`などが`rnorm()`, `dnorm()`よりも良いという理由を論じなさい。反対の立場での擁護も行いなさい。

15.4 条件実行

`if`文でコードを条件実行できます。

```
if (condition) {
  # 条件がTRUEのときに実行されるコード
} else {
  # 条件がFALSEのときに実行されるコード
}
```

`if`についてヘルプをするには、バッククォートを付けて`?`if``とします。このヘルプは、プログラマとしての経験を積んでいないとあまり役に立ちませんが、少なくとも解決のきっかけがつかめます。

次の`if`文を使った簡単な関数を考えます。この関数の目的は、ベクトルの各要素に名前があるか

どうかを示す論理ベクトルを返すことです。

```
has_name <- function(x) {
  nms <- names(x)
  if (is.null(nms)) {
    rep(FALSE, length(x))
  } else {
    !is.na(nms) & nms != ""
  }
}
```

　この関数は、最後に計算した値を返すという標準戻り値規則を使います。この場合には、if文の2つの分岐のどちらかになっています。

15.4.1　条件

　条件はTRUEかFALSEのどちらかに評価されます。ベクトルなら警告メッセージが出され、NAならエラーになります。コードでこの種のメッセージが出ないか気を付けます。

```
if (c(TRUE, FALSE)) {}
#> NULL
#>  警告メッセージ:
#> if (c(TRUE, FALSE)) { で:
#>    条件が長さが 2 以上なので、最初の 1 つだけが使われます

if (NA) {}
#>  if (NA) { でエラー:  TRUE/FALSE が必要なところが欠損値です
```

　||（or）と&&（and）を使って複数の論理式を結合できます。これらの演算子は、「横着評価」すなわち、||では最初にTRUEと評価された要素で、TRUEを返し、残りの要素は評価しません。&&では、FALSEと評価した最初の要素で、FALSEを返します。if文では、|や&を使ってはいけません。これらは、複数値に対するベクトル演算（filter()で使うのはそのため）です。論理ベクトルは、any()かall()を使って単一値にまとめることができます。

　等しいかどうかのテスト==をベクトル化する場合には、複数の出力となるので注意が必要です。長さが既に1であるか確認するか、any()かall()でまとめるか、非ベクトル化identical()を使います。identical()は非常に厳格で、常に単一のTRUEかFALSEを返し、型強制はしません。すなわち、整数と浮動小数点数を比較するときには注意が必要です。

```
identical(0L, 0)
#> [1] FALSE
```

　そもそも浮動小数点数には注意が必要です。

```
x <- sqrt(2) ^ 2
x
#> [1] 2
x == 2
#> [1] FALSE
x - 2
#> [1] 4.44e-16
```

比較には、「3.2.1 **比較**」で述べたように`near()`を代わりに使います。

`x == NA`が何の役にも立たないことも覚えておきましょう。

15.4.2 複合条件

複数の`if`文をつなげることができます。

```
if (this) {
  # あれをする
} else if (that) {
  # 他のことをする
} else {
  #
}
```

しかし、`if`文の連鎖が長すぎるようなら、書き換えを考えるべきです。`switch()`関数が役立ちます。位置や名前に基づいて選択したコードを評価できます。

```
function(x, y, op) {
  switch(op,
    plus = x + y,
    minus = x - y,
    times = x * y,
    divide = x / y,
    stop("Unknown op!")
  )
}
```

他にも`if`文の長い連鎖を解消する関数があります。`cut()`は連続変数の離散化に使われます。

15.4.3 コードのスタイル

`if`と`function`にはほぼ必ず波括弧`{}`が続きます。その内容は2つの空白で字下げすべきです。そうすると、左端をさっと眺めるだけで階層がわかりやすくなります。

開き波括弧はそのあとにそのままコードを続けて書くのではなく、改行します。閉じ波括弧は改行後で、`else`が続かない限りさらに改行します。波括弧の内側は常に字下げします。

```
# 良い
if (y < 0 && debug) {
  message("Y is negative")
}

if (y == 0) {
  log(x)
} else {
  y ^ x
}

# 悪い
if (y < 0 && debug)
message("Y is negative")

if (y == 0) {
  log(x)
}
else {
  y ^ x
}
```

1行に収まる短いif文なら波括弧を省略しても構いません。

```
y <- 10
x <- if (y < 20) "Too low" else "Too high"
```

私は本当に短いif文の場合だけにこれを薦めます。それ以外は、きちんと波括弧で書くべきです。

```
if (y < 20) {
  x <- "Too low"
} else {
  x <- "Too high"
}
```

┃練 習 問 題┃

1. `if`と`ifelse()`の違いは何か。ヘルプを注意して読み、主な違いを示す例を3つ書きなさい。

2. その日の時刻に応じて、「good morning」、「good afternoon」、「good evening」と適切な挨拶をする関数を書きなさい（ヒント：`lubridate::now()`のデフォルト値が時刻引数を使う。関数のテストが簡単になる）。

3. `fizzbuzz`関数を書きなさい。入力は数が1つ。数が3で割り切れるときは「fizz」を返す。5で割り切れるときは「buzz」を返す。3でも5でも割り切れるなら「fizzbuzz」を返し、それ以外は数をそのまま返す。関数を作る前にきちんと働くコードを書くのを忘れないように。

4. 次の入れ子if-else文を簡単にするためには、cut()をどう使えばよいか。

```
if (temp <= 0) {
  "freezing"
} else if (temp <= 10) {
  "cold"
} else if (temp <= 20) {
  "cool"
} else if (temp <= 30) {
  "warm"
} else {
  "hot"
}
```

<=の代わりに<を使ったら、cut()の呼び出しはどう変わるか。この問題でcut()を使う別の利点は何か (ヒント:tempに複数の値があるとどうなるか)。

5. 数値にswitch()を使うとどうなるか。

6. 次のswitch()呼び出しは何をしているか。xが"e"ならどうなるか。

```
switch(x,
  a = ,
  b = "ab",
  c = ,
  d = "cd"
)
```

実験してから、ドキュメントを注意して読みなさい。

15.5　関数の引数

　関数の引数は大別して次の2種類になります。1つは計算する**データ**で、もう1つは計算の**詳細**を制御します。例えば次のようになります。

- log()では、データがx、詳細が対数の底base。
- mean()では、データがx、詳細がどれだけのデータを足切りするか (trim) と欠損値の扱い (na.rm)。
- t.test()では、データがxとy、検定の詳細がalternative, mu, paired, var.equal, conf.level。
- str_c()では、...にいくつでも文字列を指定することができる。連結の詳細はsepとcollapseで制御する。

　一般に、データ引数が最初に来ます。詳細引数は、最後に来て、普通はデフォルト値があるはずです。名前付き引数で関数を呼び出すときと同じようにして、デフォルト値を指定します。

```r
# 正規近似を使って平均値の信頼区間を計算
mean_ci <- function(x, conf = 0.95) {
  se <- sd(x) / sqrt(length(x))
  alpha <- 1 - conf
  mean(x) + se * qnorm(c(alpha / 2, 1 - alpha / 2))
}

x <- runif(100)
mean_ci(x)
#> [1] 0.498 0.610
mean_ci(x, conf = 0.99)
#> [1] 0.480 0.628
```

デフォルト値はほとんど常に使われる値にすべきです。この規則の例外は、安全性に関わるものです。例えば、欠損値は重要なので、na.rmのデフォルト値をFALSEにするのは納得できます。コードにna.rm = TRUEと普通はしますが、デフォルトで黙って欠損値を無視するのはよくありません。

普通は関数呼び出しにデータ引数の名前を使うことがないので、名前を省略します。詳細引数のデフォルト値を上書きして変えるときには、完全名を使うべきです。

```r
# 良い
mean(1:10, na.rm = TRUE)

# 悪い
mean(x = 1:10, , FALSE)
mean(, TRUE, x = c(1:10, NA))
```

接頭辞で区別できるなら、それで引数を参照できます（例：mean(x, n = TRUE)）が、混乱のもとなので一般には避けるべきです。

関数呼び出しの際には、=の前後に空白を置き、カンマの前ではなく後に（普通の英語のように）空白を置くべきことに注意。空白を使うことで、関数の重要な要素が見やすくなります。

```r
# 良い
average <- mean(feet / 12 + inches, na.rm = TRUE)

# 悪い
average<-mean(feet/12+inches,na.rm=TRUE)
```

15.5.1　名前の選択

引数の名前も重要です。Rにとってはどんな名前でも構いませんが、人間にとっては（将来のあなた自身も含めて）重要でしょう。一般に、長くてきちんと内容を記述した名前にすべきですが、よく使われる非常に短い名前があります。それらは覚えておくとよいでしょう。

- x, y, z：ベクトル
- w：重みのベクトル
- df：データフレーム
- i, j：数値の添字（普通は行と列）
- n：長さ、または行数
- p：列数

この他の場合、既存のR関数と引数名を合わせることを検討します。例えば、もし欠損値を削除すべきかどうかなら、na.rmを使います。

15.5.2　値をチェックする

関数をどんどん書き始めると、ある時点で、関数がどのように動作するかを忘れてしまいます。そうなると、関数に不適切な入力を与えてしまうことが起こります。この問題を避けるには、制約を明示するとよいでしょう。例えば、重み付き要約統計量を計算する関数を書いたとします。

```
mean(x, na = FALSE)
x <- runif(100)
wt_mean <- function(x, w) {
  sum(x * w) / sum(x)
}
wt_var <- function(x, w) {
  mu <- wt_mean(x, w)
  sum(w * (x - mu) ^ 2) / sum(w)
}
wt_sd <- function(x, w) {
  sqrt(wt_var(x, w))
}
```

xとwの長さが違うとどうなるでしょう。

```
wt_mean(1:6, 1:3)
#> [1] 2.19
```

この場合には、Rのベクトルがリサイクル規則によって長さを合わせるのでエラーにはなりませんでした。

重要な前条件はチェックして、正しくないとエラーを（stop()と一緒に）返すとよいでしょう。

```
wt_mean <- function(x, w) {
  if (length(x) != length(w)) {
    stop("`x` and `w` must be the same length", call. = FALSE)
  }
  sum(w * x) / sum(x)
}
```

　これをやり過ぎないように注意します。関数を頑健にするためにどれだけの時間を費やすかと、関数を書くのにどれだけの時間を費やすかの間にはトレードオフがあります。例えば、na.rm引数も追加するのなら、私はチェックにそう細かく注意しないでしょう。

```r
wt_mean <- function(x, w, na.rm = FALSE) {
  if (!is.logical(na.rm)) {
    stop("`na.rm` must be logical")
  }
  if (length(na.rm) != 1) {
    stop("`na.rm` must be length 1")
  }
  if (length(x) != length(w)) {
    stop("`x` and `w` must be the same length", call. = FALSE)
  }
  if (na.rm) {
    miss <- is.na(x) | is.na(w)
    x <- x[!miss]
    w <- w[!miss]
  }
  sum(w * x) / sum(x)
}
```

　これは、わずかな利得に対してあまりにも作業が多すぎます。妥協点として役立つのが組み込みのstopifnot()です。これは各引数がTRUEかどうかを調べ、そうでないと汎用的なエラーメッセージを出します。

```r
wt_mean <- function(x, w, na.rm = FALSE) {
  stopifnot(is.logical(na.rm), length(na.rm) == 1)
  stopifnot(length(x) == length(w))

  if (na.rm) {
    miss <- is.na(x) | is.na(w)
    x <- x[!miss]
    w <- w[!miss]
  }
  sum(w * x) / sum(x)
}
wt_mean(1:6, 6:1, na.rm = "foo")
#> Error: is.logical(na.rm) is not TRUE
```

　stopifnot()を使うときには、何がまずいかをチェックするのではなく、何が正しいかをチェックすべきだということに注意。

15.5.3 3ドット(...)

Rの多くの関数で、入力する引数の数に制限はありません。

```
sum(1, 2, 3, 4, 5, 6, 7, 8, 9, 10)
#> [1] 55
stringr::str_c("a", "b", "c", "d", "e", "f")
#> [1] "abcdef"
```

この手の関数はどのように働いているのでしょうか。これらは、特別な引数...（英語ではdot-dot-dotと読む）を使います。この特別な引数は、入力引数がいくつでもマッチできます。

この...は他の関数に送り出すことができるので便利です。別の関数をラップする関数では、これは引数すべてを捕えるので役に立ちます。例えば、私はstr_c()をラップする次のようなヘルパー関数をよく作成します。

```
commas <- function(...) stringr::str_c(..., collapse = ", ")
commas(letters[1:10])
#> [1] "a, b, c, d, e, f, g, h, i, j"

rule <- function(..., pad = "-") {
  title <- paste0(...)
  width <- getOption("width") - nchar(title) - 5
  cat(title, " ", stringr::str_dup(pad, width), "\n", sep = "")
}
rule("Important output")
#> Important output ----------------------------------------
```

この場合、...は、str_c()で扱いたくない引数すべてを引き渡す役をします。非常に便利な技法です。しかし、それなりの問題もあります。引数の綴りが間違っていてもエラーになりません。これによって、小さな書き間違いが見落とされてしまいます。

```
x <- c(1, 2)
sum(x, na.mr = TRUE)
#> [1] 4
```

...の値を捕捉したいならlist(...)を使います。

15.5.4 遅延評価

Rの引数は遅延評価されます。すなわち、必要が迫るまで評価されません。つまり、絶対に使われないなら、呼ばれることがありません。これは、プログラミング言語としてのRの重要な特性ですが、一般に、データ分析のための関数を書く際にはそれほど重要ではありません。遅延評価については、http://adv-r.had.co.nz/Functions.html#lazy-evaluationにさらに詳しく書いてあります。

> ### 練習問題

1. commas(letters, collapse = "-")は何をするか。それはなぜか。
2. 例えば、rule("Title", pad = "-+")のようにpad引数に複数の文字を与えられると便利だ。なぜこれはどうしてうまくいかないか。どのようにすれば直すことができるか。
3. mean()のtrim引数は何をするか。どんな場合に使うか。
4. cor()のmethod引数のデフォルト値はc("pearson", "kendall", "spearman")です。これはどういう意味か。デフォルトでどの値が用いられるか。

15.6　戻り値

関数が何を返すかどうかは普通はすぐにわかるでしょう。それこそ関数を作った理由のはずだからです。値を返す場合に考慮すべき点は次の2つです。

- 値を早く返すと、関数が読みやすくなるか。
- パイプを使って関数が書けるか。

15.6.1　明示的リターン文

関数が返す値は、普通は評価の最後の文ですが、return()を使って早く返すよう選択できます。私の考えでは、return()はより単純な解を早めに返すことができる場合にだけ使うようにすべきです。よくあるのは、入力が空の場合です。

```
complicated_function <- function(x, y, z) {
  if (length(x) == 0 || length(y) == 0) {
    return(0)
  }

  # ここに複雑なコード
}
```

別の場合は、複雑なブロックが1つと簡単なブロックが1つあるif文のときです。例えば、次のようなif文を書いたとします。

```
f <- function() {
  if (x) {
    # 多数の
    # 行が
    # 必要な
    # ことを
    # 何か
    # する
    # ことを
```

```
      # 表す
    } else {
      # 何か短いことを返す
    }
  }
```

　このように最初のブロックがひどく長いと、elseに来るときには、元の条件を忘れてしまいます。単純な場合にまず返すように書き直す方法があります。

```
  f <- function() {
    if (!x) {
      return(something_short)
    }

    # 多数の
    # 行が
    # 必要な
    # ことを
    # 何か
    # する
    # ことを
    # 表す
  }
```

　こうすれば、理解する文脈が複雑にならないので、わかりやすくなります。

15.6.2　パイプにできる関数を書く

　パイプ可能な関数を書くなら、戻り値を考慮することが重要です。パイプ可能な関数は、変換と副作用の2種類に大別できます。

　変換関数では、第1引数に渡される「主」オブジェクトがはっきりしており、その変更した値を返します。例えば、dplyrとtidyrのキーオブジェクトはデータフレームです。その領域でオブジェクト型が何かをはっきりできれば、関数がパイプで働くことがわかります。

　副作用関数は、グラフを書いたりファイルを保存するような、主として何か作用をするために呼ばれ、オブジェクトの変換は主ではありません。この種の関数は第1引数を「見えないように」返すので、デフォルトでは表示されませんが、パイプラインには使われます。例えば、次の簡単な関数はデータフレームの欠損値の個数を表示します。

```
  show_missings <- function(df) {
    n <- sum(is.na(df))
    cat("Missing values: ", n, "\n", sep = "")

    invisible(df)
  }
```

これを呼び出してコンソールで実行すると、invisible()では入力dfを表示しません。

```
show_missings(mtcars)
#> Missing values: 0
```

しかし、値そのものは返されていて、デフォルトで表示されないだけです。

```
x <- show_missings(mtcars)
#> Missing values: 0
class(x)
#> [1] "data.frame"
dim(x)
#> [1] 32 11
```

そこで、パイプに使うことができます。

```
mtcars %>%
  show_missings() %>%
  mutate(mpg = ifelse(mpg < 20, NA, mpg)) %>%
  show_missings()
#> Missing values: 0
#> Missing values: 18
```

15.7　環境

　関数の最後の要素が環境です。関数を書き始めたばかりなら、深く理解する必要はありません。しかし、関数がどのように動作するかを理解するには欠かせないので、少しは環境について知っておくことが重要です。名前に伴う値をRがどのようにして探し出すかを関数の環境が制御しています。例えば、次の関数を考えます。

```
f <- function(x) {
  x + y
}
```

　yが関数内部で定義されていないので、プログラミング言語の多くで、これはエラーとなります。Rでは、**字句スコープ**を使って名前に値を与えるので、正当なコードです。yは関数内部で定義されていないので、Rは関数が定義された**環境**の中を探します。

```
y <- 100
f(10)
#> [1] 110

y <- 1000
f(10)
#> [1] 1010
```

この振る舞いはバグを作るようなものに見えるでしょう。実際、こんなことをわざとするような関数を作るべきではありませんが、（特に、定期的にRを再起動してクリーンな状態を保つなら）それほど問題となることはありません。

この種の振る舞いの利点は、言語の観点ではRの一貫性が保たれることです。あらゆる名前が同じ規則に従って参照されます。f()に関していえば、これは{と+という2つについての予期せぬ振る舞いを含みます。次のような面倒な処理も行えます。

```
`+` <- function(x, y) {
  if (runif(1) < 0.1) {
    sum(x, y)
  } else {
    sum(x, y) * 1.1
  }
}
table(replicate(1000, 1 + 2))
#>
#>   3 3.3
#> 100 900
rm(`+`)
```

これは、Rでよく起こる現象です。Rはプログラマの能力にほとんど制限を課しません。他のプログラミング言語ではできないことの多くがRでできます。できることの99%は（加算の働きを上書きするような）絶対に薦められないことです。しかし、このパワーと柔軟性こそ、ggplot2やdplyrのようなツールの多くを成り立たせるものです。この柔軟性を最大限活用する方法については本書の範囲を超えますが、『Advanced R』（http://adv-r.had.co.nz/、邦題『R言語徹底解説』石田ほか訳、共立出版、2016）を読んで勉強できます。

16章
ベクトル

16.1　はじめに

　本書ではこれまでtibbleとtibbleのためのパッケージに焦点を絞ってきました。しかし、関数を書き始めて、Rについてより深く知ると、tibbleの基盤であるオブジェクト、ベクトルについて学ぶ必要が生じます。より伝統的な方式でRを学んできたなら、Rの教材のほとんどがベクトルから始めてtibbleについて学ぶという流れなので、ベクトルについてはよく知っていることでしょう。私は、すぐに役立つのでtibbleから始めて、その後に基礎的な要素について学ぶのがよいと思っています。

　作成する関数のほとんどがベクトルに作用するでしょうから、ベクトルは特に重要です。(ggplot2, dplyr, tidyrでのように) tibbleを扱う関数を書くことは可能ですが、それらを書く上で必要なツールは、現時点ではまだ未成熟で専用のものに限られます。より良い方式を執筆中 (https://github.com/hadley/lazyeval) ですが、本として出版するには間に合いませんでした。本が完成したとしても、使いやすいレイヤーを書きやすくしているだけなので、ベクトルを理解する必要は依然として残ります。

16.1.1　用意するもの

　本章では基本Rデータ構造に焦点を絞るので、特にパッケージをロードする必要はありません。しかし、基本Rの矛盾のいくつかを避けるため、purrrパッケージの関数をいくつか使います。

```
library(tidyverse)
#> Loading tidyverse: ggplot2
#> Loading tidyverse: tibble
#> Loading tidyverse: tidyr
#> Loading tidyverse: readr
#> Loading tidyverse: purrr
#> Loading tidyverse: dplyr
#> Conflicts with tidy packages --------------------------------
#> filter(): dplyr, stats
#> lag():    dplyr, stats
```

16.2　ベクトルの基本

ベクトルには次の2種類があります。

アトミックベクトル

　　論理、整数、実数、文字、複素数、バイナリの6種類がある。整数ベクトルと実数ベクトルは合わせて**数値**ベクトルと言う。

リスト

　　他のリストを要素に含めることができるので再帰ベクトルと呼ぶこともある。

　アトミックベクトルとリストとの主な相違点は、アトミックベクトルが**等質**なのに、リストは**異質**性を持てることです。もう1つの関係するオブジェクトにNULLがあります。NULLは多くの場合、ベクトルがないことを示す（ベクトルの値がないことを示すNAとは対照的）のに使います。NULLは普通、長さ0のベクトルとして振る舞います。**図16-1**はこれらの関係を示します。

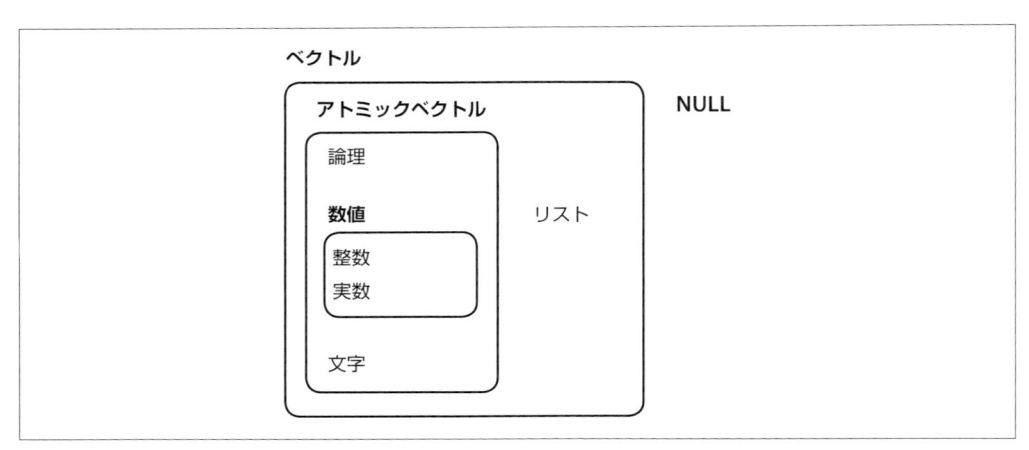

図16-1　Rのベクトル型の階層

　すべてのベクトルには、次の2つの特性があります。

- typeof()で**型**がわかる。

  ```
  typeof(letters)
  #> [1] "character"
  typeof(1:10)
  #> [1] "integer"
  ```

- length()で**長さ**がわかる。

  ```
  x <- list("a", "b", 1:10)
  ```

```
length(x)
#> [1] 3
```

ベクトルには、**属性**という形式でメタデータをいくらでも付加できます。属性は、追加的な振る舞いを構築する**拡張ベクトル**を作るのに使われます。拡張ベクトルには次の重要な5種類があります。

- **ファクタ**は整数ベクトルで作る。
- **日付**と**日付時刻**は数値ベクトルで作る。
- **データフレーム**と**tibble**はリストで作る。

本章では、これらの重要なベクトルを簡単なものから複雑なものまで学びます。アトミックベクトルから始めて、リストを使い、最後に拡張ベクトルで終わります。

16.3　アトミックベクトルで重要な型

アトミックベクトルで重要なのは、論理、整数、実数、文字です。バイナリと複素数はデータ分析ではめったに使われないので、ここでは取り上げません。

16.3.1　論理ベクトル

論理ベクトルには、FALSE, TRUE, NAという3つの値しかないので、最も単純です。論理ベクトルは通常、「3.2.1　**比較**」で述べた比較によって作られます。c()を使って作ることもできます。

```
1:10 %% 3 == 0
#>  [1] FALSE FALSE  TRUE FALSE FALSE
#>  [2] TRUE FALSE FALSE  TRUE FALSE

c(TRUE, TRUE, FALSE, NA)
#> [1]  TRUE  TRUE FALSE    NA
```

16.3.2　数値ベクトル

整数ベクトルと実数ベクトルは合わせて**数値**ベクトルと言います。Rでは、数はデフォルトで倍精度浮動小数点数です。整数にするには、数の後にLを付けます。

```
typeof(1)
#> [1] "double"
typeof(1L)
#> [1] "integer"
1.5L
#> [1] 1.5
#>  警告メッセージ:
#>  整数リテラル 1.5L は小数を含んでいます; 実数値を使用します
```

　整数と実数との相違は通常は重要ではありませんが、知っておくべき重要な相違点が2つあります。

- 実数は、限られたメモリ量では常に厳密な表現ができない浮動小数点数を表す。つまり、あらゆる実数は近似値と考える必要がある。例えば、2の平方根の2乗はどうなるだろうか。

```
x <- sqrt(2) ^ 2
x
#> [1] 2
x - 2
#> [1] 4.44e-16
```

　浮動小数点数を扱うときにはこのような振る舞いが普通。ほとんどの計算に丸め誤差が含まれる。浮動小数点数の比較には、==ではなく、許容値を含んだdplyr::near()を使うべきだ。

- 整数には特別な値NAが、実数にはNA, NaN, Inf, -Infという4つの特別な値がある。3つの特別な値は割り算で作ることができる。

```
c(-1, 0, 1) / 0
#> [1] -Inf NaN Inf
```

　これらの特別な値のチェックには==を使わない。代わりにヘルパー関数is.finite(), is.infinite(), is.nan()を使う。

	0	Inf	NA	NaN
is.finite()	○			
is.infinite()		○		
is.na()			○	○
is.nan()				○

16.3.3　文字ベクトル

　文字ベクトルは、各要素が文字列で、文字列にはどれだけでもデータが含まれるので、最も複雑なアトミックベクトルです。

　11章で文字列を扱う上で多くのことを既に学びました。本節では、文字列実装の基礎として重要なことを述べます。Rはグローバル文字列プールを使います。すなわち、ユニークな文字列が一度だけしかメモリに格納されず、文字列を処理するときには、すべてこの表現を指して使います。これによって文字列重複に伴うメモリ使用がなくなります。この振る舞いはpryr::object_size()で確認できます。

```
x <- "This is a reasonably long string."
pryr::object_size(x)
```

```
#> 136 B

y <- rep(x, 1000)
pryr::object_size(y)
#> 8.13 kB
```

　yはxの1000倍のメモリをとりません。yの各要素が、xへのポインタだからです。ポインタは8バイトで、136バイトの文字列への1000個のポインタのサイズは、8×1000 + 136 = 8.13キロバイトとなります。

16.3.4　欠損値

アトミックベクトルはどの種類でも欠損値があります。

```
NA              # 論理
#> [1] NA
NA_integer_     # 整数
#> [1] NA
NA_real_        # 実数
#> [1] NA
NA_character_   # 文字
#> [1]
```

　通常、これらについては、NAを使えば、次節で述べる暗黙型強制規則で正しい型に変換されるので、特に知っておく必要はありません。しかし、これらを区別する関数もあるので、知っておくと、必要なときには区別して使えます。

練 習 問 題

1. is.finite(x)と!is.infinite(x)の違いを述べなさい。
2. dplyr::near()のソースコードを読みなさい（ヒント：ソースコードを見るには括弧()を取る）。どのように動くか。
3. 論理ベクトルには3つの値が可能だ。整数ベクトルはどれだけの値が可能か。実数ベクトルはどれだけの値が可能か。Googleを使って調べてみなさい。
4. 実数を整数に変換する少なくとも4つの関数についてブレインストーミングしなさい。どのような相違があるか。できるだけ厳密に述べなさい。
5. readrパッケージの関数でどれが文字列を、論理ベクトル、整数ベクトル、実数ベクトルに変換するか。

16.4　アトミックベクトルを使う

アトミックベクトルにはどんな種類があるかわかったでしょうから、これらを扱うツールで重要なものをまとめておくと便利です。次のようなものがあります。

- 型をどのようにして変換するか、自動的に行われるのはいつか。
- オブジェクトがどの型のベクトルか、どうすればわかるか。
- 異なる長さのベクトルを処理するときには、何が起こるか。
- ベクトルの要素にどのようにして名前を付けるか。
- 目的の要素をどのように取り出すか。

16.4.1　型強制

ある型のベクトルから別の型のベクトルへ変換あるいは型強制するには2つの方法があります。

- 明示的型強制は、as.logical(), as.integer(), as.double(), as.character()のような関数を呼び出したときに起こる。明示的型強制を使うときには、ベクトルの中に間違った型が絶対にないようにして、元の提供者に戻せるかどうか常にチェックすべきだ。例えば、readr col_typesの指定を変更する必要があるかもしれない。
- 暗黙型強制は、ある種のベクトルを期待する文脈において、ベクトルを使うときに起こる。例えば、数値要約関数に論理ベクトルを使うとか、整数ベクトルが予期されるところで実数ベクトルを使うときである。

明示的型強制を使うことは比較的稀で、わかりやすいので、本節では、暗黙型強制に焦点を絞ります。

数値処理の文脈で論理ベクトルを使う際の暗黙型強制の重要な種類のほとんどについては、既に学びました。TRUEが1にFALSEが0に変換されます。つまり、論理ベクトルの和がTRUEの個数に、平均がTRUEの割合になります。

```
x <- sample(20, 100, replace = TRUE)
y <- x > 10
sum(y)  # 10より大きいのはいくつか?
#> [1] 44
mean(y) # 10より大きいものの割合は?
#> [1] 0.44
```

コードによっては（特に古いものは）整数から論理値という逆方向の暗黙型強制を使います。

```
if (length(x)) {
  # 何かする
}
```

この場合、0がFALSEに、そのほかはすべてTRUEに変換されます。私は、こうするとコードがわかりにくくなると思うので、推奨しません。length(x) > 0と明示する方がよいのです。

c()で複数の型からなるベクトルを作るとどうなるか理解することも重要です。最も複雑な型になります。

```
typeof(c(TRUE, 1L))
#> [1] "integer"
typeof(c(1L, 1.5))
#> [1] "double"
typeof(c(1.5, "a"))
#> [1] "character"
```

アトミックベクトルでは、型がベクトル全体の特性で、個別要素の特性ではないので、異なる型の混成にはなり得ません。1つのベクトルに、複数の型を混ぜて保持するには、すぐ後で学ぶリストを使います。

16.4.2　テスト関数

ベクトルの型に応じて、異なる作業をすることもあります。1つの方法はtypeof()を使います。別の方法は、TRUEかFALSEを返すテスト関数を使うものです。基本Rには、is.vector()やis.atomic()のような関数がありますが、予期せぬ結果が返ることが多くあります。purrrが用意するis_*関数を使った方が安全です。次の表にまとめます。

	lgl	int	dbl	chr	list
is_logical()	○				
is_integer()		○			
is_double()			○		
is_numeric()		○	○		
is_character()				○	
is_atomic()	○	○	○	○	
is_list()					○
is_vector()	○	○	○	○	○

表の各述語には、is_scalar_atomic()のような長さが1かどうかをチェックする「スカラー」版もあります。例えば、関数の引数が単一論理値かどうかをチェックしたいときにはこれが役立ちます。

16.4.3　スカラーとリサイクル規則

ベクトルの型が合致するように暗黙型強制するのと同様に、Rはベクトルの長さも暗黙に揃えます。これはベクトルリサイクルと呼ばれます。短いベクトルが繰り返し、すなわち、リサイクルして長いベクトルに合わせるからです。

　一般に、これはベクトルと「スカラー」を混ぜて使うときに一番役立ちます。私がスカラーという言葉に「」を付けたのは、Rには厳密に言えばスカラーがないからです。単一の数値は、長さ1のベクトルになっています。スカラーがないので、ほとんどの組み込み関数は**ベクトル化**されており、数値ベクトルに作用します。それが、例えば次のコードがきちんと動く理由です。

```
sample(10) + 100
#> [1] 109 108 104 102 103 110 106 107 105 101
runif(10) > 0.5
#> [1]  TRUE  TRUE FALSE  TRUE  TRUE  TRUE FALSE  TRUE  TRUE
#> [10]  TRUE
```

　Rでは、基本数学演算がベクトルです。すなわち、単純な計算を行うのに明示的にイテレーションする必要がないということです。

　同じ長さのベクトルや、ベクトルと「スカラー」を足し合わすとどうなるかは直感的にわかりますが、異なる長さの2つのベクトルを足すとどうなるでしょうか。

```
1:10 + 1:2
#> [1]  2  4  4  6  6  8  8 10 10 12
```

　この場合、Rは短いベクトルを長いベクトルと同じ長さになるまで、いわゆるリサイクルで伸ばします。これは、長いベクトルの長さが短いベクトルの長さの倍数である限りは暗黙に行われます。

```
1:10 + 1:3
#> 警告メッセージ:
#> 1:10 + 1:3 で:
#>   長いオブジェクトの長さが短いオブジェクトの長さの倍数になっていません
#> [1]  2  4  6  5  7  9  8 10 12 11
```

　ベクトルリサイクルは、簡潔で巧妙なコードを書くのに使われますが、問題も暗黙裡に隠してしまいます。そのために、tidyverseのベクトル化関数は、スカラー以外をリサイクルするときにはエラーを投げます。リサイクルするには、rep()で行う必要があります。

```
tibble(x = 1:4, y = 1:2)
#> エラー: Column `y` must be length 1 or 4, not 2

tibble(x = 1:4, y = rep(1:2, 2))
#> # A tibble: 4 × 2
#>       x     y
#>   <int> <int>
#> 1     1     1
#> 2     2     2
#> 3     3     1
#> 4     4     2
```

```
tibble(x = 1:4, y = rep(1:2, each = 2))
#> # A tibble: 4 × 2
#>       x     y
#>   <int> <int>
#> 1     1     1
#> 2     2     1
#> 3     3     2
#> 4     4     2
```

16.4.4　ベクトルの名前付け

どの型のベクトルにも名前が付けられます。c()で作るときには名前付けできます。

```
c(x = 1, y = 2, z = 4)
#> x y z
#> 1 2 4
```

purrr::set_names()で後から付けることもできます。

```
set_names(1:3, c("a", "b", "c"))
#> a b c
#> 1 2 3
```

名前付きベクトルは、次に述べる部分集合を作るのに役立ちます。

16.4.5　要素抽出

これまで、tibbleの行のフィルタには、dplyr::filter()を使ってきました。filter()は、tibbleにしか有効でないため、ベクトルには新たなツールが必要です。[がその部分集合関数で、x[a]のように使います。ベクトルの部分集合を作るには、次の4種類があります。

- 整数からなる数値ベクトル。整数はすべて正、負、またはゼロ。

  正の整数での部分集合は、その位置の要素からなる。

  ```
  x <- c("one", "two", "three", "four", "five")
  x[c(3, 2, 5)]
  #> [1] "three" "two"   "five"
  ```

  位置を繰り返せば、入力したのよりも長い出力も得られる。

  ```
  x[c(1, 1, 5, 5, 5, 2)]
  #> [1] "one"  "one"  "five" "five" "five" "two"
  ```

  負数の値は、指定位置の要素を削除する。

  ```
  x[c(-1, -3, -5)]
  #> [1] "two"  "four"
  ```

正と負の値を混在させるとエラーになる。

```
x[c(1, -1)]
#> x[c(1, -1)] でエラー:　 負の添字と混在できるのは 0 という添字だけです
```

エラーメッセージにゼロが触れられていますが、ゼロだと値を何も返さない。

```
x[0]
#> character(0)
```

これはそれほど役立つものではないが、普通でないデータ構造を作って関数をテストすることなどに役立つ。

- 論理値での部分集合は、FALSE に対応する値を削除する。これは比較関数と一緒に使うときに役立つ。

```
x <- c(10, 3, NA, 5, 8, 1, NA)

# xの欠損値以外すべて
x[!is.na(x)]
#> [1] 10  3  5  8  1

# xの偶数値（または欠損値）全部
x[x %% 2 == 0]
#> [1] 10 NA 8 NA
```

- 名前付きベクトルなら、文字ベクトルで部分集合を作ることができる。

```
x <- c(abc = 1, def = 2, xyz = 5)
x[c("xyz", "def")]
#> xyz def
#>   5   2
```

正数の場合と同様に、要素を複数繰り返すことができる。

- 最も単純な部分集合は何もないx[ ]であり、元のxをそのまま返す。これはベクトルの部分集合には役立たないが、行列（および高次元構造）で役立つ。添字部分を空にして全行あるいは全列を選択できるからだ。例えば、xが2次元の場合、x[1,]が1行全列を、x[, -1]が1列目以外の全行列を選択する。

　部分集合の使い方についてもっと学習するには、『Advanced R』（http://bit.ly/subsetadvR）の「Subsetting」の章（邦題『R言語徹底解説』では「データ抽出」の章）を読むことを勧めます。

　[には[[という重要な変種があります。[[は単一要素しか抽出せず、名前は削除します。forループでのように単一要素を抽出することを明示したい場合には、[[を使います。[と[[との相違点は、すぐ後で学ぶように、リストの場合には重要となります。

練 習 問 題

1. mean(is.na(x)) はベクトル x について何を教えるか。sum(!is.finite(x)) ではどうか。

2. is.vector() についてのドキュメントを注意して読みなさい。実際には何のためのテストか。is.atomic() がアトミックベクトルについての定義と合致していないのはなぜか。

3. setNames() と purrr::set_names() を比較対照しなさい。

4. ベクトルを入力として、次を返す関数を作りなさい。

   a. 末尾の値。[と [[とどちらを使うべきか。

   b. 偶数番目の要素。

   c. 末尾以外の全要素。

   d. 偶数だけ（しかも欠損値を含まない）。

5. x[-which(x > 0)] が x[x <= 0] と同じでないのはなぜか。

6. ベクトルの長さより大きい正数を与えて要素抽出すると何が起こるか。存在しない名前を与えて要素抽出すると何が起こるか。

16.5　再帰ベクトル（リスト）

リストには、他のリストを要素として含むことができるので、アトミックベクトルから一段と複雑になっています。これは、木構造のような階層を表現するのに適しています。list() でリストを作成します。

```
x <- list(1, 2, 3)
x
#> [[1]]
#> [1] 1
#>
#> [[2]]
#> [1] 2
#>
#> [[3]]
#> [1] 3
```

内容ではなく構造に着目するという点で str() がリストには非常に役立ちます。

```
str(x)
#> List of 3
#>  $ : num 1
#>  $ : num 2
#>  $ : num 3

x_named <- list(a = 1, b = 2, c = 3)
str(x_named)
```

```
#> List of 3
#>  $ a: num 1
#>  $ b: num 2
#>  $ c: num 3
```

アトミックベクトルと異なり、list()ではオブジェクトが混在できます。

```
y <- list("a", 1L, 1.5, TRUE)
str(y)
#> List of 4
#>  $ : chr "a"
#>  $ : int 1
#>  $ : num 1.5
#>  $ : logi TRUE
```

リストには要素としてリストを含むことができます。

```
z <- list(list(1, 2), list(3, 4))
str(z)
#> List of 2
#>  $ :List of 2
#>   ..$ : num 1
#>   ..$ : num 2
#>  $ :List of 2
#>   ..$ : num 3
#>   ..$ : num 4
```

16.5.1　リストの可視化

より複雑なリスト処理関数を説明するには、リストの図示が役立ちます。例えば、次の3つのリストを考えます。

```
x1 <- list(c(1, 2), c(3, 4))
x2 <- list(list(1, 2), list(3, 4))
x3 <- list(1, list(2, list(3)))
```

私は次のような図を描きます。

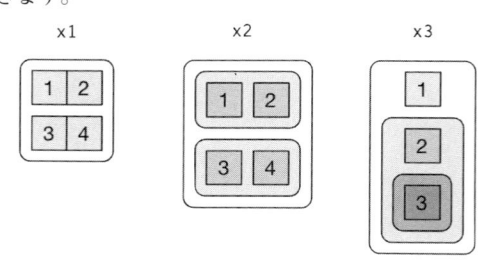

次のような3つの原則で描いています。

- リストは角が丸い。アトミックベクトルは尖った四角。
- 子は親の中に描き、背景より色が濃くなって、階層がわかる。
- 子の配置（行か列か）は重要でないので、空間を埋めやすいか重要な特性を説明しやすいように、私は適当に上下方向か横方向を使う。

16.5.2　要素抽出

リストの部分集合を作るには3つの方法があります。次のaという例を使って説明します。

```
a <- list(a = 1:3, b = "a string", c = pi, d = list(-1, -5))
```

- [はサブリストを抽出する。結果は常にリスト。

```
str(a[1:2])
#> List of 2
#> $ a: int [1:3] 1 2 3
#> $ b: chr "a string"
str(a[4])
#> List of 1
#> $ d:List of 2
#> ..$ : num -1
#> ..$ : num -5
```

ベクトル同様、論理ベクトル、整数ベクトル、文字ベクトルで部分集合を作ることもできる。

- [[はリストから単一成分を抽出する。リストでの階層が1つ下がる。

```
str(a[[1]])
#>  int [1:3] 1 2 3
str(a[[4]])
#> List of 2
#>  $ : num -1
#>  $ : num -5
```

- $はリストの名前付き要素を抽出する略記法。[[と同様だが、引用符が必要ない。

```
a$a
#> [1] 1 2 3
a[["a"]]
#> [1] 1 2 3
```

[と [[の相違は、[[がリストの中を掘り下げるのに対し、[が新たにより小さなリストを返すので、リストでは本当に重要となる。先ほどのコードと出力を、**図16-2**の図と比較するとよい。

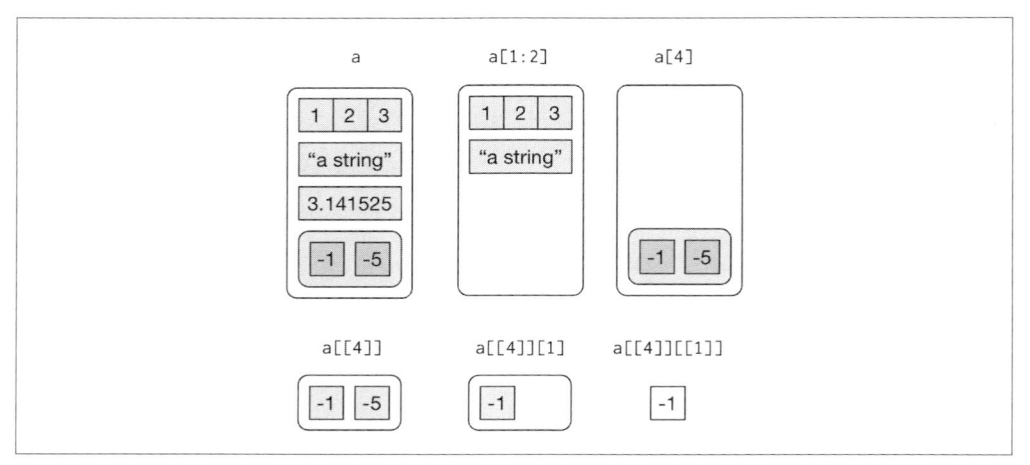

図16-2　リストの要素抽出の可視化

16.5.3　調味料のリスト

　[と [[の相違は非常に重要ですが、間違えやすいものです。しっかり覚えておけるように、変わった胡椒入れを紹介します。

　この胡椒入れをリストxとします。x[1] は胡椒の袋が1つある胡椒入れです。

x[2]は同じように見えますが、第2の袋が入っています。x[1:2]は2つの袋が入っている胡椒入れです。

x[[1]]は次の写真の胡椒の袋です。

胡椒の袋に入っている胡椒を取り出したれば、x[[1]][[1]]とします。

練習問題

1. 入れ子になった集合として次のリストを書きなさい。
   a. `list(a, b, list(c, d), list(e, f))`
   b. `list(list(list(list(list(list(a))))))`
2. `tibble`の要素抽出をリストの要素抽出であるかのように行うとどうなるか。リストと`tibble`の主な相違点は何か。

16.6　属性

　ベクトルは、その**属性**を通じてどのような追加メタデータも含むことができます。属性はどんなオブジェクトにも付加できるベクトルの名前付きリストだと考えることができます。`attr()`で個別属性値の取得設定ができ、`attributes()`で全部表示できます。

```
x <- 1:10
attr(x, "greeting")
#> NULL
attr(x, "greeting") <- "Hi!"
attr(x, "farewell") <- "Bye!"
attributes(x)
#> $greeting
#> [1] "Hi!"
#>
#> $farewell
#> [1] "Bye!"
```

　Rの基本的な要素の実装に使われる非常に重要な属性が3つあります。

- **名前**はベクトルの要素の名前に使われる。
- **次元**（省略して`dim`）はベクトルが行列や配列のように振る舞うようにする。
- **クラス**は、S3オブジェクト指向システムの実装に使う。

　名前は既に学びました。次元は本書では行列を使わないので扱いません。**ジェネリック関数**の動作を制御するクラスの記述が残っています。ジェネリック関数は、入力のクラスに応じて異なる振る舞いを関数にさせるので、Rにおけるオブジェクト指向プログラミングの鍵を握ります。オブジェクト指向プログラミングを詳細に論じるのは、本書の範囲を超えますが、『R言語徹底解説』の該当部分（7.2「S3」の節、英語版 http://bit.ly/OOproadvR）を読んで勉強できます。

　典型的なジェネリック関数は次のようになっています。

```
as.Date
#> function (x, ...)
#> UseMethod("as.Date")
```

```
#> <bytecode: 0x7fa61e0590d8>
#> <environment: namespace:base>
```

「UseMethod」呼び出しが、これがジェネリック関数であることを意味し、第1引数のクラスに基づいて関数と指定されたメソッドを呼び出します（すべてのメソッドが関数ですが、すべての関数がメソッドではありません）。methods()で、ジェネリックのためのメソッドすべてを一覧表示できます。

```
methods("as.Date")
#> [1] as.Date.character as.Date.date      as.Date.dates
#> [4] as.Date.default   as.Date.factor    as.Date.numeric
#> [7] as.Date.POSIXct   as.Date.POSIXlt
#> see '?methods' for accessing help and source code
```

例えば、xが文字ベクトルなら、as.Date(x)はas.Date.character(x)を呼び出します。ファクタならas.Date.factor(x)を呼び出します。

getS3method()でメソッドの実装を読むことができます。

```
getS3method("as.Date", "default")
#> function (x, ...)
#> {
#>     if (inherits(x, "Date"))
#>         return(x)
#>     if (is.logical(x) && all(is.na(x)))
#>         return(structure(as.numeric(x), class = "Date"))
#>     stop(
#>       gettextf("do not know how to convert '%s' to class %s",
#>       deparse(substitute(x)), dQuote("Date")), domain = NA)
#> }
#> <bytecode: 0x7fa61dd47e78>
#> <environment: namespace:base>
getS3method("as.Date", "numeric")
#> function (x, origin, ...)
#> {
#>     if (missing(origin))
#>         stop("'origin' must be supplied")
#>     as.Date(origin, ...) + x
#> }
#> <bytecode: 0x7fa61dd463b8>
#> <environment: namespace:base>
```

S3ジェネリックで最も重要なのはprint()です。コンソールで名前を入力すると、そのオブジェクトをどう表示するかを制御します。別の重要なジェネリックは、部分集合を作る関数、[, [[, $です。

16.7　拡張ベクトル

アトミックベクトルとリストを構築部品として、ファクタや日付のような他の重要なベクトル型ができます。そのようなベクトルは、クラスを含め追加**属性**があるので、私は、**拡張**ベクトルと呼んでいます。拡張ベクトルはクラスを持つので、構成するアトミックベクトルに応じて、振る舞いが異なります。本書では、次の4種類の重要な拡張ベクトルを扱います。

- ファクタ
- 日付と日付時刻
- tibble

これらについて述べます。

16.7.1　ファクタ

ファクタは、固定集合の可能値をとるカテゴリ型のデータを表すよう設計されました。ファクタは整数上で作られ、属性 levels を持ちます。

```
x <- factor(c("ab", "cd", "ab"), levels = c("ab", "cd", "ef"))
typeof(x)
#> [1] "integer"
attributes(x)
#> $levels
#> [1] "ab" "cd" "ef"
#>
#> $class
#> [1] "factor"
```

16.7.2　日付と日付時刻

Rでの日付は、1970年1月1日以来の日数を表す数値ベクトルです。

```
x <- as.Date("1971-01-01")
unclass(x)
#> [1] 365

typeof(x)
#> [1] "double"
attributes(x)
#> $class
#> [1] "Date"
```

日付時刻は、1970年1月1日以来の秒数を表す POSIXct クラスの数値ベクトルです（POSIXct は、"Portable Operating System Interface," calendar time（POSIX カレンダ時刻）の略）。

```
x <- lubridate::ymd_hm("1970-01-01 01:00")
unclass(x)
#> [1] 3600
#> attr(,"tzone")
#> [1] "UTC"
typeof(x)
#> [1] "double"
attributes(x)
#> $tzone
#> [1] "UTC"
#>
#> $class
#> [1] "POSIXct" "POSIXt"
```

属性tzoneはオプションです。参照する絶対時刻ではなく、表示するときの時刻を制御します。

```
attr(x, "tzone") <- "US/Pacific"
x
#> [1] "1969-12-31 17:00:00 PST"
```

```
attr(x, "tzone") <- "US/Eastern"
x
#> [1] "1969-12-31 20:00:00 EST"
```

POSIXltという日付時刻の別の型もあります。これは名前付きリストで作られています。

```
y <- as.POSIXlt(x)
typeof(y)
#> [1] "list"
attributes(y)
#> $names
#>  [1] "sec"   "min"    "hour"   "mday"   "mon"   "year"
#>  [7] "wday"   "yday"   "isdst"  "zone"   "gmtoff"
#>
#> $class
#> [1] "POSIXlt" "POSIXt"
#>
#> $tzone
#> [1] "US/Eastern" "EST"          "EDT"
```

　POSIXltは珍しくもtidyverseの中にあります。これらは、年や月など日付の特定要素の抽出に必要なので基本Rでも使われます。lubridateがこれらを行うヘルパー関数を用意しているので、読者のみなさんは使う必要がありません。POSIXctの方が常に使いやすいので、POSIXltを使う羽目になったら、lubridate::as_date_time()で普通の日付時刻に変換すべきです。

16.7.3　tibble

　tibbleは拡張ベクトルです。3つのクラス、tbl_df, tbl, data.frameがあります。(列の) names
とrow.namesという2つの属性があります。

```
tb <- tibble::tibble(x = 1:5, y = 5:1)
typeof(tb)
#> [1] "list"
attributes(tb)
#> $names
#> [1] "x" "y"
#>
#> $class
#> [1] "tbl_df"      "tbl"           "data.frame"
#>
#> $row.names
#> [1] 1 2 3 4 5
```

伝統的なデータフレームも同様の構造です。

```
df <- data.frame(x = 1:5, y = 5:1)
typeof(df)
#> [1] "list"
attributes(df)
#> $names
#> [1] "x" "y"
#>
#> $row.names
#> [1] 1 2 3 4 5
#>
#> $class
#> [1] "data.frame"
```

　主な違いはクラスにあります。tibbleのクラスには"data.frame"があり、デフォルトでデータフ
レームの振る舞いをtibbleが継承していることを意味します。

　tibbleやデータフレームとリストとの違いは、tibbleやデータフレームの全要素が同じ長さのベ
クトルでなければならないことです。tibbleを扱う全関数がこの制約を前提にしています。

［ 練 習 問 題 ］

1. hms::hms(3600)は何を返すか。表示するとどうなるか。どの基本型で構築された拡張ベクトル
   か。どんな属性を使うか。

2. 異なる長さの列を持つtibbleを作ってみよう。何が起こるか。

3. これまでの定義に基づくなら、tibbleの列をリストにすることは可能か。

17章
purrrでイテレーション

17.1　はじめに

15章ではコピー&ペーストせずに、関数を作ることにより、コードの重複がなくなることがいかに重要かという話をしました。コードの重複をなくすことには、次の3つの利点があります。

- コードの意図が明確になる。何が同じかではなく、何が違うかに目が行くからだ。
- 要求の変化に追随しやすい。要求の変化に対して、コードでコピー&ペーストしたすべての箇所を覚えておいて変更するのではなく、1か所変更するだけで済む。
- バグが少なくなる。コードのあらゆる箇所がもっと使われるようになるからだ。

重複をなくすツールの1つが関数で、繰り返し使われるコードパターンを独立させて、たやすく再利用や更新できるようにします。もう1つのツールが**イテレーション**で、複数の入力に対して同じことを行います。例えば、異なる列やデータセットに同じ演算を行います。本章では、重要なイテレーションパラダイムを2つ学びます。命令型プログラミングと関数型プログラミングです。命令型には、forループやwhileループがあり、イテレーションが明示されているので、何が起こっているか明白で、手始めに学ぶのに良いでしょう。しかし、ループは色々とうるさくて、forループごとに複製されるかなりの記録のためのコードが必要となります。関数型プログラミング (FP) はそのような類似のコードを抽出して除き、ループパターンの共通部分を関数にします。FPの言葉をマスターすれば、よく出てくるイテレーション問題をより少ないコードでよりたやすく、しかもエラーの危険を少なくできます。

17.1.1　用意するもの

基本Rのforループをマスターしてから、tidyverseの中に含まれるpurrrの強力なプログラミングツールを学びます。

```
library(tidyverse)
```

17.2　forループ

次のような簡単なtibbleがあるとします。

```
df <- tibble(
  a = rnorm(10),
  b = rnorm(10),
  c = rnorm(10),
  d = rnorm(10)
)
```

各列の中央値を計算したいとします。コピー＆ペーストで行うこともできます。

```
median(df$a)
#> [1] -0.246
median(df$b)
#> [1] -0.287
median(df$c)
#> [1] -0.0567
median(df$d)
#> [1] 0.144
```

しかし、これでは「3回以上コピー＆ペーストするな」という原則から外れています。代わりにfor
ループを使います。

```
output <- vector("double", ncol(df))    # 1. 出力
for (i in seq_along(df)) {              # 2. シーケンス
  output[[i]] <- median(df[[i]])        # 3. 本体
}
output
#> [1] -0.2458 -0.2873 -0.0567 0.1443
```

どのforループにも3つの要素があります。

出力：output <- vector("double", length(x))

ループを開始する前に、出力用のスペースを十分確保しておかないといけない。もし、イテ
レーションのたびに（例えば）c()を使ってforループを増やすなら、ループ実行が遅くなる。
指定長の空ベクトルを作るには、通常vector()関数を使う。ベクトルの型（logical,
integer, double, characterなど）と長さの2つの引数を指定する。

シーケンス：i in seq_along(df)

何でループするのかをこれで決める。forループの実行ごとにiにはseq_along(df)から異な
る値が代入される。英語でなら、iを"it"と考えると便利だ。

seq_along()は初めて見るかもしれない。これはお馴染みの1:length(x)よりも安全で、ベク
トルの長さが0の場合にもseq_along()はうまく処理してくれる点が異なる。

```
y <- vector("double", 0)
seq_along(y)
#> integer(0)
1:length(y)
#> [1] 1 0
```

わざわざ長さ0のベクトルを作ることはないだろうが、間違って作ることはよくある。seq_along(x)の代わりに1:length(x)を使うと、わけのわからないエラーメッセージとなる。

本体：output[[i]] <- median(df[[i]])

実際の仕事をするコード。iのさまざまな値について何度も実行される。最初のイテレーションは、output[[1]] <- median(df[[1]])、次のイテレーションがoutput[[2]] <- median(df[[2]])のように続く。

これでループについてはすべてです。いくつかの基本的（および少し高度な）forループを次の練習問題で練習します。それから、実際に出てくる他の問題を解くのに役立つ、forループのバリエーションを学びます。

練習問題

1. 次のforループを書きなさい。

   a. mtcarsの各列の平均を計算する。

   b. nycflights13::flightsの各列の型を決定する。

   c. irisの各列の重複しない値の個数を計算する。

   d. $\mu = -10, 0, 10, 100$のそれぞれについて正規乱数を10個生成する。

   ループを書く**前**に、出力、シーケンス、本体について考えること。

2. 次の3例で、既存のベクトルに関する関数を利用してforループを解消しなさい。

   ```
   out <- ""
   for (x in letters) {
   out <- stringr::str_c(out, x)
   }

   x <- sample(100)
   sd <- 0
   for (i in seq_along(x)) {
     sd <- sd + (x[i] - mean(x)) ^ 2
   }
   sd <- sqrt(sd / (length(x) - 1))

   x <- runif(100)
   out <- vector("numeric", length(x))
   ```

```
out[1] <- x[1]
for (i in 2:length(x)) {
  out[i] <- out[i - 1] + x[i]
}
```

3. 関数を書くのとforループのスキルを組み合わせて次を行う。

   a. 童謡「Alice the Camel」の歌詞を印刷（`print()`）するforループを書きなさい[1]。

   b. 童謡「Ten in the Bed」を関数にしなさい。人が何人でも、寝方がどのようでも作成できるようにしなさい[2]。

   c. 歌「99 Bottles of Beer on the Wall」を関数に変換しなさい。場所がどこでも、どんな液体を含んだ容器がいくつでもよいように一般化しなさい[3]。

4. 前もって出力を割り当てず、ステップごとにベクトルの長さを伸ばすforループをよく見かける。

```
output <- vector("integer", 0)
for (i in seq_along(x)) {
  output <- c(output, lengths(x[[i]]))
}
output
```

これは性能にどう影響するか。実験を設計して実施しなさい。

17.3　forループのバリエーション

forループの基本を押さえて自分のものにしたら、次はいくつかの変形を覚えておきましょう。イテレーションがどのようなものでも、これらは重要なので、FP技法を学んだあと次節でこれらを学びます。

forループには4つのバリエーションがあります。

- 新たなオブジェクトを作らず、既存オブジェクトを変更する。
- 添字ではなく、名前や値についてループする。
- 長さが不明な出力を扱う。
- 長さのわからないシーケンスを扱う。

17.3.1　既存オブジェクトの変更

既存オブジェクトを変更するためにループを使うことがあります。例えば、「15.2　関数を書くべきとき」の例では、データフレームの各列の範囲を変更しました。

---

[1] 訳注：http://www.metrolyrics.com/alice-the-camel-lyrics-children.html などに歌詞がある。

[2] 訳注：歌詞例は https://kidsongs.com/lyrics/ten-in-the-bed.html/ などを参照。

[3] 訳注：歌詞例は http://www.99-bottles-of-beer.net/lyrics.html など。

```
df <- tibble(
  a = rnorm(10),
  b = rnorm(10),
  c = rnorm(10),
  d = rnorm(10)
)
rescale01 <- function(x) {
  rng <- range(x, na.rm = TRUE)
  (x - rng[1]) / (rng[2] - rng[1])
}
df$a <- rescale01(df$a)
df$b <- rescale01(df$b)
df$c <- rescale01(df$c)
df$d <- rescale01(df$d)
```

これをforループで解くには、再度3つの要素を考えます。

出力

出力は既にある。すなわち入力と同じ。

シーケンス

データフレームを列のリストと考えることができるので、seq_along(df)で列をイテレーションする。

本体

rescale01()をする。

したがって次のように書くことができます。

```
for (i in seq_along(df)) {
  df[[i]] <- rescale01(df[[i]])
}
```

通常、この種のループではリストかデータフレームを変更するので、[ではなく [[を使うようにします。私がいつもループの中で [[を使うのに読者は気付いていたかもしれません。単一要素を扱うことが明示されるので、アトミックベクトルでも [[を使うことをお勧めします。

17.3.2　ループパターン

ベクトルでループするには、基本的に3つの方法があります。これまでは、最も一般的な方法を示しました。すなわち、(i in seq_along(xs))で数値の添字を使ってx[[i]]で値を抽出しました。他には次の2つの方法があります。

要素を使ってループ：for (x in xs)

> 出力を効率的に格納するのは難しいので、グラフを書いたり保存するなど、副作用だけを使う
> ときに有効。

名前を使ってループ：(nm in names(xs))

> x[[nm]]で値にアクセスできる名前を指定する。これは、グラフのタイトルやファイル名など
> 名前を使うときに有効。名前付きの出力を作るなら、次のように結果ベクトルに名前を付ける
> のを忘れないようにする。

```
results <- vector("list", length(x))
names(results) <- names(x)
```

数値の添字では、その位置で名前と値が両方取得できるので、最もよく使われます。

```
for (i in seq_along(x)) {
  name <- names(x)[[i]]
  value <- x[[i]]
}
```

17.3.3　出力長不明

出力の長さがどれだけになるかわからないこともあります。例えば、長さがランダムなベクトルを
シミュレーションしたいとします。次のように、ベクトルを順に大きくしてこの問題を解きたくなる
でしょう。

```
means <- c(0, 1, 2)

output <- double()
for (i in seq_along(means)) {
  n <- sample(100, 1)
  output <- c(output, rnorm(n, means[[i]]))
}
str(output)
#> num [1:202] 0.912 0.205 2.584 -0.789 0.588 ...
```

しかし、これでは、毎回Rが前のデータをすべてコピーしないといけないので、あまり効率的で
はありません。専門用語では、「二乗」（$O(n^2)$）の振る舞いになります。すなわち、ループで要素が
3倍になると、実行に9（$= 3^2$）倍の時間がかかります。

より優れた解は、結果をリストに保存し、ループが終わってから1つのベクトルにまとめるもので
す。

```
out <- vector("list", length(means))
for (i in seq_along(means)) {
  n <- sample(100, 1)
  out[[i]] <- rnorm(n, means[[i]])
}
str(out)
#> List of 3
#> $ : num [1:83] 0.367 1.13 -0.941 0.218 1.415 ...
#> $ : num [1:21] -0.485 -0.425 2.937 1.688 1.324 ...
#> $ : num [1:40] 2.34 1.59 2.93 3.84 1.3 ...
str(unlist(out))
#> num [1:144] 0.367 1.13 -0.941 0.218 1.415 ...
```

　ここでは、ベクトルのリストを1つのベクトルにするために`unlist()`を使いました。より安全なのは`purrr::flatten_dbl()`を使うことです。これは、入力がdoubleのリストでないとエラーを投げます。

　このパターンは他の場合でも生じます。

- 長い文字列を生成する場合。繰り返しのたびに前の文字列に`paste()`するのではなく、出力を文字ベクトルに保存しておき、`paste(output, collapse = "")`でベクトルの要素を連結して文字列にする。
- 大きなデータフレームを生成する場合。繰り返しのたびに`rbind()`で逐次作る代わりに、出力をリストに保存し、`dplyr::bind_rows(output)`を使って出力を組み合わせて1つのデータフレームにまとめる。

　このパターンに気を付けること。このパターンを見つけたら、より複雑な結果オブジェクトに切り替えて、最後に1つのステップにまとめます。

17.3.4　シーケンス長不明

　入力シーケンスの長さがどれだけになるかわからないこともあります。シミュレーションの場合はこれが普通です。例えば、硬貨投げで表が3回出るまでループするとします。この種のイテレーションはforループではうまくいきません。代わりに、whileループを使います。whileループは、条件と本体という2つの成分しかなくて、forループより単純です。

```
while (condition) {
  # body
}
```

　whileループはforループより一般的であり、forループはwhileループで書き直せますが、whileループはforループに書き直せないことがあります。

```
for (i in seq_along(x)) {
  # body
}

# 次と等価
i <- 1
while (i <= length(x)) {
  # body
  i <- i + 1
}
```

　表が3回連続で出るまで何回硬貨投げを試行するかを数えるのにwhileループをどう使うかを次に示します。

```
flip <- function() sample(c("T", "H"), 1)

flips <- 0
nheads <- 0

while (nheads < 3) {
  if (flip() == "H") {
    nheads <- nheads + 1
  } else {
    nheads <- 0
  }
  flips <- flips + 1
}
Flips
#> [1] 3
```

　私はwhileループをほとんど使ったことがないので、簡単にしか触れませんでした。whileループはシミュレーションでよく使われますが、シミュレーションは本書の範囲を超えます。ただし、whileループを知っておけば、イテレーションの回数が前もってわからない問題にも備えることができます。

練習問題

1. 読み込むCSVファイルが格納されているディレクトリがあるとする。パスは、`files <- dir("data/", pattern = "\\.csv$", full.names = TRUE)`というベクトルで与えられており、`read_csv()`で各ファイルを読むとする。それらを読み込んで1つのデータフレームにするforループを書きなさい。

2. `for (nm in names(x))`を使ったが、xに名前がなかったらどうなるか。要素の一部だけに名前がある場合はどうなるか。名前が重複していたらどうなるか。

3. データフレームの数値の列の平均を名前とともに出力する関数を書きなさい。例えば、show_mean(iris) が次のような出力をする。

```
show_mean(iris)
#> Sepal.Length: 5.84
#> Sepal.Width:  3.06
#> Petal.Length: 3.76
#> Petal.Width:  1.20
```

（追加問題：変数名の長さが変わっても数値がきちんと並ぶようにするため、どんな関数を使ったか。）

4. 次のコードは何をするか。どのような作業をしているか。

```
trans <- list(
  disp = function(x) x * 0.0163871,
  am = function(x) {
    factor(x, labels = c("auto", "manual"))
  }
)
for (var in names(trans)) {
  mtcars[[var]] <- trans[[var]](mtcars[[var]])
}
```

17.4 **for ループと関数型**

Rが関数型プログラミング言語であることから、他のプログラミング言語ほどforループが重要とは考えません。すなわち、forループが関数でラップでき、forループを直接使わず関数呼び出しができます。

これがなぜ重要かを示すために簡単なデータフレームを再度使います。

```
df <- tibble(
  a = rnorm(10),
  b = rnorm(10),
  c = rnorm(10),
  d = rnorm(10)
)
```

各列の平均を計算することは、forループを使って書けます。

```
output <- vector("double", length(df))
for (i in seq_along(df)) {
  output[[i]] <- mean(df[[i]])
}
output
#> [1] 0.2026 -0.2068 0.1275 -0.0917
```

各列の平均を頻繁に計算することがわかったので、重複する部分を関数にします。

```
col_mean <- function(df) {
  output <- vector("double", length(df))
  for (i in seq_along(df)) {
    output[i] <- mean(df[[i]])
  }
  output
}
```

さらに、中央値と標準偏差も計算できるとよいので、col_mean()をコピー＆ペーストしてから mean()をmedian()とsd()で置き換えます。

```
col_median <- function(df) {
  output <- vector("double", length(df))
  for (i in seq_along(df)) {
    output[i] <- median(df[[i]])
  }
  output
}
col_sd <- function(df) {
  output <- vector("double", length(df))
  for (i in seq_along(df)) {
    output[i] <- sd(df[[i]])
  }
  output
}
```

おやおや、コピー＆ペーストを2回してしまいました。どのように一般化するか考えるときです。コードのほとんどがforループであることと、これらの関数（mean(), median(), sd()）は違いが目立たないことに注意しましょう。

しかし、次のような関数集合ではどうでしょうか。

```
f1 <- function(x) abs(x - mean(x)) ^ 1
f2 <- function(x) abs(x - mean(x)) ^ 2
f3 <- function(x) abs(x - mean(x)) ^ 3
```

多数ある重複を抽出して追加の引数にすればよいことに気付いたでしょうか。

```
f <- function(x, i) abs(x - mean(x)) ^ i
```

コードが1/3になったのでバグの機会も減り、また新たな状況に対応した一般化も容易になります。

各列に適応する引数を追加すれば、同じことをcol_mean(), col_median(), col_sd()について行うことができます。

```
col_summary <- function(df, fun) {
  out <- vector("double", length(df))
  for (i in seq_along(df)) {
    out[i] <- fun(df[[i]])
  }
  out
}
col_summary(df, median)
#> [1] 0.237 -0.218 0.254 -0.133
col_summary(df, mean)
#> [1] 0.2026 -0.2068 0.1275 -0.0917
```

　関数を別の関数に引き渡すというアイデアは非常に強力で、Rを関数型プログラミング言語とする振る舞いの1つです。このアイデアに頭をなじませるには少し時間がかかるかもしれませんが、それだけの価値があります。本章の残りでは、purrrパッケージを学びます。その関数を使えば、forループを使わなくて済みます。基本Rが提供するapply関数ファミリー（apply(), lapply(), tapply()など）も同じことをしますが、purrrの方がより一貫性があって学びやすいでしょう。

　forループの代わりにpurrr関数を使うと、よくあるリスト操作作業を個別操作に分割して処理できるようになります。

- 要素1つだけのリストの問題をどう解けるか。その問題が解ければ、リストの全要素にその解を使えるようpurrrが一般化してくれる。
- 複雑な問題を解く場合、それを要素ごとに分離して、徐々に進めて解に向かうにはどうすればよいか。なおpurrrでは、多数の要素をパイプで組み合わせることができる。

　この構造によって新たな問題を解くのが簡単になります。過去のコードを読むときにも、その時の問題への解決法が理解しやすくなります。

練習問題

1. apply()のドキュメントを読みなさい。第2の例では、どんなforループ2つを一般化しているか。
2. col_summary()を数値列にだけ適用するよう変更しなさい。数値列に対してTRUEとなる論理ベクトルを返す関数is_numeric()を使うとよい。

17.5　マップ関数

　ベクトルの各要素について何かを行い、結果を保存するのはよく使うループのパターンなので、purrrパッケージにはそのための関数ファミリーが用意されています。出力形式に応じて次のような関数があります。

- map()はリストを作る。
- map_lgl()は論理ベクトルを作る。
- map_int()は整数ベクトルを作る。
- map_dbl()は実数ベクトルを作る。
- map_chr()は文字ベクトルを作る。

どの関数もベクトルを入力し、各要素に関数を適用し、入力と同じ長さ（同じ名前）の新たなベクトルを返します。ベクトルの種類は、マップ関数の接尾辞で決まります。

マップ関数を習得すれば、イテレーション課題をより短い時間で解けます。マップ関数の代わりにforループを使うのはよくないと考えるべきではありません。マップ関数は抽象化への1ステップに過ぎず、その働きを完全に理解するまでには長い時間がかかります。重要なことは、問題を解くことであって、簡潔で美しいコードを書くことではありません（もっとも、それは成し遂げたいことに違いはありませんが）。

forループは遅いので使うべきではないという人もいますが、間違いです（少なくともここ数年は遅くはありません）。map()のような関数を使う利点は主として明確さにあり、速度ではありません。コードの読み書きが楽になるのです。

これらの関数を使って先ほどのforループと同じ計算ができます。doubleを返していたので、map_dbl()を使います。

```
map_dbl(df, mean)
#>      a       b       c       d
#>  0.2026 -0.2068  0.1275 -0.0917
map_dbl(df, median)
#>      a       b       c       d
#>  0.237 -0.218  0.254 -0.133
map_dbl(df, sd)
#>      a       b       c       d
#> 0.796 0.759 1.164 1.062
```

forループを使うときと比べれば、各要素のループと出力格納という処理ではなく、実行演算（mean(), median(), sd()）に焦点が絞られています。これは、パイプを使うとさらにはっきりします。

```
df %>% map_dbl(mean)
#>      a       b       c       d
#>  0.2026 -0.2068  0.1275 -0.0917
df %>% map_dbl(median)
#>      a       b       c       d
#>  0.237 -0.218  0.254 -0.133
df %>% map_dbl(sd)
#>      a       b       c       d
#> 0.796 0.759 1.164 1.062
```

map_*()とcol_summary()には若干の相違があります。

- purrr関数はすべてCで実装されている。可読性は劣るが高速。
- 適用関数の第2引数.fは、式、文字ベクトル、または整数ベクトルでもよい。次節でこれらについて学ぶ。
- map_*()は...(「15.5.3　3ドット(...)」)を使って、.fが呼ばれる際の引数を渡す。

  ```
  map_dbl(df, mean, trim = 0.5)
  #>      a      b      c      d
  #>  0.237 -0.218  0.254 -0.133
  ```

- マップ関数は名前も保持する。

  ```
  z <- list(x = 1:3, y = 4:5)
  map_int(z, length)
  #> x y
  #> 3 2
  ```

17.5.1　ショートカット

.fを使うときに入力の手間を省くショートカットがあります。データセットの各グループに線形モデルを適合したいとします。次の簡単な例はmtcarsデータセットを(シリンダーの値で)3つに分けて、同じ線形モデルをそれぞれに適合させます。

```
models <- mtcars %>%
  split(.$cyl) %>%
  map(function(df) lm(mpg ~ wt, data = df))
```

Rで匿名関数の作成はかなり面倒なので、purrrでは便利なショートカットとして、片側フォーミュラが使えます。

```
models <- mtcars %>%
  split(.$cyl) %>%
  map(~lm(mpg ~ wt, data = .))
```

ここで、私は、「.」を(iがforループで現在の添字を参照する際と同じように)現在のリスト要素を参照する代名詞のように使っています。

多数のモデルを扱うなら、R^2のような要約統計量が欲しいでしょう。そのためには、summary()を実行してからr.squaredという成分を抽出します。匿名関数のショートカットを使ってそれができます。

```
models %>%
  map(summary) %>%
  map_dbl(~.$r.squared)
#>     4    6    8
```

```
#> 0.509 0.465 0.423
```

整数を使って、その位置の要素を選択することもできます。

```
x <- list(list(1, 2, 3), list(4, 5, 6), list(7, 8, 9))
x %>% map_dbl(2)
#> [1] 2 5 8
```

17.5.2　基本R

基本Rのapply関数ファミリーについて詳しい人はpurrrの関数との類似性に気付いたでしょう。

- lapply()は基本的にはmap()と同じだが、map()の方が、purrrの他の関数と一貫性があり、.f のショートカットを使う。

- sapply()は、lapply()のラッパーで、出力を自動的に簡素化する。インタラクティブな作業には向いているが、どんな出力になるかわからないので関数に使うには問題がある。

```
x1 <- list(
  c(0.27, 0.37, 0.57, 0.91, 0.20),
  c(0.90, 0.94, 0.66, 0.63, 0.06),
  c(0.21, 0.18, 0.69, 0.38, 0.77)
)
x2 <- list(
  c(0.50, 0.72, 0.99, 0.38, 0.78),
  c(0.93, 0.21, 0.65, 0.13, 0.27),
  c(0.39, 0.01, 0.38, 0.87, 0.34)
)

threshold <- function(x, cutoff = 0.8) x[x > cutoff]
x1 %>% sapply(threshold) %>% str()
#> List of 3
#>  $ : num 0.91
#>  $ : num [1:2] 0.9 0.94
#>  $ : num(0)
x2 %>% sapply(threshold) %>% str()
#>  num [1:3] 0.99 0.93 0.87
```

- vapply()は型を定義する引数を追加するので、sapply()の安全版だ。しかし、vapply()には入力が面倒になるという問題があります。vapply(df, is.numeric, logical(1))はmap_lgl(df, is.numeric)と等価です。purrrのマップ関数よりvapply()が優れているのは、行列も作成できることです。マップ関数はベクトルしか作成できません。

　本書では、purrr関数に焦点を絞ります。より一貫した名前と引数や役立つショートカットを提供し、さらに、並列性が容易になり、プログレスバーがあるからです。

練習問題

1. マップ関数を使って次を書きなさい。
    a. `mtcars`の各列の平均を計算する。
    b. `nycflights13::flights`の各列の型を決定する。
    c. `iris`の各列の一意な値の個数を計算する。
    d. $\mu = -10, 0, 10, 100$のそれぞれについて10個の正規乱数を生成する。
2. データフレームの各列についてファクタかどうかを示す単一ベクトルを作りなさい。
3. リストでないベクトルに`map`を使うとどうなるか。`map(1:5, runif)`は何をするか。それはなぜか。
4. `map(-2:2, rnorm, n = 5)`は何をするか。それはなぜか。`map_dbl(-2:2, rnorm, n = 5)`はどうなるか。それはなぜか。
5. 匿名関数がなくなるように`map(x, function(df) lm(mpg ~ wt, data = df))`を書き直しなさい。

17.6　失敗の処理

　演算を多数繰り返すマップ関数を使うと、演算のいずれかで失敗する危険が高くなります。失敗すると、エラーメッセージが出て、出力は出ません。これは悩ましいことです。なぜたった1つの失敗で、その他の成功結果にアクセスできないのでしょうか。どうすれば、樽の中の1個のリンゴが腐っても、樽全体がダメにならないようにできるのでしょうか。

　本節では、新たな関数safely()を使ってこのような状況をどう扱うかを学びます。safely()は副詞のようなものです。関数を引数にとり、修正版を返します。この場合、修正された関数はエラーを投げません。その代わりに、次の2要素のリストを返します。

result
　　　元の結果。エラーがあればNULLとなる。

error
　　　エラーオブジェクト。処理が成功すればNULLとなる。

（基本Rのtry()関数をよく知っていれば、よく似ていることがわかります。try()は元の結果を返すときとエラーオブジェクトを返すときとがあるので、扱いが難しいのです。）

　簡単な例log()を使って説明します。

```
safe_log <- safely(log)
str(safe_log(10))
#> List of 2
```

```
#>  $ result: num 2.3
#>  $ error : NULL
str(safe_log("a"))
#> List of 2
#>  $ result: NULL
#>  $ error :List of 2
#>   ..$ message: chr " 数学関数に数値でない引数が渡されました "
#>   ..$ call    : language .f(...)
#>   ..- attr(*, "class")= chr [1:3] "simpleError" "error" ...
```

関数が成功すると、要素resultには結果が入り、要素errorはNULLとなります。関数が失敗すると、resultはNULLとなり、errorにはエラーオブジェクトが入ります。

safely()はmapで使うことができます。

```
x <- list(1, 10, "a")
y <- x %>% map(safely(log))
str(y)
#> List of 3
#>  $ :List of 2
#>   ..$ result: num 0
#>   ..$ error : NULL
#>  $ :List of 2
#>   ..$ result: num 2.3
#>   ..$ error : NULL
#>  $ :List of 2
#>   ..$ result: NULL
#>   ..$ error :List of 2
#>   .. ..$ message: chr " 数学関数に数値でない引数が渡されました "
#>   .. ..$ call    : language .f(...)
#>   .. ..- attr(*, "class")=chr [1:3] "simpleError" "error" ...
```

2つリストにして、1つがエラー、もう1つが出力だと、さらに扱いやすくなります。purrr::transpose()はそれをします。

```
y <- y %>% transpose()
str(y)
#> List of 2
#>  $ result:List of 3
#>   ..$ : num 0
#>   ..$ : num 2.3
#>   ..$ : NULL
#>  $ error :List of 3
#>   ..$ : NULL
#>   ..$ : NULL
#>   ..$ :List of 2
#>   .. ..$ message: chr " 数学関数に数値でない引数が渡されました "
```

```
#>   .. ..$ call   : language .f(...)
#>   .. ..- attr(*, "class")=chr [1:3] "simpleError" "error" ...
```

エラーをどう扱うかは自由ですが、通常はyのエラーを起こしたxの値を調べるか、問題のないy
の値を処理します。

```
is_ok <- y$error %>% map_lgl(is_null)
x[!is_ok]
#> [[1]]
#> [1] "a"
y$result[is_ok] %>% flatten_dbl()
#> [1] 0.0 2.3
```

purrrには役に立つ副詞が他に2つあります。

- possibly()はsafely()同様常に成功する。エラーの際デフォルト値を返すのでsafely()より
も簡単。

```
x <- list(1, 10, "a")
x %>% map_dbl(possibly(log, NA_real_))
#> [1] 0.0 2.3 NA
```

- quietly()はsafely()と同様の役割を果たすが、エラーを捕捉せずに出力、メッセージ、警告
を捕捉する。

```
x <- list(1, -1)
x %>% map(quietly(log)) %>% str()
#> List of 2
#>  $ :List of 4
#>   ..$ result  : num 0
#>   ..$ output  : chr ""
#>   ..$ warnings: chr(0)
#>   ..$ messages: chr(0)
#>  $ :List of 4
#>   ..$ result  : num NaN
#>   ..$ output  : chr ""
#>   ..$ warnings: chr " 計算結果が NaN になりました "
#>   ..$ messages: chr(0)
```

17.7　複数引数へのマップ

これまでは、単一入力に対してマップしてきました。複数の関連入力について並列にイテレーショ
ンする必要が生じることもよくあります。これは、関数map2()とpmap()の仕事です。例えば、平均
値の異なる正規乱数を複数シミュレーションするとします。map()で何を行えばよいかははっきりし
ています。

```
mu <- list(5, 10, -3)
mu %>%
  map(rnorm, n = 5) %>%
  str()
#> List of 3
#>  $ : num [1:5] 5.45 5.5 5.78 6.51 3.18
#>  $ : num [1:5] 10.79 9.03 10.89 10.76 10.65
#>  $ : num [1:5] -3.54 -3.08 -5.01 -3.51 -2.9
```

標準偏差の変更も行うにはどうすればよいでしょうか。まず、平均と標準偏差とのベクトルに添字を割り当てて、添字でイテレーションしておく方法があります。

```
sigma <- list(1, 5, 10)
seq_along(mu) %>%
  map(~rnorm(5, mu[[.]], sigma[[.]])) %>%
  str()
#> List of 3
#>  $ : num [1:5] 4.94 2.57 4.37 4.12 5.29
#>  $ : num [1:5] 11.72 5.32 11.46 10.24 12.22
#>  $ : num [1:5] 3.68 -6.12 22.24 -7.2 10.37
```

しかし、これではコードの意図がわかりにくいので、代わりに2つのベクトルに並列で作用するmap2()を使います。

```
map2(mu, sigma, rnorm, n = 5) %>% str()
#> List of 3
#>  $ : num [1:5] 4.78 5.59 4.93 4.3 4.47
#>  $ : num [1:5] 10.85 10.57 6.02 8.82 15.93
#>  $ : num [1:5] -1.12 7.39 -7.5 -10.09 -2.7
```

map2()は次のような関数呼び出しを一般化します。

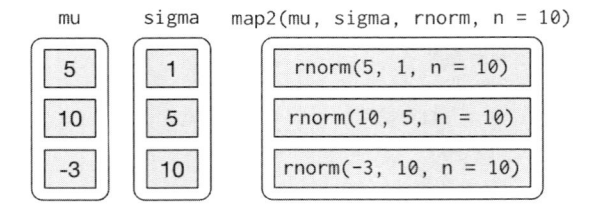

各呼び出しで、変化する引数は関数の**前**に、変化しない同じ引数は関数の**後**になっていることに注意。

map()同様、map2()はforループのラッパーです。

```
map2 <- function(x, y, f, ...) {
  out <- vector("list", length(x))
```

```
    for (i in seq_along(x)) {
      out[[i]] <- f(x[[i]], y[[i]], ...)
    }
    out
  }
```

map3(), map4(), map5(), map6() を同様に考えることもできますが、早晩行き詰まるでしょう。purrr には代わりに引数のリストをとる pmap() が用意されています。平均、標準偏差、サンプルサイズを変えたければ次のようにします。

```
n <- list(1, 3, 5)
args1 <- list(n, mu, sigma)
args1 %>%
  pmap(rnorm) %>%
  str()
#> List of 3
#>  $ : num 4.55
#>  $ : num [1:3] 13.4 18.8 13.2
#>  $ : num [1:5] 0.685 10.801 -11.671 21.363 -2.562
```

図示すると次のようになります。

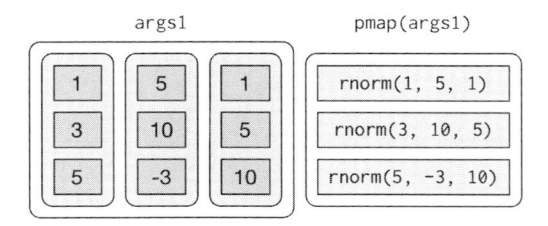

リストの要素に名前を付けないと、pmap() は位置を代わりに使います。間違いやすいし、コードがわかりにくくなるので、引数に名前を付けた方がよいでしょう。

```
args2 <- list(mean = mu, sd = sigma, n = n)
args2 %>%
  pmap(rnorm) %>%
  str()
#> List of 3
#>  $ : num 5.15
#>  $ : num [1:3] -0.36 15.78 11.53
#>  $ : num [1:5] -2.01 -4.79 -1.01 -4.67 -11.27
```

これは長いが、より安全な呼び出しをします。

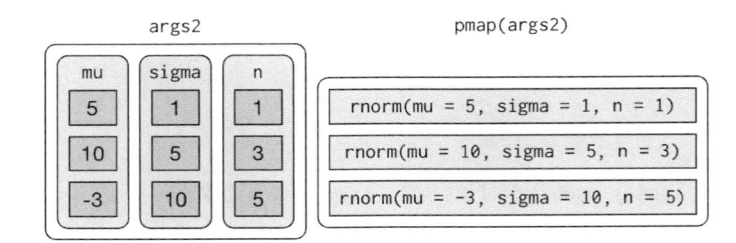

引数はすべて同じ長さなので、データフレームに格納します。

```
params <- tribble(
  ~mean, ~sd, ~n,
  5, 1, 1,
  10, 5, 3,
  -3, 10, 5
)
params %>%
  pmap(rnorm)
#> [[1]]
#> [1] 4.68
#>
#> [[2]]
#> [1] 23.44 12.85 7.28
#>
#> [[3]]
#> [1] -5.34 -17.66 0.92 6.06 9.02
```

　コードが複雑になったら、私はデータフレームを使うとよいと思います。各列に名前があって他と
同じ長さだということが確かになるからです。

17.7.1　さまざまな関数を呼び出す

もう一段複雑にして、関数への引数を変更するだけでなく、関数そのものを変更しましょう。

```
f <- c("runif", "rnorm", "rpois")
param <- list(
  list(min = -1, max = 1),
  list(sd = 5),
  list(lambda = 10)
)
```

これを扱うには、invoke_map()を使います。

```
invoke_map(f, param, n = 5) %>% str()
#> List of 3
#> $ : num [1:5] 0.762 0.36 -0.714 0.531 0.254
```

```
#> $ : num [1:5] 3.07 -3.09 1.1 5.64 9.07
#> $ : int [1:5] 9 14 8 9 7
```

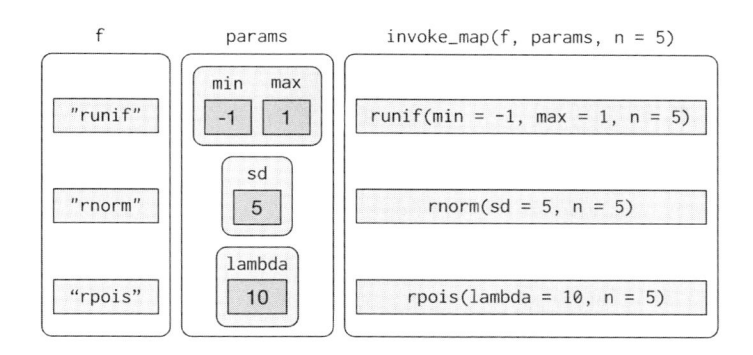

　第1引数は関数のリストまたは関数名の文字ベクトルです。第2引数は、関数ごとに異なる引数を指定するリストのリストです。第3引数以降は全関数に引き渡されます。

　今度は tribble を用いて、簡単にマッチするペアを作ることができます。

```
sim <- tribble(
  ~f, ~params,
  "runif", list(min = -1, max = 1),
  "rnorm", list(sd = 5),
  "rpois", list(lambda = 10)
)
sim %>%
  mutate(sim = invoke_map(f, params, n = 10))
#> # A tibble: 3 × 3
#>       f    params       sim
#>   <chr>    <list>    <list>
#> 1 runif <list [2]> <dbl [10]>
#> 2 rnorm <list [1]> <dbl [10]>
#> 3 rpois <list [1]> <int [10]>
```

17.8　ウォーク

　ウォークは、関数をその戻り値ではなく、副作用のために呼び出したいときにマップの代わりに使います。通常は、出力をスクリーンに描いたりファイルをディスクに保存したりするために使います。すなわち、重要なのは戻り値ではなく動作です。簡単な例を示します。

```
x <- list(1, "a", 3)

x %>%
  walk(print)
#> [1] 1
```

```
#> [1] "a"
#> [1] 3
```

　一般にwalk()よりもwalk2()やpwalk()の方が役に立ちます。例えば、グラフのリストとファイ
ル名のベクトルがあると、pwalk()を使って、各ファイルをディスクの対応する位置に保存できます。

```
library(ggplot2)
plots <- mtcars %>%
  split(.$cyl) %>%
  map(~ggplot(., aes(mpg, wt)) + geom_point())
paths <- stringr::str_c(names(plots), ".pdf")

pwalk(list(paths, plots), ggsave, path = tempdir())
```

　walk()、walk2()、pwalk()はいずれも暗黙に、第1引数.xを返します。これはパイプラインの中で
使います。

17.9　forループの他のパターン

　purrrには、forループの他の種類を抽象化する関数も用意されています。マップ関数に比べれ
ば使用頻度は少ないのですが、知っておくと役立ちます。本節では、それらを手短に説明するので、
読者が将来同様の問題に出会ったら思い出してください。詳細はドキュメントを参照してください。

17.9.1　述語関数

　TRUEかFALSEを返す**述語**関数とともに機能する関数は多くあります。

　keep()とdiscard()は、入力要素のうち、述語がTRUEまたはFALSEとなる要素をそれぞれ残しま
す。

```
iris %>%
  keep(is.factor) %>%
  str()
#> 'data.frame': 150 obs. of 1 variable:
#> $ Species: Factor w/ 3 levels "setosa","versicolor",..: ...

iris %>%
  discard(is.factor) %>%
  str()
#> 'data.frame': 150 obs. of 4 variables:
#> $ Sepal.Length: num 5.1 4.9 4.7 4.6 5 5.4 4.6 5 4.4 4.9 ...
#> $ Sepal.Width : num 3.5 3 3.2 3.1 3.6 3.9 3.4 3.4 2.9 3 ...
#> $ Petal.Length: num 1.4 1.4 1.3 1.5 1.4 1.7 1.4 1.5 1.4 ...
#> $ Petal.Width : num 0.2 0.2 0.2 0.2 0.2 0.4 0.3 0.2 0.2 ...
```

　some()とevery()は、述語が要素のいずれか、またはすべてで真となるかどうかを決定します。

```
x <- list(1:5, letters, list(10))

x %>%
  some(is_character)
#> [1] TRUE

x %>%
  every(is_vector)
#> [1] TRUE
```

detect()は述語が真となる最初の要素を返します。detect_index()はその位置を返します。

```
x <- sample(10)
x
#> [1] 8 7 5 6 9 2 10 1 3 4

x %>%
  detect(~ . > 5)
#> [1] 8

x %>%
  detect_index(~ . > 5)
#> [1] 1
```

head_while()とtail_while()は、述語が真である先頭からまたは末尾からの要素列を返します。

```
x %>%
  head_while(~ . > 5)
#> [1] 8 7

x %>%
  tail_while(~ . > 5)
#> integer(0)
```

17.9.2 reduceとaccumulate

複雑なリストを単純なリストに簡略化するために、ペアを1つに簡略化する関数を繰り返し適用することがあります。これは、2つの表を扱うdplpr関数（動詞）を複数の表に使う場合に役立つ方法です。例えば、データフレームのリストに対して、要素を結合して単一データフレームにしたいとします。

```
dfs <- list(
  age = tibble(name = "John", age = 30),
  sex = tibble(name = c("John", "Mary"), sex = c("M", "F")),
  trt = tibble(name = "Mary", treatment = "A")
)
```

```
dfs %>% reduce(full_join)
#> Joining, by = "name"
#> Joining, by = "name"
#> # A tibble: 2 × 4
#>    name    age   sex treatment
#>    <chr> <dbl> <chr>     <chr>
#> 1  John     30     M      <NA>
#> 2  Mary     NA     F         A
```

あるいは、ベクトルのリストがあり、共通部分を求めたいとします。

```
vs <- list(
  c(1, 3, 5, 6, 10),
  c(1, 2, 3, 7, 8, 10),
  c(1, 2, 3, 4, 8, 9, 10)
)

vs %>% reduce(intersect)
#> [1] 1 3 10
```

reduce関数は、「2項」関数（2つの主入力がある）をとり、単一要素が残るまでリストに繰り返しその関数を適用します。

accumulate関数も同じように機能しますが、中間結果をすべて保持します。累積和の実装に使用できます。

```
x <- sample(10)
x
#> [1] 6 9 8 5 2 4 7 1 10 3
x %>% accumulate(`+`)
#> [1] 6 15 23 28 30 34 41 42 52 55
```

練習問題

1. forループを使って、every()の自分のバージョンを作りなさい。purrr::every()と比較しなさい。purrrのバージョンは、読者の作ったのとは異なる動作を何かしているか。

2. col_sum()を修正して、データフレームのすべての数値列に要約関数を適用するよう強化しなさい。

3. col_sum()と等価な基本R実装の試作は次のようになった。

```
col_sum3 <- function(df, f) {
  is_num <- sapply(df, is.numeric)
  df_num <- df[, is_num]
```

```
sapply(df_num, f)
}
```

しかし、これでは次に示すようにバグがある。

```
df <- tibble(
  x = 1:3,
  y = 3:1,
  z = c("a", "b", "c")
)
# OK
col_sum3(df, mean)
# 問題あり:数値ベクトルを返すとは限らない
col_sum3(df[1:2], mean)
col_sum3(df[1], mean)
col_sum3(df[0], mean)
```

何がバグの原因か。

モデル

　強力なプログラミングツールがそろったので、ようやくモデル化に取り組むことができます。デー
タラングリングとプログラミングの新たなツールを使って、多数のモデルを作り、どのようにそれら
が機能するかを理解できます。本書では探索に焦点を絞り、確認や形式推論は取り上げません。モ
デルのさまざまな変形を理解する基本的なツールについても学びます。

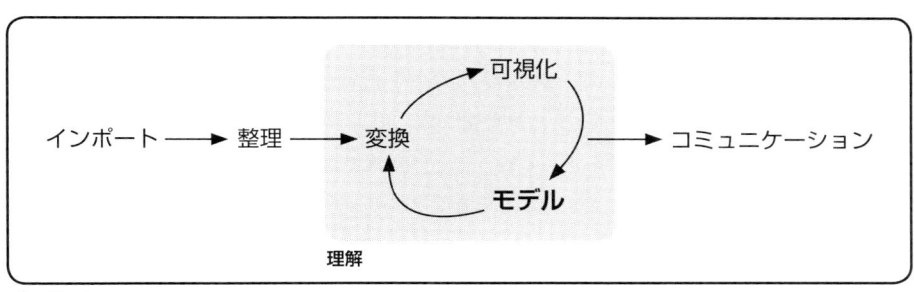

プログラム

　モデルの目的は、データセットの簡単な低次元の要約です。理想的には、モデルは真の「信号」（す
なわち、対象となる現象が生成するパターン）を捕捉して、「雑音」（すなわち、対象外のランダムな
変動）を無視します。このⅣ部では、一般予測を生成する「予測」モデルだけを扱います。ここでは取
り上げませんが、他の種類の「データ発見」モデルもあります。そのようなモデルは、データにおい
て興味深い関係の発見を助けます（この2つのカテゴリは、「教師あり」や「教師なし」と呼ばれること
もありますが、私には、その呼び名が適切とは思えません）。

　本書では、モデルの基盤をなす数学理論を深く理解することを目的にしません。統計モデルがど
のように機能するかの直感を身に付け、モデルを使ってデータをより良く理解できるような役立つ
ツールセットを紹介します。

- 18章では、モデルのメカニカルな機能がどうなっているかを、重要な線形モデルのファミリーに焦点を絞って学ぶ。簡単な模擬データセットで、予測モデルがデータについて何を伝えるかについて洞察を与える一般ツールを学ぶ。

- 19章では、モデルをどのように使って、実データから既知のパターンを引き出せるかを学ぶ。重要なパターンを認識したら、それをモデルで明示することにより、残っているわずかな信号がわかりやすくなる。

- 20章では、多数の簡単なモデルをどのように使って複雑なデータセットを理解するかを学ぶ。これは強力な技法だが、使うためには、モデル化ツールとプログラミングツールとを組み合わせる必要がある。

　本書のこれらの主題には、モデルを定量的に評価するツールが一切含まれていないことに注意します。これは意図的なものです。適切にモデルを定量評価するには、本書では扱いきれない重要な概念が複数必要になります。今のところは、定性評価とごく当然の懐疑論に頼るのでよいでしょう。「**19.4　モデルについてさらに学ぶには**」で、学習用の文献などを示します。

仮説生成と仮説確認

　本書では、モデルを探索のためのツールとして使い、第 I 部の 5 章で紹介した EDA の 3 サイクルを遂行します。これは、モデルについて普段教わることとは異なります。モデルは探索のための実際に重要なツールなのです。伝統的には、モデル化では、仮説が真であることを推論または確認することに焦点を絞っていました。これを正しく行うことは複雑ではないが簡単ではありません。

　推論を正しく行うには、理解しておかねばならない 2 つの原理があります。

- 各々の観測は探索か確認かいずれかに使えるが、両方に使うことはできない。
- 探索には観測を何度でも使うことができるが、確認では一度しか使えない。2 度観測を使えば、確認ではなく探索になる。

　仮説確認には、仮説生成に使用したデータとは独立なデータを使う必要があるためにこれが必要なのです。そうでないと、行き過ぎた楽観論に陥ってしまいます。探索そのものには何も問題はないですが、探索的分析を確認的分析だと売り込んではいけません。それは根本的に誤っています。

　真剣に確認分析に取り組むのなら、まずは分析を始める前にデータを 3 つの部分に分けておきます。

- データの 60% を**訓練**（探索）集合にする。このデータは自由に操作できる。可視化したり、多数のモデルを適合させる。
- データの 20% を**クエリ**集合にする。このデータは比較照合や可視化に使えるが、自動化プロセスの一部として使ってはならない。

- データの20%を**テスト**集合にする。このデータは、最終モデルのテストに**一度だけ**使うことができる。

この分割によって、訓練データを探索し、仮説の候補を作ってはクエリ集合でチェックできます。正しいモデルが得られたと確信したなら、テスト集合でテストできます。

（確認モデル化を行っていても、EDAが必要なことに注意。EDAを一切行わないと、データの品質問題については何も知らないままとなります。）

18章
modelrを使ったモデルの基本

18.1　はじめに

　モデルの目的は、データセットの簡単な低次元の要約です。本書の文脈では、モデルを使ってデータをパターンとそれ以外に分割します。強いパターンは、より細かい傾向を覆い隠すので、モデルを使い、データセットの検討を進めるとともに、レイヤー構造を分解する手助けとします。

　しかし、興味のある実データセットでモデルを使う前に、モデルがどのように機能するかの基本を理解する必要があります。そのために、本章では特別に模擬データセットだけを使います。このデータセットは非常に簡単で、面白くありませんが、次章で同じ技法を実データに適用する前に、モデル化の本質を理解する役に立ちます。

　モデルに対して2つの部分があります。

1. まず、**モデルのファミリー**を定義する。これは捉えたい適切でジェネリックなパターンを表す。例えば、パターンは直線だったり、2次曲線だったりする。モデルファミリーを y = a_1 * x + a_2 や y = a_1 * x ^ a_2 のような式で表す。ここで、xとyはデータの既知の変数、a_1とa_2は、異なるパターンを捉えるパラメータである。

2. 次に、**適合モデル**をデータに最も近いファミリーから探索し生成する。これにはジェネリックなモデルファミリーを使い、y = 3 * x + 7 または y = 9 * x ^ 2 のように特定する。

　適合モデルがモデルファミリーの最も近いモデルであることを理解することが重要です。それは、(何らかの基準で)「最良」モデルであることを意味します。一般的に良好なモデルということを意味しないし、モデルが「真である」ことは確実に意味しません。George Box[1]の次の警句は有名です。

　　あらゆるモデルは間違っているが、有用なものもある。

＊1　訳注：英国の20世紀最大の統計学者の一人 (1919-2013)。Wikipediaの「George_E._P._Box」参照。

この警句の背景は一読の価値があります[*1]。

> 実世界に存在するシステムが単純なモデルによって正確に表現できたなら、それはまさに注目すべきことだ。しかし、巧妙に選択した倹約的モデルでも非常に有用な近似を提供することがある。例えば、圧力 P、体積 V、温度 T の「理想」気体に関する定数Rを介した $PV = RT$ という法則は、実際のどんな気体についても正確には真でないが、有用な近似であるにとどまらず、その構造が気体分子の振る舞いに関する物理的観点から生じているがゆえに、有用な知見を提供している。
>
> このようなモデルには、「モデルは真か」と問う必要はない。「真」が「絶対的真」を意味すべきなら、答は「否」でなければならない。興味深い唯一の問いは「モデルが説明をして役に立つか」だ。

モデルの目標は、真実を明らかにすることではありません。有用で単純な近似を発見することです。

18.1.1　用意するもの

本章ではmodelrパッケージを使います。これは、基本Rのモデル化機能をパイプで自然に使えるようラップしたものです。

```
library(tidyverse)

library(modelr)
options(na.action = na.warn)
```

18.2　単純なモデル

模擬データセット sim1 を見ましょう。2つの連続変数 x と y を含みます。どう関連しているかプロットします。

```
ggplot(sim1, aes(x, y)) +
  geom_point()
```

[*1]　訳注：Wikipediaの「All models are wrong」にも掲載されているが、この警句の出典は複数ある。ここに引用されているのは1978年の会議録のもの。

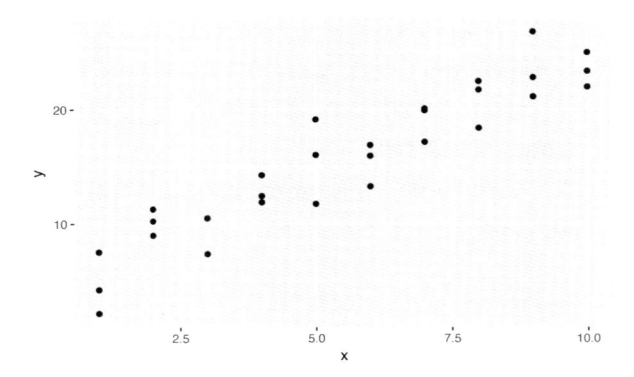

　データには強いパターンが見られます。モデルを使ってこのパターンを読み取り、明確にします。モデルの基本形を与えるのが課題です。この場合、関係は線形に見えます。すなわち、y = a_0 + a_1 * x。ランダムにいくつか点を生成してデータの上に重ねて、このファミリーのどのモデルが適合するかの感触を得ることから始めます。この単純な例では、geom_abline() を使うことができます。これは傾きと切片を引数にとります。後で、どのようなモデルにも使える一般的な技法について学びます。

```
models <- tibble(
  a1 = runif(250, -20, 40),
  a2 = runif(250, -5, 5)
)

ggplot(sim1, aes(x, y)) +
  geom_abline(
    aes(intercept = a1, slope = a2),
    data = models, alpha = 1/4
  ) +
  geom_point()
```

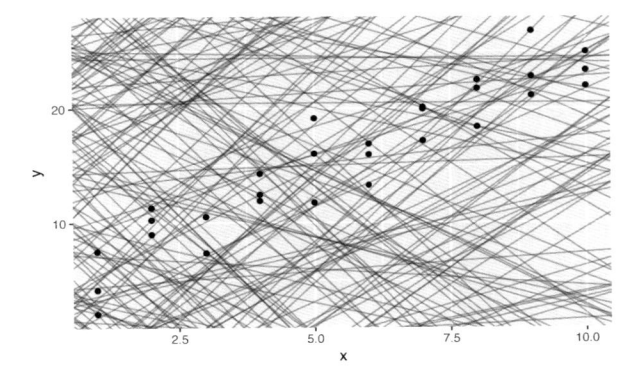

　このグラフには250個のモデルがありますが、大多数は本当によくありません。よいモデルとはデータに「近い」ものだという直感に合うもので、そのようなよいモデルを探し出したいのです。データとモデルとの距離を定量化する方法が必要です。そうすれば、a_0とa_1をデータからの距離が最小となるモデルを生成する値に設定できます。

　次の図に示すように各点とモデルとの鉛直方向の距離を求めるところから始めるのが簡単です（個別距離がわかるようにx値を私が少しずらしていることに注意）。

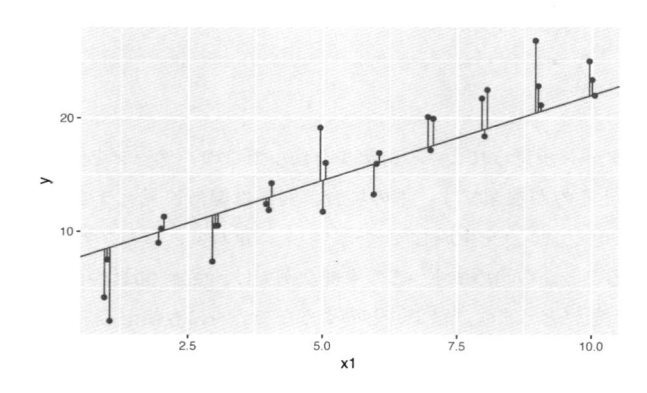

　この距離は、モデルによるy値（**予測**）と実際のデータのy値（**応答**）の差です。

　距離計算には、まずモデルのファミリーをR関数で表します。これは、モデルの引数とデータを入力にとり、モデルの予測値を出力します。

```
model1 <- function(a, data) {
  a[1] + data$x * a[2]
}
model1(c(7, 1.5), sim1)
#> [1] 8.5 8.5 8.5 10.0 10.0 10.0 11.5 11.5 11.5 13.0 13.0
#> [12] 13.0 14.5 14.5 14.5 16.0 16.0 16.0 17.5 17.5 17.5 19.0
#> [23] 19.0 19.0 20.5 20.5 20.5 22.0 22.0 22.0
```

　次に、予測値と実際の値との全体的な距離を計算する必要があります。言い換えると、グラフには30個の距離がプロットされていますが、これをどのように1つの数値にまとめるのかです。

　統計学では普通これを行うのに「偏差の二乗平均平方根（root-mean squared deviation）」を使います。実際と予測の差を計算して、二乗し、平均をとり、その平方根を求めます。この距離には、魅力的な数学的特性が多数ありますが、ここでは触れません。

```
measure_distance <- function(mod, data) {
  diff <- data$y - model1(mod, data)
  sqrt(mean(diff ^ 2))
}
```

```
measure_distance(c(7, 1.5), sim1)
#> [1] 2.67
```

さて、purrrを使って先ほど定義した全モデルについて距離が計算できます。距離関数が長さ2の数値ベクトルをモデルとしているので、ヘルパー関数が必要です。

```
sim1_dist <- function(a1, a2) {
  measure_distance(c(a1, a2), sim1)
}

models <- models %>%
  mutate(dist = purrr::map2_dbl(a1, a2, sim1_dist))
models
#> # A tibble: 250 × 3
#>        a1      a2  dist
#>     <dbl>   <dbl> <dbl>
#> 1 -15.15  0.0889  30.8
#> 2  30.06 -0.8274  13.2
#> 3  16.05  2.2695  13.2
#> 4 -10.57  1.3769  18.7
#> 5 -19.56 -1.0359  41.8
#> 6   7.98  4.5948  19.3
#> # ... with 244 more rows
```

次に、最良の10モデルをデータの上に重ね書きします。私は-distでモデルに色を付けました。こうすると最良モデル（距離が最小）が一番明るい色になります。

```
ggplot(sim1, aes(x, y)) +
  geom_point(size = 2, color = "grey30") +
  geom_abline(
    aes(intercept = a1, slope = a2, color = -dist),
    data = filter(models, rank(dist) <= 10)
  )
```

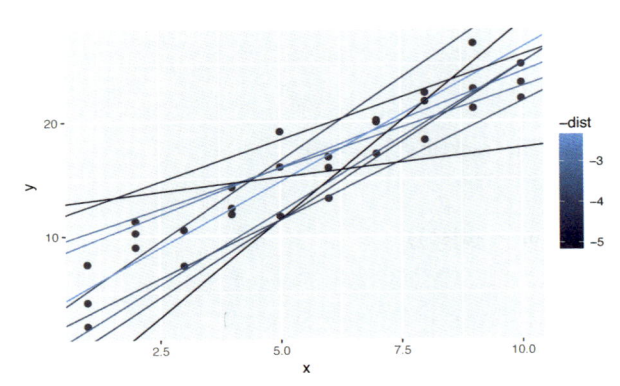

　モデルを観測と考えて、a1とa2で散布図を描き、-distで色付けして可視化することもできます。モデルとデータは直接比較できませんが、多数のモデルを一度に表示できます。最良の10モデルを赤丸で囲んでハイライトします。

```
ggplot(models, aes(a1, a2)) +
  geom_point(
    data = filter(models, rank(dist) <= 10),
    size = 4, cclor = "red"
  ) +
  geom_point(aes(colour = -dist))
```

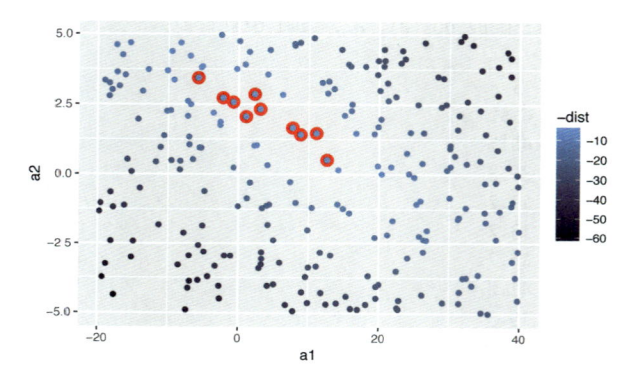

　多数の確率モデルを試す代わりに、より系統的に等間隔に格子点を生成する（格子探索と呼ぶ）こともできます。先ほどのプロットでどこに最良のモデルがあるか見当をつけたので、大雑把に格子のパラメータを選んでいます。

```
grid <- expand.grid(
  a1 = seq(-5, 20, length = 25),
  a2 = seq(1, 3, length = 25)
) %>%
  mutate(dist = purrr::map2_dbl(a1, a2, sim1_dist))

grid %>%
  ggplot(aes(a1, a2)) +
  geom_point(
    data = filter(grid, rank(dist) <= 10),
    size = 4, colour = "red"
  ) +
  geom_point(aes(color = -dist))
```

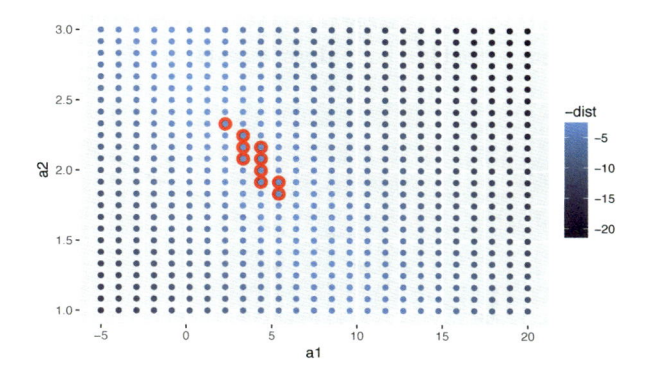

最良の10モデルを元のデータに重ねると、いずれもかなりよいようです。

```
ggplot(sim1, aes(x, y)) +
  geom_point(size = 2, color = "grey30") +
  geom_abline(
    aes(intercept = a1, slope = a2, color = -dist),
    data = filter(grid, rank(dist) <= 10)
  )
```

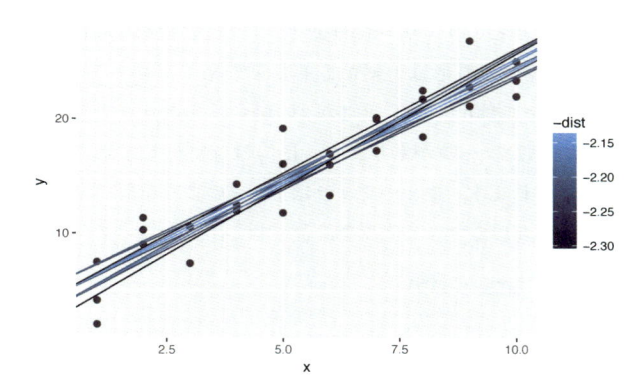

　格子を細かくしていけば、最良モデルに絞り込むことができると考えるかもしれませんが、もっとよい方法があります。Newton–Raphson探索（ニュートン法とも）という数値的最小化ツールです。ニュートン法は直感的には極めて単純です。開始点を適当に取り、傾きの一番急なところを探します。これ以上下がれないところに到達するまで曲線上を徐々に滑り降りていきます。Rでは、optim()でこれができます。

```
best <- optim(c(0, 0), measure_distance, data = sim1)
best$par
#> [1] 4.22 2.05

ggplot(sim1, aes(x, y)) +
```

```
geom_point(size = 2, color = "grey30") +
geom_abline(intercept = best$par[1], slope = best$par[2])
```

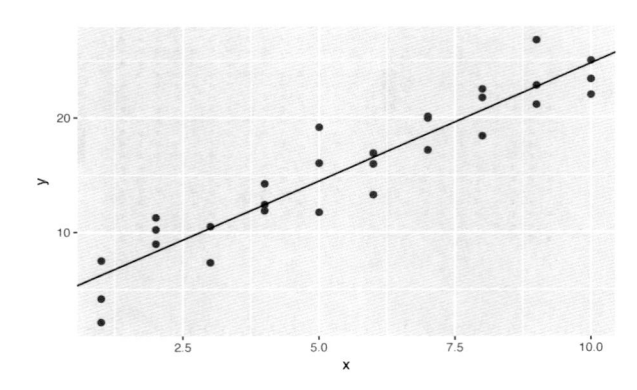

　optim() の機能の詳細については、そう心配する必要はありません。ここでは直感が大事です。モデルとデータセットとの距離を定義する関数とモデルのパラメータを変更して距離を最小にできるアルゴリズムがあれば、最良のモデルが求められます。この方式のよいところは、方程式が書けるどのようなモデルファミリーでも扱えることです。

　今回のモデルは、線形モデルというより一般的なファミリーの特殊な場合なので、別の方式も使うことができます。線形モデルの一般形は $y = a\_1 + a\_2 * x\_1 + a\_3 * x\_2 + ... + a\_n * x\_(n - 1)$ です。今回の単純なモデルはnが2で、x_1がxの場合にあたります。Rには、lm() という線形モデルの適合専用に設計されたツールがあります。lm() はフォーミュラ (formula) という特別な形式でモデルファミリーを指定します。フォーミュラは $y \sim x$ のような形式で、これを lm() は $y = a\_1 + a\_2 * x$ のような関数に翻訳します。モデルを適合させて出力を調べてみましょう。

```
sim1_mod <- lm(y ~ x, data = sim1)
coef(sim1_mod)
#> (Intercept)          x
#>        4.22       2.05
```

　これは、optim() で得たものと同じ値です。lm() は optim() を使わないで、線形モデルの数学的構造を活用します。幾何学、微積分、線形代数の間の関係を使い、lm() は高度なアルゴリズムを使って単一ステップで最も近いモデルを探し出します。この方式は、より高速で大域最小値が保証されます。

■練習問題■

1. 線形モデルでは、距離に平方項があるので、異常値に対して脆弱だという弱点がある。次の模擬データに線形モデルを適合させて、結果を可視化しなさい。何回か実行して、さまざまな模擬データセットを作る。モデルについて何に気付いたか。

```
sim1a <- tibble(
  x = rep(1:10, each = 3),
  y = x * 1.5 + 6 + rt(length(x), df = 2)
)
```

2. 異なる距離測度を使って線形モデルを頑健にすることもできる。例えば、偏差の二乗平均平方根距離の代わりに絶対値平均距離を使うことができる。

```
measure_distance <- function(mod, data) {
  diff <- data$y - make_prediction(mod, data)
  mean(abs(diff))
}
```

optim() を使い、先ほどの模擬データに対してこのモデルを適合させて、以前の偏差の二乗平均平方根距離を用いた線形モデルと比較しなさい。

3. 数値最適化の課題は局所最適値しか保証しないことだ。次のような3パラメータモデルを最適化するときの問題は何か。

```
model1 <- function(a, data) {
a[1] + data$x * a[2] + a[3]
}
```

18.3　モデルの可視化

単純なモデルでは、前節でのように、モデルファミリーと適合係数を注意して調べると、どんなパターンをモデルが捕捉するかわかります。モデル化の統計学コースを取れば、それに多大の時間を費やすはずです。本節では、異なる方向を取ります。予測を調べることによってモデルを理解することに焦点を絞ります。これには大きな利点があります。予測モデルはどんな種類でも予測をする（そうでないと無用だ）ので、どのような予測モデルでも同じ技法が使えます。

モデルが何を捕捉しないかということも、データから予測を引いた**残差**と呼ばれるものも役に立ちます。残差は、モデルを使って主要なパターンを取り除き、その残りからより細かい傾向を検討できるので強力なものです。

18.3.1　予測

モデルから予測を可視化するには、まずデータのある領域を等間隔に覆う格子を生成します。modelr::data_grid() を使うのが最も簡単です。第1引数がデータフレームで、第2引数以降の変数を見つけてすべての組み合わせを生成します。

```
grid <- sim1 %>%
  data_grid(x)
grid
```

```
#> # A tibble: 10 × 1
#>        x
#>    <int>
#> 1     1
#> 2     2
#> 3     3
#> 4     4
#> 5     5
#> 6     6
#> # ... with 4 more rows
```

（モデルの変数が増えるとこれはもっと興味深くなります。）

　次に、予測を追加します。データフレームとモデルをとる`modelr::add_predictions()`を使います。モデルの予測をデータフレームの新たな列に追加します。

```
grid <- grid %>%
  add_predictions(sim1_mod)
grid
#> # A tibble: 10 × 2
#>        x  pred
#>    <int> <dbl>
#> 1     1  6.27
#> 2     2  8.32
#> 3     3 10.38
#> 4     4 12.43
#> 5     5 14.48
#> 6     6 16.53
#> # ... with 4 more rows
```

（この関数を使って元のデータセットに予測を追加することもできます。）

　次に、予測をプロットします。`geom_abline()`をただ使うのと比べると、このような余分の作業は必要ないのではと感じるかもしれません。この方式の利点は、最も単純なものから最も複雑なものまで、Rの**あらゆる**モデルで機能するということです。可視化スキルだけが制約要因です。より複雑な種類のモデルの可視化をどうするかについてより多くのアイデアを学びたいなら、http://vita.had.co.nz/papers/model-vis.htmlを読むとよいでしょう。

```
ggplot(sim1, aes(x)) +
  geom_point(aes(y = y)) +
  geom_line(
    aes(y = pred),
    data = grid,
    colour = "red",
    size = 1
  )
```

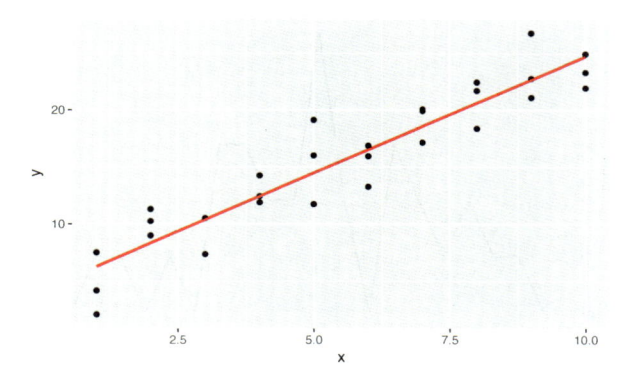

18.3.2 残差

予測の裏側は**残差**です。予測はモデルが捕捉したパターンを知らせ、残差はモデルが見逃したことがらを伝えます。残差は、前に計算した観測値と予測値との距離となります。

add_residuals()で、add_predictions()同様にデータに残差を追加します。しかし、作成した格子ではなく、元のデータセットを使います。これは、残差の計算には実際のy値が必要だからです。

```
sim1 <- sim1 %>%
  add_residuals(sim1_mod)
sim1
#> # A tibble: 30 × 3
#>       x     y  resid
#>   <int> <dbl>  <dbl>
#> 1     1  4.20 -2.072
#> 2     1  7.51  1.238
#> 3     1  2.13 -4.147
#> 4     2  8.99  0.665
#> 5     2 10.24  1.919
#> 6     2 11.30  2.973
#> # ... with 24 more rows
```

モデルについて残差が示すことを理解するには、いくつかの方法があります。1つの方法は、度数分布多角形を描いて残差の分布の広がりを理解します。

```
ggplot(sim1, aes(resid)) +
  geom_freqpoly(binwidth = 0.5)
```

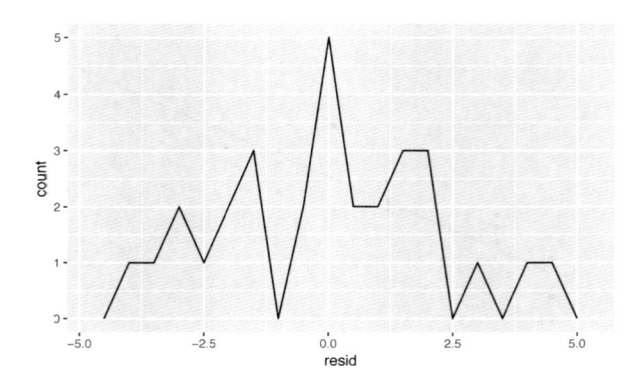

これは、モデルの質の較正に役立ちます。予測が観測値とどれだけ離れているかです。残差の平均は常に0となることに注意します。

元の予測の代わりに残差を使ってプロットし直すことも多く、次章では何度も使います。

```
ggplot(sim1, aes(x, resid)) +
  geom_ref_line(h = 0) +
  geom_point()
```

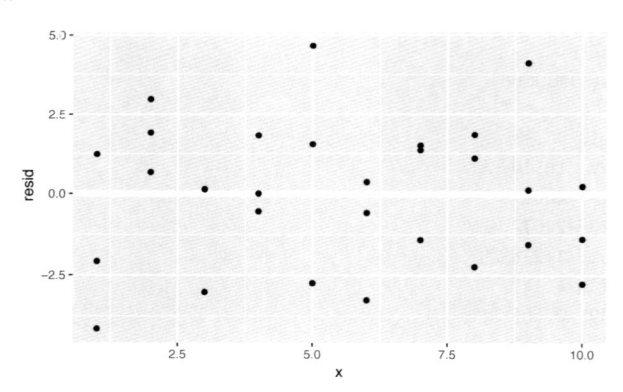

これはランダムな雑音に見えるので、モデルはデータセットのパターンをしっかり捕捉したことがわかります。

┃練 習 問 題┃

1. lm()を使って直線に適合させる代わりに、loess()を使って滑らかな曲線に適合させることができる。lm()の代わりにloess()を使って、モデル適合、格子生成、予測、可視化のプロセスをやり直しなさい。結果はgeom_smooth()と比べてどうか。

2. add_predictions()はgather_predictions()やspread_predictions()と対となる。これらの3関数はどのように異なるか。

3. `geom_ref_line()`は何をするか。どのパッケージにあるか。なぜ、残差を示すプロットでの参照線表示が役に立ち重要なのか。

4. 絶対値残差の度数分布多角形を調べたくなるのはなぜか。生の残差を調べるのに比べての利点と欠点は何か。

18.4　フォーミュラとモデルファミリー

`facet_wrap()`と`facet_grid()`を使うときにフォーミュラを学びました。Rでは、「特別な振る舞い」をする一般的な方法としてフォーミュラを用意しています。変数の値をすぐには評価せずに、捕捉しておいて関数で解釈します。

Rのモデル化関数の大半は、標準変換を使ってフォーミュラを関数にします。単純な変換は既に説明しました。`y ~ x`が`y = a_1 + a_2 * x`に翻訳されました。Rが実際どうするか知りたければ、`model_matrix()`関数を使います。データフレームとフォーミュラを引数としてとり、モデル方程式を表す`tibble`を返します。出力の各列にはモデルの係数が関連づけられ関数は常に`y = a_1 * out1 + a_2 * out_2`です。`y ~ x1`の最も単純な場合に面白いことが起こります。

```
df <- tribble(
  ~y, ~x1, ~x2,
  4, 2, 5,
  5, 1, 6
)
model_matrix(df, y ~ x1)
#> # A tibble: 2 × 2
#>   `(Intercept)`    x1
#>           <dbl> <dbl>
#> 1             1     2
#> 2             1     1
```

Rが切片をモデルに追加するには、1ばかりの列を追加します。デフォルトでは、Rは常にこの列を追加します。追加したくないときは`-1`で明示的に取り消します。

```
model_matrix(df, y ~ x1 - 1)
#> # A tibble: 2 × 1
#>      x1
#>   <dbl>
#> 1     2
#> 2     1
```

モデル行列は、モデルに変数を追加すると当然大きくなります。

```
model_matrix(df, y ~ x1 + x2)
#> # A tibble: 2 × 3
#>   `(Intercept)`    x1    x2
```

```
#>           <dbl> <dbl> <dbl>
#> 1             1     2     5
#> 2             1     1     6
```

このフォーミュラ表記は、「Wilkinson–Rogers表記」と呼ばれることもあり、G. N. Wilkinsonと C. E. Rogersが「Symbolic Description of Factorial Models for Analysis of Variance」(http://bit.ly/wilkrog) で最初に使いました。モデリング代数の詳細を理解するには、原論文を読むとよく、その価値があります。

　次節以降では、このフォーミュラ表記をどのようにカテゴリ変数、イテレーション、変換に使うかを示します。

18.4.1　カテゴリ変数

　フォーミュラから関数を生成するのは、予測子が連続なら簡単ですが、カテゴリ型なら面倒です。y ~ sexのようなフォーミュラだと想定し、sexが男性か女性かだとします。これをy = x_0 + x_1 * sexのような方程式に変換するのは、sexが数値ではないので乗算できず、意味をなしません。Rはその代わりに、y = x_0 + x_1 * sex_maleに変換しておきます。ここで、sex_maleはsexが男性なら1、その他は0です。

```
df <- tribble(
  ~ sex, ~ respcnse,
  "male", 1,
  "female", 2,
  "male", 1
)
model_matrix(df, response ~ sex)
#> # A tibble: 3 × 2
#>   `(Intercept)` sexmale
#>           <dbl>   <dbl>
#> 1             1       1
#> 2             1       0
#> 3             1       1
```

　Rがなぜsexfemale列も作らないのかと不思議に思うかもしれません。問題は、そうすると、他の列から完全に予測できる列 (すなわち、sexfemale = 1 - sexmale) ができることです。なぜこれが問題かを正確に詳細にわたって述べることは、残念ながら本書の手に余りますが、基本的には、そうするとあまりに柔軟で、データに同じ近さのモデルを無限に持つモデルファミリーができるからです。

　しかし、予測の可視化に限るなら、正確なパラメータ化をそう心配する必要はありません。具体的なデータとモデルを見ましょう。modelrのsim2データセットは次の通りです。

```
ggplot(sim2) +
  geom_point(aes(x, y))
```

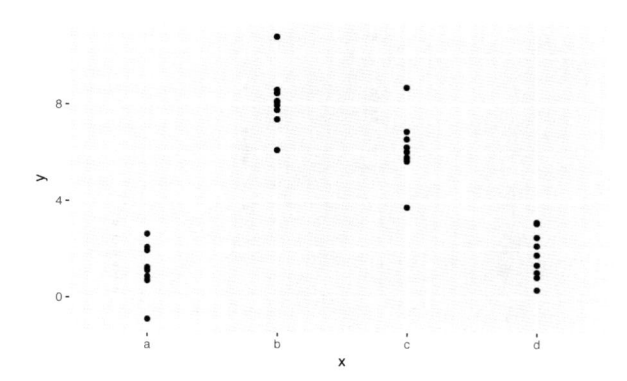

モデルを適合させて予測を生成します。

```
mod2 <- lm(y ~ x, data = sim2)

grid <- sim2 %>%
  data_grid(x) %>%
  add_predictions(mod2)
grid
#> # A tibble: 4 × 2
#>       x  pred
#>   <chr> <dbl>
#> 1     a  1.15
#> 2     b  8.12
#> 3     c  6.13
#> 4     d  1.91
```

カテゴリ変数xのモデルは、各カテゴリで平均値を予測します（なぜでしょうか。平均値が偏差の二乗平均平方根距離を最小化するからです）。元のデータの上に予測を重ねるとそれが簡単にわかります。

```
ggplot(sim2, aes(x)) +
  geom_point(aes(y = y)) +
  geom_point(
    data = grid,
    aes(y = pred),
    color = "red",
    size = 4
  )
```

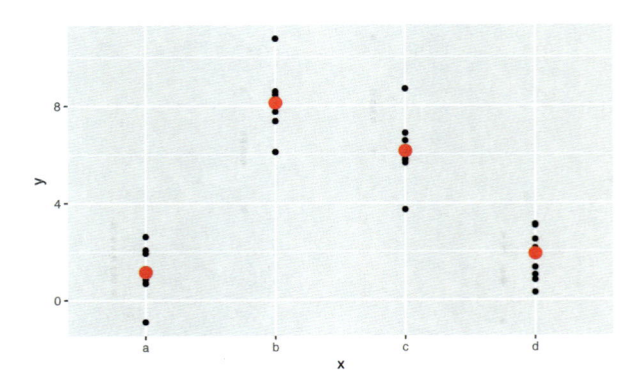

　観測しなかった水準について予測はできません。間違ってそうすることもあるので、次のエラーメッセージは確認しておくとよいでしょう。

```
tibble(x = "e") %>%
  add_predictions(mod2)
#> model.frame.default(Terms, newdata, na.action = na.action,
#> xlev = objectSxlevels) でエラー :
#> factor x has new level e
```

18.4.2　交互作用（連続とカテゴリ）

　連続変数とカテゴリ変数を組み合わせると何が起こりますか。sim3にはカテゴリ予測子と連続予測子とがあります。簡単なプロットで可視化できます。

```
ggplot(sim3, aes(x1, y)) +
  geom_point(aes(color = x2))
```

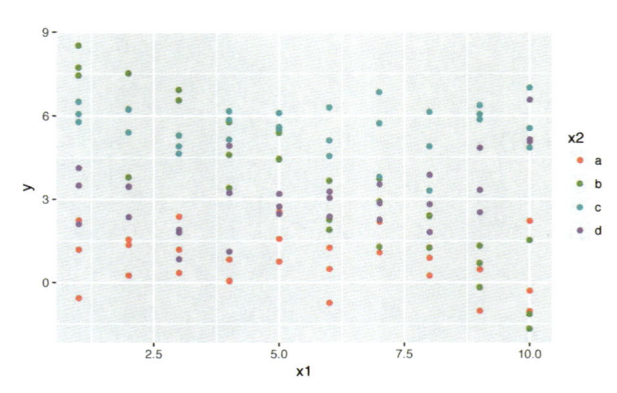

　このデータに適合するモデルが2つあります。

```
mod1 <- lm(y ~ x1 + x2, data = sim3)
mod2 <- lm(y ~ x1 * x2, data = sim3)
```

　変数を+で追加すると、モデルは効果を他のすべてとは独立に推定します。*を使っていわゆる交互作用に適合することも可能です。例えば、y ~ x1 * x2は、y = a_0 + a_1 * x1 + a_2 * x2 + a_12 * x1 * x2に翻訳されます。*を使うと常に交互作用と独立成分の両方がモデルに含まれます。

　モデルを可視化するには、2つの処理が必要となります。

- 2つの予測子があるので、data_grid()に両方の変数を指定する必要がある。x1とx2のすべての一意な値を探し出し、すべての組み合わせを生成する。

- 両方のモデルから同時に予測を生成するには、各予測を行に追加するgather_predictions()を使うことができる。gather_predictions()と対となる関数はspread_predictions()で、各予測に新たな列を作る。

　これらを考慮すると次のようなコードになります。

```
grid <- sim3 %>%
  data_grid(x1, x2) %>%
  gather_predictions(mod1, mod2)
grid
#> # A tibble: 80 × 4
#>   model    x1     x2  pred
#>   <chr> <int> <fctr> <dbl>
#> 1 mod1      1      a  1.67
#> 2 mod1      1      b  4.56
#> 3 mod1      1      c  6.48
#> 4 mod1      1      d  4.03
#> 5 mod1      2      a  1.48
#> 6 mod1      2      b  4.37
#> # ... with 74 more rows
```

　両方のモデルの結果をファセットを使って1つのプロットにまとめられます。

```
ggplot(sim3, aes(x1, y, color = x2)) +
  geom_point() +
  geom_line(data = grid, aes(y = pred)) +
  facet_wrap(~ model)
```

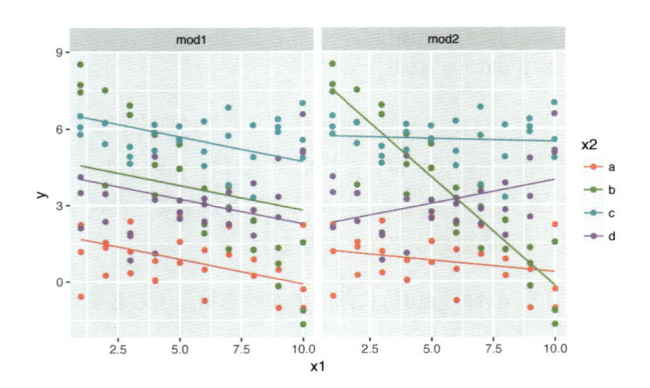

　+を使ったモデルはどの線も同じ傾きですが切片が異なります。*を使ったモデルは、各線で傾き
も切片も異なります。

　データにはどのモデルがよいか。残差を調べることができます。両方のモデルとx2で私はファセッ
トを作りました。それぞれのグループでパターンがわかりやすいからです。

```
sim3 <- sim3 %>%
  gather_residuals(mod1, mod2)

ggplot(sim3, aes(x1, resid, color = x2)) +
  geom_point() +
  facet_grid(model ~ x2)
```

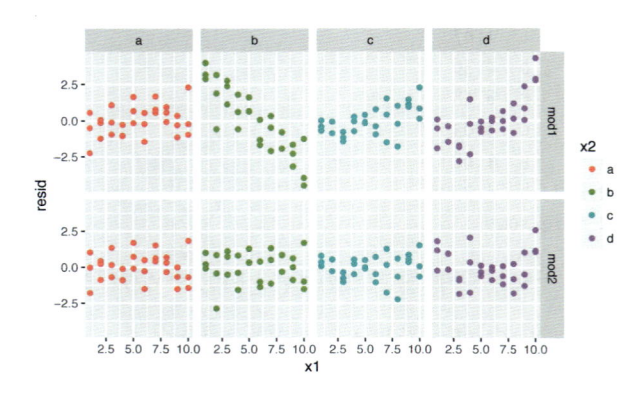

　mod2の残差には自明なパターンがほとんどありません。mod1の残差では、bである種のパターン
が見逃されているのが明らかで、cやdではそれほどではありませんが同じようなパターンがありま
す。mod1とmod2のどちらがよいかを示す適切な方式があるのではないかと思うでしょう。確かにそ
のような方法はあるのですが、数学的背景知識が大量に必要ですし、実際にはあまり変わりがあり
ません。この場合、モデルが対象としているパターンをモデルが捕捉したかどうかの定性評価に着
目します。

18.4.3　交互作用（2連続変数）

2つの連続変数の等価モデルを調べます。最初は、先ほどの例と同じようになります。

```
mod1 <- lm(y ~ x1 + x2, data = sim4)
mod2 <- lm(y ~ x1 * x2, data = sim4)

grid <- sim4 %>%
  data_grid(
    x1 = seq_range(x1, 5),
    x2 = seq_range(x2, 5)
  ) %>%
  gather_predictions(mod1, mod2)
grid
#> # A tibble: 50 × 4
#>   model    x1    x2   pred
#>   <chr> <dbl> <dbl>  <dbl>
#> 1 mod1  -1.0  -1.0  0.996
#> 2 mod1  -1.0  -0.5 -0.395
#> 3 mod1  -1.0   0.0 -1.786
#> 4 mod1  -1.0   0.5 -3.177
#> 5 mod1  -1.0   1.0 -4.569
#> 6 mod1  -0.5  -1.0  1.907
#> # ... with 44 more rows
```

data_grid()内部での私のseq_range()の使い方に注意します。xの一意な値すべてを使う代わりに、最小数と最大数の間の5つの格子値を私は等間隔に使います。これはそれほど重要なことではありませんが、一般に役立つ技法です。seq_range()には他に3つの役立つ引数があります。

- pretty = TRUEは、人間の眼に優しいシーケンスを生成する。出力を表にするときに役立つ。

    ```
    seq_range(c(0.0123, 0.923423), n = 5)
    #> [1] 0.0123 0.2401 0.4679 0.6956 0.9234
    seq_range(c(0.0123, 0.923423), n = 5, pretty = TRUE)
    #> [1] 0.0 0.2 0.4 0.6 0.8 1.0
    ```

- trim = 0.1は、裾の値を10%切り詰める。変数の分布が裾長（ロングテール）で中央部分の生成値に焦点を絞りたい場合に役立つ。

    ```
    x1 <- rcauchy(100)
    seq_range(x1, n = 5)
    #> [1] -115.9  -83.5  -51.2  -18.8   13.5
    seq_range(x1, n = 5, trim = 0.10)
    #> [1] -13.84  -8.71  -3.58   1.55   6.68
    seq_range(x1, n = 5, trim = 0.25)
    #> [1] -2.1735 -1.0594  0.0547  1.1687  2.2828
    seq_range(x1, n = 5, trim = 0.50)
    ```

```
#> [1] -0.725 -0.268  0.189  0.647  1.104
```

- expand = 0.1は、ある意味でtrim()の逆。範囲を10%拡張する。

```
x2 <- c(0, 1)
seq_range(x2, n = 5)
#> [1] 0.00 0.25 0.50 0.75 1.00
seq_range(x2, n = 5, expand = 0.10)
#> [1] -0.050  0.225  0.500  0.775  1.050
seq_range(x2, n = 5, expand = 0.25)
#> [1] -0.125  0.188  0.500  0.812  1.125
seq_range(x2, n = 5, expand = 0.50)
#> [1] -0.250  0.125  0.500  0.875  1.250
```

次に、モデルを可視化してみます。2つの連続予測子があるので、モデルを3次元表面で考えます。geom_tile()を使って表示できます。

```
ggplot(grid, aes(x1, x2)) +
  geom_tile(aes(fill = pred)) +
  facet_wrap(~ model)
```

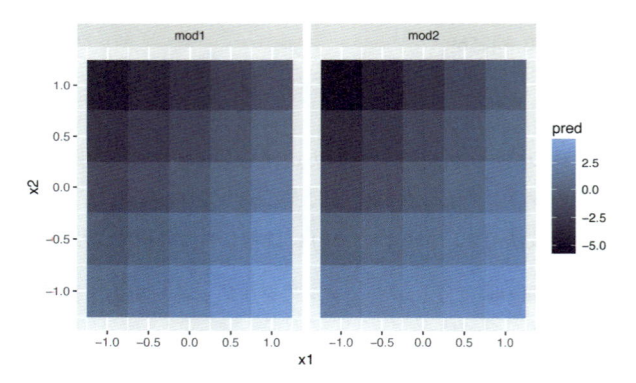

これでは、モデルが違っているようには見えません。しかし、これはある意味で錯覚です。人間の眼と頭脳は、色の陰影を正確に比較できません。表面を上から見るのではなく、複数のスライスを表示して、横側から見てみます。

```
ggplot(grid, aes(x1, pred, color = x2, group = x2)) +
  geom_line() +
  facet_wrap(~ model)
ggplot(grid, aes(x2, pred, color = x1, group = x1)) +
  geom_line() +
  facet_wrap(~ model)
```

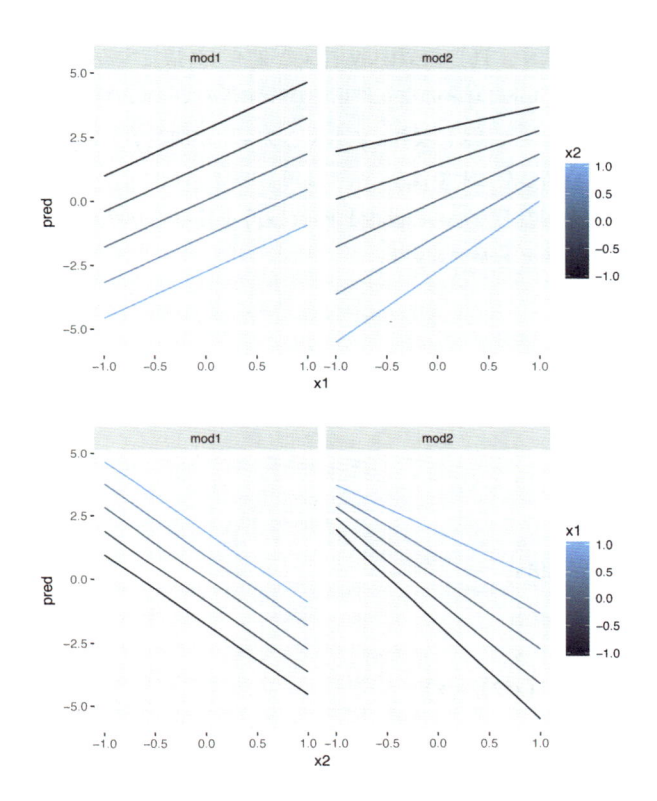

これによって、2連続変数間の交互作用が基本的にはカテゴリ変数と連続変数との交互作用と同じだということが示されます。交互作用は、固定オフセットがないことを示します。yを予測するには、x1とx2の値を同時に考えます。

2つの連続変数だけでも、よい可視化が難しいことがわかります。それは当然です。3変数以上が同時に交互作用をどのようにするか理解することが容易だと期待すべきではありません。それでも、少しでも助かるのは、探索のためにモデルを使っており、モデルを徐々に構築することができるからです。モデルが完全である必要はありません。データについてなにがしかを明らかにすることを助けるだけでよいのです。

mod2の方がmod1よりよいかどうかと、私は残差を調べてみました。その通りだと私は思いますが、結構微妙なところです。読者は練習問題として検討してください。

18.4.4　変換

モデルフォーミュラの中で変換もできます。例えば、`log(y) ~ sqrt(x1) + x2`は`log(y) = a_1 + a_2 * sqrt(x1) + a_3 * x2`に変換されます。変換が`+, *, ^, -`を含むなら、`I()`でラップして、Rがモデル指定の一部と間違えないようにします。例えば、`y ~ x + I(x ^ 2)`は`y = a_1 + a_2 * x`

+ a_3 * x ^ 2と翻訳されます。I()を忘れてy ~ x ^ 2 + xと指定すると、Rはy ~ x * x + xを計算します。x * xは、xと自分自身との交互作用を意味するので、xと同じです。Rは、冗長な変数を自動的に削除するので、x + xはxになり、y ~ x ^ 2 + xが関数y = a_1 + a_2 * xを指定することになります。これは意図したことではないでしょう。

　モデルが何をしているか混乱したなら、model_matrix()を使って方程式lm()が適合しているのは正確に何であるかを確かめることができます。

```
df <- tribble(
  ~y, ~x,
   1,  1,
   2,  2,
   3,  3
)
model_matrix(df, y ~ x^2 + x)
#> # A tibble: 3 × 2
#>   `(Intercept)`     x
#>           <dbl> <dbl>
#> 1             1     1
#> 2             1     2
#> 3             1     3
model_matrix(df, y ~ I(x^2) + x)
#> # A tibble: 3 × 3
#>   `(Intercept)` `I(x^2)`     x
#>           <dbl>    <dbl> <dbl>
#> 1             1        1     1
#> 2             1        4     2
#> 3             1        9     3
```

　変換を使うと非線形関数を近似できるので、役に立ちます。微積分の課程を履修していたなら、任意の滑らかな関数が無限多項式和で近似できるというテイラーの定理を習ったことでしょう。これは、線形関数を使い、y = a_1 + a_2 * x + a_3 * x ^ 2 + a_4 * x ^ 3のような等式に適合させることで滑らかな関数をいくらでも近似できることを意味します。この式を入力するのは大変なので、Rには、poly()というヘルパー関数が用意されています。

```
model_matrix(df, y ~ poly(x, 2))
#> # A tibble: 3 × 3
#>   `(Intercept)` `poly(x, 2)1` `poly(x, 2)2`
#>           <dbl>         <dbl>         <dbl>
#> 1             1      -7.07e-01         0.408
#> 2             1      -7.85e-17        -0.816
#> 3             1       7.07e-01         0.408
```

　しかし、poly()を使うには1つ問題があります。データの範囲外では、多項式が急激に正または

負の無限大になるのです。自然スプライン spline::ns() を代わりに使う方が安全です。

```
library(splines)
model_matrix(df, y ~ ns(x, 2))
#> # A tibble: 3 × 3
#>   `(Intercept)` `ns(x, 2)1` `ns(x, 2)2`
#>           <dbl>       <dbl>       <dbl>
#> 1             1       0.000       0.000
#> 2             1       0.566      -0.211
#> 3             1       0.344       0.771
```

非線形関数を近似してみるとどうなるか試してみましょう。

```
sim5 <- tibble(
  x = seq(0, 3.5 * pi, length = 50),
  y = 4 * sin(x) + rnorm(length(x))
)

ggplot(sim5, aes(x, y)) +
  geom_point()
```

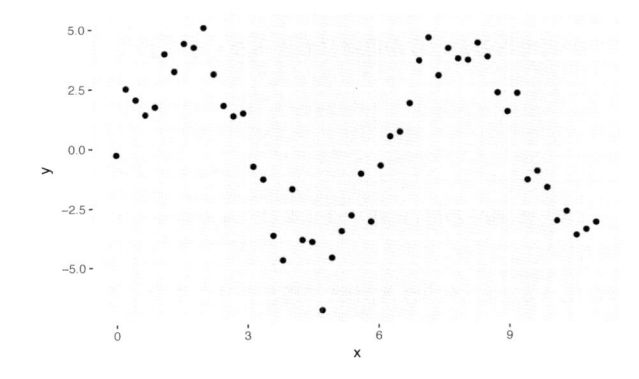

私はこのデータに5つのモデルを適合させました。

```
mod1 <- lm(y ~ ns(x, 1), data = sim5)
mod2 <- lm(y ~ ns(x, 2), data = sim5)
mod3 <- lm(y ~ ns(x, 3), data = sim5)
mod4 <- lm(y ~ ns(x, 4), data = sim5)
mod5 <- lm(y ~ ns(x, 5), data = sim5)

grid <- sim5 %>%
  data_grid(x = seq_range(x, n = 50, expand = 0.1)) %>%
  gather_predictions(mod1, mod2, mod3, mod4, mod5, .pred = "y")

ggplot(sim5, aes(x, y)) +
```

```
geom_point() +
geom_line(data = grid, color = "red") +
facet_wrap(~ model)
```

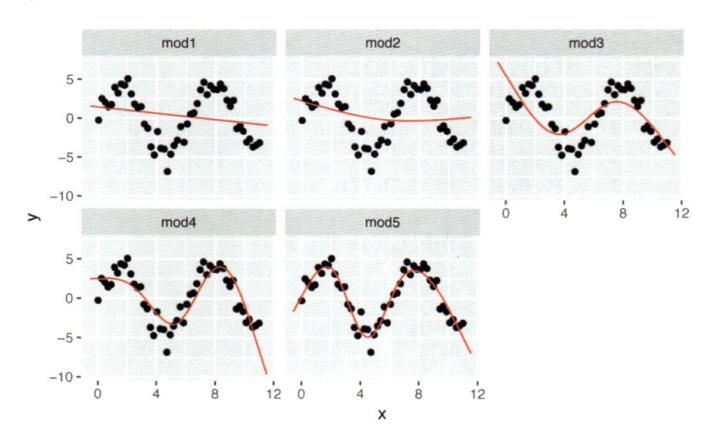

データの範囲外の外挿が明らかによくありません。これが、関数の多項式近似の欠点です。しかし、これはあらゆるモデルの実際に大変な問題です。モデルでは、見たことのないデータの範囲外を外挿し始めると、振る舞いが真であるかどうか絶対にわからなくなります。理論と科学とに頼らざるを得ません。

練習問題

1. 切片なしのモデルを使い sim2 の分析を繰り返すとどうなるか。モデルの方程式に何が起こるか。予測には何が起こるか。

2. model_matrix() を使って、私が sim3 と sim4 に適合させたモデルで生成した方程式を検討しなさい。なぜ、* が交互作用の略記として優れているのか。

3. 基本原則に従い、次の2モデルのフォーミュラを関数に変換しなさい（ヒント：カテゴリ変数を0-1変数に変換することから始める）。

   ```
   mod1 <- lm(y ~ x1 + x2, data = sim3)
   mod2 <- lm(y ~ x1 * x2, data = sim3)
   ```

4. sim4 で mod1 と mod2 のどちらがよいか。私はパターン除去では mod2 の方が若干よいと思うが、かなり微妙だ。私の主張をサポートするようなプロットを書けるか。

18.5　欠損値

欠損値は、変数間の関係について何の情報ももたらさないので、モデル関数は、欠損値を含む行を削除します。R のデフォルトの振る舞いは、暗黙に欠損値を除去しますが、（「**18.1.1　用意するもの**」

で実行した）options(na.action = na.warn)は、警告を発するようにします。

```
df <- tribble(
  ~x, ~y,
  1, 2.2,
  2, NA,
  3, 3.5,
  4, 8.3,
  NA, 10
)
mod <- lm(y ~ x, data = df)
#>   警告メッセージ:
#> Dropping 2 rows with missing values
```

警告を表示させないようにするには、na.action = na.excludeと設定します。

```
mod <- lm(y ~ x, data = df, na.action = na.exclude)
```

正確にいくつの観測が使われたかを常にnobs()で確認できます。

```
nobs(mod)
#> [1] 3
```

18.6 他のモデルファミリー

本章では、y = a_1 * x1 + a_2 * x2 + ... + a_n * xn という形の関係を仮定する線形モデルのクラスに焦点を絞りました。線形モデルでは、残差が正規分布であることも仮定しますが、これについては述べませんでした。線形モデルはさまざまに興味深い方式で拡張されており、そのモデルクラスの集合は巨大になっています。次のようなものが含まれます。

一般化線形モデル（例：stats::glm()）

線形モデルは応答が連続で誤差が正規分布だと仮定する。一般化線形モデルでは、非連続応答（例：二項分布やカウント）を含める。尤度という統計概念に基づく距離測度を定義して機能する。

一般化加法モデル（例：mgcv::gam()）

任意の滑らかな関数を含むように一般化線形モデルを拡張する。すなわち、y = f(x)のような方程式になるy ~ s(x)のようなフォーミュラが書けて、gam()がその関数が何かを推定する。

罰則付き線形モデル（例：glmnet::glmnet()）

（パラメータベクトルと原点との距離で定義される）複雑なモデルに罰則を与える罰則項を距

離に追加する。これにより、同じ母集団の新たなデータセットによりよく一般化したモデルになる。

頑健線形モデル（例：MASS:rlm()）

距離で、非常に遠くの点の重みを下げる。これにより、外れ値があっても過敏に反応せずに済む。ただし、外れ値がない場合にはモデルが少し劣る。

木（例：rpart::rpart()）

線形モデルとはまったく異なる方法。木は区分定数モデルに適合し、データを順次、より小さな部分に分割する。それ自体はあまり効率的ではないが、ランダムフォレスト（例：randomForest::randomForest()）や勾配ブースティングマシン（例：xgboost::xgboost）のようなモデルで集約して使うときには非常に強力。

　これらのモデルは、プログラミングの観点ではいずれも同じようなものです。線形モデルを習得すれば、他のモデルクラスのメカニズムも簡単に習得できます。スキルのあるモデラーとは、良き一般原則を身に付け、技法ツールボックスが大きいことです。汎用ツールとモデルの役に立つクラスを学んだので、続けて、他の情報源から多くのクラスを学ぶことができます。

19章
モデル構築

19.1　はじめに

前の18章では線形モデルがどう機能するかと、モデルがデータについて何を示すかを理解する基本ツールについて学びました。モデルの働きを学びやすいように擬似データセットに焦点を絞りました。本章では、実データに焦点を当て、データの理解を助けるモデル構築をどうすれば進めていけるかを示します。

データをパターンと残差に分けてモデルを考えることができるという利点を活用します。可視化でパターンを見つけ、モデルで正確に具体化します。このプロセスを繰り返し、前の応答変数をモデルの残差で置き換えます。目標は、データと頭の中にある暗黙知を定量モデルの明示的な知識に移し替えることです。そうすれば、新たな領域への適用も他の人が利用することも容易になります。

非常に巨大で複雑なデータセットでは、この作業は膨大になります。他の方法もあります。例えば、機械学習方式はモデルの予測能力に焦点を絞ります。他の方式ではブラックボックスを形成する傾向があります。モデルは予測を生成するにはよいのですが、なぜかという理由がわかりません。全体的には納得できる方式ですが、実世界についての知識をモデルに適用するのが難しくなります。そのために、基本要素が変化したときに、モデルが長期的に使い続けられるのかどうかの判断が難しくなります。ほとんどの実モデルでは、この方式とより古典的な自動化方式の組み合わせを使うだろうと私は考えています。

どこでやめるかは常に問題です。どこでモデルが十分よくなるか、どこで追加投資が有効でなくなるかを見極める必要があります。私には、redditユーザBroseidon241の次の発言が気に入っています。

> 昔、美術の授業で先生が言った。「芸術家は、作品が完成したときを知る必要がある。完璧さには何も追加できない。終わりだ。それが嫌なら、最初からやり直す。あるいは、まったく新しいことを始めることだ」。その後の人生ではこういうことを耳にした。「哀れな仕立屋がたくさん間違いをしでかした。善良な仕立屋が頑張ってその間違いを直した。偉大な仕立屋はその

衣服を投げ捨ててやり直すことを恐れなかった。」

―― Broseidon241（https://www.reddit.com/r/datascience/comments/4irajq/）

19.1.1　用意するもの

前章と同じツールですが、ggplot2 の diamonds と nycflights13 の flights という実データセットを追加します。flights の日付時刻処理に lubridate も必要です。

```
library(tidyverse)
library(modelr)
options(na.action = na.warn)

library(nycflights13)
library(lubridate)
```

19.2　なぜ低品質ダイヤモンドの方が高価なのか

5章でダイヤモンドの品質と価格の驚くべき関係について学びました。低品質ダイヤモンド（カットが粗末、色が悪い、透明度に欠ける）の方が価格が高いのです。

```
ggplot(diamonds, aes(cut, price)) + geom_boxplot()
ggplot(diamonds, aes(color, price)) + geom_boxplot()
ggplot(diamonds, aes(clarity, price)) + geom_boxplot()
```

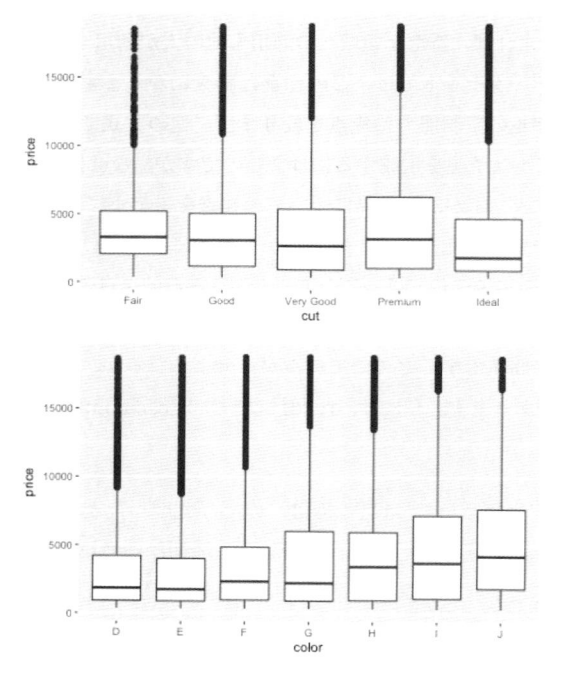

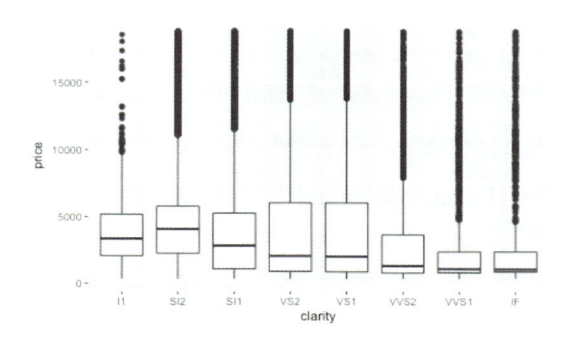

　最悪のダイヤモンドの色はJ（わずかに黄色）で最悪の透明度はI1（肉眼で内包物がわかる）なのに注意します。

19.2.1　価格とカラット

　重要な交絡変数、重さ（carat）があるために、低品質ダイヤモンドの価格が高いように見えます。ダイヤモンドの重さは価格決定の最重要因子であり、低品質ダイヤモンドでは大きい傾向があります。

```
ggplot(diamonds, aes(carat, price)) +
  geom_hex(bins = 50)
```

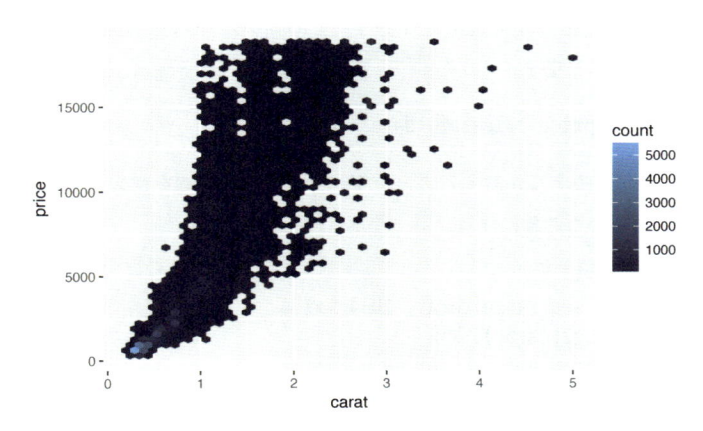

　caratの影響を切り離してモデルに適合させて、他の属性が相対的priceにどのように影響するかをわかりやすくできます。まずはしかし、diamondsデータセットを処理しやすいように変更を2つ加えます。

1. 2.5カラットより小さなダイヤモンド（データの99.7%）に焦点を絞る。
2. 変数caratとpriceを対数変換をする。

```
diamonds2 <- diamonds %>%
  filter(carat <= 2.5) %>%
  mutate(lprice = log2(price), lcarat = log2(carat))
```

これらの変更でcaratとpriceの関係がわかりやすくなります。

```
ggplot(diamonds2, aes(lcarat, lprice)) +
  geom_hex(bins = 50)
```

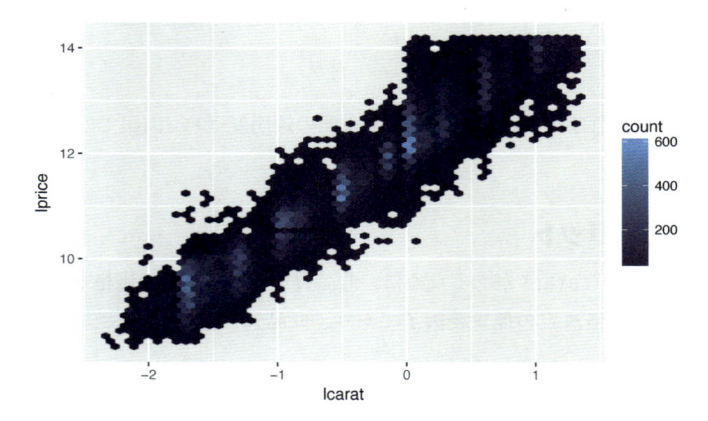

　対数変換はパターンを線形にしますが、それは線形パターンが処理しやすいからです。ここでも線形変換が大いに役立ちます。次のステップでは、この強い線形パターンを取り除きます。モデル適合でパターンをまず明示します。

```
mod_diamond <- lm(lprice ~ lcarat, data = diamonds2)
```

　そして、データについてモデルが教えることを調べます。私が予測を逆変換して、対数変換を戻し、生データに予測を重ねていることに注意。

```
grid <- diamonds2 %>%
  data_grid(carat = seq_range(carat, 20)) %>%
  mutate(lcarat = log2(carat)) %>%
  add_predictions(mod_diamond, "lprice") %>%
  mutate(price = 2 ^ lprice)

ggplot(diamonds2, aes(carat, price)) +
  geom_hex(bins = 50) +
  geom_line(data = grid, color = "red", size = 1)
```

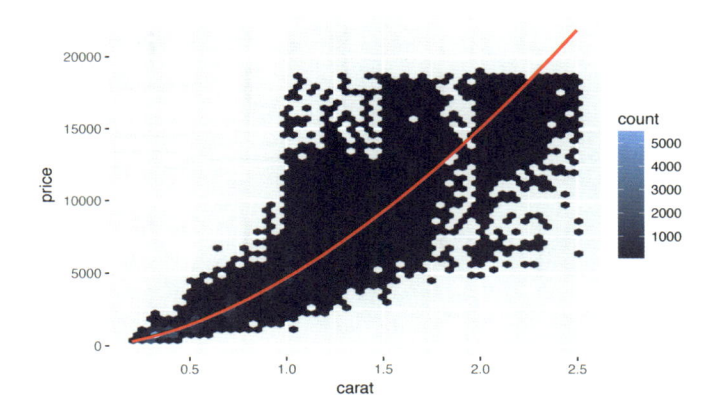

データについて興味深いことがわかります。モデルを信じるなら、大きなダイヤモンドの方が予想より安いのです。おそらく、このデータセットのダイヤモンドの価格が19,000ドルを超えないからでしょう。

残差を調べると、強い線形パターンの除去に成功したことを検証できます。

```
diamonds2 <- diamonds2 %>%
  add_residuals(mod_diamond, "lresid")

ggplot(diamonds2, aes(lcarat, lresid)) +
  geom_hex(bins = 50)
```

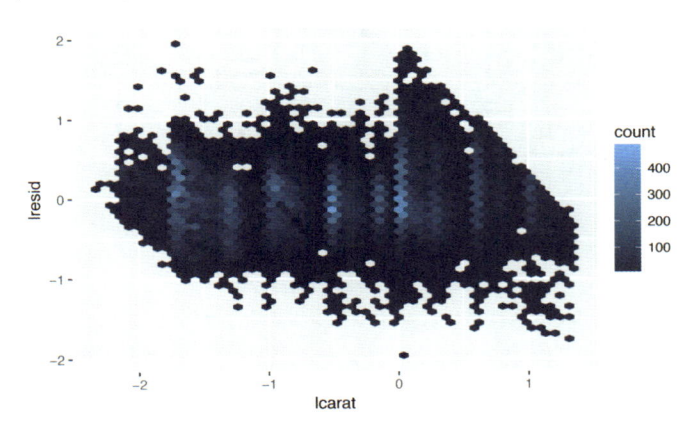

重要なのは、priceの代わりにこの残差を用いて、元々のプロットをやり直せることです。

```
ggplot(diamonds2, aes(cut, lresid)) + geom_boxplot()
ggplot(diamonds2, aes(color, lresid)) + geom_boxplot()
ggplot(diamonds2, aes(clarity, lresid)) + geom_boxplot()
```

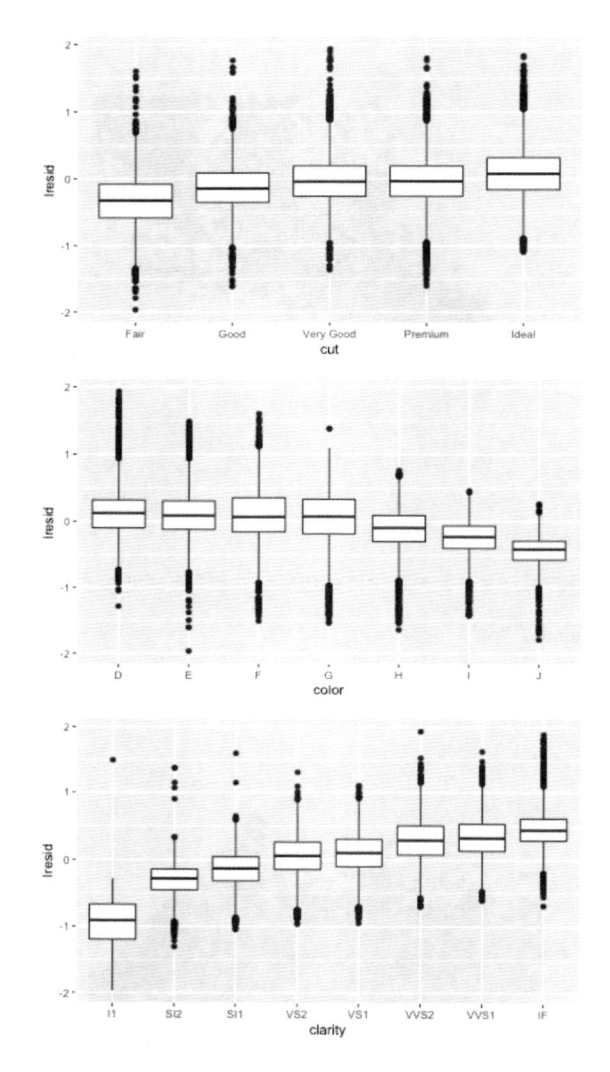

今度は期待通りの関係が表示されます。ダイヤモンドの品質が上がるとともに相対的な価格が上がります。y軸の解釈には、何を残差が示すか、スケールはどうかを考える必要があります。残差−1はその重さだけで予期するよりも lprice が1単位低いことを示します。2^{-1}は1/2なので、−1の値が示すのは、期待価格の半額であり、残差値1は期待価格の倍を示します。

19.2.2　さらに複雑なモデル

必要に応じて、モデル構築を続けて、観測した効果をモデルに組み込み、明示することができます。例えば、color, cut, clarity をモデルに含めて、これら3カテゴリ変数の影響を明示することができ

ます。

```
mod_diamond2 <- lm(
  lprice ~ lcarat + color + cut + clarity,
  data = diamonds2
)
```

モデルに予測子が4つあるので可視化が困難です。幸い、今はすべて独立なので、個別に4プロットすることもできます。プロセスを少し簡単にするため、data_gridに.model引数を使います。

```
grid <- diamonds2 %>%
  data_grid(cut, .model = mod_diamond2) %>%
  add_predictions(mod_diamond2)
grid
#> # A tibble: 5 × 5
#>         cut lcarat color clarity  pred
#>       <ord>  <dbl> <chr>   <chr> <dbl>
#> 1      Fair -0.515     G     SI1  11.0
#> 2      Good -0.515     G     SI1  11.1
#> 3 Very Good -0.515     G     SI1  11.2
#> 4   Premium -0.515     G     SI1  11.2
#> 5     Ideal -0.515     G     SI1  11.2

ggplot(grid, aes(cut, pred)) +
  geom_point()
```

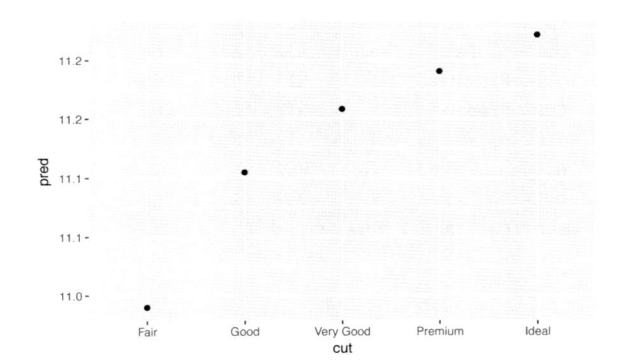

明示的に指定していない変数がモデルに必要なら、「典型」値で自動的に取り込みます。連続変数では中央値を、カテゴリ変数では最頻値を使います。

```
diamonds2 <- diamonds2 %>%
  add_residuals(mod_diamond2, "lresid2")
ggplot(diamonds2, aes(lcarat, lresid2)) +
  geom_hex(bins = 50)
```

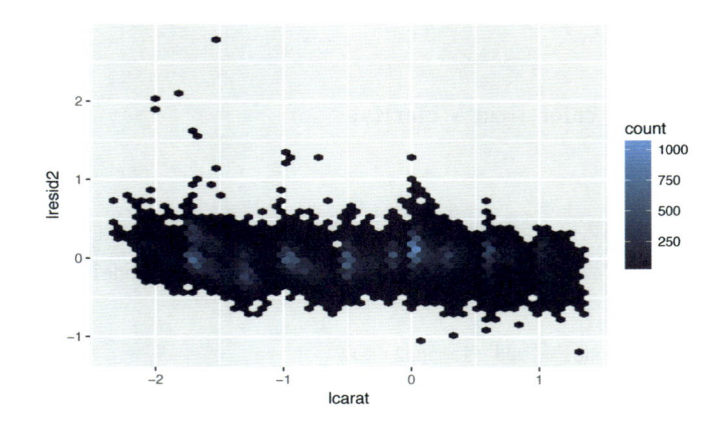

　このプロットから、非常に大きな残差のダイヤモンドがあることがわかります。残差2はダイヤモンドの価格が予想より4倍も高額でした。多くの場合、異常値を個別に調べることは有用です。

```
diamonds2 %>%
  filter(abs(lresid2) > 1) %>%
  add_predictions(mod_diamond2) %>%
  mutate(pred = round(2 ^ pred)) %>%
  select(price, pred, carat:table, x:z) %>%
  arrange(price)
#> # A tibble: 16 × 11
#>   price  pred carat      cut color clarity depth table     x
#>   <int> <dbl> <dbl>    <ord> <ord>   <ord> <dbl> <dbl> <dbl>
#> 1  1013   264  0.25     Fair     F     SI2  54.4    64  4.30
#> 2  1186   284  0.25  Premium     F     SI2  59.0    60  5.33
#> 3  1186   284  0.25  Premium     G     SI2  58.8    60  5.33
#> 4  1262  2644  1.03     Fair     E      I1  78.2    54  5.72
#> 5  1415   639  0.35     Fair     G     VS2  65.9    54  5.57
#> 6  1415   639  0.35     Fair     G     VS2  65.9    54  5.57
#> # ... with 10 more rows, and 2 more variables: y <dbl>,
#> #   z <dbl>
```

　私の目には特に変わったところは見えませんが、モデルに問題がないか、データにエラーがないか、時間をかけて調べるのがおそらく良いでしょう。データに誤りがあれば、誤って低い価格がついたダイヤモンドを買うよい機会かもしれません。

［練習問題］

1. lcarat と lprice のプロットには、明るい縦の縞がある。それらは何を表すか。
2. $\log(price) = a\_0 + a\_1 * \log(carat)$ なら、price と carat の関係について何を示すか。
3. ダイヤモンドのうち、残差が非常に大きいものと小さいものとを抽出しなさい。これらのダイヤ

モンドには何か異常なことがあるか。それらは特に良いか悪いか、あるいは値付けの間違いだと思うか。

4. 最終モデル mod_diamonds2 は、ダイヤモンドの価格の予測に優れているか。もしもダイヤモンドを購入するとして、購入価格の決定にこのモデルを信頼するか。

19.3　何が1日の便数に影響するか

　一見するともっと単純なデータセット、毎日NYCを発つ飛行機の便数で、同様のプロセスを行いましょう。これは実際小さなデータセット、365行2列だけで、完全実現モデルまでは行いませんが、このステップでデータをよりよく理解するのに役立つでしょう。まず、1日当たりの便数を数えて、ggplot2で可視化します。

```
daily <- flights %>%
  mutate(date = make_date(year, month, day)) %>%
  group_by(date) %>%
  summarize(n = n())
daily
#> # A tibble: 365 × 2
#>         date      n
#>       <date> <int>
#> 1 2013-01-01    842
#> 2 2013-01-02    943
#> 3 2013-01-03    914
#> 4 2013-01-04    915
#> 5 2013-01-05    720
#> 6 2013-01-06    832
#> # ... with 359 more rows

ggplot(daily, aes(date, n)) +
  geom_line()
```

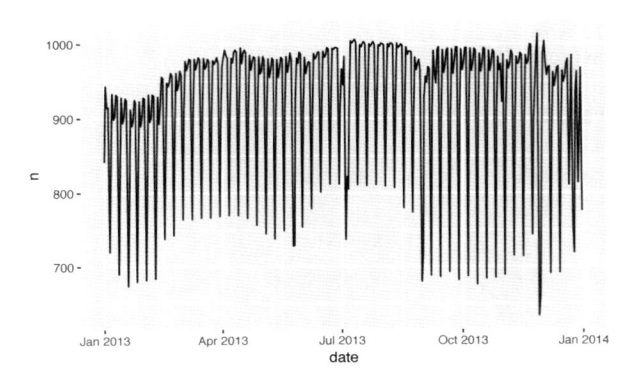

19.3.1 曜日

このプロットには、非常に強い曜日効果があるので、長期的傾向が掴みづらくなっています。まず曜日ごとの便数の分布を調べることから始めます。

```
daily <- daily %>%
  mutate(wday = wday(date, label = TRUE))
ggplot(daily, aes(wday, n)) +
  geom_boxplot()
```

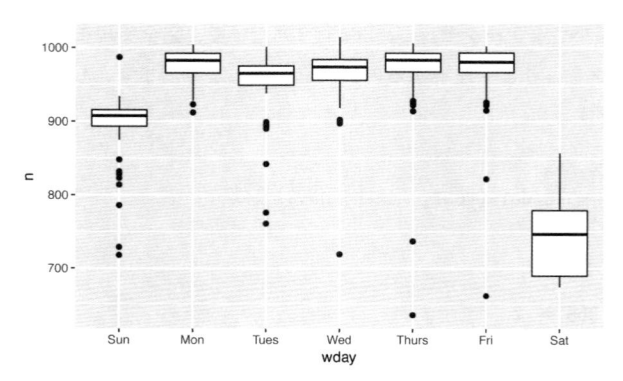

ほとんどの旅行が商用なので、週末の便数は少なくなっています。この効果は土曜日効果と呼ばれます。月曜の会議のために日曜に出発することがありますが、土曜日は家族と家で過ごすことが多いので、土曜出発は稀です。

この強いパターンを除去する1つの方法がモデルを使うことです。まず、モデルを適合させて、その予測を元のデータに重ねて表示します。

```
mod <- lm(n ~ wday, data = daily)

grid <- daily %>%
  data_grid(wday) %>%
  add_predictions(mod, "n")

ggplot(daily, aes(wday, n)) +
  geom_boxplot() +
  geom_point(data = grid, color = "red", size = 4)
```

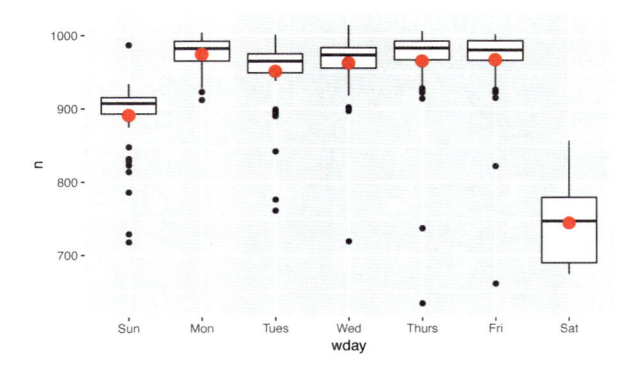

次に残差を計算して可視化します。

```
daily <- daily %>%
  add_residuals(mod)
daily %>%
  ggplot(aes(date, resid)) +
  geom_ref_line(h = 0) +
  geom_line()
```

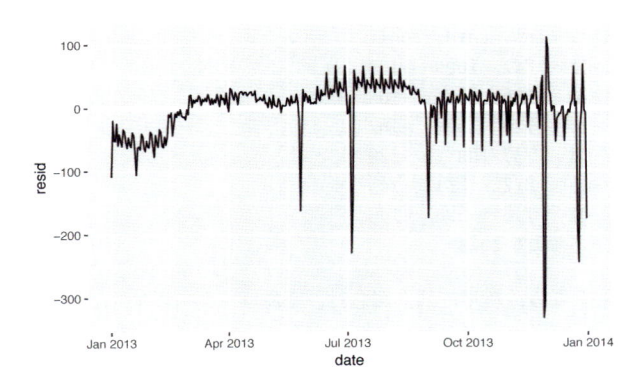

y軸を変換しているので、曜日ごとの期待便数からの差を眺めていることになります。このプロットでは、巨大な曜日効果の多くを除去したので、残っているパターンがわかります。

- モデルは6月から始めるのに失敗したようだ。それでも、モデルが捕捉しなかった強い規則的パターンがわかる。曜日ごとに線を変えてプロットすると原因がわかりやすい。

  ```
  ggplot(daily, aes(date, resid, color = wday)) +
    geom_ref_line(h = 0) +
    geom_line()
  ```

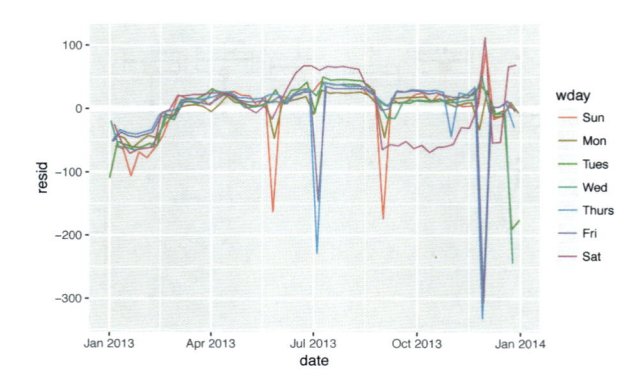

土曜日の便数を正確に予測することにモデルは失敗した。夏には期待以上の便があるが、秋には期待以下となっている。次節でどうしたらこのパターンを捕捉できるかを示す。

- 予測したよりはるかに便の少ない日がある。

```
daily %>%
filter(resid < -100)
#> # A tibble: 11 × 4
#>         date     n  wday resid
#>       <date> <int> <ord> <dbl>
#> 1 2013-01-01   842  Tues  -109
#> 2 2013-01-20   786   Sun  -105
#> 3 2013-05-26   729   Sun  -162
#> 4 2013-07-04   737 Thurs  -229
#> 5 2013-07-05   822   Fri  -145
#> 6 2013-09-01   718   Sun  -173
#> # ... with 5 more rows
```

米国の祝日に詳しいなら、新年、独立記念日、感謝祭、クリスマスがわかるだろう。祝日に該当しない日もある。後で練習問題で扱う。

- 1年間では、より滑らかな長期的傾向があるようだ。この傾向は、geom_smooth()でハイライトできる。

```
daily %>%
  ggplot(aes(date, resid)) +
  geom_ref_line(h = 0) +
  geom_line(color = "grey50") +
  geom_smooth(se = FALSE, span = 0.20)
#> `geom_smooth()` using method = 'loess'
```

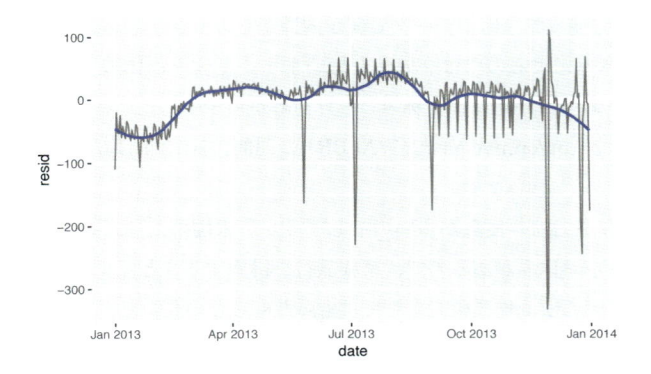

　1月（および12月）は便数が少なく、夏（5月〜9月）は多くなっています。データが1年分だけなので、このパターンを量的に処理できませんが、領域知識を用いて、可能な説明についてブレインストーミングはできます。

19.3.2　シーズンの土曜日効果

　まず、土曜日の便数を正確に予測できなかったという問題に取り組みましょう。手始めに、土曜日に焦点を絞って元の便数を調べましょう。

```
daily %>%
  filter(wday == "Sat") %>%
  ggplot(aes(date, n)) +
  geom_point() +
  geom_line() +
  scale_x_date(
    NULL,
    date_breaks = "1 month",
    date_labels = "%b"
  )
```

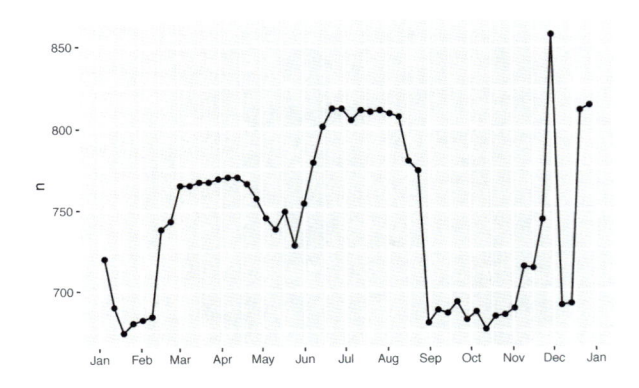

（私は点と線とを両方使って、何がデータで何が内挿かをはっきりさせました。）

　このパターンは夏休みによるのではないかと思います。夏休みは休暇中なので土曜出発でも構わないでしょう。このプロットからは、夏休みは6月初めから8月末までのように思われます。これは実際の学校の夏休み（http://on.nyc.gov/2gWAbBR）の期間、2013年は6月26日から9月9日にほぼ一致しています。

　なぜ、秋より春の方が土曜の便数が多いのでしょうか。米国の友達に尋ねたら、秋には感謝祭やクリスマスという大きなお休みがあるので、家族旅行を計画することは少ないという答えでした。確かめるデータはありませんが、作業仮説としてはもっともらしいものです。

　学校の3つの学期を大雑把に捕捉する変数「term」を作り、プロットを作って仕上げます。

```
term <- function(date) {
  cut(date,
      breaks = ymd(20130101, 20130605, 20130825, 20140101),
      labels = c("spring", "summer", "fall")
  )
}

daily <- daily %>%
  mutate(term = term(date))

daily %>%
  filter(wday == "Sat") %>%
  ggplot(aes(date, n, color = term)) +
  geom_point(alpha = 1/3) +
  geom_line() +
  scale_x_date(
    NULL,
    date_breaks = "1 month",
    date_labels = "%b"
  )
```

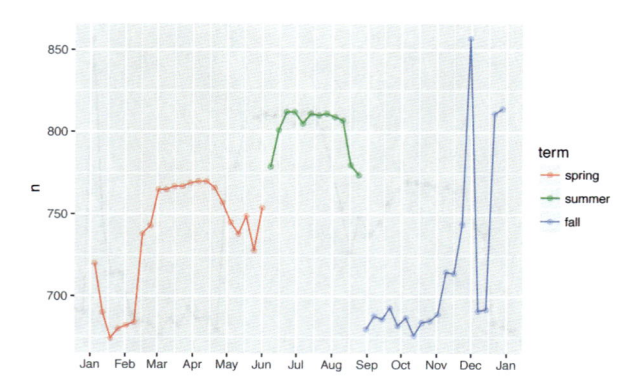

（私は日付を修正して、グラフがうまく分割されるようにしました。可視化すれば関数が何をしているかの理解の助けになります。こうすることは、本当に強力で一般的なやり方です。）

この新変数が、他の曜日にどのように影響するかを見ておくと役立ちます。

```
daily %>%
  ggplot(aes(wday, n, color = term)) +
    geom_boxplot()
```

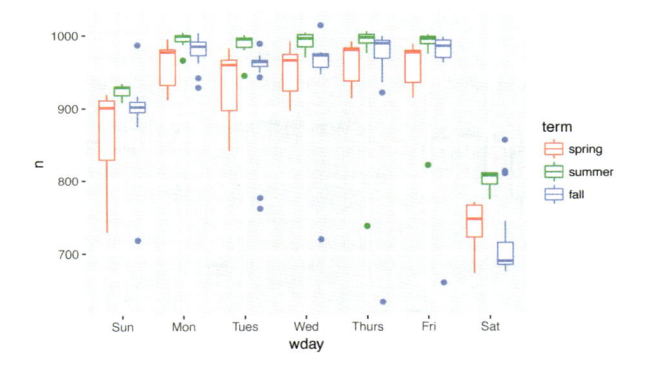

学校の学期にはかなりの変動があるようなので、各学期ごとに分けた曜日の影響を考えてあてはめるのが適当です。これによってモデルが改善しますが、思ったほどではありません。

```
mod1 <- lm(n ~ wday, data = daily)
mod2 <- lm(n ~ wday * term, data = daily)

daily %>%
  gather_residuals(without_term = mod1, with_term = mod2) %>%
  ggplot(aes(date, resid, color = model)) +
    geom_line(alpha = 0.75)
```

モデルの予測を元の生データに重ねると問題がわかります。

```
grid <- daily %>%
  data_grid(wday, term) %>%
  add_predictions(mod2, "n")

ggplot(daily, aes(wday, n)) +
  geom_boxplot() +
  geom_point(data = grid, color = "red") +
  facet_wrap(~ term)
```

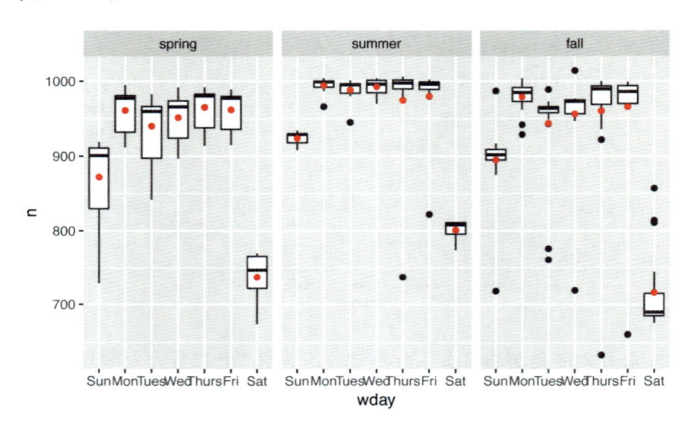

　このモデルは**平均的**効果を示しますが、大きな外れ値がたくさんあるので、平均が典型値よりもずれています。この問題を避けるには、`MASS::rlm()`という外れ値の効果に頑健なモデルを使うことです。これによって、推定に及ぼす外れ値の影響を大幅に減らすことができ、曜日パターンを取り除くことのできるモデルが得られます。

```
mod3 <- MASS::rlm(n ~ wday * term, data = daily)

daily %>%
  add_residuals(mod3, "resid") %>%
  ggplot(aes(date, resid)) +
  geom_hline(yintercept = 0, size = 2, color = "white") +
  geom_line()
```

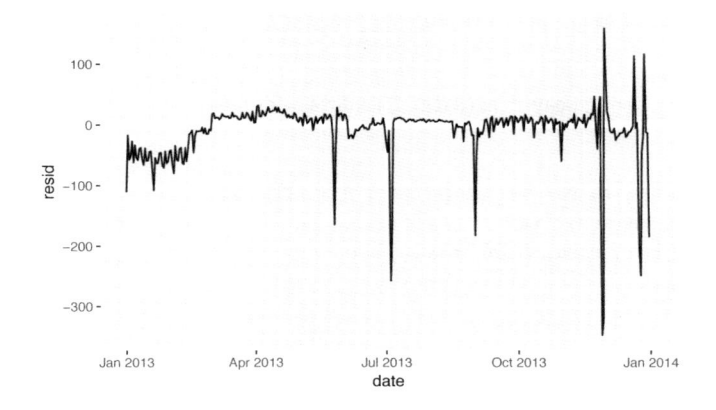

長期傾向と正負の外れ値がもっとわかりやすくなります。

19.3.3 計算した変数

多数のモデルと多数の可視化で実験するなら、変数の作成を関数にまとめて、異なる変換を異なる場所で間違えて行ってしまう失敗をなくすことができます。例えば、次のように書けます。

```
compute_vars <- function(data) {
  data %>%
    mutate(
      term = term(date),
      wday = wday(date, label = TRUE)
    )
}
```

別の方法では、変換を直接モデルフォーミュラに書きます。

```
wday2 <- function(x) wday(x, label = TRUE)
mod3 <- lm(n ~ wday2(date) * term(date), data = daily)
```

どちらの方式でも構いません。変換した変数を明示するのは、作業をチェックするか、可視化に使うなら、その役に立ちます。しかし、複数列を返す（スプラインのような）変換は簡単には使うことができません。モデル関数に変換を含めると、モデルが自己包含的なので、多数の異なるデータセットで作業するのが少し楽になります。

19.3.4 年間の日：別のアプローチ

前節では、領域についての知識（米国の学校の休みがどう旅行に影響するか）を用いてモデルを改善しました。モデルで知識を明示するのではなく、データにもっと語らせるという別の方式があります。より柔軟なモデルを用いて、対象のパターンを捕捉できます。単純線形傾向は適切ではないので、

自然スプラインを一年を通した滑らかな曲線に適合させてみましょう。

```
library(splines)
mod <- MASS::rlm(n ~ wday * ns(date, 5), data = daily)

daily %>%
  data_grid(wday, date = seq_range(date, n = 13)) %>%
  add_predictions(mod) %>%
  ggplot(aes(date, pred, color = wday)) +
  geom_line() +
  geom_point()
```

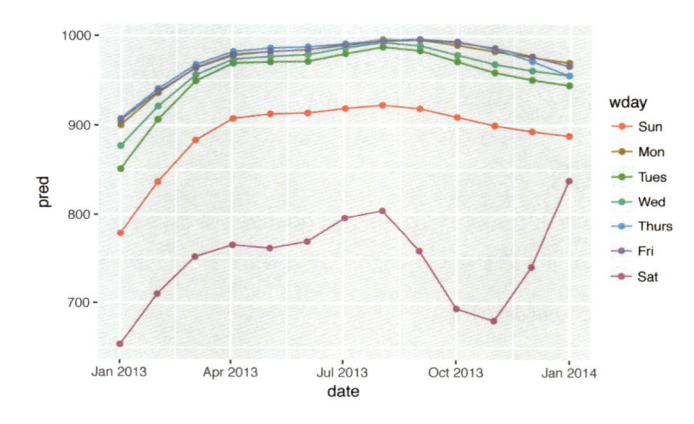

　土曜の便数で強いパターンがわかります。生データでもこのパターンがあったので、これは安心できる結果です。異なるアプローチで同じ信号が得られるのは、良いことです。

練 習 問 題

1. Google検索スキルを使い、なぜ1月20日、5月26日、9月1日に予想よりも便数が少ないか、ブレインストーミングしなさい（ヒント：全部同じ説明になる）。これらの日を他の年にも一般化するにどうすればよいか。

2. 正の残差が大きい3日は何を表すか。これらの日を他の年に一般化するにはどうするか。

```
daily %>%
  add_residuals(mod1, "resid") %>%
  top_n(3, resid)
#> # A tibble: 3 × 5
#>         date     n wday  resid   term
#>       <date> <int> <ord>  <dbl>  <fctr>
#> 1 2013-11-30   857   Sat  112.4    fall
#> 2 2013-12-01   987   Sun   95.5    fall
#> 3 2013-12-28   814   Sat   69.4    fall
```

3. 変数wdayを土曜日だけ学期ごとに分ける。すなわち、`Thurs, Fri, Sat-summer, Sat-spring, Sat-fall`となる新たな変数を作りなさい。このモデルは、`wday`と`term`のあらゆる組み合わせをしたモデルと比較してどうか。

4. 曜日、（土曜日の）学期、祝日を組み合わせた新たなwday変数を作りなさい。このモデルの残差はどのようになるか。

5. 月によって変動する曜日効果にモデル適合させる（すなわち、`n ~ wday * month`）と何が起こるか。なぜこれはそれほど役立たないのか。

6. モデル`n ~ wday + ns(date, 5)`はどのようだと期待するか。データからわかることから、なぜこれがそれほど効果的でないかを説明しなさい。

7. 日曜に出発する人は、月曜にどこかに行かなければならないビジネスマンだという仮説を立てた。この仮説を、距離と時刻に基づいてどのように細分化できるか、もし仮説が真なら、遠くの場所には日曜夜の便がより多くなる、などを探索しなさい。

8. 土曜と日曜がプロットの両端に分かれているのは少々面倒だ。月曜から週が始まるようにファクタの水準を設定する関数を書きなさい。

19.4　モデルについてさらに学ぶには

本章ではモデル化という世界の表面をなぞっただけですが、データ分析能力の改善に使える単純だが汎用のツールが得られたものと期待します。単純なところから始めるのはよいことです。もうわかったと思いますが、ごく単純なモデルでも変数間の交互作用を引き出す能力に劇的な効果があります。

これらのモデル化の章は、本書の他の章よりも我々の主張に則ったものです。他とは異なる方式をとっており、一般的な方式についてはあまり述べませんでした。モデル化はそれだけで一冊の本になる分野なので、次の3冊のうち1冊でも読むことを強く勧めます。

- Danny Kaplan、『Statistical Modeling: A Fresh Approach』（http://bit.ly/statmodfresh、和書未刊）この本はモデル化の入門書で、直感、数学ツール、Rスキルを並列的に構築する。最新でデータサイエンスに関連するカリキュラムを用意して、従来の「統計学入門」コースを刷新するもの。

- Gareth James, Daniela Witten, Trevor Hastie, and Robert Tibshirani、『An Introduction to Statistical Learning』（http://bit.ly/introstatlearn、無料ダウンロード可能、和書未刊）この本は、統計的（機械）学習と呼ばれる一群の最新モデル化技法を扱う。モデルの背景にある数学をより深く理解するには、古典的とも言えるTrevor Hastie, Robert Tibshirani and Jerome Friedman、『Elements of Statistical Learning』（http://stanford.io/1ycOXbo、これも無料ダウンロード可能、邦題『統計的学習の基礎：データマイニング・推論・予測』井尻ほか訳、共立出版、2014）を読むとよい。

- Max Kuhn and Kjell Johnson、『Applied Predictive Modeling』（http://appliedpredictive modeling.com/、和書未刊）この本はcaretパッケージと一緒になっていて、実社会での予測モデルの問題を扱う実用ツールを提供する。

20章
purrrとbroomによる
多数のモデル

20.1　はじめに

本章では膨大な数のモデルを楽に処理するのに役立つ3つの強力なアイデアを学びます。

- 複雑なデータセットを理解するために多数の単純モデルを使う。
- データフレームで任意のデータ構造を格納するためにリスト列を使う。例えば、線形モデルを含む列を作ることができる。
- モデルを整理データにするために、David Robinsonによるbroomパッケージを使う。整理データさえあれば、本書でこれまで学んだすべての技法が使えるので、多数のモデルを処理できる強力な技法となる。

学習内容の背景を理解できるように世界中の平均余命についてのデータを使います。小さなデータセットですが、可視化を改善するのにモデル化がどれほど重要かが良くわかります。多数の単純なモデルを使って最強力信号を分割して取り除き、残っている弱い信号を調べることができます。外れ値や異常な傾向を取り除くのに、モデル要約がどのように役立つかも学びます。

次節以降では、次のように個別技法の詳細を学びます。

- 「20.2　gapminder」では、リスト列を使って国別のモデルを背景経済データに適合させるという例を学ぶ。
- 「20.3　リスト列」では、リスト列データ構造をさらに学び、データフレームにリストを置くのがなぜ妥当なのかを理解する。
- 「20.4　リスト列を作る」では、リスト列を作る3通りの方法を学ぶ。
- 「20.5　リスト列を単純化」では、もっと簡単に処理できるよう、リスト列を通常のアトミックベクトル（またはその集合）に戻す方法を学ぶ。
- 「20.6　broomで整理データを作る」では、他の種類のデータ構造ではどう使えばよいかを理解するために、broomで用意されたツール全部を学ぶ。

本章の内容は意欲的です。本書で初めてRを学ぶなら、本章では苦労するかもしれません。モデル化、データ構造、イテレーションについて自分なりにしっかり理解している必要があります。わからなくても心配することはありません。本章を少し脇に置き、頭の体操の準備ができたらまたやり直せばいいのです。

20.1.1　用意するもの

多数のモデルを処理するには、多数の（データ探索、ラングリング、プログラミングといった）tidyverseパッケージとモデル化を行うmodelrを使います。

```
library(modelr)
library(tidyverse)
```

20.2　gapminder

多数の単純なモデルによる威力を実感するために、「gapminder」データを取り上げます。このデータは、スウェーデンの医師であり統計学者のHans Roslingによって世に広まりました。読者が彼の名前を聞くのが初めてなら、本書を閉じて彼のビデオを見た方がよいでしょう。彼は素晴らしいデータプレゼンターであり、データを使って感動的な話をどうすればできるかを示してくれます。手始めとして、BBCと共同の短いビデオ（http://youtu.be/jbkSRLYSojo）がよいでしょう。他に、TED talk の https://www.ted.com/talks/hans_rosling_shows_the_best_stats_you_ve_ever_seen?language=ja#t-170121、「ハンス・ロスリング 最高の統計を披露」などがお勧めです。

gapminderデータは、各国の成長を平均寿命とGDPといった統計で要約しています。gapminderパッケージを作ったJenny Bryanのおかげで、このデータにRで簡単にアクセスできます。

```
library(gapminder)
gapminder
#> # A tibble: 1,704 × 6
#>       country continent  year lifeExp       pop gdpPercap
#>        <fctr>    <fctr> <int>   <dbl>     <int>     <dbl>
#> 1 Afghanistan      Asia  1952    28.8   8425333       779
#> 2 Afghanistan      Asia  1957    30.3   9240934       821
#> 3 Afghanistan      Asia  1962    32.0  10267083       853
#> 4 Afghanistan      Asia  1967    34.0  11537966       836
#> 5 Afghanistan      Asia  1972    36.1  13079460       740
#> 6 Afghanistan      Asia  1977    38.4  14880372       786
#> # ... with 1,698 more rows
```

このケーススタディでは、「各国（country）で平均寿命（lifeExp）は時間（year）とともにどのように変化してきたか」という質問に答える3変数だけに焦点を絞ります。プロットから始めるとよいでしょう。

```
gapminder %>%
  ggplot(aes(year, lifeExp, group = country)) +
    geom_line(alpha = 1/3)
```

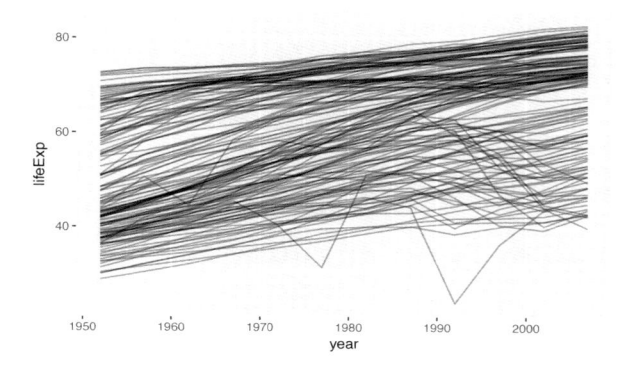

このデータセットは小さく、約1,700の観測と3変数しかありませんが、それでもどうなっているのかがわかりにくいものです。全体としては、平均寿命は着実に伸びているように見えますが、子細に見ると、そのパターンと違う国に気付きます。どうすれば、そういう国が見分けやすくなるでしょうか。

1つの方法は、19章と同じ方式を使うことです。強い信号（全体として線形の成長）が、弱い傾向をわかりにくくしています。線形傾向にモデルを適合させて、この因子を取り出しましょう。モデルは着実な成長をとらえており、残差はその残りを示します。

1つの国についてどうすればよいかはわかっているはずです。

```
nz <- filter(gapminder, country == "New Zealand")
nz %>%
  ggplot(aes(year, lifeExp)) +
  geom_line() +
  ggtitle("Full data = ")

nz_mod <- lm(lifeExp ~ year, data = nz)
nz %>%
  add_predictions(nz_mod) %>%
  ggplot(aes(year, pred)) +
  geom_line() +
  ggtitle("Linear trend + ")

nz %>%
  add_residuals(nz_mod) %>%
  ggplot(aes(year, resid)) +
  geom_hline(yintercept = 0, color = "white", size = 3) +
  geom_line() +
  ggtitle("Remaining pattern")
```

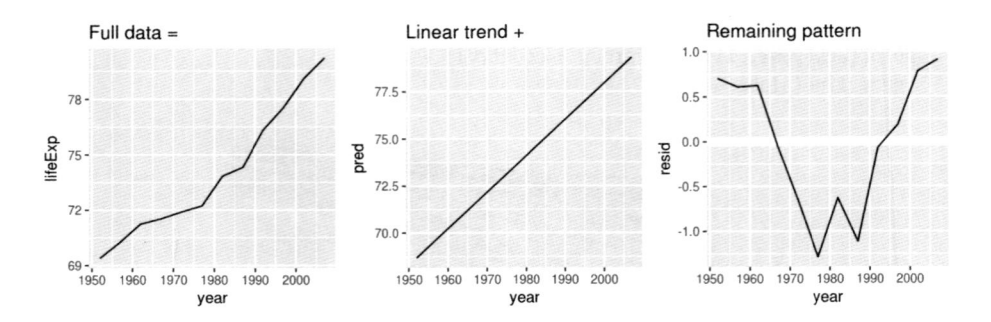

このモデルをあらゆる国に適合させるにはどうすればよいでしょうか。

20.2.1　入れ子データ

コードを何度もコピー&ペーストすることを考えたかもしれませんが、もっと良い方法を学んでいるはずです。共通のコードを関数にして、purrrのマップ関数を使って繰り返すのです。この問題は、既に学んだものとは少し構造が異なります。変数ごとに動作を繰り返すのではなく、各国、行の部分集合について動作を繰り返します。これをするには、**入れ子データフレーム**という新たなデータ構造が必要です。入れ子データフレームを作るには、まずデータフレームをグループ化して、それを「入れ子」にします。

```
by_country <- gapminder %>%
  group_by(country, continent) %>%
  nest()

by_country
#> # A tibble: 142 × 3
#>       country continent              data
#>        <fctr>    <fctr>            <list>
#> 1 Afghanistan      Asia <tibble [12 × 4]>
#> 2     Albania    Europe <tibble [12 × 4]>
#> 3     Algeria    Africa <tibble [12 × 4]>
#> 4      Angola    Africa <tibble [12 × 4]>
#> 5   Argentina  Americas <tibble [12 × 4]>
#> 6   Australia   Oceania <tibble [12 × 4]>
#> # ... with 136 more rows
```

（私は、continentとcountryの両方でグループ化する工夫をしました。countryを決めればcontinentも決まるので、これはグループ追加ではありませんが、変数を手軽に処理できます。）

これは、グループごと（国ごと）に1行の特別な列dataを持つデータフレームを作成します。dataはデータフレームのリスト（正確にはtibbleのリスト）です。これはとんでもないことに思えるかもしれません。他のデータフレームのリストである列を持つデータフレームです。なぜこれが良いのか

をすぐ後で説明します。

　data列は、かなり複雑なリストなので少しわかりにくくなっています。これらのオブジェクトを探索するツールにはまだ良いものがありません。str()を用いることは、出力がとても長くなることがあるので、お勧めできません。しかし、data列から1つ要素を取り出せば、そこにはその国の全データがある（次の例はアフガニスタン）ことがわかります。

```
by_country$data[[1]]
#> # A tibble: 12 × 4
#>    year lifeExp        pop gdpPercap
#>   <int>  <dbl>      <int>     <dbl>
#> 1  1952   28.8  8425333       779
#> 2  1957   30.3  9240934       821
#> 3  1962   32.0 10267083       853
#> 4  1967   34.0 11537966       836
#> 5  1972   36.1 13079460       740
#> 6  1977   38.4 14880372       786
#> # ... with 6 more rows
```

　標準的にグループ化したデータフレームと入れ子データフレームとの違いに注意。グループ化したデータフレームでは、各行が観測ですが、入れ子データフレームでは、各行がグループです。入れ子データセットは、別の見方では、メタ観測からなります。行は国のある時点をではなく、時間経過全体を表します。

20.2.2　リスト列

　入れ子データフレームができたので、モデル適合を試すことができます。モデル適合関数は次のようになります。

```
country_model <- function(df) {
  lm(lifeExp ~ year, data = df)
}
```

　全データフレームにこれを適用します。データフレームはリストなので、purrr::map()を使って各要素にcountry_modelを適用します。

```
models <- map(by_country$data, country_model)
```

　しかし、モデルのリストをばらばらなオブジェクトにしておかないで、by_countryデータフレームの列に格納した方がよいと私は思います。関連オブジェクトを列に格納するのが、データフレームの価値の根幹をなし、それが理由で私は、リスト列を良いアイデアだと思います。各国について作業する過程では、国に要素が1つしかないというリストを多数見かけます。それらをまとめて1つのデータフレームにしたらどうなのでしょうか。

　言い換えれば、大域環境で新たなオブジェクトを1つ作る代わりに、by_countryで新たな変数を作成します。それはdplyr::mutate()で可能です。

```
by_country <- by_country %>%
  mutate(model = map(data, country_model))
by_country
#> # A tibble: 142 × 4
#>       country continent              data   model
#>        <fctr>    <fctr>            <list>  <list>
#> 1 Afghanistan      Asia <tibble [12 × 4]> <S3: lm>
#> 2     Albania    Europe <tibble [12 × 4]> <S3: lm>
#> 3     Algeria    Africa <tibble [12 × 4]> <S3: lm>
#> 4      Angola    Africa <tibble [12 × 4]> <S3: lm>
#> 5   Argentina  Americas <tibble [12 × 4]> <S3: lm>
#> 6   Australia   Oceania <tibble [12 × 4]> <S3: lm>
#> # ... with 136 more rows
```

　関連オブジェクトが一緒に格納されているので、フィルタや変更時に、個別に同期をとる必要がないという利点があります。データフレームのセマンティクスでそれができます。

```
by_country %>%
  filter(continent == "Europe")
#> # A tibble: 30 × 4
#>                  country continent              data   model
#>                   <fctr>    <fctr>            <list>  <list>
#> 1                Albania    Europe <tibble [12 × 4]> <S3: lm>
#> 2                Austria    Europe <tibble [12 × 4]> <S3: lm>
#> 3                Belgium    Europe <tibble [12 × 4]> <S3: lm>
#> 4 Bosnia and Herzegovina    Europe <tibble [12 × 4]> <S3: lm>
#> 5               Bulgaria    Europe <tibble [12 × 4]> <S3: lm>
#> 6                Croatia    Europe <tibble [12 × 4]> <S3: lm>
#> # ... with 24 more rows
by_country %>%
  arrange(continent, country)
#> # A tibble: 142 × 4
#>        country continent              data   model
#>         <fctr>    <fctr>            <list>  <list>
#> 1       Algeria    Africa <tibble [12 × 4]> <S3: lm>
#> 2        Angola    Africa <tibble [12 × 4]> <S3: lm>
#> 3         Benin    Africa <tibble [12 × 4]> <S3: lm>
#> 4      Botswana    Africa <tibble [12 × 4]> <S3: lm>
#> 5 Burkina Faso    Africa <tibble [12 × 4]> <S3: lm>
#> 6       Burundi    Africa <tibble [12 × 4]> <S3: lm>
#> # ... with 136 more rows
```

　データフレームのリストとモデルのリストとが別のオブジェクトだと、片方のベクトルを並べ替え

たり、要素抽出したときに、他方も同様に並べ替えたり要素抽出しないといけません。それを忘れると、コード実行を継続しても間違った答えになります。

20.2.3 入れ子解消

以前に、単一データセットの単一モデルの残差を計算しました。今度は142データフレームと142モデルです。残差計算には、各モデル・データのペアにadd_residuals()を呼び出す必要があります。

```
by_country <- by_country %>%
  mutate(
    resids = map2(data, model, add_residuals)
  )
by_country
#> # A tibble: 142 × 5
#>      country continent            data      model
#>       <fctr>    <fctr>           <list>     <list>
#> 1 Afghanistan     Asia <tibble [12 × 4]> <S3: lm>
#> 2     Albania   Europe <tibble [12 × 4]> <S3: lm>
#> 3     Algeria   Africa <tibble [12 × 4]> <S3: lm>
#> 4      Angola   Africa <tibble [12 × 4]> <S3: lm>
#> 5   Argentina Americas <tibble [12 × 4]> <S3: lm>
#> 6   Australia  Oceania <tibble [12 × 4]> <S3: lm>
#> # ... with 136 more rows, and 1 more variable:
#> #   resids <list>
```

しかし、データフレームのリストをプロットするにはどうすればよいか。この問題に取り組む代わりに、データフレームのリストを通常のデータフレームに戻すことにしましょう。先ほどは、nest()を使って通常のデータフレームを入れ子データフレームにしました。今度はその逆をunnest()で行います。

```
resids <- unnest(by_country, resids)
resids
#> # A tibble: 1,704 × 7
#>      country continent  year lifeExp      pop gdpPercap
#>       <fctr>    <fctr> <int>   <dbl>    <int>     <dbl>
#> 1 Afghanistan    Asia  1952    28.8  8425333       779
#> 2 Afghanistan    Asia  1957    30.3  9240934       821
#> 3 Afghanistan    Asia  1962    32.0 10267083       853
#> 4 Afghanistan    Asia  1967    34.0 11537966       836
#> 5 Afghanistan    Asia  1972    36.1 13079460       740
#> 6 Afghanistan    Asia  1977    38.4 14880372       786
#> # ... with 1,698 more rows, and 1 more variable: resid <dbl>
```

通常の列が、入れ子になった列の各行で繰り返されることに注意します。

通常のデータフレームなので、残差をプロットできます。

```
resids %>%
  ggplot(aes(year, resid)) +
    geom_line(aes(group = country), alpha = 1 / 3) +
    geom_smooth(se = FALSE)
#> `geom_smooth()` using method = 'gam
```

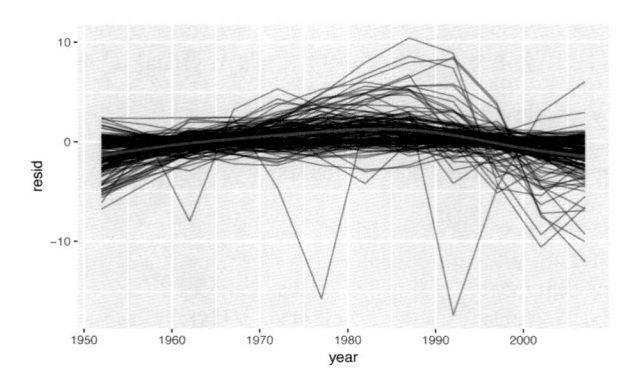

大陸別にファセットをとるとよくわかります。

```
resids %>%
  ggplot(aes(year, resid, group = country)) +
    geom_line(alpha = 1 / 3) +
    facet_wrap(~continent)
```

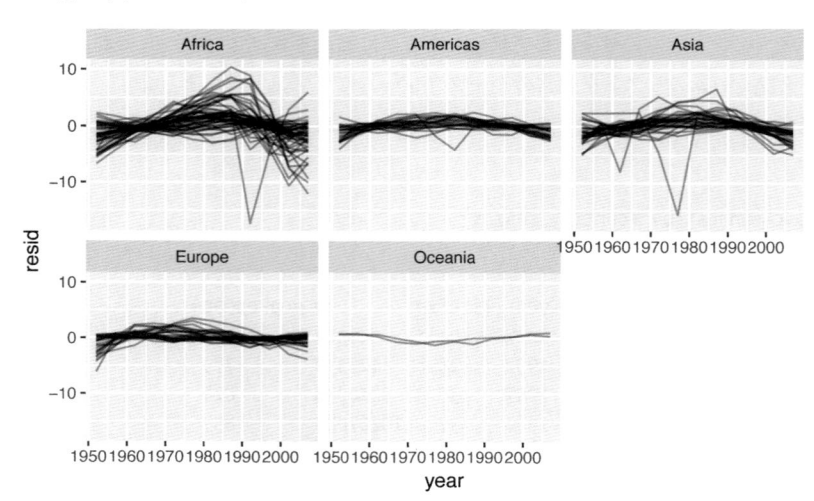

　目立たないパターンを見逃したように思えます。アフリカでは興味深いことがあります。非常に大きな残差があり、モデルがそううまく適合していないようです。次節では、少し異なった角度から、これらをさらに探究します。

20.2.4 モデル品質

モデルの残差を調べる代わりに、一般的なモデル品質尺度で調べることもできます。前章では、特定の尺度を計算する方法を学びました。今度は、broomパッケージを使って異なる方式をとります。broomパッケージには、モデルを整理データにする汎用関数が用意されています。broom::glance()を使ってモデル品質尺度を抽出します。モデルに適用すると、1行のデータフレームが得られます。

```
broom::glance(nz_mod)
#>   r.squared adj.r.squared sigma statistic  p.value df logLik
#>   AIC  BIC
#> 1   0.954         0.949 0.804       205 5.41e-08  2  -13.3
#>  32.6 34.1
#>   deviance df.residual
#> 1   6.47          10
```

mutate()とunnest()を使って、各国の行からなるデータフレームを作ることができます。

```
by_country %>%
  mutate(glance = map(model, broom::glance)) %>%
  unnest(glance)
#> # A tibble: 142 × 16
#>       country continent            data      model
#>        <fctr>    <fctr>            <list>    <list>
#> 1 Afghanistan      Asia <tibble [12 × 4]> <S3: lm>
#> 2     Albania    Europe <tibble [12 × 4]> <S3: lm>
#> 3     Algeria    Africa <tibble [12 × 4]> <S3: lm>
#> 4      Angola    Africa <tibble [12 × 4]> <S3: lm>
#> 5   Argentina  Americas <tibble [12 × 4]> <S3: lm>
#> 6   Australia   Oceania <tibble [12 × 4]> <S3: lm>
#> # ... with 136 more rows, and 12 more variables:
#> #   resids <list>, r.squared <dbl>, adj.r.squared <dbl>,
#> #   sigma <dbl>, statistic <dbl>, p.value <dbl>, df <int>,
#> #   logLik <dbl>, AIC <dbl>, BIC <dbl>, deviance <dbl>,
#> #   df.residual <int>
```

これにはまだリスト列があるので、望んでいた出力とは言えません。unnest()を単一行データフレームに適用した時、これがデフォルトの振る舞いです。行を取り除くため、.drop = TRUEを使います。

```
glance <- by_country %>%
  mutate(glance = map(model, broom::glance)) %>%
  unnest(glance, .drop = TRUE)
glance
#> # A tibble: 142 × 13
#>       country continent r.squared adj.r.squared sigma
#>        <fctr>    <fctr>     <dbl>         <dbl> <dbl>
```

```
#> 1 Afghanistan       Asia       0.948           0.942 1.223
#> 2      Albania    Europe       0.911           0.902 1.983
#> 3      Algeria    Africa       0.985           0.984 1.323
#> 4       Angola    Africa       0.888           0.877 1.407
#> 5    Argentina  Americas       0.996           0.995 0.292
#> 6    Australia   Oceania       0.980           0.978 0.621
#> # ... with 136 more rows, and 8 more variables:
#> #   statistic <dbl>, p.value <dbl>, df <int>, logLik <dbl>,
#> #   AIC <dbl>, BIC <dbl>, deviance <dbl>, df.residual <int>
```

（出力されていない変数に注意。有用な内容が多数あります。）

このデータフレームがあれば、良く適合していないモデルの調査を開始できます。

```
glance %>%
  arrange(r.squared)
#> # A tibble: 142 × 13
#>      country continent r.squared adj.r.squared sigma
#>       <fctr>    <fctr>     <dbl>         <dbl> <dbl>
#> 1     Rwanda    Africa    0.0172      -0.08112  6.56
#> 2   Botswana    Africa    0.0340      -0.06257  6.11
#> 3   Zimbabwe    Africa    0.0562      -0.03814  7.21
#> 4     Zambia    Africa    0.0598      -0.03418  4.53
#> 5  Swaziland    Africa    0.0682      -0.02497  6.64
#> 6    Lesotho    Africa    0.0849      -0.00666  5.93
#> # ... with 136 more rows, and 8 more variables:
#> #   statistic <dbl>, p.value <dbl>, df <int>, logLik <dbl>,
#> #   AIC <dbl>, BIC <dbl>, deviance <dbl>, df.residual <int>
```

最悪モデルはみなアフリカです。これをプロットで再確認します。観測数が比較的少なくて離散
変数なので、geom_jitter() が効果的です。

```
glance %>%
  ggplot(aes(continent, r.squared)) +
    geom_jitter(width = 0.5)
```

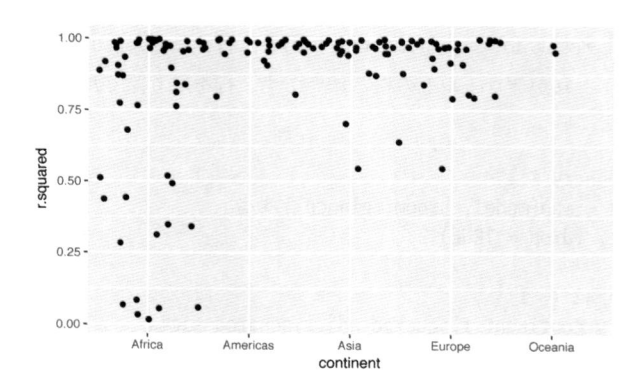

R^2の特に悪い国を取り出し、データをプロットします。

```
bad_fit <- filter(glance, r.squared < 0.25)

gapminder %>%
  semi_join(bad_fit, by = "country") %>%
  ggplot(aes(year, lifeExp, color = country)) +
    geom_line()
```

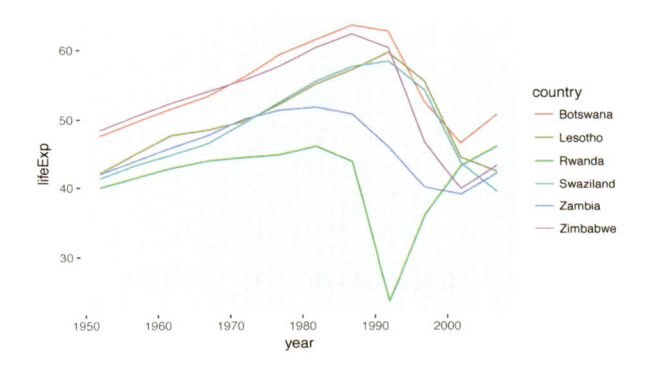

主な影響が2つあります。HIV/AIDSの悲劇とルワンダの虐殺です。

練習問題

1. 線形傾向は、全体の傾向ととらえるには少々単純化しすぎの感がある。2次の多項式でより良い結果が出ないか。2次の係数はどう解釈できるか（ヒント：yearを平均がゼロになるよう変換する）。

2. 大陸ごとのR^2の分布を可視化する他の方法を検討しなさい。重複をジッターで回避するのではなく決定的手法を使うggbeeswarmパッケージを試してみるとよい。

3. （最悪モデル適合の国のデータを示す）最後のプロットを作るには、国ごとに1行のデータフレームを作り、元のデータセットにセミジョインするという2ステップが必要だった。unnest(.drop = TRUE)の代わりにunnest()を使えば、このジョインを省くことが可能です。どうすればよいか。

20.3　リスト列

多数のモデルを扱う基本ワークフローを学んだので、詳細をいくつか取り上げましょう。本節では、リスト列データ構造について、その詳細を学びます。リスト列というアイデアが役立つことを私が理解したのは最近のことです。データフレームとは長さの等しいベクトルの名前付きリストだというデータフレームの定義では、リスト列は明示されていません。基本Rでは、リスト列作成は容易で

なく、data.frame()はリストを列のリストとして扱います。

```
data.frame(x = list(1:3, 3:5))
#>   x.1.3 x.3.5
#> 1     1     3
#> 2     2     4
#> 3     3     5
```

I()でdata.frame()がこのように列のリストにするのを防げます、結果の出力は良くありません。

```
data.frame(
  x = I(list(1:3, 3:5)),
  y = c("1, 2", "3, 4, 5")
)
#>           x       y
#> 1 1, 2, 3    1, 2
#> 2 3, 4, 5 3, 4, 5
```

この問題をtibbleはより怠惰に（tibble()は入力を変更しない）回避して、より良い出力を提供します。

```
tibble(
  x = list(1:3, 3:5),
  y = c("1, 2", "3, 4, 5")
)
#> # A tibble: 2 × 2
#>           x       y
#>      <list>   <chr>
#> 1 <int [3]>    1, 2
#> 2 <int [3]> 3, 4, 5
```

tribble()だと自動的にリストが必要だと判断するので、さらに簡単です。

```
tribble(
  ~x, ~y,
  1:3, "1, 2",
  3:5, "3, 4, 5"
)
#> # A tibble: 2 × 2
#>           x       y
#>      <list>   <chr>
#> 1 <int [3]>    1, 2
#> 2 <int [3]> 3, 4, 5
```

リスト列は中間データ構造として非常に役立つことがあります。ほとんどのR関数がアトミックベクトルかデータフレームを扱うので、直接扱うことは難しいのですが、データフレームで関連要素を

ひとまとめに保持できることは、苦労するだけの価値があります。

一般に、効果的なリスト列パイプラインは次の3部分からなります。

1. リスト列を作る。「**20.4　リスト列を作る**」で述べるように nest(), summarize() + list(), mutate() +マップ関数のいずれかを使う。

2. 他の中間的リスト列を作る。これには、既存のリスト列を map(), map2(), pmap() で変換する。例えば、先ほどのケーススタディでは、データフレームのリスト列を変換して、モデルのリスト列を作った。

3. リスト列をデータフレームまたはアトミックベクトルに戻して単純化する。「**20.5　リスト列を単純化**」で述べる。

20.4　リスト列を作る

通常、tibble() でリスト列を作ることはしません。次の3つの方法のいずれかで、普通の列から作成します。

1. tidyr::nest() で、データフレームのグループを入れ子データフレームにして、データフレームのリスト列を作る。

2. mutate() とリストを返すベクトル化関数で作る。

3. summarize() と複数結果を返す要約関数で作る。

別の方法としては、tibble::enframe() を使い、名前付きリストから作成します。

一般に、リスト列を作るときには、等質であること、すなわち、各要素が同じ型のものを含むことを確認しておくべきです。これが真であるかどうかのチェックはありませんが、purrr を使い、型安定関数（https://design.tidyverse.org/ を参照）について学んだことを思い出すなら、自然とそうなっているべきです。

20.4.1　入れ子を使ってリスト列を作る

nest() は入れ子データフレームを作成しますが、それはデータフレームのリスト列のデータフレームになります。入れ子データフレームでは各行がメタ観測になります。（先ほどの country と continent のように）他の列が観測を定義する変数を与え、データフレームのリスト列がメタ観測を作り上げる個別の観測を与えます。

nest() には2つの使い方があります。これまでは、データフレームのグループにどう使うかを学びました。データフレームのグループに適用するとき、nest() はグループ化する列をそのまま保持して、他のすべてをリスト列にします。

```
gapminder %>%
  group_by(country, continent) %>%
```

```
  nest()
#> # A tibble: 142 × 3
#>       country continent             data
#>        <fctr>    <fctr>           <list>
#> 1 Afghanistan      Asia <tibble [12 × 4]>
#> 2     Albania    Europe <tibble [12 × 4]>
#> 3     Algeria    Africa <tibble [12 × 4]>
#> 4      Angola    Africa <tibble [12 × 4]>
#> 5   Argentina  Americas <tibble [12 × 4]>
#> 6   Australia   Oceania <tibble [12 × 4]>
#> # ... with 136 more rows
```

入れ子にしたい列を指定して、グループ化していないデータフレームにも使うことができます。

```
gapminder %>%
  nest(year:gdpPercap[TK17])
#> # A tibble: 142 × 3
#>       country continent             data
#>        <fctr>    <fctr>           <list>
#> 1 Afghanistan      Asia <tibble [12 × 4]>
#> 2     Albania    Europe <tibble [12 × 4]>
#> 3     Algeria    Africa <tibble [12 × 4]>
#> 4      Angola    Africa <tibble [12 × 4]>
#> 5   Argentina  Americas <tibble [12 × 4]>
#> 6   Australia   Oceania <tibble [12 × 4]>
#> # ... with 136 more rows
```

20.4.2　ベクトル化関数からリスト列を作る

アトミックベクトルをとってリストを返す関数で役立つものがあります。例えば、11章で学んだ `stringr::str_split()` は、文字ベクトルをとって文字ベクトルのリストを返します。`mutate` の内部でこれを使うと、リスト列が得られます。

```
df <- tribble(
  ~x1,
  "a,b,c",
  "d,e,f,g"
)

df %>%
  mutate(x2 = stringr::str_split(x1, ","))
#> # A tibble: 2 × 2
#>       x1        x2
#>      <chr>    <list>
#> 1   a,b,c <chr [3]>
```

```
#> 2 d,e,f,g <chr [4]>
```

unnest() は、このベクトルのリストをどう処理すればよいかわかっています。

```
df %>%
  mutate(x2 = stringr::str_split(x1, ",")) %>%
  unnest()
#> # A tibble: 7 × 2
#>       x1    x2
#>     <chr> <chr>
#> 1   a,b,c    a
#> 2   a,b,c    b
#> 3   a,b,c    c
#> 4 d,e,f,g    d
#> 5 d,e,f,g    e
#> 6 d,e,f,g    f
#> # ... with 1 more rows
```

（このパターンを頻繁に使うなら、そのラッパーである tidyr:separate_rows() を検討するとよいでしょう。）

このパターンの別の例に、purrr の map(), map2(), pmap() 関数を使うものがあります。例えば、**「17.7.1　さまざまな関数を呼び出す」**の最後の例を mutate() を使って次のように書き直します。

```
sim <- tribble(
  ~f,        ~params,
  "runif", list(min = -1, max = -1),
  "rnorm", list(sd = 5),
  "rpois", list(lambda = 10)
)

sim %>%
  mutate(sims = invoke_map(f, params, n = 10))
#> # A tibble: 3 × 3
#>       f     params        sims
#>     <chr>   <list>       <list>
#> 1 runif <list [2]> <dbl [10]>
#> 2 rnorm <list [1]> <dbl [10]>
#> 3 rpois <list [1]> <int [10]>
```

sim には実数ベクトルと整数ベクトルの両方があるので、技術的には等質ではないことに注意。ただし、どちらも数値ベクトルなので、大きな問題を引き起こすことはまずないでしょう。

20.4.3　多値要約からリスト列を作る

summarize() の制約の1つは、単一値を返す要約関数しか扱えないことです。すなわち、任意長の

ベクトルを返すquantile()のような関数は使うことができません。

```
mtcars %>%
  group_by(cyl) %>%
  summarize(q = quantile(mpg))
#> summarise_impl(.data, dots) でエラー:
#>  Column `q` must be length 1 (a summary value), not 5
```

しかし、結果をラップしてリストにすることができます。要約が長さ1のリスト（ベクトル）なので、summarize()の形式に合致します。

```
mtcars %>%
  group_by(cyl) %>%
  summarize(q = list(quantile(mpg)))
#> # A tibble: 3 × 2
#>     cyl         q
#>   <dbl>    <list>
#> 1     4 <dbl [5]>
#> 2     6 <dbl [5]>
#> 3     8 <dbl [5]>
```

unnest()の結果を役立てるには、確率も扱う必要があります。

```
probs <- c(0.01, 0.25, 0.5, 0.75, 0.99)
mtcars %>%
  group_by(cyl) %>%
  summarize(p = list(probs), q = list(quantile(mpg, probs))) %>%
  unnest()
#> # A tibble: 15 × 3
#>     cyl     p     q
#>   <dbl> <dbl> <dbl>
#> 1     4  0.01  21.4
#> 2     4  0.25  22.8
#> 3     4  0.50  26.0
#> 4     4  0.75  30.4
#> 5     4  0.99  33.8
#> 6     6  0.01  17.8
#> # ... with 9 more rows
```

20.4.4　名前付きリストからリスト列を作る

リストの内容とその要素の両方でイテレーションしたいときにどうすればよいかという問題がリスト列のデータフレームで解けます。多くの場合、すべてを1つのオブジェクトにまとめるよりも、1つの列が要素を、もう1つの列がリストを含むデータフレームを作る方が簡単です。リストからそのようなデータフレームを簡単に作るのがtibble::enframe()です。

```
x <- list(
  a = 1:5,
  b = 3:4,
  c = 5:6
)

df <- enframe(x)
df
#> # A tibble: 3 × 2
#>    name   value
#>    <chr>  <list>
#> 1  a      <int [5]>
#> 2  b      <int [2]>
#> 3  c      <int [2]>
```

この構造の利点は、簡単な方法で一般化していることです。メタデータの文字ベクトルがあれば、名前は役立ちますが、他の種類のデータや複数ベクトルだと役に立ちません。

名前と値を並行してイテレーションしたいなら、map2()を使います。

```
df %>%
  mutate(
    smry = map2_chr(
      name,
      value,
      ~ stringr::str_c(.x, ": ", .y[1])
    )
  )
#> # A tibble: 3 × 3
#>    name   value     smry
#>    <chr>  <list>    <chr>
#> 1  a      <int [5]>  a: 1
#> 2  b      <int [2]>  b: 3
#> 3  c      <int [2]>  c: 5
```

練習問題

1. 入力にアトミックベクトルをとり、リストを返す思いつく限りの関数を挙げなさい。

2. quantile()のように、複数ベクトルを返す有用な要約関数についてブレインストーミングしなさい。

3. 次のデータフレームには何が欠けているか。quantile()は欠けたものをどのように返すか。それが役に立たないのはなぜか。

```
mtcars %>%
  group_by(cyl) %>%
```

```
  summarize(q = list(quantile(mpg))) %>%
  unnest()
#> # A tibble: 15 × 2
#>     cyl     q
#>   <dbl> <dbl>
#> 1     4  21.4
#> 2     4  22.8
#> 3     4  26.0
#> 4     4  30.4
#> 5     4  33.9
#> 6     6  17.8
#> # ... with 9 more rows
```

4. 次のコードは何をするか。なぜ、これが役立つか。

```
mtcars %>%
  group_by(cyl) %>%
  summarize_each(funs(list))
```

20.5　リスト列を単純化

　本書で学んだデータ操作と可視化の技法を応用するには、リスト列を普通の列（アトミックベクトル）または列の並びに戻して単純化する必要があります。より単純な構造に戻すために使う技法は、要素に対して単一値を求めるのか、複数値を求めるのかによって異なります。

- 単一値が欲しいなら、アトミックベクトルを作るために`map_lgl()`, `map_int()`, `map_dbl()`, `map_chr()`で`mutate()`を使う。
- 複数値が欲しいなら、`unnest()`を使ってリスト列を通常の列に戻し、行を必要な回数繰り返す。

　次節以降でこれらの詳細を学びます。

20.5.1　リストをベクトルに変換

　リスト列をアトミックベクトルにできるとしたら、それは通常の列になります。例えば、オブジェクトを型と長さに要約することは常に可能なので、次のコードは、どんな種類のリスト列であってもうまくいきます。

```
df <- tribble(
  ~x,
  letters[1:5],
  1:3,
  runif(5)
)
df %>% mutate(
  type = map_chr(x, typeof),
```

```
  length = map_int(x, length)
)
#> # A tibble: 3 × 3
#>           x       type length
#>       <list>      <chr>  <int>
#> 1 <chr [5]> character       5
#> 2 <int [3]>   integer       3
#> 3 <dbl [5]>    double       5
```

これはデフォルトの tibble print メソッドで得られるものと同じ基本情報ですが、フィルタにも
使うことができます。一様でないリストについて、うまくいかない部分をフィルタして取り除きたい
場合に有効です。

map_*() ショートカットも覚えておきます。map_chr(x, "apple") を使って apple に格納した文字
列から x の各要素を抽出できます。これは入れ子リスト列から通常の列へと引き戻すのに役立ちま
す。要素が欠損値なら（NULL を返す代わりに）返す値を指定する .null 引数を使います。

```
df <- tribble(
  ~x,
  list(a = 1, b = 2),
  list(a = 2, c = 4)
)
df %>% mutate(
  a = map_dbl(x, "a"),
  b = map_dbl(x, "b", .null = NA_real_)
)

#> # A tibble: 2 × 3
#>            x     a     b
#>       <list> <dbl> <dbl>
#> 1 <list [2]>     1     2
#> 2 <list [2]>     2    NA
```

20.5.2　入れ子解消

unnest() は、リスト列の各要素に一度ずつ作用して通常の列を繰り返します。例えば、次の簡単
な例では、（長さ 4 の先頭要素 y なので）最初の行を 4 回、第 2 行を 1 回繰り返します。

```
tibble(x = 1:2, y = list(1:4, 1)) %>% unnest(y)
#> # A tibble: 5 × 2
#>       x     y
#>   <int> <dbl>
#> 1     1     1
#> 2     1     2
#> 3     1     3
```

```
#> 4    1    4
#> 5    2    1
```

つまり、要素の個数が異なる2つの列を同時に入れ子解消はできないということです。

```
#  どの行もyとzの要素数が同じなのでOK
df1 <- tribble(
  ~x, ~y,            ~z,
  1, c("a", "b"), 1:2,
  2, "c",            3
)
df1
#> # A tibble: 2 × 3
#>        x        y        z
#>    <dbl>   <list>   <list>
#> 1      1 <chr [2]> <int [2]>
#> 2      2 <chr [1]> <dbl [1]>
df1 %>% unnest(y, z)
#> # A tibble: 3 × 3
#>        x     y     z
#>    <dbl> <chr> <dbl>
#> 1      1     a     1
#> 2      1     b     2
#> 3      2     c     3

#  yとzの要素数が違うのでうまくいかない
df2 <- tribble(
  ~x, ~y,            ~z,
  1, "a",            1:2,
  2, c("b", "c"),    3
)
df2
#> # A tibble: 2 × 3
#>        x        y        z
#>    <dbl>   <list>   <list>
#> 1      1 <chr [1]> <int [2]>
#> 2      2 <chr [2]> <dbl [1]>
df2 %>% unnest(y, z)
#> エラー: All nested columns must have the same number of elements.
```

エラー:入れ子列はすべて要素が同じ個数でなければならない

　データフレームのリスト列の入れ子解消でも同じ原則に従います。各行のデータフレームが同じ行数である限りは、複数リスト列の入れ子解消ができます。

練 習 問 題

1. リスト列からアトミックベクトルを作るのに lengths() 関数が役立つのはなぜか。
2. データフレームのベクトルで最も一般的な型を挙げなさい。リストとは何が違っているか。

20.6　broomで整理データを作る

broomパッケージには、モデルを整理データにする3つの汎用ツールがあります。

- broom::glance(model) は、モデルごとに行を返す。各列はモデル要約、すなわち、モデル品質尺度、複雑性、またはその組み合わせとなる。
- broom::tidy(model) は、モデルの各係数を行で返す。各列は、推定または変動性についての情報を与える。
- broom::augment(model, data) は、data の各行に残差のような追加値と影響力とを加えた行を返す。

broomパッケージは、ほとんどの一般的なモデル化パッケージで作られる広範囲のモデルを扱います。現在サポートされているモデルについては、https://github.com/tidyverse/broom を参照してください。

コミュニケーション

　これまでで、Rでデータを取得し、分析しやすいように整理し、変換、可視化、モデル化してデータを理解するツールを学びました。しかし、分析がどんなに優れていても、他の人に説明するまでは、その価値が伝わりません。結果を**コミュニケート**する必要があります。

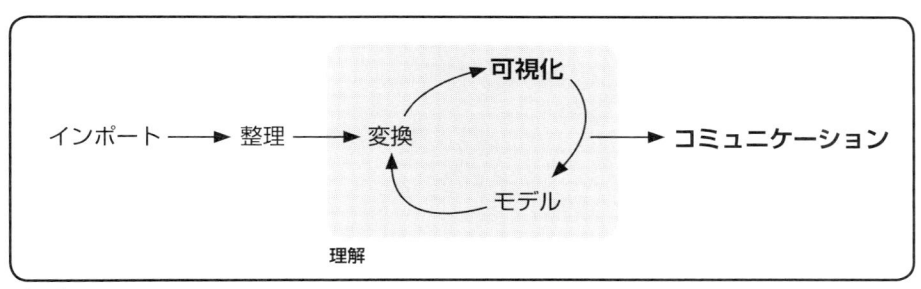

プログラム

コミュニケーションがこの4つの章のテーマです。

- 21章では、文章、コード、結果を統合するRマークダウンを学ぶ。Rマークダウンをノートブックモードではアナリスト同士のコミュニケーションに、レポートモードではアナリストから意思決定者へのコミュニケーションに使うことができる。Rマークダウンフォーマットは強力なので、同じ文書を両方の目的に使うことができる。

- 22章では、探索用に作ったグラフをどうすれば説明用のグラフに変換できるかを学ぶ。対象は分析に初めて接する人たちで、どうなっているのかをできるだけ簡単に迅速に理解できるようにする。

- 23章では、Rマークダウンを用いて、ダッシュボード、ウェブサイト、書籍を含め、さまざまな出力を作る方法を少し学ぶ。

- 24章では、「分析ノートブック」を学び、成功や失敗を系統的に記録して、そこから学べるようにすることを学習して本書の締めくくりとする。

　これらの章ではコミュニケートの技術的なメカニズムに焦点を絞り、自分の考えを他の人とどのようにコミュニケートするかという本当に難しい問題には残念ながら触れません。しかし、コミュニケーションについては、他にも優れた本があり、各章の章末でそれらを紹介します。

21章
Rマークダウン

21.1　はじめに

　Rマークダウンは、コードとその結果、注釈の文章を組み合わせたデータサイエンスの統合オーサリングフレームワークを提供します。Rマークダウン文書は、印刷に適しており、PDF、ワード、スライドショーを含めて数十のフォーマットをサポートしています。

　Rマークダウンファイルは、次の3つの使い方ができます。

- 意思決定者とのコミュニケーション。意思決定者は分析の背後にあるコードではなく、結論に興味を持っている。
- 他のデータサイエンティスト（将来の読者自身を含めて）との協働。結論だけでなく、結論にどう到達したか（すなわち、コード）にも着目している。
- データサイエンスを行う環境、現代風の実験ノートとして、何を行ったかだけでなく、何を考えていたかも記述する。

　Rマークダウンは、複数のRパッケージと外部ツールを統合しています。すなわち、?ではヘルプの得られないことがあります。その代わりに、本章で学んだ後もRマークダウンを使うなら、次の資料を手近に置いておくことを勧めます。

- Rマークダウン早わかり：RStudio IDEで Help → Cheatsheets → R Markdown Cheat Sheet
- Rマークダウン参照ガイド：RStudio IDEで Help → Cheatsheets → R Markdown Reference Guide

両方ともにhttps://www.rstudio.com/resources/cheatsheets/から入手可能。

21.1.1　用意するもの

　`rmarkdown`パッケージが必要ですが、必要ならRStudioが自動的に面倒を見てくれるので、明示的にインストールしたり、ロードする必要はありません。

21.2　Rマークダウン

次に、テキストファイルで拡張子が.RmdのRマークダウンファイルを説明します[*1]。

```
---
title: "Diamond sizes"
date: 2016-08-25
output: html_document
---

```{r setup, include = FALSE}
library(ggplot2)
library(dplyr)

smaller <- diamonds %>%
  filter(carat <= 2.5)
```

We have data about `r nrow(diamonds)` diamonds. Only
`r nrow(diamonds) - nrow(smaller)` are larger than
2.5 carats. The distribution of the remainder is shown
below:

```{r, echo = FALSE}
smaller %>%
  ggplot(aes(carat)) +
  geom_freqpoly(binwidth = 0.01)
```
```

これには、3種類の内容が含まれます。

1. ---で囲んだ（オプションの）**YAML**ヘッダ。
2. ```` ``` ````で囲んだRコードの**チャンク**。
3. #ヘッダや_斜体_のような簡単なテキストフォーマット情報を含んだテキスト。

.RmdをRStudioで開くと、notebookインタフェースになり、コードと出力が交互に置かれます。コードチャンクはRunアイコン（チャンクの右上に三角形のプレイボタン）をクリックするか、Cmd/Ctrl-Shift-Enterを押して実行できます。RStudioは、コードを実行してコードの下に結果を表示します。

[*1]　訳注：練習問題にもあるが、このファイルはhttps://github.com/hadley/r4ds/tree/master/rmarkdownにある。

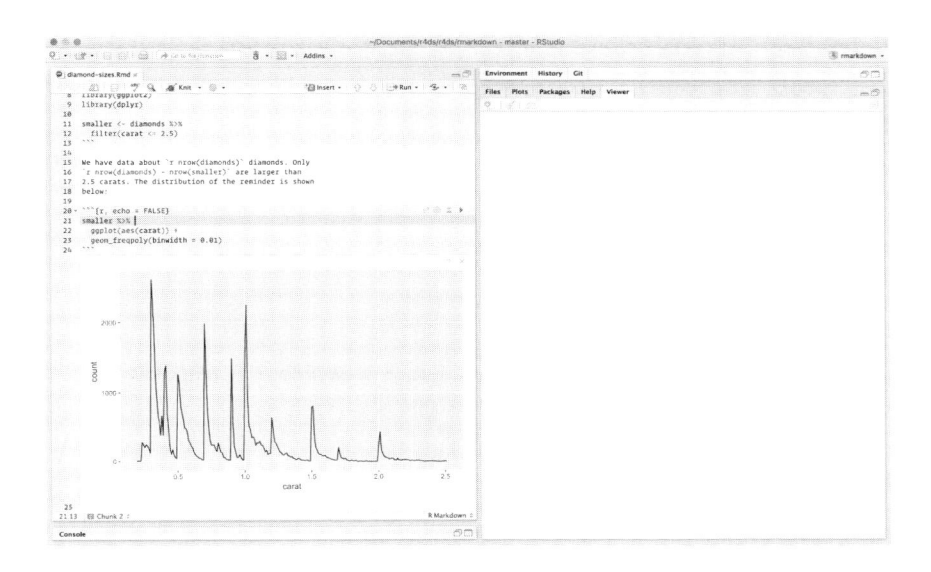

　このファイルのテキスト、コード、出力すべてを含んだレポートを生成するには、上のリボンの
Knitをクリックするか、Cmd/Ctrl-Shift-Kを押します。プログラム的に rmarkdown::render("1-
example.Rmd") のように実行しても構いません。レポートは viewer ウィンドウなどに表示され、
HTMLファイルも作られるので、他の人に見せることもできます。

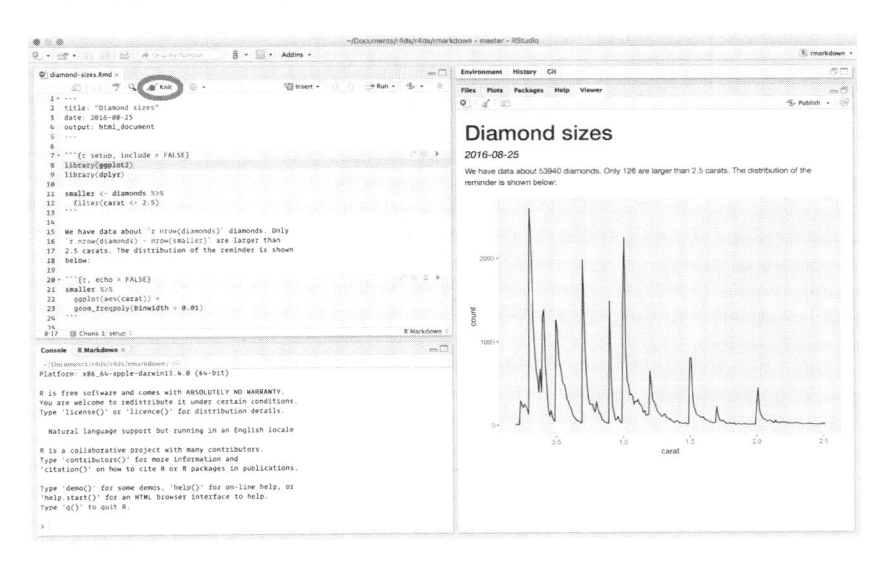

　このレポート出力（knit）では、Rマークダウンは、.Rmd ファイルを knitr（https://yihui.name/
knitr/）に送ります。そこで、コードチャンクがすべて実行され、コードと出力を含んだ新たなマー

クダウン文書（.md）が作られます。このknitrが作ったマークダウンファイルをpandoc（http://pandoc.org/）が処理して、最終ファイルが出来上がります。この2段階ワークフローの利点は、23章で学ぶように非常に広範囲の出力フォーマットに対応できることです。

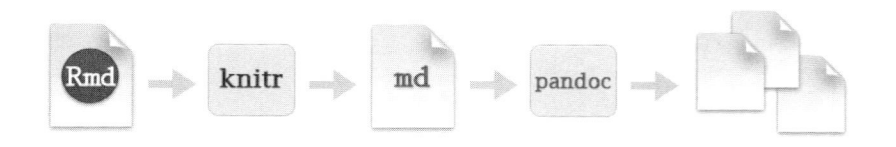

　自分で.Rmdファイルを作るには、メニューバーでFile→ New File→ R Markdown…と選びます。RStudioは、ウィザードを使って、Rマークダウンの基本機能がどうなっているかを示す内容を含んだ新規ファイルを用意します。

　次節以降では、Rマークダウンの3つの部分、マークダウンテキスト、コードチャンク、YAMLヘッダの詳細を学びます。

練習問題

1. File→ New File→ R Notebookとして新しいノートブックを作りなさい。表示された指示を読みなさい。チャンクの実行を練習しなさい。コードを修正し、再実行して、修正結果を検証しなさい。

2. File→ New File→ R Markdown…として新しいRマークダウン文書を作りなさい。適切なボタンを押してknitしなさい。正しいキーボードショートカットでknitしなさい。入力を変更して、出力がきちんと更新されていることを検証しなさい。

3. 上で作った、RノートブックファイルとRマークダウンファイルとを比較対照しなさい。出力はどのように同じで、どのように違っているか。入力はどのように同じでどのように違っていたか。YAMLヘッダを片方からコピーしたらどうなるか。

4. 組み込みのHTML、PDF、ワードの3種類のフォーマットのそれぞれについて、新たなRマークダウン文書を作りなさい。各文書をknitしなさい。出力はどのように異なるか。入力はどのように異なるか（PDF出力にはLaTeXのインストールが必要になる。RStudioが必要に応じてプロンプトを表示したり、エラーメッセージを出すので、対応した処理を行うとよい）。

21.3　マークダウンによるテキストフォーマット

　.Rmdファイルのテキスト部分は、単純なテキストファイルの軽量フォーマット形式であるマークダウン形式で書きます。マークダウンは簡単に読み書きできるように設計されています。学習も容易です。次のガイドは、Rマークダウンが使うPandocマークダウン（マークダウンの拡張版）の使い方を記したものです。

```
Text formatting  テキストフォーマット
--------------------------------------------------------------

*italic*  or _italic_   斜体
**bold**    __bold__     太字
`code`                  コード
superscript^2^ and subscript~2~   上付き　下付き

Headings  見出し
--------------------------------------------------------------

# 1st Level Header     レベル1の見出し

## 2nd Level Header    レベル2の見出し

### 3rd Level Header   レベル3の見出し

Lists  箇条書き
--------------------------------------------------------------

 *  Bulleted list item 1   1番目の箇条

 *  Item 2                  2番目の箇条

    * Item 2a               レベルを下げた1番目の箇条

    * Item 2b

 1. Numbered list item 1   番号の付いた箇条

 1. Item 2. The numbers are incremented automatically in the output.   番号が自動的に振られる

Links and images  リンクと画像
--------------------------------------------------------------

<http://example.com>

[linked phrase](http://example.com)          リンク付きの句

![optional caption text](path/to/img.png)   キャプションはなくてもよい

Tables  表
--------------------------------------------------------------

First Header  | Second Header   最初の見出し　次の見出し
------------- | -------------
Content Cell  | Content Cell
Content Cell  | Content Cell
```

　マークダウン書式を学ぶ最良の方法は、試すことです。数日かかるかもしれませんが、すぐに慣れて特に考えなくても書けるようになります。忘れたら、Help→ Markdown Quick Referenceで参照シートを見るとよいでしょう。

練 習 問 題

1. 簡単な履歴書（curriculum vitae）を作って、学んだことを練習しなさい。表題は自分の名前、（少なくとも）学歴と職歴の見出しが必要。各節には、職種/学位を箇条書きする。年は太字にする。
2. Rマークダウンの参照シートを使い、次をどうするかを調べなさい。
   a. 脚注追加
   b. 水平区切り線追加
   c. 引用追加
3. https://github.com/hadley/r4ds/tree/master/rmarkdown から`diamond-sizes.Rmd`の内容をコピー＆ペーストして、ローカル環境にRマークダウン文書を作りなさい。実行できることをチェックして、度数分布の後に、最も重要な特徴を記述するテキストを追加しなさい。

21.4　コードチャンク

　Rマークダウン文書の中でコードを実行するには、コードチャンクを挿入する必要があります。3通りの方法があります。

1. キーボードショートカット Cmd/Ctrl–Alt–I。
2. `editor`のツールバーのInsertボタン。
3. チャンク区切り子 ```` ```{r} ````と```` ``` ````の挿入。

　私は、キーボードショートカットを覚えることを勧めます。長い目で見れば時間の節約になります。（既に覚えた）キーボードショートカット Cmd/Ctrl-Enterを使ってコードの実行を続けることができます。チャンクでは、新たなショートカット Cmd/Ctrl-Shift-Enterを使い、チャンク内の全コードを実行できます。チャンクは関数のようなものと考えることができます。チャンクは自己完結的にして、単一タスクに焦点を絞るべきです。

　次節以降では、```` ```{r} ````の後にオプションの名前と、その他のオプションが続いて、}で終わるチャンクヘッダについて学びます。その後にRコードが来て、チャンクの終わりは```` ``` ````になります。

21.4.1　チャンク名

　チャンクには、オプションですが、```` ```{r by-name} ````で名前を付けることができます。これには、3つの利点があります。

- スクリプトエディタの左下のドロップダウンコードナビゲータで、簡単に必要なチャンクにナビゲーションできる。

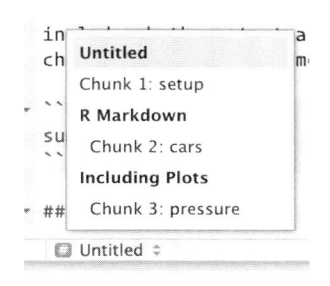

- チャンクで作られたグラフに他でも使える名前が付けられる。「**22.7.2　他の重要なオプション**」でさらに学ぶ。
- 実行のたびにコストの高い再計算をしなくて済むようにキャッシュしたチャンクのネットワークを設定できる。それについてはこの後でさらに学ぶ。

特別な振る舞いをするチャンク名setupがあります。ノートブックモードのとき、setupというチャンクは、他のコードを実行する前に一度だけ自動実行されます。

21.4.2　チャンクオプション

チャンクの出力は、チャンクヘッダに与えられるオプション引数でカスタム化できます。knitrには、コードチャンクのカスタム化に使える約60のオプションが用意されています。よく使う重要なチャンクオプションだけをここで述べます。全部については、https://yihui.name/knitr/options/で一覧できます。

最も重要なオプションは、コードブロックの実行を制御し、最終レポートに結果をどのように挿入するかを指定します。

eval = FALSE
　コードの実行は行わない（当然、結果も生成されない）。これは、コード例を表示したり、大きなコードブロックの実行をコメントアウトしないで実行したくないときに役立つ。

include = FALSE
　コードは実行するが、最終文書にコードも結果も含めない。これはsetupコードに使い、レポートの邪魔にならないようにする。

echo = FALSE
　結果は最終文書に含めるが、コードは含めない。背後にあるRコードを読まない人向けのレポートを書くときに使う。

`message = FALSE` または `warning = FALSE`
> 完了ファイルにメッセージや警告を出力しない。

`results = 'hide'`
> 結果を表示しない。`fig.show = 'hide'` なら、グラフを表示しない。

`error = TRUE`
> コードがエラーを返しても、Rマークダウンの文書作成を続ける。レポートの最終版にこれを含めることはまずないが、`.Rmd` の中で実際に起こっていることをデバッグする場合には非常に役立つ。Rを教えていて、わざとエラーを起こす場合にも役立つ。デフォルトの `error = FALSE` は、文書に1つでもエラーがあると `knit` 処理を中止する[*1]。

次の表に、オプションでどんな出力が無効になるかをまとめます。

オプション	コード実行	コード表示	出力	グラフ	メッセージ	警告
`eval = FALSE`	○		○	○	○	○
`include = FALSE`		○	○	○	○	○
`echo = FALSE`		○				
`results = "hide"`			○			
`fig.show = "hide"`				○		
`message = FALSE`					○	
`warning = FALSE`						○

21.4.3　表

デフォルトで、Rマークダウンはデータフレームや行列をコンソールと同じように出力します。

```
mtcars[1:5, 1:10]
##                    mpg cyl disp  hp drat    wt  qsec vs am gear
## Mazda RX4         21.0   6  160 110 3.90 2.620 16.46  0  1    4
## Mazda RX4 Wag     21.0   6  160 110 3.90 2.875 17.02  0  1    4
## Datsun 710        22.8   4  108  93 3.85 2.320 18.61  1  1    4
## Hornet 4 Drive    21.4   6  258 110 3.08 3.215 19.44  1  0    3
## Hornet Sportabout 18.7   8  360 175 3.15 3.440 17.02  0  0    3
```

データを別途フォーマットして表示するには `knitr::kable` を使います。次のコードは**表21-1**を作成します。

[*1] 訳注：https://yihui.name/knitr/options/ の #code-evaluation の節の error: の箇条には、デフォルトがTRUEだという記述があるが、それは間違いで、FALSEだ。

```r
knitr::kable(
  mtcars[1:5, ],
  caption = "A knitr kable."
)
```

表21-1 A knitr kable

	mpg	cyl	disp	hp	drat	wt	qsec	vs	am	gear	carb
Mazda RX4	21.0	6	160	110	3.90	2.62	16.5	0	1	4	4
Mazda RX4 Wag	21.0	6	160	110	3.90	2.88	17.0	0	1	4	4
Datsun 710	22.8	4	108	93	3.85	2.32	18.6	1	1	4	1
Hornet 4 Drive	21.4	6	258	110	3.08	3.21	19.4	1	0	3	1
Hornet Sportabout	18.7	8	360	175	3.15	3.44	17.0	0	0	3	2

?knitr::kableでドキュメントを読めば、表をカスタム化する他の方法がわかります。さらに凝ったカスタム化については、xtable, stargazer, pander, tables, asciiパッケージを検討します。それぞれ、Rコードからフォーマットした表を作るツール群を用意しています。

図をどのように埋め込むかを制御するオプション群もあります。「**22.7 プロットを保存する**」でそれらについて学びます。

21.4.4 キャッシュ

通常、文書のknit処理はまっさらなところから始まります。コードにすべての重要な計算が含まれていて、これは文書作成上で大きな利点となります。しかし、長時間かかる計算が含まれていると、重荷にもなります。解決法はcache = TRUEです。そうすれば、チャンクの出力が特別な名前のファイルでディスクに保存されます。knitrは次の実行時、コードに変更があったかどうかを調べ、変更がなければキャッシュしておいた結果を再利用します。

この方式はデフォルトではコードだけを見て、依存性を無視するので、利用に際して注意が必要です。例えば、次のprocessed_dataチャンクはraw_dataチャンクに依存します。

````
```{r raw_data}
rawdata <- readr::read_csv("a_very_large_file.csv")
```
````

````
```{r processed_data, cached = TRUE}
processed_data <- rawdata %>%
  filter(!is.na(import_var)) %>%
  mutate(new_variable = complicated_transformation(x, y, z))
```
````

processed_dataチャンクをキャッシュするということは、dplyrパイプラインのデータ変換で変更があればやり直すが、read_csv()呼び出しで変更があってもやり直しません。この問題は、チャ

ンクオプション dependson で解決できます。

```r
```{r processed_data, cached = TRUE, dependson = "raw_data"}
processed_data <- rawdata %>%
filter(!is.na(import_var)) %>%
mutate(new_variable = complicated_transformation(x, y, z))
```
```

dependson は、キャッシュするチャンクが依存する**すべて**のチャンクの文字ベクトルを含む必要があります。knitr は、依存するいずれかが更新されたことを検出すると、キャッシュしたチャンクの結果を更新します。

knitr は、.Rmd ファイル内の変更しか追跡しないので、a_very_large_fle.csv が変更されてもチャンクが更新されないことに注意します。このようなファイルの変更も追跡管理するには、cache.extra オプションを使うことができます。これは、変更があるとキャッシュが無効になる、任意のR式を書きます。この場合には、最終更新日時を含めて多数の情報を返す file.info() が適切な関数です。

```r
```{r raw_data, cache.extra = file.info("a_very_large_file.csv")}
rawdata <- readr::read_csv("a_very_large_file.csv")
```
```

このようにキャッシュ戦略が複雑化していくなら、knitr::clean_cache() で定期的にすべてのキャッシュをクリアします。

私は David Robinson の助言（http://bit.ly/DavidRobinsonTwitter）に従ってチャンクの名前付けをしてきました。チャンクは作成する主オブジェクトに基づいて名付けます。こうすると、dependson の指定がわかりやすいでしょう。

21.4.5　グローバルオプション

knitr での作業を進めていくと、デフォルトのチャンクオプションが自分には合っていないので、変えたくなることがあります。コードチャンクで knitr::opts_chunk$set() を呼び出して変更できます。例えば、本やチュートリアルを書くとき、私は次のように設定します。

```r
knitr::opts_chunk$set(
  comment = "#>",
  collapse = TRUE
)
```

私好みのコメント形式になり、コードと出力が続きます。レポートを書く際には、次のように設定します。

```
knitr::opts_chunk$set(
  echo = FALSE
)
```

こうすると、デフォルトでコードは隠蔽され、（echo = TRUEで）選んだ場合だけチャンクを表示します。message = FALSEかつwarning = FALSEという設定も考えられますが、これでは最終文書で一切メッセージが表示されないので、デバッグが困難です。

21.4.6　インラインコード

RコードをRマークダウンに埋め込むには別の方法もあります。`r `で直接埋め込みます。テキスト中でデータの特性を述べるときにはとても便利です。例えば、本章の冒頭で用いた文書例には次のような節がありました。

> We have data about `r nrow(diamonds)` diamonds. Only `r
> nrow(diamonds) - nrow(smaller)` are larger than 2.5 carats. The
> distribution of the remainder is shown below:

このレポートをknitすると、計算結果がテキストに埋め込まれます。

> We have data about 53940 diamonds. Only 126 are larger than 2.5
> carats. The distribution of the remainder is shown below:

テキストに数値を挿入するときには、format()が役立ちます。表示桁数をdigitで設定できるので、不必要に高い精度で印刷せずに済み、big.markで読みやすくできます。私は、次のようにヘルパー関数を一緒に使います。

```
comma <- function(x) format(x, digits = 2, big.mark = ",")
comma(3452345)
#> [1] "3,452,345"
comma(.12358124331)
#> [1] "0.12"
```

練習問題

1. 例題の文書に、ダイヤモンドの大きさがカット、色、透明度でどう変わるか説明する節を追加しなさい。Rについては知らない人向けのレポートを書いているとして、各チャンクでecho = FALSEと設定せずに、グローバルオプションを使うこと。

2. https://github.com/hadley/r4ds/tree/master/rmarkdownからdiamond-sizes.Rmdをダウンロードしなさい。最も大きい20のダイヤモンドについて述べる節を追加して、最も重要な属性を表示する表を含めなさい。

3. 出力がきれいにフォーマットされるようにcomma()を使って、diamond-sizes.Rmdを修正しなさ

い。2.5 カラットより大きいダイヤモンドのパーセントも含めなさい。

4. dがcとbに依存し、bとcの両方がaに依存するチャンクのネットワークを設定しなさい。各チャンクで`cache = TRUE`として`lubridate::now()`を出力し、キャッシュについての理解を検証しなさい。

21.5　トラブルシューティング

　Rマークダウン文書のトラブルシューティングでは、対話的なR環境が使えなくて、新たな技巧が必要となるため、苦労することがあります。常にまず行うべきは、対話セッションでの問題の再現です。Rを再起動し、「全チャンク実行」を（ツールバーのRunの下のコードのメニューかキーボードショートカット Ctrl-Alt-R で）行います。運が良ければ、問題が再現するので、どうなっているか対話的に調べることができます。

　問題が再現しない場合は、対話環境とRマークダウン環境との間に相違が生じています。系統的にオプションを調べる必要があります。よくあるのは、作業ディレクトリの違いです。Rマークダウン文書の作業ディレクトリは、文書のあるディレクトリです。チャンクに`getwd()`を含めて、作業ディレクトリが思っていたのと同じかどうかチェックします。

　次に、バグの原因についてブレインストーミングします。RセッションとRマークダウンセッションで同じであることを系統的にチェックする必要があります。これを一番簡単に行うには、問題を起こしているチャンクで`error = TRUE`として、`print()`と`str()`を使って設定が予期した通りかどうかチェックしておきます。

21.6　YAMLヘッダ

　「文書全体」の他の多くの設定をYAMLヘッダのパラメータを変えることで制御できます。YAMLは、「yet another markup language」の略で、人間が読み書きしやすいように階層的データを表すように設計されています。Rマークダウンは、これを使って出力の詳細の多くを制御しています。次に、文書パラメータと参考文献について述べます。

21.6.1　パラメータ

　Rマークダウン文書には、レポート出力時に、値を設定できるパラメータがあります。同じ文書を、入力値に応じて出力する場合にパラメータが役立ちます。例えば、支店ごとの営業報告や学生ごとの試験結果、国ごとの人口データの要約などに役立ちます。パラメータ宣言には、`params`フィールドを使います。

　次の例は、どの車種を表示するかを決めるのに`my_class`パラメータを使います。

```
---
output: html_document
```

```
params:
  my_class: "suv"
---

```{r setup, include = FALSE}
library(ggplot2)
library(dplyr)

class <- mpg %>% filter(class == params$my_class)
```

#p Fuel economy for `r params$my_class`s

```{r, message = FALSE}
ggplot(class, aes(displ, hwy)) +
  geom_point() +
  geom_smooth(se = FALSE)
```
```

　見てわかるように、コードチャンクでは、parmsという名の読み出し専用リストとして使用できます。

　YAMLヘッダにアトミックベクトルを直接書くこともできます。!rをパラメータ値の前に付けて、任意のR式を実行することもできます。日付時刻パラメータを指定するには、これが便利です。

```
params:
  start: !r lubridate::ymd("2015-01-01")
  snapshot: !r lubridate::ymd_hms("2015-01-01 12:30:00")
```

　RStudioでは、KnitのドロップダウンメニューでKnit with Parametersと選択すれば、パラメータを設定し、出力を作成し、レポートのプレビューまでが、1ステップでなんなくできます。ヘッダで他のオプションを設定して、このダイアログをカスタム化することもできます。詳細はhttp://bit.ly/ParamReportsを参照しなさい。

　パラメータを多数含んだレポートを作る必要がある場合には、他の方法として、paramsリストでrmarkdown::render()を呼び出すことができます。

```
rmarkdown::render(
  "fuel-economy.Rmd",
  params = list(my_class = "suv")
)
```

　purrr:pwalk()と一緒に使うとこれは特に強力です。次の例では、mpgのclassの値ごとにレポートを作ります。まず、クラスごとの行を持つデータフレームを作り、レポートのfilenameとパラメータのparamsを指定します。

```
reports <- tibble(
  class = unique(mpg$class),
  filename = stringr::str_c("fuel-economy-", class, ".html"),
  params = purrr::map(class, ~ list(my_class = .))
)
reports
#> # A tibble: 7 × 3
#>    class                   filename      params
#>    <chr>                      <chr>     <list>
#> 1 compact fuel-economy-compact.html <list [1]>
#> 2 midsize fuel-economy-midsize.html <list [1]>
#> 3    suv     fuel-economy-suv.html <list [1]>
#> 4 2seater fuel-economy-2seater.html <list [1]>
#> 5 minivan fuel-economy-minivan.html <list [1]>
#> 6  pickup  fuel-economy-pickup.html <list [1]>
#> # ... with 1 more rows
```

次に、`render()`の引数名と列名のマッチをとり、`purrr`の並列ウォークを使って各列で一度に`render()`を呼び出します。

```
reports %>%
  select(output_file = filename, params) %>%
  purrr::pwalk(rmarkdown::render, input = "fuel-economy.Rmd")
```

21.6.2　参考文献と引用

Pandocでは、さまざまなスタイルで参考文献と引用とを生成できます。この機能を使うには、ファイルのヘッダの`bibliography`フィールドで文献ファイルを指定します。このフィールドには、`.Rmd`ファイルのディレクトリから文献データを含むファイルへのパスを指定する必要があります。

```
bibliography: rmarkdown.bib
```

BibLaTeX、BibTeX、endnote、medlineなどの普通に使われる文献フォーマットを使います。

`.Rmd`ファイルでの引用には、`@`と引用識別子で作ったキーを使います。引用識別子は文献ファイルにあるものを使い、引用は角括弧で括ります。例を次に示します。

```
Separate multiple citations with a `;`:
Blah blah [@smith04; @doe99].

You can add arbitrary comments inside the square brackets:
Blah blah [see @doe99, pp. 33-35; also @smith04, ch. 1].

Remove the square brackets to create an in-text citation:
@smith04 says blah, or @smith04 [p. 33] says blah.
```

```
Add a `-` before the citation to suppress the author's name:
Smith says blah [-@smith04].
```

Rマークダウンはファイルを出力する際に、文献の節を末尾に追加します。文献節では、文献ファイルにある文献が含まれていますが、節見出しは含まれません。その結果、通常はファイルを# Referencesあるいは# Bibliographyのような文献節の見出しで終了します。

CSL（citation style language、引用スタイル言語）ファイルをcslフィールドに指定すれば、文献引用のスタイルを好きなように設定できます。

```
bibliography: rmarkdown.bib
csl: apa.csl
```

bibliographyフィールド同様、CSLファイルはパスを含む必要があります。上の例では、.Rmdファイルと同じディレクトリだと仮定しています。よく使われる文献引用スタイルのためのCSLスタイルファイルは、https://github.com/citation-style-language/stylesにあります。

21.7 さらに学ぶために

Rマークダウンは比較的新しく、急速に発展しています。このイノベーションに乗り遅れないための最良の場所は、公式Rマークダウンサイト、http://rmarkdown.rstudio.com/です。

本章で触れなかった重要なことが2つあります。協働とアイデアを他人と正確にコミュニケーションするための詳細です。協働は、現代のデータサイエンスの中心的な部分であり、GitやGitHubのようなバージョン制御ツールを使うことで、作業が楽になります。Gitについて学ぶための無料の情報源を次に示します。

- 「Happy Git with R」：Jenny BryanによるRユーザのためのGitとGitHubのわかりやすいガイド。http://happygitwithr.com/から入手可能。
- Hadley Wickham著『R Packages』（http://r-pkgs.had.co.nz/git.htmlで無料で閲覧できる）の「Git and GitHub」の章（邦題『Rパッケージ開発入門』瀬戸山ほか訳、オライリー・ジャパン、2016の「13章 GitとGitHub」）。

私は、分析結果を明確にコミュニケーションするために、実際に何を書くべきかについて述べませんでした。執筆能力を高めるには、Joseph M. Williams and Joseph Bizupによる『Style: Lessons in Clarity and Grace』（和書未刊）か、George Gopenによる『The Sense of Structure: Writing from the Reader's Perspective』（和書未刊）のいずれかを読むことを強く勧めます。どちらの本も、文と段落の構造を理解することを助け、執筆がより明確になるツールを与えてくれます（どちらも新しいものは高価ですが、長年使われている本なので古本なら安いでしょう）。George Gopenは、執筆について多数の論文や記事を書いています（http://georgegopen.com/articles/litigation/）。これらは、法律家向けですが、ほぼすべてがデータサイエンティストにも当てはまります。

22章
ggplot2でコミュニケーションの
ためのグラフ作成

22.1　はじめに

　5章では、探索のための道具としてプロットをどのように使うかを学びました。探索用のプロットでは、図示する前に、どの変数を表示するかわかっています。目的に応じてプロットを描き、そこから情報を素早く見て取り、次のプロットに移ります。ほとんどの分析過程で、何千ものプロットを描くことでしょう、しかしそのほとんどは即座に捨て去られます。

　さて、データを理解したら、その理解を他の人と**コミュニケート**する必要があります。聞き手は、背景知識も共有してないし、データにそれほど興味を抱いていないかもしれません。聞き手が、データのメンタルモデルをすぐ構築するのを助けるには、プロットをそれだけでわかるようにするために、かなり作業する必要があります。本章では、そのためにggplot2で用意したツールについて学びます。

　本章は、よいグラフを作るのに必要なツールに焦点を絞ります。何をしたいのかはわかっており、どうすればよいかを知ればよいものと私は仮定しています。本章を、一般的な可視化の解説書と一緒に読むことを強く勧めます。特に、Alberto Cairoの『The Truthful Art』（和書未刊）が良いと思います。ビジュアルを作るメカニズムは教えず、効果的な図表を作るには何を考えねばならないかに焦点を絞っています。

22.1.1　用意するもの

　本章では再度ggplot2に焦点を絞ります。データ操作にdplyrも少し使い、ggrepelやviridisといったggplot2拡張パッケージも少し使います。拡張パッケージをロードせず、::表記で明示的に関数を参照します。これによって、どの関数がggplot2にあるか、他のパッケージにあるかが明らかになります。インストールされていなければ、install.packages()でインストールしなければならないことに注意してください。

```
library(tidyverse)
```

22.2　ラベル

　一番簡単に探索的な図を説明的な図にする方法は、まず良いラベルを付けることです。`labs()`関数でラベルを追加します。次の例では、プロットに表題を付けます。

```
ggplot(mpg, aes(displ, hwy)) +
  geom_point(aes(color = class)) +
  geom_smooth(se = FALSE) +
  labs(
    title = paste(
      "Fuel efficiency generally decreases with"   燃費は一般にエンジンサイズが大きくなると悪くなる
      "engine size"
    )
```

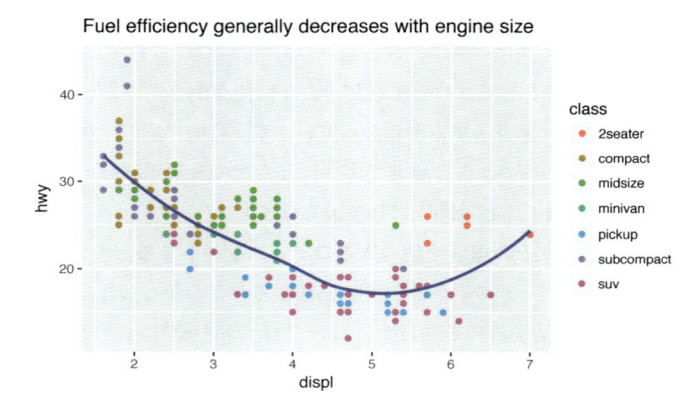

　プロット表題の目的は、要点を集約することです。例えば、「A scatterplot of engine displacement vs. fuel economy」（エンジン排気量と燃費の散布図）のように、プロットそのものの説明だけの表題にしないことです。

　さらにテキストを追加するには、ggplot2 2.2.0以降だと、2つのラベルが役立ちます。

- `subtitle`は、表題の下に小さなフォントで追加の詳細を述べる。
- `caption`は、プロットの右下にテキストを追加する。データソースの表示によく使われる。

```
ggplot(mpg, aes(displ, hwy)) +
  geom_point(aes(color = class)) +
  geom_smooth(se = FALSE) +
  labs(
    title = paste(
      "Fuel efficiency generally decreases with"   燃費は一般にエンジンサイズが
      "engine size",                               大きくなると悪くなる
    )
    subtitle = paste(
```

```
    "Two seaters (sports cars) are an exception"   スポーツカーは軽量なので例外
    "because of their light weight",
  )
  caption = "Data from fueleconomy.gov"
)
```

Fuel efficiency generally decreases with engine size
Two seaters (sports cars) are an exception because of their light weight

さらに、`labs()`を使って座標軸の表示を変えたり凡例の表題を変えたりすることができます。短い変数名をより詳細な記述にして単位を追加します。

```
ggplot(mpg, aes(displ, hwy)) +
  geom_point(aes(color = class)) +
  geom_smooth(se = FALSE) +
labs(
  x = "Engine displacement (L)",
  y = "Highway fuel economy (mpg)",
  colour = "Car type"
)
```

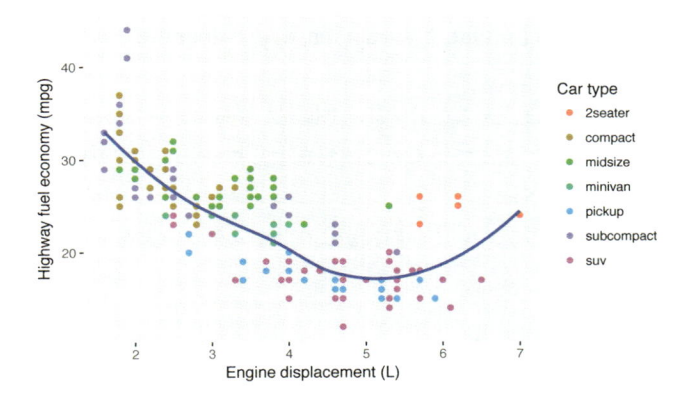

文章の代わりに数式を使うこともできます。`""`を`quote()`で切り替えるだけです。オプションにつ

いては、`?plotmath`で調べます。

```
df <- tibble(
  x = runif(10),
  y = runif(10)
)
ggplot(df, aes(x, y)) +
  geom_point() +
  labs(
    x = quote(sum(x[i] ^ 2, i == 1, n)),
    y = quote(alpha + beta + frac(delta, theta))
  )
```

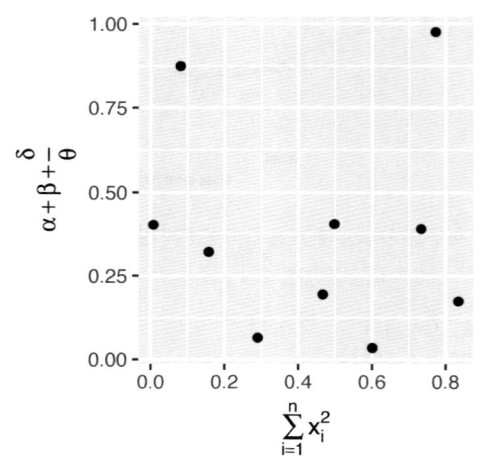

│練 習 問 題│

1. 燃費データについて、`title`, `subtitle`, `caption`, `x`, `y`, `colour`のラベルをカスタム化したプロットを作りなさい。
2. 大きなエンジンについては、大きなエンジンを備えた軽量スポーツカーが含まれているために、`geom_smooth()`は上方向に歪んでいるので誤解を生じやすい。モデル化ツールを使い、よりよい適合モデルを表示しなさい。
3. 先月作った説明用のグラフについて、内容がよりわかりやすい表題を付けて、他人にもわかるようにしなさい。

22.3　アノテーション

プロットの主要成分にラベルを付けるだけでなく、個々の観測や一連の観測にラベルをつけると役立つことがあります。最初に使うツールは、`geom_text()`です。`geom_text()`は`geom_point()`と

よく似ていますが、追加のエステティック属性labelを持ちます。これにより、テキスト形式のラベルをプロットで使うことができます。

　ラベルのもとは2つ考えられます。第1は、tibbleからラベルが得られます。次のプロット自体はそれほど役に立つわけではないですが、役に立つ方式を説明しています。dplyrで各車種で最も効率の良い車を選び、プロット上でラベルを付けます。

```
best_in_class <- mpg %>%
  group_by(class) %>%
  filter(row_number(desc(hwy)) == 1)
  ggplot(mpg, aes(displ, hwy)) +
    geom_point(aes(color = class)) +
    geom_text(aes(label = model), data = best_in_class)
```

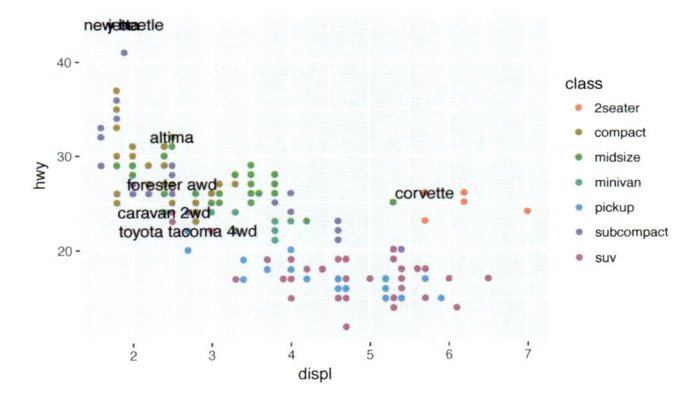

　これでは、ラベルがお互いに重なり、また点の上にも重なるので読みにくくなっています。geom_label()に切り替えると、テキストの背後に四角の枠を描くので少し見やすくなります。nudge_yパラメータを使えば、ラベルを対応する点の少し上に描くことができます。

```
ggplot(mpg, aes(displ, hwy)) +
  geom_point(aes(color = class)) +
  geom_label(
    aes(label = model),
    data = best_in_class,
    nudge_y = 2,
    alpha = 0.5
  )
```

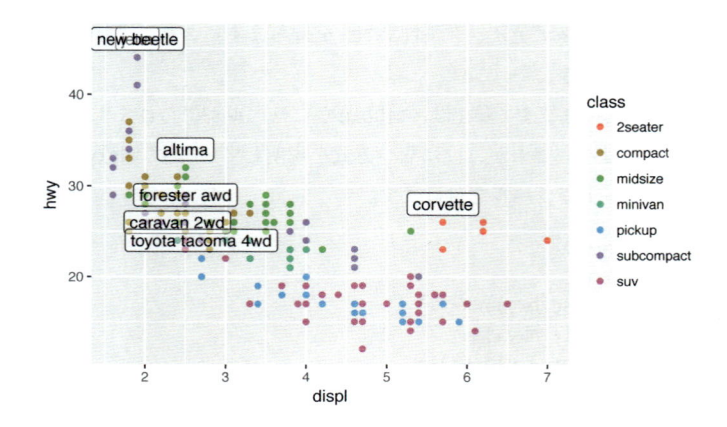

　少しは役立ちますが、左上隅をよく見ると、互いに重なっているラベルが2つあります。これは、コンパクトカーとサブコンパクトカーでのベストカーの高速道路での燃費とエンジンサイズがまったく同じために起こっています。全ラベルに同じ変換を行っても、この問題は解決しません。代わりに、Kamil Slowikowskiの**ggrepel**パッケージを使うことができます。このパッケージでは、重ならないように自動的にラベルの位置を調整します。

```
ggplot(mpg, aes(displ, hwy)) +
  geom_point(aes(color = class)) +
  geom_point(size = 3, shape = 1, data = best_in_class) +
  ggrepel::geom_label_repel(
    aes(label = model),
    data = best_in_class
  )
```

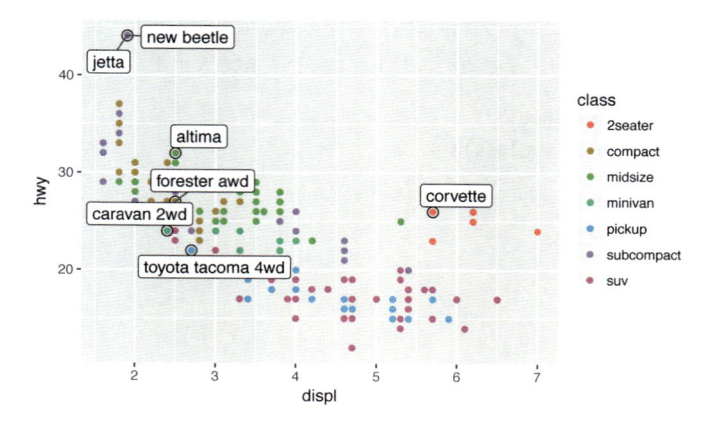

　ここで使われている別の役立つ技法として、ラベルを付けた点を強調するために大きな穴あき円を私が追加したことにも注意しましょう。

同じアイデアで、凡例をラベルで置き換えることもできます。このプロットでは段違いに優れた結果にはなりませんが、そう悪くはないでしょう (theme(legend.position = "none")が凡例を無効にしています。すぐ後でさらに述べます)。

```
class_avg <- mpg %>%
  group_by(class) %>%
  summarize(
    displ = median(displ),
    hwy = median(hwy)
  )

ggplot(mpg, aes(displ, hwy, color = class)) +
  ggrepel::geom_label_repel(aes(label = class),
    data = class_avg,
    size = 6,
    label.size = 0,
    segment.color = NA
  ) +
  geom_point() +
  theme(legend.position = "none")
```

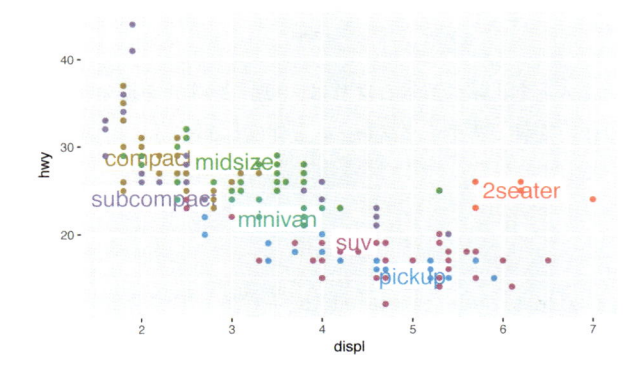

他のこととしては、プロットに1つだけラベルを追加するのに、データフレームを作らねばならないことがあります。ラベルを隅におきたいことが多いので、summarize()を使って新たなデータフレームを作り、xとyの最大値を計算します。

```
label <- mpg %>%
  summarize(
    displ = max(displ),
    hwy = max(hwy),
    label = paste(
      "Increasing engine size is \nrelated to"
      "decreasing fuel economy."
    )
```

```
  )

ggplot(mpg, aes(displ, hwy)) +
  geom_point() +
  geom_text(
    aes(label = label),
    data = label,
    vjust = "top",
    hjust = "right"
  )
```

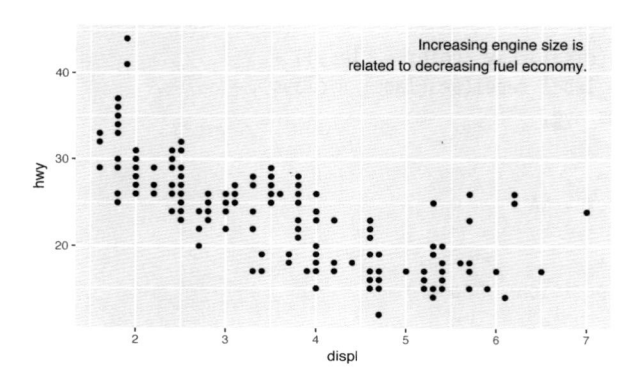

プロットの境界にテキストを正確に置きたければ、+Infと-Infを使います。mpgから位置を計算していないので、tibble()を使ってデータフレームを作成します。

```
label <- tibble(
  displ = Inf,
  hwy = Inf,
  label = paste(
    "Increasing engine size is \nrelated to"
    "decreasing fuel economy."
  )
)

ggplot(mpg, aes(displ, hwy)) +
  geom_point() +
  geom_text(
    aes(label = label),
    data = label,
    vjust = "top",
    hjust = "right"
  )
```

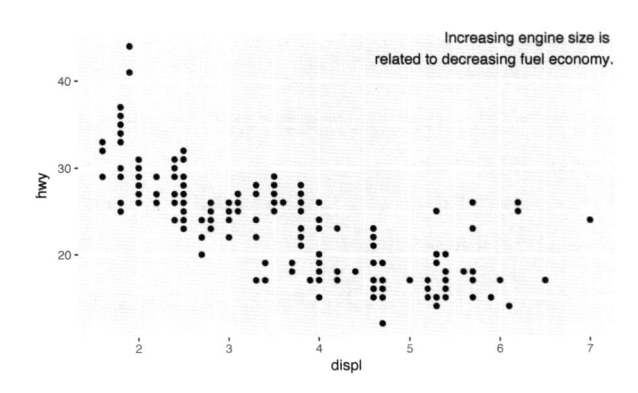

これらの例では、"\n"を使って手動でラベルの行替えを行いました。代わりにstringr::str_wrap()を使って、行ごとの字数を指定して、自動的に行替えすることもできます。

```
"Increasing engine size related to decreasing fuel economy." %>%
  stringr::str_wrap(width = 40) %>%
  writeLines()
#> Increasing engine size is related to
#> decreasing fuel economy.
```

ラベルの配置を制御するhjustとvjustの使い方に注意。図22-1に9つの可能な組み合わせのすべてを示します。

hjust = 'left' vjust = 'top'	hjust = 'center' vjust = 'top'	hjust = 'right' vjust = 'top'
hjust = 'left' vjust = 'center'	hjust = 'center' vjust = 'center'	hjust = 'right' vjust = 'center'
hjust = 'left' vjust = 'bottom'	hjust = 'center' vjust = 'bottom'	hjust = 'right' vjust = 'bottom'

図22-1　hjustとvjustの9つの全組み合わせ

geom_text()の他に、プロットにアノテーションを付けるのに役立つgeomがggplot2にあります。次のようなものです。

- geom_hline()とgeom_vline()を使って、参照用の線を引く。私は太め（size = 2）の白色

（color = white）を使い、主要データレイヤーの下に引く。データから注意をそらさず、見やすくなる。

- geom_rect()を使って、問題の点の周りに四角形を描く。四角形の枠は、エステティック属性 xmin, xmax, ymin, ymaxで定義する。
- geom_segment()にarrow引数を使って、矢印で注意を喚起する。エステティック属性xとyで開始位置を、xendとyendで終止位置を定義する。

限界は想像力（およびエステティックに好ましいアノテーションの位置を決めるための忍耐）だけです。

練習問題

1. 無限位置のgeom_text()を使ってプロットの4隅にテキストを置きなさい。
2. annotate()のドキュメントを読みなさい。tibbleを作らないでプロットにテキストラベルを追加するにはどう使えばよいか。
3. geom_text()のラベルは、ファセットとはどう関係するか。1つのファセットにラベルを付けるにはどうすればよいか。各ファセットに異なるラベルを付けるにはどうするか（ヒント：元のデータを考えてください）。
4. geom_label()のどんな引数が、背景の箱の見かけを制御するか。
5. arrow()の4つの引数は何か。どのように働くか。最も重要なオプションを示す一連のプロットを作りなさい。

22.4　スケール

コミュニケーションのためにプロットを改善する第3の方法は、スケールを調整することです。スケールは、データ値から何が認知できるかを制御します。通常、ggplot2はスケールを自動的に設定します。例えば、次のような入力があるとします。

```
ggplot(mpg, aes(displ, hwy)) +
  geom_point(aes(color = class))
```

この場合は、ggplot2が自動的にデフォルトのスケールを設定します。

```
ggplot(mpg, aes(displ, hwy)) +
  geom_point(aes(color = class)) +
  scale_x_continuous() +
  scale_y_continuous() +
  scale_color_discrete()
```

スケールの名前の付け方に注意します。scale_ の後にエステティック属性の名前、それから _、さ

らにスケールの名前が続きます。デフォルトのスケールにあわせて連続、離散、日付時刻、日付とい
う変数型に応じて名前が付けられます。次に学ぶように、デフォルトでないスケールが多数あります。

　デフォルトのスケールは、広範囲の入力に対して、良い結果になるよう注意深く選ばれました。そ
れでも、次の2つの理由で上書きすることがあります。

- デフォルトのスケールのパラメータのどこかを変更したいことがある。軸の切れ目や凡例の主要
  ラベルなどの変更ができる。
- スケールをまったく変更して、異なるアルゴリズムを使いたいことがある。データについての知
  識を活用して、デフォルトよりよいプロットにできる。

22.4.1　座標軸目盛と凡例のキー

　座標軸の目盛と凡例の主要なキーに影響する2つの引数として、breaksとlabelsがあります。
breaksは目盛の位置やキーに関連する値を制御します。labelsは、目盛やキーに関連するテキスト
を制御します。breaksはデフォルトの選択を上書きするために使われるのが普通です。

```
ggplot(mpg, aes(displ, hwy)) +
  geom_point() +
  scale_y_continuous(breaks = seq(15, 40, by = 5))
```

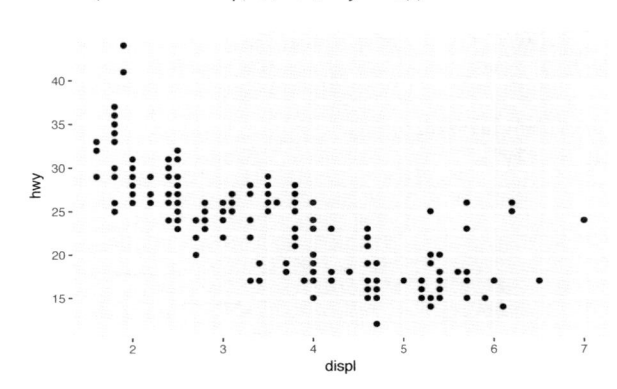

　labelsは同じように（breaksと同じ長さの文字ベクトルを）使えますが、NULLに設定すると、ラベ
ルを一切無効にできます。これはマップや、絶対的な数値を出せないプロットの公開に役立ちます。

```
ggplot(mpg, aes(displ, hwy)) +
  geom_point() +
  scale_x_continuous(labels = NULL) +
  scale_y_continuous(labels = NULL)
```

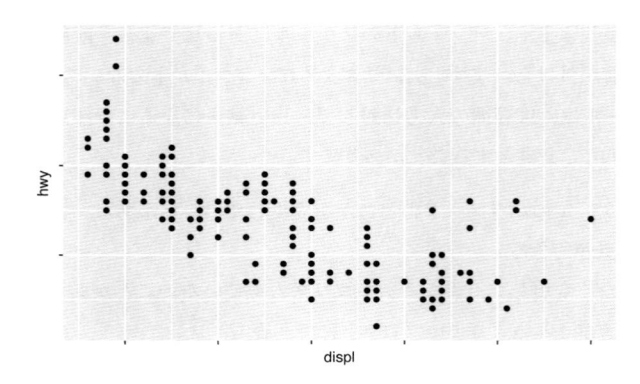

　breaksやlabelsを使って凡例の見栄えを制御することもできます。座標軸や凡例はまとめて「**ガ**
イド」と呼ばれます。エステティック属性xとyで座標軸が、その他すべてに凡例を使えます。

　データ点が比較的少なくて、どこで観測が生じたかを正確に示したいときにも、breaksを使いま
す。例えば、次のプロットは、米国大統領の就任から辞任までの任期を示しています。

```
presidential %>%
  mutate(id = 33 + row_number()) %>%
  ggplot(aes(start, id)) +
    geom_point() +
    geom_segment(aes(xend = end, yend = id)) +
    scale_x_date(
      NULL,
      breaks = presidential$start,
      date_labels = "'%y"
    )
```

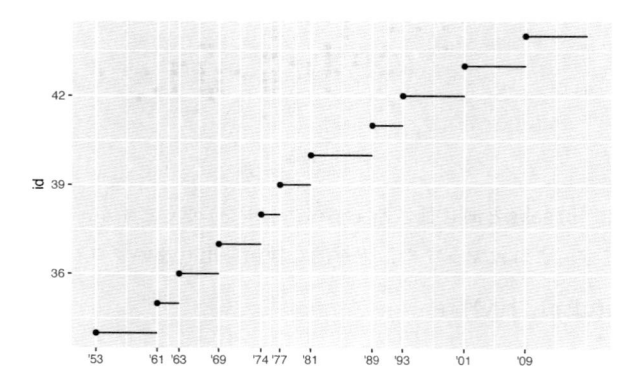

日付や日付時刻のスケール指定がbreaksとlabelsでは少し違うことに注意。

- date_labelsは、parse_datetime()と同じ形式でフォーマット指定する。
- date_breaks（ここには示していない）は、"2 days"や"1 month"のような文字列をとる。

22.4.2 凡例の配置

座標軸の修正には、breaksとlabelsを使うことがほとんどです。両者とも凡例にも使えますが、凡例の場合には他の技法があります。

凡例の位置制御には、theme()設定を使う必要があります。themeについては、本章の終わりの方で述べますが、簡単に言えば、プロットの中のデータ以外の部分を扱います。legend.positionというtheme設定はどこに凡例を書くかを制御します。

```r
base <- ggplot(mpg, aes(displ, hwy)) +
  geom_point(aes(color = class))

base + theme(legend.position = "left")
base + theme(legend.position = "top")
base + theme(legend.position = "bottom")
base + theme(legend.position = "right") # the default
```

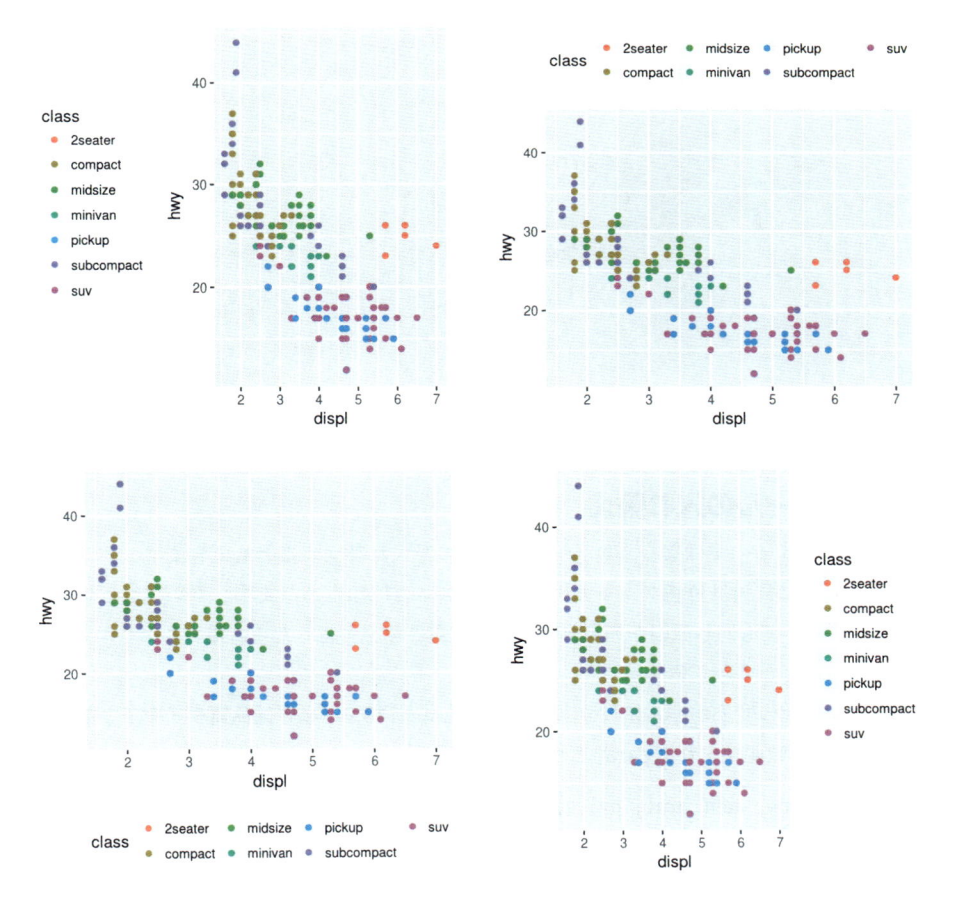

`legend.position = "none"`を使って、凡例そのものを表示しないこともできます。

凡例の個別要素の制御には、`guides()`, `guide_legend()`, `guide_colorbar()`を使います。次の例には、凡例で使う行数の制御`nrow`とエステティック属性を上書きして点を大きくする2つの重要な設定が示されています。これは、プロットに多数の点を表示するため`alpha`を低くするときに役立ちます。

```
ggplot(mpg, aes(displ, hwy)) +
  geom_point(aes(color = class)) +
  geom_smooth(se = FALSE) +
  theme(legend.position = "bottom") +
  guides(
    color = guide_legend(
      nrow = 1,
      override.aes = list(size = 4)
    )
  )
#> `geom_smooth()` using method = 'loess'
```

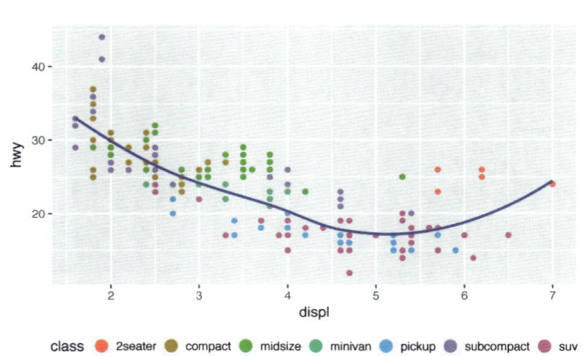

22.4.3　スケールの入れ替え

詳細を少し変更するのではなく、スケールそのものを入れ替えることもできます。入れ替えたいと思うスケールには、連続位置スケールと色スケールの2種類があります。幸いにも、他のエステティック属性についても同じ原則が通用するので、位置と色を習得したら、他のスケール入れ替えを簡単に選択することができます。

プロットでは変数の変換が非常に役立ちます。例えば、「**19.2　なぜ低品質ダイヤモンドの方が高価なのか**」では、対数変換すれば`carat`と`price`の関係が見て取りやすくなりました。

```
ggplot(diamonds, aes(carat, price)) +
  geom_bin2d()
```

```
ggplot(diamonds, aes(log10(carat), log10(price))) +
  geom_bin2d()
```

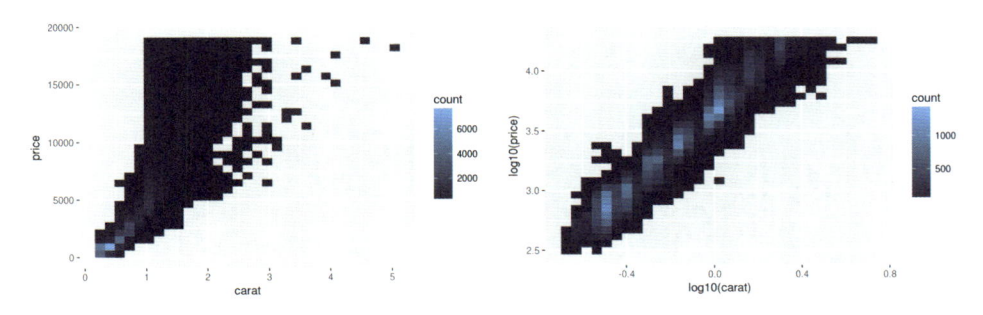

しかし、この変換の欠点は、座標軸の目盛りが変換値なので、プロットの解釈が難しかったことです。エステティック属性のマッピングでこの変換を行う代わりに、スケールの入れ替えができます。これは、見た目には同じですが、座標軸のラベルに、元々のデータのスケールを与えられます。

```
ggplot(diamonds, aes(carat, price)) +
  geom_bin2d() +
  scale_x_log10() +
  scale_y_log10()
```

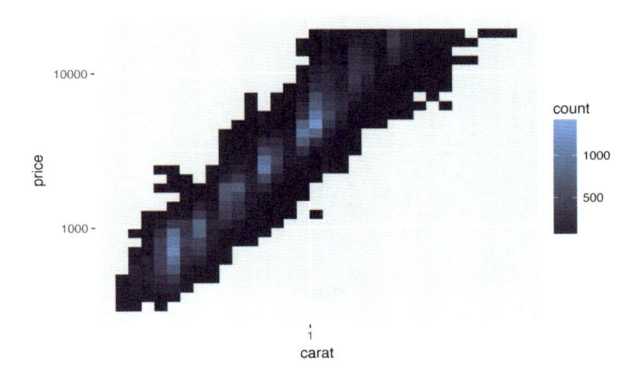

よく使われる別のスケールは色です。デフォルトのカテゴリスケールでは、カラーホイールで等間隔に色を選びます。通常の色覚異常の人でもわかるように調整されたColorBrewerの方が役立つことがあります。次の2つのプロットは同じように見えますが、右図の点の赤と緑を異なる明度にしてあるので、赤緑色覚異常の人でも見分けられます。

```
ggplot(mpg, aes(displ, hwy)) +
  geom_point(aes(color = drv))

ggplot(mpg, aes(displ, hwy)) +
```

```
geom_point(aes(color = drv)) +
scale_color_brewer(palette = "Set1")
```

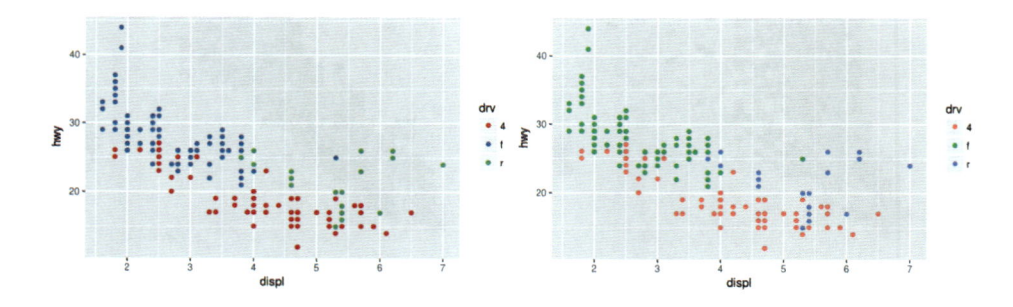

より単純な技法があるのを忘れないようにします。色数が少なければ形も変えてみます。そうすれば、白黒になっても解釈できます。

```
ggplot(mpg, aes(displ, hwy)) +
  geom_point(aes(color = drv, shape = drv)) +
  scale_color_brewer(palette = "Set1")
```

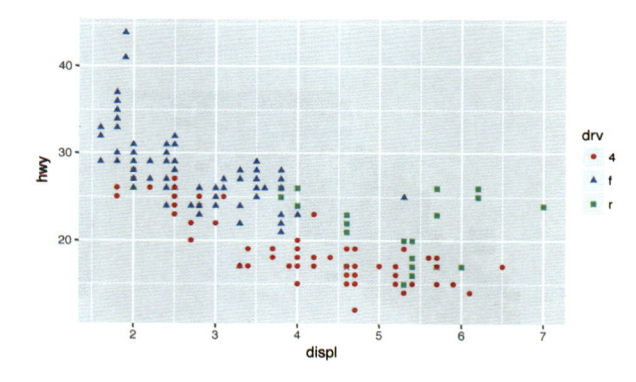

ColorBrewerのスケールはオンラインドキュメント（http://colorbrewer2.org/）があり、Erich Neuwirth が RColorBrewer パッケージにしてくれたので、Rで利用可能です。**図22-2**に全パレットの一覧を示します。連続パレット（上）と分岐パレット（下）は、カテゴリ値が順序付けられていれば役立ちます。そうでないなら真ん中のパレットを使います。cut()を使って、連続変数をカテゴリ変数にした場合に、こういうことが起こります。

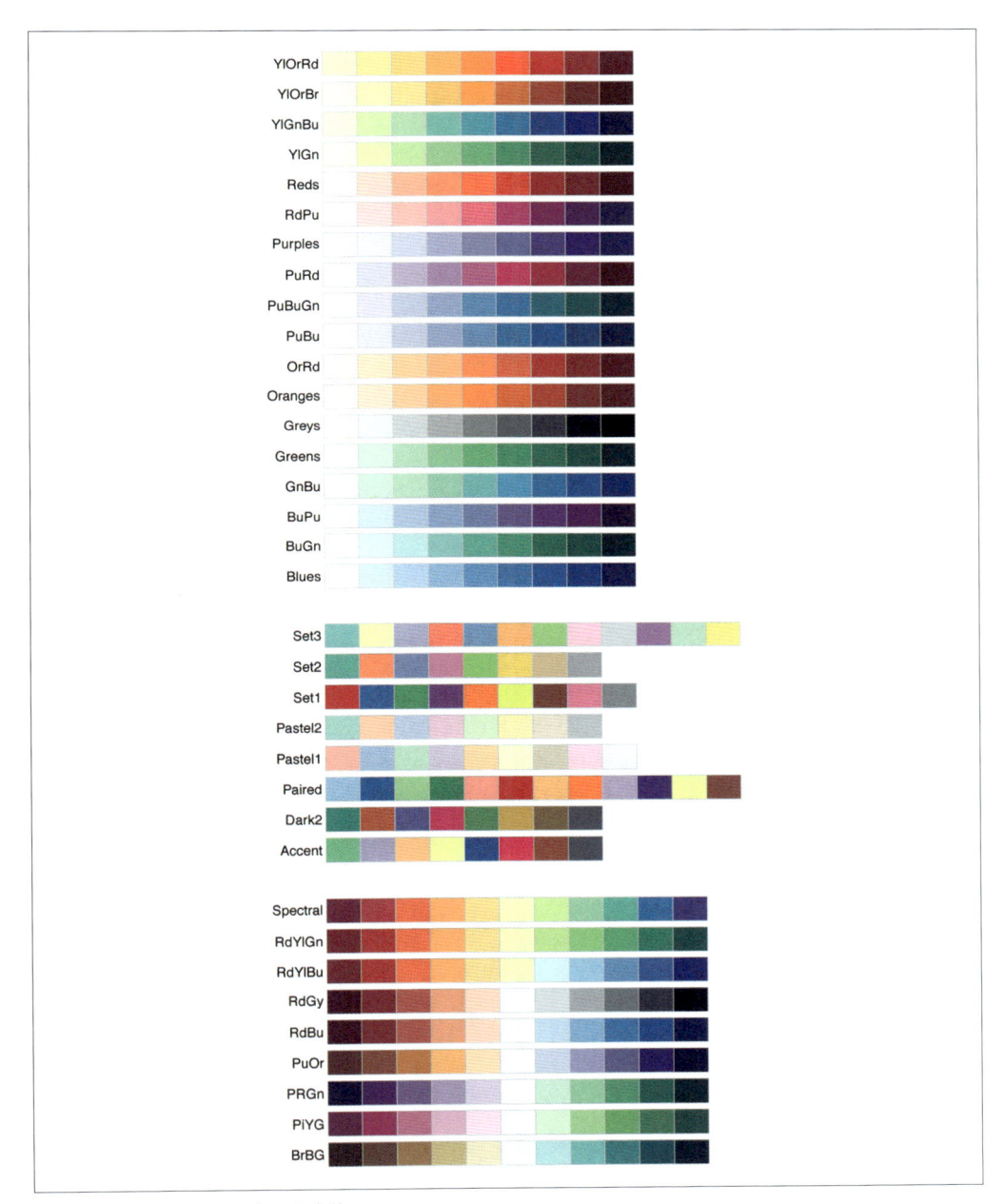

図22-2　ColorBrewer スケール全体

　値と色との間に対応が定義されているなら、`scale_color_manual()`を使います。例えば、米国の大統領選挙の陣営を色分けするなら、共和党に赤、民主党に青を使います。

```
presidential %>%
  mutate(id = 33 + row_number()) %>%
  ggplot(aes(start, id, color = party)) +
    geom_point() +
    geom_segment(aes(xend = end, yend = id)) +
    scale_colour_manual(
      values = c(Republican = "red", Democratic = "blue")
    )
```

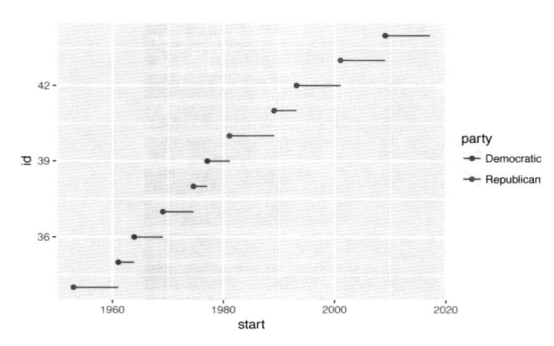

連続した色には、組み込みのscale_color_gradient()やscale_fill_gradient()を使います。変化度スケールがあるなら、scale_color_gradient2()を使います。これにより、例えば、正や負の値に異なる色を割り当てられます。これは、点が平均より上か下か区別したいときにも役立ちます。

　別のオプションとしては、viridisパッケージのscale_color_viridis()があります。カテゴリ変数に対するColorBrewerの連続変数版です。設計者であるNathaniel SmithとStéfan van der Waltが、認知特性に優れた連続色スキームをうまく調整してくれました。viridisの例を次に示します。

```
df <- tibble(
  x = rnorm(10000),
  y = rnorm(10000)
)
ggplot(df, aes(x, y)) +
  geom_hex() +
  coord_fixed()
#> 必要なパッケージviridisをロードする。

ggplot(df, aes(x, y)) +
  geom_hex() +
  viridis::scale_fill_viridis() +
  coord_fixed()
```

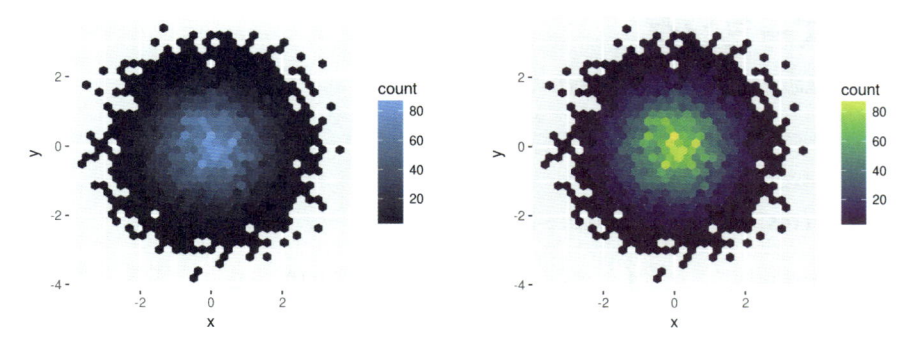

色のスケールが、エステティック属性のcolorとfillでscale_color_x()とscale_fill_x()により決まることに注意（色のスケールは、綴りが米国式でも英国式でも構わない）。

練 習 問 題

1. 次のコードがデフォルトのスケールを上書きしないのはなぜか。

```
ggplot(df, aes(x, y)) +
  geom_hex() +
  scale_color_gradient(low = "white", high = "red") +
  coord_fixed()
```

2. スケールの第1引数は何か。labs()と比較してどうか。

3. 大統領任期の表示を次のように変更しなさい。

   a. y軸の表示を改善しなさい。

   b. 各任期に大統領の名前をラベル付けしなさい。

   c. 内容が良くわかる題名ラベルを付けなさい。

   d. 4年ごとに印をしなさい（見かけより難しい）。

4. override.aesを使って次のプロットの凡例をわかりやすいものにしなさい。

```
ggplot(diamonds, aes(carat, price)) +
  geom_point(aes(color = cut), alpha = 1/20)
```

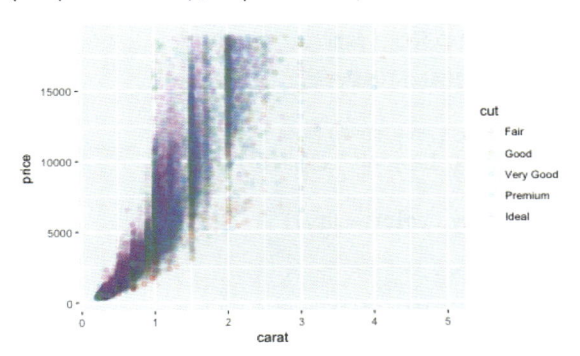

22.5　ズーミング

プロットの範囲を制御するには、3通りの方法があります。

- どんなデータをプロットするか調整する。
- 各スケールで限界を設定する。
- coord_cartesian()でxlimとylimを設定する。

プロットのある領域にズームインするには、普通はcoord_cartesian()が一番良いでしょう。次の2つのプロットを比べてみます。

```
ggplot(mpg, mapping = aes(displ, hwy)) +
  geom_point(aes(color = class)) +
  geom_smooth() +
  coord_cartesian(xlim = c(5, 7), ylim = c(10, 30))

mpg %>%
  filter(displ >= 5, displ <= 7, hwy >= 10, hwy <= 30) %>%
  ggplot(aes(displ, hwy)) +
  geom_point(aes(color = class)) +
  geom_smooth()
```

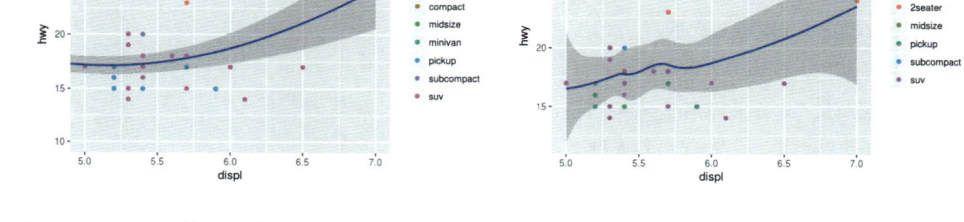

個別スケールの範囲設定もできます。範囲を狭めるのは、基本的には、データの部分集合をとることと同じです。例えば、異なるプロットの間でスケールを合わせるため範囲を変更するには、範囲設定の方が役立ちます。車種を2つ選び、個別にプロットしたら、スケール（x軸、y軸、色のエステティック属性）の範囲が違うので比較が困難です。

```
suv <- mpg %>% filter(class == "suv")
compact <- mpg %>% filter(class == "compact")

ggplot(suv, aes(displ, hwy, color = drv)) +
  geom_point()

ggplot(compact, aes(displ, hwy, color = drv)) +
  geom_point()
```

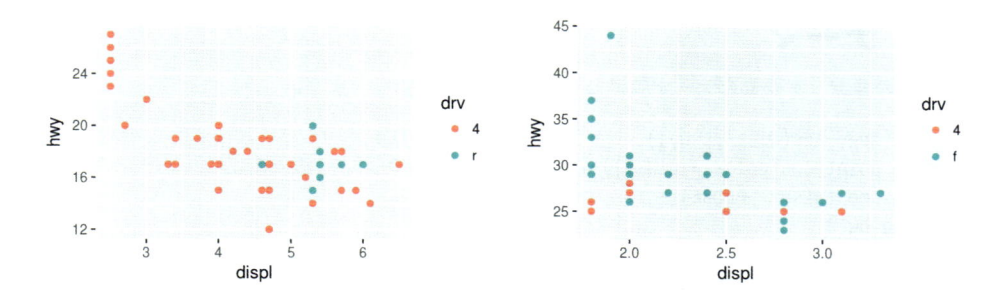

この問題を解決する1つの方法が、`limits`を使って複数プロット間でスケールを共有することです。

```
x_scale <- scale_x_continuous(limits = range(mpg$displ))
y_scale <- scale_y_continuous(limits = range(mpg$hwy))
col_scale <- scale_color_discrete(limits = unique(mpg$drv))

ggplot(suv, aes(displ, hwy, color = drv)) +
  geom_point() +
  x_scale +
  y_scale +
  col_scale

ggplot(compact, aes(displ, hwy, color = drv)) +
  geom_point() +
  x_scale +
  y_scale +
  col_scal
```

この例の場合には、ファセットを使うだけでも済みます。この技法は、例えば、プロットをレポート中の複数ページにまたがって表示したい場合など、一般的に使用できるところです。

22.6　テーマ

プロットの非データ要素をテーマ設定でカスタム化できます。

```
ggplot(mpg, aes(displ, hwy)) +
  geom_point(aes(color = class)) +
  geom_smooth(se = FALSE) +
  theme_bw()
```

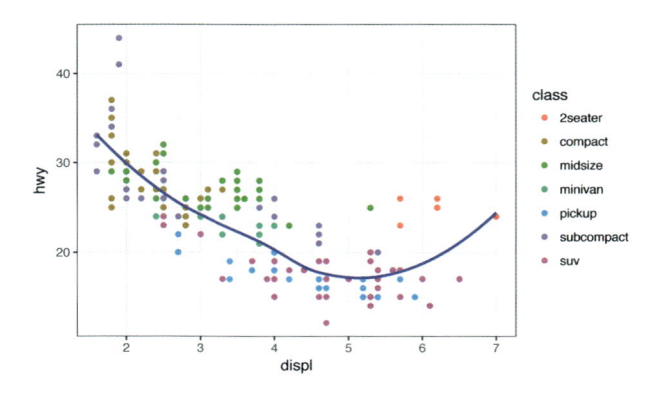

ggplot2には、**図22-3**に示すように、8つのテーマがデフォルトで用意されています。Jeffrey Arnoldが作った**ggthemes**（https://github.com/jrnold/ggthemes）のような追加パッケージには多数のテーマが含まれています。

デフォルトのテーマの背景がなぜ灰色なのかと多くの人が不思議がります。これはデータ表示しながら格子線が見えるからです。（位置がはっきりするので重要な）白の格子線が見えて、見栄えが邪魔になりません。灰色の背景は、テキストの色と同系色で、グラフが背景を白にした場合のように目に飛び込まず、文書全体の流れに合致します。また、灰色の背景は、色が連続した場を作り、プロットが1つのまとまった視覚要素として知覚されるようにします。

各テーマの個別要素を、y軸のフォントの色とサイズのように、制御することもできます。残念ながら、そこまでの詳細は本書のレベルを超えるので、**ggplot2**の本（http://ggplot2.org/book/）を読む必要があります。特定の企業、組織、雑誌のスタイルに合わせて、専用のテーマを作ることもできます。

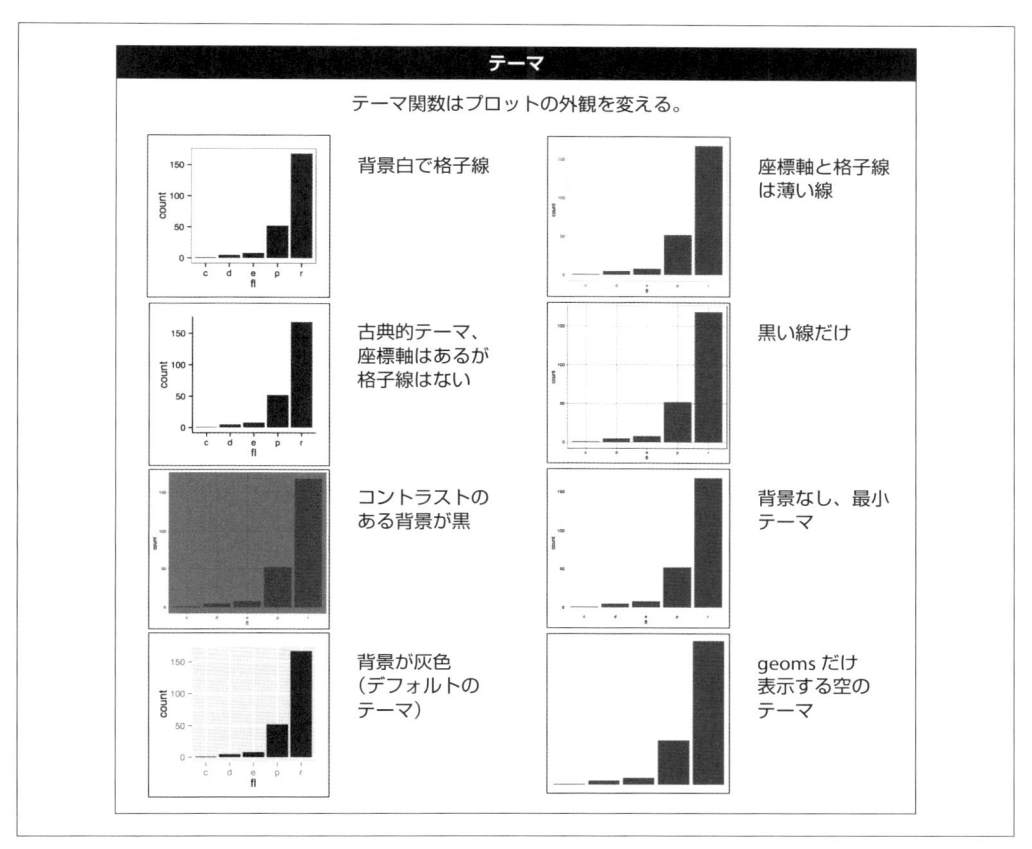

図22-3　ggplot2の8テーマ

22.7　プロットを保存する

　作成したプロットをRの外へ出して、文書に一体化するために保存するには、ggsave()とknitr という2つの方法があります。ggsave()は最新のプロットをディスクに保存します。

```
ggplot(mpg, aes(displ, hwy)) + geom_point()
```

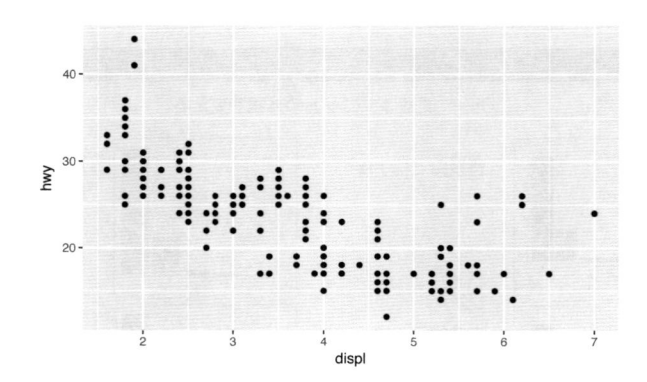

```
ggsave("my-plot.pdf")
#> Saving 6 x 3.71 in image
```

　widthとheightを指定していない場合は、現在のデータから読み取ります。同じプロットを再現したいなら、widthとheightを指定しておきます。

　しかし、一般的には、私は、Rマークダウンで最終レポートをまとめた方がよいと思います。私は、グラフや図については、重要なコードチャンクオプションに焦点を絞りました。ggsave()についてはドキュメントからもっと学ぶことができます。

22.7.1　図のサイズ

　Rマークダウンの図で一番面倒なのは、図のサイズと形を整えることです。図のサイズ調整は主としてfig.width, fig.height, fig.asp, out.width, out.heightの5つのオプションで行います。図のサイズが難しいのは（Rが作る図のサイズと出力文書に挿入する図のサイズという）2つのサイズがあり、サイズ指定が複数（例：高さ、幅、アスペクト比）あるからです。

　私は、5つのうちの3つしか使ったことがありません。

- 私には、プロットは同じ幅であるほうがきれいに見える。そのために、デフォルトでfig.width = 6（6インチ）、fig.asp = 0.618（1/黄金比）と設定してある。個別のチャンクでは、fig.aspだけを調整する。

- 私は、出力サイズはout.widthだけで制御して、横幅のパーセントで指定する。デフォルトは、out.width = "70%"とfig.align = "center"にしている。これだと余分なスペースをとらず、余裕のある配置ができる。

- 1行に複数のプロットを並べるときには、2つだとout.widthを50%とし、3つだと33%、4つだと25%として、fig.align = "default"とする。何を説明しようとするか（例：データを示すのかプロットの変動を示すのか）によるが、次に論じるfig.widthも私は調整する。

　プロット中のテキストが読みずらい場合、`fig.width`を調整する必要があります。最終文書に図が描かれるサイズより`fig.width`が大きいと、テキストが小さくなりすぎてしまいます。`fig.width`が図のサイズより小さいとテキストが大きくなりすぎてしまいます。`fig.width`と文書の実際の幅との適正な比率については、実験して試してみないとわからないことが多いものです。次の3つのプロットは`fig.width`を4, 6, 8にしたものですが、原則がわかるでしょう。

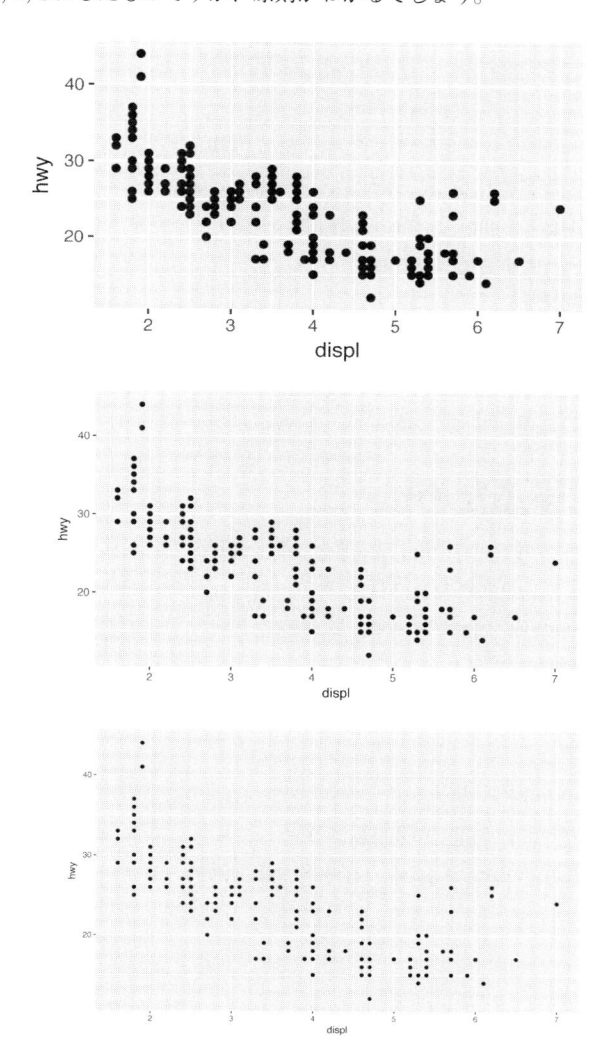

　フォントのサイズをどの図でも同じにするには、`out.width`の設定時に`fig.width`を調整して、デフォルトの`out.width`との比率を保つようにします。例えば、デフォルトの`fig.width`が6で`out.width`が0.7なら、`out.width = "50%"`と設定するときに、`fig.width`を4.3（＝6×0.5 / 0.7）に設定

に設定する必要があります。

22.7.2　他の重要なオプション

私が本書で行っているように、コードとテキストを混在させるなら、`fig.show = "hold"` と設定してプロットをコードの後に表示することを勧めます。この設定は、コードの大きなブロックと説明とをうまく分割します。

プロットにキャプションを付けるには `fig.cap` を使います。Rマークダウンでは、こうするとプロットがインラインから「フロート」に変わります。

PDF出力では、デフォルトのグラフィックスの型をPDFにします。PDFは高品質ベクトルグラフィックスなので、適正です。しかし、何千もの点を表示しようとすると、プロットが巨大かつ遅くなります。この場合、`dev = "png"` とすると強制的にPNGを使うように変更できます。品質は少し劣りますが、サイズはずっと小さくなります。

たとえ他のコードチャンクには通常はラベルを付けないとしても、図を作るコードチャンクに名前を付けておくとよいでしょう。チャンクラベルはグラフィックスをディスクに保存するときのファイル名になるので、名前を付けておくとプロットを（メールやツィートにプロットをつけたいときなど）他の状況で再利用するのに便利です。

22.8　さらに学ぶために

Hadley Wickham の ggplot2 の本『ggplot2: Elegant graphics for data analysis』（第2版、Springer、2016、邦題『グラフィックスのためのRプログラミング：ggplot2入門』石田ほか訳、丸善出版、2012は第1版）が、さらに学習するには最適です。基礎理論を掘り下げるとともに、実際の問題を解くために個々の部品をどう組み合わせればよいかの例が多数含まれます。残念ながらこの本はオンラインで無料で入手できるわけではありませんが、ソースコードが https://github.com/hadley/ggplot2-book にあります。

他の資料としては、ggplot2拡張ガイド（http://www.ggplot2-exts.org/）があります。このサイトには、新たな geom やスケールで ggplot2 を拡張するパッケージが多数掲載されています。ggplot2 では難しい作業に取り掛かるなら、ここから探すことをお勧めします。

23章
Rマークダウンフォーマット

23.1　はじめに

Rマークダウンを使ったHTML文書の作成については既に説明しました。本章では、Rマークダウンで作成できる他の種類の出力について概略を説明します。文書出力には次の2種類があります。

1. 永久的なもの。YAMLヘッダを修正する。

   ```
   title: "Viridis Demo"
   output: html_document
   ```

2. 一時的なもの。rmarkdown::render()を呼び出す。

   ```
   rmarkdown::render(
     "diamond-sizes.Rmd",
     output_format = "word_document"
   )
   ```

   これは、プログラムで複数の種類を出力するのに便利。

RStudioのknitボタンでは、outputフィールドに並べられた最初のフォーマットでファイルを作成します。knitボタンのドロップダウンメニューから他のフォーマットを選ぶことができます。

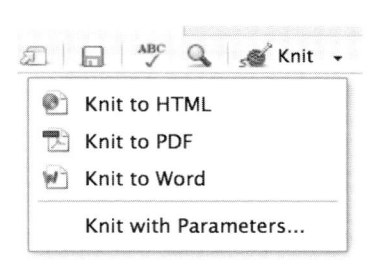

23.2　出力オプション

各出力フォーマットには、R関数が付随します。fooでもpkg::fooでもどちらでも構いません。pkgを省略するとデフォルトはrmarkdownです。関数名を知っておくことは、ヘルプ情報を得るために重要です。例えば、html_documentでどんなパラメータを設定するかは、?rmarkdown::html_documentでわかります。

デフォルトのパラメータ値をオーバーライドするには、拡張outputフィールドを使う必要があります。例えば、html_documentで目次を固定せずに出力するには次のようにします。

```
output:
  html_document:
    toc: true
    toc_float: true
```

フォーマットのリストを引数に指定すると複数の出力も可能です。

```
output:
  html_document:
    toc: true
    toc_float: true
  pdf_document: default
```

デフォルトのオプションをオーバーライドしたくないなら、このような特別な構文に注意します。

23.3　文書

前の22章では、デフォルトのhtml_documentの出力に焦点を絞りました。基本的には、次のようなさまざまな種類の文書が生成できます。

- pdf_documentはLaTeX（オープンソース文書組版システム）でPDFを作る。LaTeXをインストールする必要がある。RStudioはLaTeXがないとその旨のプロンプトを出す。
- word_documentはMicrosoft Word文書（.docx）を作る。
- odt_documentはOpenDocumentテキスト文書（.odt）を作る。
- rtf_documentはリッチテキスト文書（.rtf）を作る。
- md_documentはマークダウン文書を作る。これ自体は普通は役に立たないが、例えば、組織のCMSや実験室のWikiでマークダウンを使うときに役立つ。
- github_documentはGitHub環境で共有するために手を入れたmd_document。

意思決定者と共有する文書を生成するときには、セットアップチャンクのグローバルオプションを次のように設定して、コードのデフォルト表示を無効にすることを忘れてはいけません。

```
knitr::opts_chunk$set(echo = FALSE)
```

`html_document`には、デフォルトのコードチャンクを隠すをクリックすると表示される別のオプションがあります。

```
output:
  html_document:
    code_folding: hide
```

23.4 ノートブック

ノートブック`html_notebook`は、`html_document`の一種です。出力はほとんど同じですが、目的が異なります。`html_document`は意思決定者とのコミュニケーションに焦点を絞りますが、ノートブックは他のデータサイエンティストとの協働に焦点を絞ります。目的が違うので、HTML出力の使い方が異なります。どちらのHTMLも完全な出力なのですが、ノートブックには完全なソースコードが付随しています。すなわち、ノートブックで作られた`.nb.html`は次の2通りの使い方ができます。

- ウェブブラウザで出力を読むことができる。`html_documen`と異なり、出力には、生成したソースコードが埋め込まれている。
- RStudioで編集できる。`.nb.html`ファイルを開くと、RStudioは自動的にこれを生成した`.Rmd`ファイルを再生する。将来は、サポートファイル（例：`csv`データファイル）を含めて、必要なら自動的にデータ抽出などをする。

`.nb.html`ファイルをメールすることにより、同僚と分析を簡単に共有できます。しかし、これでは変更が大変です。そのような場合には、GitとGitHubの勉強をお勧めします。最初は、GitとGitHubは間違いなく難しいと思いますが、協働作業で大きな利益が得られます。21章で既に述べたように、GitとGitHubは本書の範囲外ですが、もし既に使っていれば、出力に`html_notebook`と`github_document`の両方を使うことを覚えておきましょう。

```
output:
  html_notebook: default
  github_document: default
```

`html_notebook`でプレビューをローカルに行うことができて、メールで共有できます。`github_document`はGitに上げることのできる最小MDファイルを作成します。（コードだけでなく）分析結果が時間とともにどう変わったかが簡単にわかり、GitHubでオンラインで描画してくれます。

23.5 プレゼンテーション

Rマークダウンを使ってプレゼンテーションを作ることもできます。KeynoteやPowerPointのようなツールほどにはビジュアルな制御ができませんが、Rコードの結果をプレゼンテーションに自動的に挿入できるので、時間を大いに節約できます。プレゼンテーションでは、内容をスライドに分割

し、新たなスライドが第1 (#) または第2 (##) レベルの見出しで分割されます。水平線 (***) を挿入して見出しなしのスライドを作ることもできます。

　Rマークダウンには、3つのプレゼンテーションフォーマットが組み込まれています。

ioslides_presentation
　ioslidesによるHTMLプレゼンテーション

slidy_presentation
　W3C SlidyによるHTMLプレゼンテーション

beamer_presentation
　LaTeX BeamerによるPDFプレゼンテーション

次の2つのよく使われるフォーマットはパッケージで用意されています。

revealjs::revealjs_presentation
　reveal.jsによるHTMLプレゼンテーション。revealjsパッケージ。

rmdshower (https://github.com/MangoTheCat/rmdshower)
　shower (https://github.com/shower/shower) プレゼンテーションエンジンのラッパーを提供する。

23.6　ダッシュボード

　ダッシュボードは、大量の情報を素早くビジュアルにコミュニケーションするのに役立ちます。flexdashboardではRマークダウンを使ってダッシュボードを簡単に作成できます。次のような見出しで内容を配置します。

- レベル1ヘッダ (#) は、ダッシュボードの新たなページを開始する。
- レベル2ヘッダ (##) は、ダッシュボードの新たな列を開始する。
- レベル3ヘッダ (###) は、ダッシュボードの新たな行を開始する。

例えば、次のようなダッシュボードを作りたいとします。

そのためには次のコードを使います。

```
---
title: "Diamonds distribution dashboard"
output: flexdashboard::flex_dashboard
---

```{r setup, include = FALSE}
library(ggplot2)
library(dplyr)
knitr::opts_chunk$set(fig.width = 5, fig.asp = 1/3)
```

Column 1

Carat

```{r}
ggplot(diamonds, aes(carat)) + geom_histogram(binwidth = 0.1)
```

Cut

```{r}
ggplot(diamonds, aes(cut)) + geom_bar()
```
```

```
### Color

```{r}
ggplot(diamonds, aes(color)) + geom_bar()
```

Column 2

The largest diamonds

```{r}
diamonds %>%
  arrange(desc(carat)) %>%
  head(100) %>%
  select(carat, cut, color, price) %>%
  DT::datatable()
```
```

flexdashboardにはサイドバー、タブ設定、バリューボックス、ゲージを作る簡単なツール
も用意されています。flexdashboardについてさらに学ぶにはhttp://rmarkdown.rstudio.com/
flexdashboard/にある情報を調べるとよいでしょう。

23.7　インタラクティブな要素

（文書、ノートブック、プレゼンテーション、ダッシュボードなど）HTMLフォーマットには、イ
ンタラクティブな要素を含めることができます。

23.7.1　htmlwidgets

HTMLはそもそもインタラクティブなフォーマットであり、インタラクティブなHTMLビジュア
ルを生成するR関数群であるhtmlwidgetsによってその利点を活かすことができます。例えば、次
のようなleafletという地図を考えます。このHTMLページをウェブで見ているなら、ドラッグし
たり、ズームイン、ズームアウトなどができます。本ではそれができないので、rmarkdownは静的な
スクリーンショットを挿入します。

```
library(leaflet)
leaflet() %>%
  setView(174.764, -36.877, zoom = 16) %>%
  addTiles() %>%
  addMarkers(174.764, -36.877, popup = "Maungawhau")
```

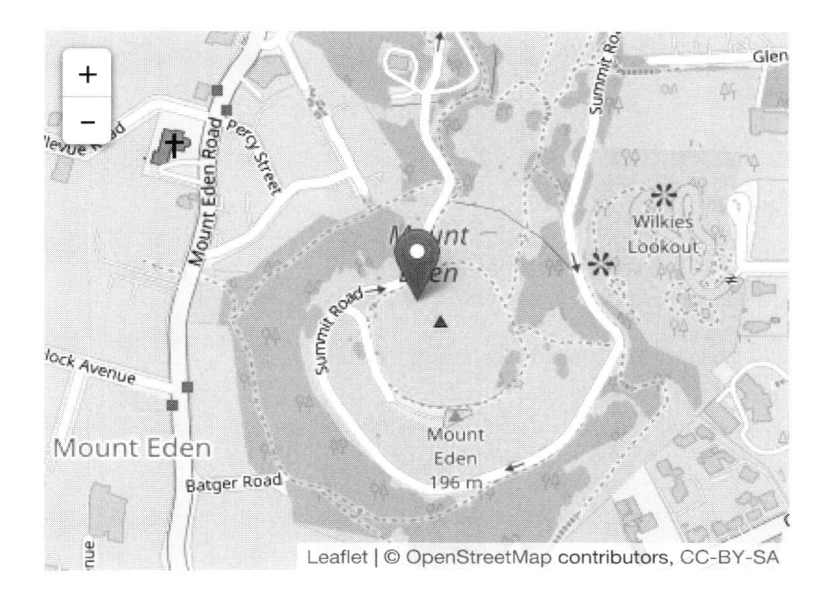

htmlwidgetsは、HTMLやJavaScriptについて何も知らなくてもよいという点で優れています。詳細はすべてパッケージに含まれ、心配する必要がありません。

次のように多数のパッケージがhtmlwidgetsを提供します。

- dygraphs (http://rstudio.github.io/dygraphs/) はインタラクティブな時系列の可視化を行う。
- DT (http://rstudio.github.io/DT/) はインタラクティブな表を作る。
- rthreejs (https://github.com/bwlewis/rthreejs) はインタラクティブな3Dプロットを作る。
- DiagrammeR (http://rich-iannone.github.io/DiagrammeR/) は（フローチャートや単純な節点リンク図のような）図を作る。

htmlwidgetsについてさらに学んだり、提供パッケージの一覧を見るにはhttp://www.htmlwidgets.org/を調べます。

23.7.2 Shiny

htmlwidgetsは**クライアントサイド**でインタラクティブな処理をしていました。すべてはRとは無関係にブラウザで行われます。これは、一方では、Rと一切関係なくHTMLファイルを配布できるという利点がありますが、HTMLとJavaScriptで実装されているという基本的な制限に縛られています。別の方法として、JavaScriptではなくRのコードを使ってインタラクティブな処理を行うパッケージ、Shinyを使うことができます。

Rマークダウン文書からShinyコードを呼び出すには、ヘッダにruntime:shinyを追加します。

```
title: "Shiny Web App"
output: html_document
runtime: shiny
```

こうすると、文書の中にインタラクティブな要素を追加する「入力」関数を使うことができます。

```
library(shiny)
```

```
textInput("name", "What is your name?")
numericInput("age", "How old are you?", NA, min = 0, max = 150)
```

入力された値はinput$nameやinput$ageで参照でき、これらを使うコードは、これらの値が変更されるたびに再実行されます。

What is your name? _____
How old are you? [⌄]

Shinyアプリは、**サーバサイド**で実行されるので、私がここでその実行を示すことはできません。サーバサイドということは、JavaScriptを知らなくてもインタラクティブなアプリを作れるということですが、実行するにはサーバが必要だということも意味します。すなわち、Shinyアプリにはオンライン実行のためにShinyサーバが必要だという制約があります。自分のコンピュータでShinyアプリを実行するだけなら、Shinyが自動的にShinyサーバを立ち上げます。しかし、この種のインタラクティブな要素をオンラインで公開するには、公開Shinyサーバが必要です。これが、Shinyの基本的なトレードオフです。Shiny文書ではRでできることすべてを実行できるのですが、誰かがRを実行しないといけません。

Shinyについてさらに学には、http://shiny.rstudio.com/を調べるとよいでしょう。

23.8　ウェブサイト

インフラ機能を少し追加すれば、Rマークダウンを使って完全なウェブサイトを作ることができます。

- .Rmdファイルを単一のディレクトリに配置する。index.Rmdがホームページになる。
- _site.ymlという名前のYAMLファイルを追加して、サイトナビゲーションを提供する。例を示す。

```
name: "my-website"
navbar:
  title: "My Website"
  left:
    - text: "Home"
      href: index.html
```

```
        - text: "Viridis Colors"
          href: 1-example.html
        - text: "Terrain Colors"
          href: 3-inline.html
```

rmarkdown::render_site()を実行して、スタンドアロンのウェブサイトとしてデプロイできるディレクトリ、_siteを作成します。あるいは、ウェブサイトディレクトリとしてRStudio Projectを使っていれば、RStudioがIDEにBuildというタブを追加して、サイトの構築とプレビューに使うことができます。

http://bit.ly/RMarkdownWebsitesを読めばより詳しくわかります。

23.9　他のフォーマット

次のパッケージでその他の出力フォーマットが用意されています。

- bookdown (https://github.com/rstudio/bookdown) パッケージは、本書のような本の作成を簡単に行う。さらに学ぶには、Yihui Xieによる「Authoring Books with R Markdown」(https://bookdown.org/yihui/bookdown/) を読むとよい。もちろん、この本はbookdownで書かれている。https://bookdown.org/には、より広いRコミュニティで書かれたbookdownの本が揃えられている。
- prettydoc (https://github.com/yixuan/prettydoc/) パッケージは、魅力的なテーマで軽量文書フォーマットを提供する。
- rticles (https://github.com/rstudio/rticles) パッケージは、特定の科学技術専門誌に合わせたフォーマットを提供する。

さらに多くのフォーマットの一覧がhttp://rmarkdown.rstudio.com/formats.htmlにあります。http://bit.ly/CreatingNewFormatsの指示にしたがって自分用のフォーマットを作ることもできます。

23.10　さらに学ぶために

さまざまなフォーマットを駆使して効果的なコミュニケーションを行うことについてさらに学ぶためには、次のような情報源を推薦します。

- プレゼンテーションスキルを向上するには、Neal Ford, Matthew McCollough, Nathaniel Schuttによる『Presentation Patterns』(和書未刊) を推薦する。これは、プレゼンテーションを改善する (高水準および低水準の) 効果的なパターンを示す。
- 学術講演のためには、「The Leek group guide to giving talks」(https://github.com/jtleek/talkguide) を読むことを薦める。

- 自分自身で聴講したことはないが、Matt McGarrityの一般講演用のオンラインコース（https://www.coursera.org/learn/public-speaking）は評判が良い。

- ダッシュボードを多数作るのなら、Stephen Fewの『Information Dashboard Design: The Effective Visual Communication of Data』（和書未刊）を読むとよい。見映えだけでなく、本当に役立つダッシュボードを作るのに役立つ。

- アイデアを効果的にコミュニケーションするためには、グラフィックデザインについての知識が役立つことが多い。手始めに『The Non-Designer's Design Book』（邦題『ノンデザイナーズ・デザインブック』吉川訳、マイナビ出版、2016）を読むとよい。

24章
Rマークダウンワークフロー

本書の初めの方の2つの章で、基本ワークフローについて話しました。**コンソール**で対話的に作業を進めてRコードを書くことや、**スクリプトエディタ**でコード実行を確かめることを述べました。Rマークダウンはコンソールとスクリプトエディタを統合しており、対話的探索と長期的なコード保存の境界をなくします。Cmd/Ctrl-Shift-Enterを押すだけで、コードチャンク内で繰り返し編集と再実行が行えます。うまくいったと思ったら次に進んで新たなチャンクを開始できます。

Rマークダウンは、文章とコードとが緊密に統合できるという点でも重要です。これによって、コードを開発しながら考えを記録することができるので、素晴らしい**分析ノートブック**が手に入ります。分析ノートブックは、物理・化学・天文学系の学科での昔から使われている実験ノートと同じような役目を果たします。

- 何をしたか、なぜそうしたかを記録する。記憶力がいくら優れていても、実施したことの記録をつけていないと、重要な詳細が思い出せないときが来る。書き記しておけば、忘れることはない。
- 厳格な思考を支援する。思考を記録し、それを思い出すことを続ければ、強力な分析を行うことができる。これによって、分析を他の人と共有するために文書を作成するときにも時間を節約できる。
- 他の人があなたの作業を理解するのに役立つ。データ分析を一人だけで行うことは稀です。チームの一員として作業することが多い。実験ノートは、あなたがしたことを他の人と共有するのに役立つだけでなく、なぜ同僚や仲間と一緒にそれをしたかを説明してくれる。

過去の実験ノート利用についての助言が分析ノートブックにも当てはまります。私自身の経験とColin Purringtonの実験ノートについての助言（http://colinpurrington.com/tips/lab-notebooks）から、次のようにまとめてみました。

- ノートブックにはそれぞれ適切な表題、印象的なファイル名を付けて、冒頭の段落で分析の目的を簡潔に記述する。
- YAMLヘッダの日付フィールドを使って、ノートブックを書き始めた日付を記録する。

date: 2016-08-23

ISO 8601 YYYY–MM–DDフォーマットを使って、曖昧さを解消する。普段は別の書き方をしていてもこれを使う。

- 分析の考察に時間が大変かかり、これでは袋小路だと気付いた場合でも、廃棄してはならない。なぜ失敗したかの簡単なメモを書いて、ノートブックに記録する。これは、将来の分析において、同じ袋小路に入り込むことを避けるのに役立つ。

- 一般に、データ入力はR以外で行う方がよい。しかし、データの小さなスニペットを記録する必要があるなら、tibble::tribble()を使って明確に表示する。

- データファイルにエラーを発見したなら、決してそれを直接修正せず、代わりに、値を修正するコードを書く。なぜ修正したかの理由を説明しておく。

- 一日の作業の終わりに、ノートブックをknitできることを確かめる（キャッシュを使っていたら、キャッシュをクリアする）。これによって、問題をなくし、コードが頭の中で新鮮なままになる。

- コードが長期に渡って何度も再利用される（すなわち、来月または来年再実行する）なら、コードが使っているパッケージのバージョンを記録する必要がある。厳格な方式は、packrat（http://rstudio.github.io/packrat/）を使い、プロジェクトディレクトリにパッケージを格納するか、checkpoint（https://github.com/RevolutionAnalytics/checkpoint）を使って、指定した日付のパッケージを再インストールする。sessionInfo()を実行するチャンクを含める方法は簡単だがきれいではない。これでは、現時点で稼働するパッケージの再生が簡単ではない。それでも、どんなものであったかはわかる。

- 専門家としてのキャリアを積む過程で多数の分析ノートブックを作ることになるだろう。それらをどのように構成すれば、将来簡単に探すことができるだろうか。私のお勧めは、しっかりした名前付けスキームを使って、個別のプロジェクトごとに格納保存しておくことだ。

訳者あとがき

お待たせしました。Hadley Wickham さんと Garrett Grolemund さんの黄金コンビによる『Rで
はじめるデータサイエンス』日本語版を読者のみなさんのお手元に届けることができて幸せです。R
という言語自体は、1996年に誕生しているので、そんなに新しいものではありませんが、RStudio
という開発環境やグラフィックス機能などは、Wickham さんらのおかげで比較的最近に使えるよう
になりました。本書では、データサイエンスという新分野に、そのような新たな機能を備えたRとい
う作業環境がどのように役立つかを実際に手を動かしながら身に付けられます。初心者にもやさし
く、熟練者にも挑戦し甲斐のある課題が満載という欲張った本です。特に、ほぼ各節に練習問題が
あるので、解答は付いていませんが、自分がどれだけ理解できたかを確認できます。

この日本語版の特長

この日本語版には、原書にない工夫や特長があります。

1. よりコンパクトな作りになっている。原書520ページあまりを480ページに収めました。本文は
   ですます調ですが、項目の説明や練習問題は、言い切りを含めて簡潔な調子の文にしました。
   ぶっきらぼうですが、ご了解ください。
2. 原書に欠けている図を Web 版などを参考に原著者と連絡を取って補いました。
3. 原書の誤りや、不明確な部分をこれも原著者と連絡を取りながら修正しました。
4. 本文のコードは原則ほとんどすべてチェックしました。

というわけで、原書が次に改訂されるときの修正点を先取りしたものになっています。

その代わりに、訳語に元の英語を付記するようなことは原則省略しました。気になる方は、索引で
元の英語を確認してください。

どんな人に役立つか

「まえがき」で本書で学ぶデータサイエンスの内容、構成が懇切丁寧に述べられています。データ

サイエンティストを目指す人に本書が役立つのは当然ですが、他には、とりあえずR/RStudioを学びたいという人もいるだろうと思います。そういう人にとっても間違いなく役立つ本です。

その他に、AIシステムをはじめとするソフトウェアシステムの管理者、開発者、設計者にとっても大いに参考になるはずです。80年代のAIブームと今のAIブームとの違いは、インターネット/ウェブを基盤としたビッグデータにあるというのはよく知られたことですが、それは、今後のシステム開発においてデータの位置づけ、処理が重要になるということを意味します。本書で述べられているデータの入手、整理、格納、表示、管理の技法は、今後のあらゆるシステムで必要となってくるでしょう。

人文科学、社会科学、自然科学を問わず、企業の企画・戦略部門からマーケティング部門、工場の生産現場まで、あらゆる専門家が大量のデータを扱うのが当然という時代がすぐそこまで来ています。本書の内容はあるいは高校卒業、大学初年級での必修課程になっていても不思議はありません。

RStudioのインストールの注意点など

著者が「まえがき」で述べているように、読者はR/RStudioについて既に知っているか、『RStudioではじめるRプログラミング入門』（オライリー・ジャパン）を読んで勉強したことになっています。それでも、初めてRを使う人も多いでしょうから、RStudioのインストールについて、他には書かれていない注意点を述べておきます（本書は、初心者用に、最初にあまり必要でないことを述べないので、ヒントが後から出てくるという点でも面白い本です。問題をまじめにやり進む人に向いています）。

- Windowsの場合、Cドライブにインストールした方が安全（他のドライブだと終了時にsaveできないエラーが出ることがある）。
- 本書の6章に書かれているように、パス設定するとよい。
- エラーメッセージや、出力が本書に書かれているのと微妙に異なることがある（人にもよるでしょうが、私のように、一語一句同じでないと不安になる人もおられると思います。結構違いがあるので、そんなものだと承知して、本書のコードを試す必要があります。納得いかなければ、遠慮せず、問い合わせてください）。

訳者追加の参考文献

訳注などで、既に述べていますが、原書に載っていないが参考になるという本を挙げておきます。

- 統計一般についての本
  Boslaugh（黒川ほか訳）『統計クイックリファレンス第2版』、オライリー・ジャパン、2015
- 従来の統計技法、機械学習などからデータサイエンスをRで行うことについての本
  Peter Bruce & Andrew Bruce（黒川訳、大橋技術監修）『データサイエンスのための統計学入門——予

測、分類、統計モデリング、統計的機械学習と R プログラミング』、オライリー・ジャパン、2018
- アルゴリズムについての本

 Heineman, Pollice, Selkow（黒川ほか訳）『アルゴリズムクイックリファレンス第2版』、オライリー・ジャパン、2016
- システム・ソフトウェアの管理/デバッグの本

 Spinellis（黒川訳）『Effective Debugging —— ソフトウェアとシステムをデバッグする66項目』、オライリー・ジャパン、2017

謝辞

翻訳中の質問に丁寧に答えてくださり、日本語版へのまえがきも送ってくれた原著者、Hadley Wickham さんと Garrett Grolemund さんに感謝します。千葉県立千葉高等学校の大橋真也先生には、これまでにもお世話になっていますが今回は技術監修を引き受けてくださり、RStudio の細かい部分についてご指導いただきました。オライリー・ジャパン編集部の赤池さんは、本書翻訳の機会を与えてくださっただけでなく、細かいところまでサポートしてくださいました。藤村行俊さんにも原稿の修正点を指摘いただきました。妻の黒川容子はいつものように生活面で世話になっています。読者のみなさんも含めて改めて感謝します。

索引

さ行

た行

●著者紹介

Hadley Wickham（ハドリー・ウィッカム）

RStudioのチーフサイエンティストでR Foundationのメンバー。データサイエンスをより簡単に、より迅速に、より楽しく行うための計算および認識に関わるツールを開発。その業績にはデータサイエンス用パッケージtidyverse（ggplot2、dplyr、tidyr、purrr、readrなど）や原則に基づいたソフトウェア開発用パッケージ（roxygen2, testthat, devtools）がある。データサイエンスのためのR利用を促すことに関する、著者、教育者、スピーカーでもある。彼のウェブサイト http://hadley.nz ではさらに多くのことが学べる。

Garrett Grolemund（ギャレット・グロールマンド）

統計学者、教師、R開発者。RStudioに勤務。有名なlubridateパッケージの開発や、『Hands-on programming with R』（邦題『RStudioではじめるRプログラミング入門』大橋真也監訳、長尾高弘訳、オライリー・ジャパン、2015）の著者。DataCamp.comやoreilly.com/safariにおける常連のRインストラクターであり、Google、eBay、Rocheといった名だたる企業でRとデータサイエンスを教えている。RStudioでは、オンラインセミナー、ワークショップ、一連のRについてのチートシートを開発している。

●訳者紹介

黒川 利明（くろかわ としあき）

1972年、東京大学教養学部基礎科学科卒。東芝㈱、新世代コンピュータ技術開発機構、日本IBM、㈱CSK（現SCSK㈱）、金沢工業大学を経て、2013年よりデザイン思考教育研究所主宰。
過去に文部科学省科学技術政策研究所客員研究官として、ICT人材育成やビッグデータ、クラウド・コンピューティングに関わり、現在、IEEE SOFTWARE Advisory Boardメンバー、町田市介護予防サポーター、次世代サポーター、カルノ㈱データサイエンティスト、ICES創立メンバーとして、データサイエンティスト教育、デザイン思考教育、地域学習支援活動、量子コンピューティングなどに関わる。
著書に、『Scratchで学ぶビジュアルプログラミング―教えられる大人になる』（朝倉書店）、『Service Design and Delivery—How Design Thinking Can Innovate Business and Add Value to Society』（Business Expert Press）、『クラウド技術とクラウドインフラ』（共立出版）、『情報システム学入門』（牧野書店）、『ソフトウェア入門』（岩波書店）、『渕一博―その人とコンピュータサイエンス』（近代科学社）など。訳書に『実践 AWSデータサイエンス』、『データサイエンスのための統計学入門 第2版』、『Effective Python 第2版』、『Pythonによるファイナンス 第2版』、『Python計算機科学新教本』、『PythonによるWebスクレイピング 第2版』、『Modern C++チャレンジ』、『問題解決のPythonプログラミング』、『Effective Debugging』、『Optimized C++』、『Cクイックリファレンス 第2版』、『Pythonからはじめる数学入門』、『Think Bayes』（オライリー・ジャパン）、『Transformerによる自然言語処理』、『データビジュアライゼーション データ駆動型デザインガイド』、『事例とベストプラクティス Python機械学習』、『pandasクックブック』（朝倉書店）、復刻改装版『数学の限界』、『知の限界』（エスアイビーアクセス）、『メタ・マス！』（白揚社）、『セクシーな数学』（岩波書店）、『コンピュータは考える』（培風館）など。共訳書に『アルゴリズムクイックリファレンス 第2版』、『Think Stats 第2版』、『統計クイックリファレンス 第2版』、『入門 データ構造とアルゴリズム』、『プログラミングC# 第7版』（オライリー・ジャパン）、『情報検索の基礎』、『Google PageRankの数理』（共立出版）など。

●技術監修者紹介

大橋 真也（おおはし しんや）

千葉大学理学部数学科卒業、千葉大学大学院教育学研究科修士課程修了。

千葉県公立高等学校教諭

千葉大学非常勤講師、Apple Distinguished Educator、Wolfram Education Group、 日本数式処理学会、CIEC（コンピュータ利用教育学会）

現在、千葉県立千葉中学校・千葉高等学校 数学科 教諭

著書に『入門Mathematica 決定版』（東京電機大学出版局）、『ひと目でわかる最新情報モラル』（日経BP）などが、訳書に『Rクイックリファレンス』、監訳書に『Head First データ解析』、『Rクックブック』、『アート・オブ・Rプログラミング』、『RStudioではじめるRプログラミング入門』（以上すべてオライリー・ジャパン）がある。

カバーの説明

表紙の動物はカカポ（kakapo、学名Strigops habroptilus）です。ニュージーランド固有の大型の飛べない鳥です。夜行性であることから「フクロウオウム」とも呼ばれます。成鳥では体長64センチ、体重4キロまで大きくなります。羽は一般に黄色と緑色が混ざったを色をしていますが、個体によって大きく異なります。夜間に歩き回るために、嗅覚がよく発達しています。飛ぶことができませんが、強靭な足を持ち、走ることが得意です。

カカポという名前はニュージーランドの先住民マオリ族の言葉に由来しています。カカポはマオリ文化において重要な役割を占めています。食料としても利用され、またマオリ神話にも登場します。カカポの皮や羽毛を使ってマントも作られていました。

植民地時代にカカポを捕食する動物がニュージーランドに入ってきたため、現在カカポは絶滅の危機に瀕しています。ニュージーランド政府は、捕食動物のいない3つの島に特別保護区を設け、カカポの個体数の増加を図っています。

Rではじめるデータサイエンス

2017年10月24日　初版第 1 刷発行
2022年 5 月16日　初版第 4 刷発行

著　　　者	Hadley Wickham（ハドリー・ウィッカム）	
	Garrett Grolemund（ギャレット・グロールマンド）	
訳　　　者	黒川 利明（くろかわ としあき）	
技 術 監 修 者	大橋 真也（おおはし しんや）	
発　行　人	ティム・オライリー	
制　　　作	ビーンズ・ネットワークス	
印　　　刷	日経印刷株式会社	
発　行　所	株式会社オライリー・ジャパン	
	〒160-0002　東京都新宿区四谷坂町12番22号	
	Tel　　（03）3356-5227	
	Fax　　（03）3356-5263	
	電子メール　japan@oreilly.co.jp	
発　売　元	株式会社オーム社	
	〒101-8460　東京都千代田区神田錦町 3-1	
	Tel　　（03）3233-0641（代表）	
	Fax　　（03）3233-3440	

Printed in Japan（ISBN978-4-87311-814-7）